无人机通信

许文俊 张天魁 赵楠 唐杰◎编著

电子工业出版社
Publishing House of Electronics Industry
北京•BEIJING

内 容 简 介

本书系统地介绍无人机通信技术、无人机通信网络组网技术，以及无人机通信网络中涉及的控制、安全等技术。在对无人机进行概述的基础上，本书将第 2 章到第 12 章分为三篇。第 1 篇是无人机通信网络基础篇，包括第 2～5 章，主要内容包括无线通信网络的基本概念、无人机通信网络的特征、无人机通信网络的信道模型、无人机通信网络性能的理论研究；第 2 篇是无人机-蜂窝融合通信网络篇，包括第 6～9 章，主要内容包括无人机通信网络的无线资源分配、无人机空地协作中继通信、无人机通信网络的安全传输、无人机的无线能量传输和无线携能通信；第 3 篇是无人机空中通信网络篇，包括第 10～12 章，主要内容包括无人机通信网络的组网技术、无人机集群、空-X 一体化网络。

本书适合从事无人机通信研究的人员阅读，既可作为相关专业研究生学习无人机通信的参考书，也可供移动通信行业技术人员在研究无人机通信网络时参考。

图书在版编目（CIP）数据

无人机通信 / 许文俊等编著. 一北京：电子工业出版社，2023.10
ISBN 978-7-121-46480-5

Ⅰ. ①无… Ⅱ. ①许… Ⅲ. ①无人驾驶飞机－无线电通信 Ⅳ. ①V279

中国国家版本馆 CIP 数据核字（2023）第 189908 号

责任编辑：田宏峰
印　　刷：三河市双峰印刷装订有限公司
装　　订：三河市双峰印刷装订有限公司
出版发行：电子工业出版社
　　　　　北京市海淀区万寿路 173 信箱　邮编　100036
开　　本：787×1 092　1/16　印张：20.5　字数：524 千字
版　　次：2023 年 10 月第 1 版
印　　次：2023 年 10 月第 1 次印刷
定　　价：138.00 元

凡所购买电子工业出版社图书有缺损问题，请向购买书店调换。若书店售缺，请与本社发行部联系，联系及邮购电话：（010）88254888，88258888。

质量投诉请发邮件至 zlts@phei.com.cn，盗版侵权举报请发邮件至 dbqq@phei.com.cn。

本书咨询联系方式：tianhf@phei.com.cn。

前　言

无人机是一种具有自主动力的非载人飞行器,可通过人工操控或者自动驾驶方式执行多种任务。凭借着灵活的飞行特性,无人机的应用受到了广泛关注。起初,无人机主要用于在军事领域执行前线侦察、情报收集、空中打击等任务,随着无人机技术的不断发展,设备成本不断降低,小型无人机开始应用于民事领域。无人机与农业、公安、测绘和物流等行业的结合,创造出了极大的社会经济价值。目前,各国已将无人机纳入国家空域管理体系,各大无人机制造商也在致力于无人机的创新应用。

在无人机支持的各种应用中,在无人机上部署无线通信设备获得广泛关注,使用无人机实现高速移动通信有望在未来的无线网络中发挥重要作用。无人机作为通信设备主要分为两种方式:一种是作为移动终端同时搭载专门工具用于多种应用,如航空测绘、航空拍摄、物流快递、低空监视、灾后救援、后勤应用等,这类无人机作为移动终端主要用于信息传输;另一种则作为网络设备构建各类无人机通信网络,通过无人机的灵活部署实现受灾地区或战场的应急通信、热点区域的网络扩容与覆盖,以及飞行自组织网、空天地海一体化网络等。随着无人机的广泛应用和无人机通信网络的迅速发展,很多研究机构、标准组织都将目光投向了无人机通信网络的研究开发与标准化工作。同时,各大高校、研究机构都开展了无人机通信相关技术的理论研究与验证。

无人机作为通信设备具有成本低、移动性好的优势,可以实现灵活部署与动态调整,尤其是多旋翼无人机,可以悬停在固定位置并执行任务。同时,小型无人机通常在 300 m 以下的低空飞行,在大多数情况下都可以与地面节点建立视距链路,改善地面通信因建筑物、山地等导致的无线信道损耗。因此,无人机通信网络在通信恢复、热点覆盖、通信中继、信息传播、数据收集等方面发挥着重要作用,有望成为第六代(6G)移动通信网络的重要组成部分之一。

无人机通信网络在军事和民事领域具有巨大的应用前景,同时也面临着较多技术挑战。无人机与当前移动通信领域新技术紧密结合,相关学者针对无人机结合毫米波技术、非正交多址接入技术、物理层安全技术、无线携能通信技术等问题已经开展了大量研究。在开展无人机通信网络的研究过程中,我们发现,没有可用的参考书来指导相关的研究。一方面,无人机通信网络技术在近年来发展迅速,新技术从理论研究到实际应用的时间越来越短,很多参考书更新不及时;另一方面,无人机通信网络的研究是当前的研究热点,越来越多的研究工作者准备或者正在从事相关研究工作,因此需要有一本合适的参考书来全面概括无人机通信网络的知识,深度总结已有研究内容、研究方法和主要结论,对未来潜在的研究方向给予指导和启发。基于上述考虑,在电子工业出版社的支持下,我们开始了本书的编写工作。本书侧重于无人机通信网络的相关技术研究,展现了无人机通信网络的相关技术研究方法与成果,以及无人机通信网络在设计与部署方面面临的机遇与挑战。

本书编著者来自北京邮电大学、大连理工大学、华南理工大学的相关研究团队,均为无人机通信领域的专家。北京邮电大学的研究团队在无人机组网和资源管理方面具有较多理论研究成果，同时研制了 6G 移动通信网络的无人机基站原型，搭建了无人机移动边缘计算原型系统。大连理工大学的研究团队在无人机中继协作、无人机通信安全方面具有丰硕的理论研究成果，并成功搭建了无人机中继通信网络。华南理工大学的研究团队在无人机无线携能通信方面具有较多理论研究成果，完成了无人机无线携能通信系统的概念验证。上述研究团队的研究工作也得到了国家重点研发计划项目、国家自然科学基金项目等一系列国家级科研项目的资助。

本书由北京邮电大学的许文俊教授和张天魁教授、大连理工大学的赵楠教授、华南理工大学的唐杰教授编写。许文俊教授编写了第 1 章、第 3 章、第 10 章、第 11 章、第 12 章，张天魁教授编写了第 2 章、第 4 章、第 5 章、第 6 章（除 6.6 节），赵楠教授编写了第 7 章、第 8 章、6.6 节，唐杰教授编写了第 9 章。北京邮电大学的博士生雷佳艺、王柄荣、徐瑜、张婧琳、钟培垚、童伟强、林兰、向兰华、张艺檬，大连理工大学的博士后蒋旭和博士生陈新颖、逄小玮、王蔚及硕士生苏宇华，华南理工大学的博士生冯婉媚、马若炎和硕士生余钰、宋静茹、李凯，在本书的前期准备过程中做了大量的文献搜集、资料整理与仿真验证工作。此外，需要特别感谢雷佳艺为本书各章进行的文字整理与校对工作，为本书付出了大量的时间与心血。本书得到国家重点研发计划项目（2020YFB1807002）和国家自然科学基金项目（No. 61971060、No. 61871065）的资助。

移动通信技术在不断创新变革，并且与多领域、多学科交叉渗透，具有广阔的发展空间和深远的社会、经济影响。无人机通信网络技术涉及控制、安全等多个领域，很多技术研究方兴未艾，同时很多技术问题尚未最终定论。整理、撰写、校订书稿对于编著者也是一个学习的过程，由于时间、知识和精力有限，书中难免出现错误或疏漏，如有不妥之处，恳请广大读者批评指正，以便编著者继续学习并不断完善本书。

编著者

2023 年 7 月

目　　录

第3篇 无人机空中通信网络篇

第 1 章
概　述

1.1 引言

　　无人驾驶航空器简称为无人机，是一种由遥控器或计算机程序控制的不载人飞行器。早期的无人机主要用于军事领域，在敌对区域中部署无人机进行监控和武装袭击，可以降低飞行员的伤亡。随着 21 世纪的到来，科学技术的发展使军用无人机不断得到改进，同时也促使了民用无人机的诞生。微电子机械系统的迷你化、无刷电机、数字相机等技术的发展，使得无人机能够在微型化的前提下承载更多的任务。新型制造材料（如复合材料和高强度塑料泡沫）的研发，大大降低了无人机的制造成本，能同时满足轻盈和坚固的双重特性。经过数十年的发展，无人机由军事领域逐渐走向民事领域，并在商业、政府以及人们的生活中都扮演着重要的角色。一方面，无人机作为一种智能化工具，由于其具有"空中机器人"特性，能够完成许多人类以及传统机器人无法完成的工作；另一方面，无人机与农业、公安、测绘以及物流等行业的相结合，能够加快促进工业、服务业等的改造升级，从而创造出极大的社会经济价值。目前，无人机已经在农业植保、灾情监测与灾区搜救、航空测绘、航空拍摄、地面（如灾区、热点地区等）辅助通信等领域得到了广泛的应用。

　　我国政府在近几年出台了一系列与无人机相关的政策，以促进无人机行业的规范与发展。2016 年 11 月，国务院发布了《"十三五"国家战略性新兴产业发展规划》，该规划明确提出将无人机作为发展重点之一。2017 年 12 月，工业和信息化部发布了《关于促进和规范民用无人机制造业发展的指导意见》，该指导意见指出，到 2020 年，民用无人机产业持续快速发展，产值达到 600 亿元，年均增速 40%以上；到 2025 年，民用无人机产值达到 1800 亿元，年均增速 25%以上。2019 年 5 月，中国民用航空局发布了《促进民用无人驾驶航空发展的指导意见》（征求意见稿），该征求意见稿指出，从 2036 年到本世纪中叶，将全方位提升我国在无人驾驶航空领域的国际竞争力、国际民航规则标准话语权和技术创新引领力，实现无人驾驶航空应用及管理全领域向民航强国跨越的目标。

　　与此同时，无线通信同样在过去的几十年中也得到了飞速的发展，从以语音通话为主的 2G 时代，到以数据为主的 3G、4G 时代，目前正在向以万物互联为基础的 5G 时代迈进。无线通信的发展不仅丰富了人们交流与生活的方式，也为各行各业的数字化提供了基础。无人机行业也是如此，在其高速发展的同时，对于无人机通信链路的要求也一定是日益增加的。

　　上述政策的出台以及无线通信技术的高速发展，都将为无人机产业保驾护航，而无人机与无线通信技术的结合也必将使得无人机行业在未来的数十年内得到蓬勃的发展。

　　本章将简要介绍无人机通信网络。1.2 节简介无人机应用场景与发展，分别从军事和民事两个领域介绍当前无人机多样化的应用场景，并简述了无人机从军用走向民用的发展历程，以及无人机在我国的发展历程。1.3 节从无人机类型、无人机控制与集群、无人机通信及其标准化、无人机通信网络与技术优势四个方面对无人机系统进行概述。1.4 节总结了本书的主要内容。

1.2 无人机的应用场景与发展历程

现代战争是无人机诞生与发展的推动力。从诞生至今，无人机在军事领域扮演着越来越重要的角色，其应用也逐渐多样化，包括情报收集、军事打击、诱骗干扰等。随着科技的发展，无人机微型化成为可能。这使得无人机的制造成本逐渐降低，功能日趋稳定完善，并逐渐由军事领域走向民事领域。如今，无人机在民事领域的应用包括物流运输、农业植保、安防救援、巡逻监视、地理测绘、网络直播、编队飞行等。本节将对无人机应用场景与发展进行介绍，首先从军事和民事两个领域分别介绍当前无人机的多样化应用场景，然后简述无人机从军用走向民用的发展历程。

1.2.1　无人机的应用场景

无人机的应用场景主要分为军事和民事两个领域。图 1-1 和图 1-2 分别展示了一种军用无人机和一种民用无人机。本节将分别从军事和民事两个领域介绍无人机的应用场景。

图 1-1　军用无人机

图 1-2　民用无人机

1. 无人机的军用场景

无人机在军事领域中主要用于情报收集、监测、目标获取、侦察、携带武器进行作战等场景。

（1）情报收集：侦察无人机一般在战场上用于情报收集以及目标的侦察。通过在无人机上安装雷达、摄像机、红外探测器等侦察装备，利用侦察无人机的高动态性可对区域进行侦察。侦察无人机既可对区域进行高速扫描，获得区域基本信息；也可在指定区域悬停，对目标进行长时间的监视，并分辨活动目标与静止目标。侦察无人机配备的高分辨率摄像机和红外探测器、雷达等设备，可以在战场上精确发现伪装目标，并将信息通过卫星回传至指挥中心，为指挥官进行战场决策提供重要依据。同样，侦察无人机也可以进行信号监视，这使其可以作为空中平台进行电子战、空中预警等。

（2）军事打击：无人机可以搭载多种武器，并在陆海空多种场景中进行军事打击。另外，无人机也可以在战场中进行反导弹拦截。作战无人机既可以搭载小型大威力的精确制导武器对敌方通信设备进行打击，也可以搭载导弹对区域进行空袭。战术无人机可以完成自杀性袭击的任务，对敌方重要区域进行打击。主战无人机则可以在战场中承担全球打击任务，其可以携带大量武器，在对地攻击、空中作战、导弹拦截等多方面对战场进行支援。同样，作战无人机可以与侦察无人机相结合，实现"察打结合"，在探明敌方目标后立即进行军事打击。

（3）其他用途：军用无人机既可以用于信息战，作为诱饵机引诱敌方攻击；也可以作为通信中继，在战场通信设备损坏或信号被干扰时，作为临时通信中继，利用与卫星之间的超视距链路，为战场高速实时传输图像及作战数据；还可以作为后勤补给，在战场中为友军提供稳定的燃油及战场资源供给等。

2．无人机的民用场景

无人机在民事领域主要被用于物流运输、农业植保、安防救援、巡逻监视、地理测绘、网络直播、编队飞行等场景[1]。

（1）物流运输：相较于传统的物流运输方式，无人机用于物流运输无疑有着其独特的优势。对于偏远地区的物流，地面运输有着天然的劣势。相较于平原，山区复杂的地理环境会大大增加地面物流的成本。据统计，在拥堵的城市或偏远的山区，无人机物流可能会比地面物流节约 80% 左右的时间，这就可以在相同的成本下实现更高的物流运输效率。无人机物流可以与地面运输相结合以应对更复杂的场景。对于较为多元化的运输任务，人们往往可以使用无人机进行一些简单的、小批量的投递任务；而对于较为复杂的、大批量的投递任务，则交给地面的人力进行运输。两种物流方式相结合，可以在节省人力消耗的同时，充分发挥无人机物流运输优势，提高人工物流的灵活性。同样，使用无人机物流可以在交通限行、封闭管理等特殊情况时发挥巨大的作用。在应急救援过程中，使用无人机搭配直升机，可以达到地面交通难以达到的投送效率。在 2020 年，我国使用无人机将医疗物资成功运输到武汉金银潭医院，这不仅可以大大提高运输效率，还可以避免交叉感染的风险。

（2）农业植保：植保无人机可用于农林植物保护，如喷洒药剂和种子等。相对于传统的人工植保，无人机植保作业具有精准、高效、安全、环保、智能化、操作简单等特点。无人机植保作业可以用一架无人机替代多个劳动力，而且无人机的喷洒方式可以节约 50% 的农药、节约 90% 的水。相对于传统的植保机械，植保无人机的折旧率低、易于保养，这些都在很大程度上降低了资源成本，提高了作业效率。无人机植保能够起到较好的防护效果、降低污染并提高产量。由于无人机植保具有作业高度低、漂移少、可在空中悬停等优点，且喷洒农药时旋翼产生的向下气流有助于增加气流对农作物的穿透性，所以采用无人机进行植保作业不仅可以减少农药损失，也能够达到优于人工操作的覆盖率、更好的防治效果，能够对农作物产生更好的助产增收效果，以及减少对土壤的污染。由于无人机作业对人工的需求低，只要在规范操作下，就可以避免农耕人员暴露在农药下，可以极大地提高农业植保人员的安全性，解决传统人工植保作业中经常出现的中暑、中毒、踩踏农作物等问题。

（3）安防救援：无人机在安全领域有着极其广泛的应用。在公共安全作业中，无人机可以在短时间内赶到现场，对目标区域进行不间断的全方位监视，并将画面回传至指挥中心，为之后的人力出动提供决策性的帮助。无人机所拍摄的资料也可以作为对责任人的举证。当无人机搭载人脸识别等相关系统时，还可以对拍摄到的人脸进行分析比对并快速找出嫌疑分子，协助完成安全作业。在紧急救援任务中，无人机可以实现快速响应，在第一时间赶到现场并迅速开展救援工作。不论哪种环境下的救援任务，无人机都有着独特的优势。例如，在高楼火灾场景中，无人机可以携带灭火弹并通过遥控到达火源附近发射，可到达人力无法快速到达的区域；对于地形环境较为复杂的森林区域救援，无人机可以完成大范围热成像，迅速锁定被救援目标的位置并空投干粮和水；对于灾后的救援，无人机可以迅速采集现场数据，提供临时通信中继功能，恢复灾后现场的局部通信，并将音/视频资料传至指挥中心，协助指挥中心人员进行不间断的指挥处理。

（4）巡逻监视：无人机可用于巡逻任务及基础设施巡检。我国的边境线较长且自然环境相对较为恶劣，无人机可以较好地替代人力，对边境线进行巡逻，保证边境的安全。除了边境巡逻，无人机还可以用于城市巡逻及景区巡逻。由于城市中的车流量较大，在高峰时段人力巡逻往往无法保证高效与及时，通过无人机快速收集交通数据并进行处理，可以协助交警指挥交通，大大提高高峰时间段的车辆通行效率并规避不必要的交通事故。同样，对于人流量较大的景区，无人机也可以起到实时监测的作用，保证景区内游客的畅通。基础设施巡检是指对输电线路、输油管道、基站塔台、桥梁、风力发电机等基础设施的巡视检查或状态监测。传统的人工巡检方案容易受到环境或天气等条件的制约，工作量大、效率低、成本高，还无法保障巡检人员的安全。无人机巡检具有低成本、高灵活性等优点，可以不受环境及地形的影响而进行基础设施巡检。在电力设备巡检中，无人机巡检已经开始逐渐替代人工巡检。由于输电线路多半位于山区或树林，人工巡检不仅有高空爬塔的风险，同样存在被山林中蛇、鼠等小动物咬伤的风险，采用无人机巡检可以在规避上述风险的前提下，多角度地对设备进行检查，安全高效地完成巡检任务。

（5）地理测绘：当无人机应用于测绘领域时，可通过无人机抓取的数据制作实时实景地图；通过设计对应的技术方案，可以在不同的应用场景中挖掘地图数据，在抢险、科研、教育、智慧农业、智慧城市、勘察、场景巡检等行业中提供巨大的扩展空间，让行业人员根据需求定制理想的飞行平台。例如，无人机地理测绘可以在农业植保中先行提供土地信息，为后续的无人机植保进行气候采集，如风速、温度、湿度等数据。通过对这些数据进行分析，可以更加高效地进行农业植保，实现即测即洒的高效率作业。相比于传统的人工测绘，无人机测绘采用倾斜摄影技术，通过低空多位镜头获取高清立体影像，自动生成三维地理模型，从而极大地减少测绘人员的劳动时间、降低测绘人员的劳动强度，以较低的成本高效率地获取高精确度的数据。相比于卫星成像，由于无人机的飞行高度较低，无人机测绘可以获得清晰度更高的图像；相比于大飞机测绘，无人机测绘具有不受天气影响的优势。

（6）网络直播：无人机具有高空视野，结合 VR 技术就可以让人们体验到 360°的全景直播。无人机可以通过挂载 360°全景镜头进行拍摄，结合全景相机的视频处理技术，通过 5G 网络将处理后的全景视频传输到核心网侧的视频服务器，用户可以体验到无时延的现场全景。近年来，随着无人机航拍的逐渐兴起，无人机通信网络直播未来将会被广泛应用于体育赛事和演艺活动。

（7）编队飞行：除了上述的单架无人机应用，无人机还可以协同编队进行飞行表演。随着无人机通信抗干扰能力的逐渐增强以及通信时延的减小，编队飞行的无人机数量也呈逐渐上升的趋势。随着未来 AI 技术的逐渐发展，编队飞行将会发展为云端 AI 自主飞行，为无人机应用提供更多的可能性。

（8）其他用途：无人机还可以用于动物保护，在自然公园或海洋监视偷猎者的活动；疾病防护，对幼虫源进行监视以防止疟疾等疾病的传播；房屋建造，对墙壁进行喷涂，或者对模块化建筑的搭建进行安全监护等。

1.2.2　无人机的发展历程

无人机的诞生与发展是由现代战争推动的。随着科技的进步，无人机逐渐走向民事领域，在军事领域和民事领域得到了广泛的应用。本节将从无人机概念的萌芽、军用无人机的发展、民用无人机的发展和中国无人机的发展四个方面，简要介绍无人机的发展历程。

1. 无人机概念的萌芽

1796 年，英国空气动力学之父乔治·凯利（George Cayley）根据"竹蜻蜓"的原理设计了一款相对旋转的模型直升机，这是一款无人机飞行器，达到了 27 m 的飞行高度。1903 年，美国莱特兄弟（Wilbur Wright 和 Orville Wright）研发并成功试飞了世界上第一架载人固定翼飞机"天空一号"。载人飞机的发展，进一步激发了无人机的设想。

2. 军用无人机的发展

1914 年，在第一次世界大战期间，英国的卡德尔和皮切尔将军首次提出无人机投弹的概念：通过无线电操纵预装炸弹的小型飞机，并空投到指定区域。1917 年，第一台自动陀螺稳定仪问世，用于保证飞机的飞行平衡，无人机由此得以诞生。1918 年，凯特灵设计出可拆卸机翼的"凯特灵小飞虫"（Kettering Bug）无人机，飞行距离达到 120 km，当飞机的螺旋桨达到预定转数后，将停止运行落向地面，炸弹爆炸，从而实现远程投弹。虽然这种飞行炸弹没有在战场上得到使用，但此后的无人机在军事领域的应用变得越来越广泛。

在第二次世界大战期间，将无人机作为靶机的应用逐渐占据主流。1934 年，英国成功研制作为靶机的"女王蜂"无人机，可以通过无线电来进行遥控，使得无人机能够被回收。"女王蜂"无人机的最大飞行高度约 5182 m、最高航速约 160 km/h，在英国军队服役多年。在第二次世界大战期间，德国研制了一种侦察无人机，用于打击非军事目标。"复仇武器 1"是一种由无人机携带的炸弹，俗称"V-1"，无人机的速度可达 804 km/h，能够携带逾 900 kg 的炸药，飞行距离超过 240 km。20 世纪 60 年代和 70 年代，美国使用 AQM-34 无人机进行监视飞行，这种无人机通过载人飞机发射，由载人飞机内的飞行员控制。

越南战争结束后，无人机受到的关注逐渐减弱。直到 20 世纪 80 年代，随着科技的进步，无人机技术蓬勃发展，在军事领域得到了更加广泛的应用。以色列开发了"侦察兵"和"先锋"号无人机，用于监视、侦察、掩护等军事用途。虽然以色列的无人机技术存在许多问题，如无法在夜间飞行、无人机的数据链路传输干扰了载人战斗机的通信等，但仍然证明了无人机在战争环境中执行实时作战任务的价值。随后，美国借鉴以色列的经验，在海湾战争中使用了"先锋"无人机，这一阶段的无人机功能逐渐多样化，从飞行炸弹和靶机拓展到侦察、情报收集、跟踪、监视等。"先锋"无人机长期处于服役状态，曾应用于阿富汗战争和伊拉克战场，可为指挥官提供战场画面和目标定位等信息。

20 世纪 90 年代后，无人机获得了里程碑式的发展。这一时期，以美国的"全球鹰"无人机和以色列的"苍鹭"无人机为代表，无人机的飞行高度、航程和续航时间不断增加。其中"全球鹰"无人机能够从美国本土抵达全球任何地点进行侦察。在伊拉克战争中，无人机开始扮演更加重要的角色，十余种类型的无人机曾在伊拉克战争中被使用，包括用于获取目标情报图像的无人机"全球鹰"、改进型侦察作战无人机"捕食者"、小型手持发射无人机"龙眼"等。与此同时，微型化技术使无人机体型缩小成为可能。美国天空环境公司研发了"渡鸦"（RQ-11）迷你无人机，可由步兵手持投出，并通过视频接收器获取无人机拍摄的实时图像。

3．民用无人机的发展

21 世纪初的科技发展，在提升军用无人机性能的同时，也促进了无人机在民事领域的发展。卫星定位、微电子机械系统和数字无线电等技术的出现和进步，共同推动了民用无人机的普及。20 世纪 80 年代，携带摄像机的大型遥控直升机被用于媒体拍摄。90 年代初，四轴飞行器脱离军事试验范畴，作为遥控玩具出现。同一时期，日本雅马哈公司推出了可携带大量液体的 Rmax 无人机，可用于大规模的农药喷洒，占据了无人机市场的领先地位。2004 年后，携带稳定航拍系统的四轴飞行器出现，小型无人机的航拍功能得以实现。2006 年，大疆无人机公司成立，先后推出了 Phantom 系列无人机，对民用无人机的格局产生了深远影响。同年，美国联邦航空管理局（Federal Aviation Administration，FAA）发布了第一批商用无人机许可证，解除了消费型无人机的部分限制。此后，无人机开始被应用于防灾减灾、农业植保、交通监管、资源探测、森林防火等诸多领域。

4．中国的无人机发展

中国的无人机发展主要是从 20 世纪 60 年代开始的。1958 年，改自载人飞机的"北京五号"无人机在国庆当天由无线电引导着陆试飞成功。1969 年，仿照苏联"拉-17"靶机研制的"长空五号"首飞成功，中国由此开始脱离苏联的帮助独立研发军用无人机。同年，中国对击落的美军侦察无人机"火蜂"展开研究，仿制出了"无侦-5"型侦察无人机（"长虹 1 号"），并于 1972 年首飞成功。此后，"彩虹"系列侦察无人机/侦察作战无人机、"翼龙"长航时侦察作战无人机、"翔龙"高空长航侦察无人机等军用无人机陆续涌现，中国的军用无人机技术蓬勃发展。在民事领域，1996 年无人直升机开始作为公安反恐消防救援等领域的任务载荷平台使用。2005 年，搭载无人机的应急指挥车出现，能够利用无人机进行通信中继和空中指挥任务。2014 年，国产固定翼飞机"大白"广泛应用于地质测绘、勘探等领域。2019 年，在第三届世界智能大会上，智能控制的 500 架无人机在空中进行协同花式表演，展现了国内智能控制无人机的性能。

1.3 无人机系统概述

人们在很早的时候就认识到了飞行的重要性，从中国古代的"竹蜻蜓"（通过一根主轴连接着多个竹片的飞行玩具，利用风力可将玩具送上天空），到明代发明家万户的失败飞行实验，再到莱特兄弟发明了第一架飞机，人类为了实现自由飞行，付出了巨大的努力。随着科学技术的进步，为了完成更加精密的飞行任务，大型飞机已经无法满足当前的需要。飞行器小型化成为近几十年来学术界与工业界的技术潮流，因此小型化的无人机开始走向人类社会舞台。本节从无人机类型、无人机控制与集群、无人机通信及其标准化、无人机通信网络与技术优势等方面介绍无人机系统，帮助读者初步了解无人机的先进性，为有志于从事无人机技术研究的读者奠定坚实的基础。

1.3.1　无人机类型

无人驾驶飞机的另一个广为人知的名称是无人机（Unmanned Aerial Vehicle，UAV）。顾名思义，也就是不需要飞行员操控的轻量型飞机。无人机可以利用机载芯片，通过实时读取配备在无人机上的设备（如陀螺仪、导航系统等）数据，来控制并调整自身的速度、加速度、角速度、飞行方向等参数，从而达到操控自身的目的。一般来说，一个完整的无人机系统，包含机架、动力系统、任务导航系统、自动驾驶仪器、完整通信链路以及地面控制台等装置。与一般飞机需要人为操控不同，无人机既可以由机载芯片根据外界环境的实时变化来操控飞行，也可以由地面基站远程控制。无人机主要用于军事领域或者特殊民事领域，如搜索救援、地形探测、环境植保等。

无人机通常可分为固定翼无人机和多旋翼无人机[2]，如图 1-3 所示。固定翼无人机的机翼位置基本保持不变，图 1-3（a）所示，该类型的无人机利用了民航飞机与军用飞机的设计思想，在其中配备了推力系统。该推力系统可在固定翼无人机的飞行方向产生前向推力，进而根据固定翼无人机表面产生的压强差产生一个能够稳恒上升的升力，以抵消固定翼无人机的重力。一般来说，为了实现固定翼无人机的匀速上升，需要固定翼无人机保持一定的飞行速度。与传统的直升机相比，固定翼无人机结构更加简单、飞行距离更长、能耗更低、续航性能更加优良。固定翼无人机在起飞或者降落时，需要在地面设置一定长度的跑道，以便使其能够更加稳定地起飞或降落。

与固定翼无人机相比，多旋翼无人机在起飞或降落时无须跑道，它的升力不是由飞行时的前向速度决定的，而是由各个旋翼的不同旋转方向产生的力矩来实现上升或下降的，上升或下降的速度由各个旋翼在不同旋转方向上的力矩决定。多旋翼无人机如图 1-3（b）所示，该无人机通常有十分完美的对称性（特别是四旋翼、六旋翼或者八旋翼无人机），各旋翼之间的反扭矩可以互相抵消[2]。

（a）固定翼无人机　　　　　　　　　　　（b）多旋翼无人机

图 1-3　无人机类型

多旋翼无人机由多个旋翼的共同作用产生升力、俯仰力矩、滚转力矩和偏航力矩，如图 1-4 所示。多旋翼无人机通过底部的电动机来控制旋翼的转速，通过控制旋翼及其转速来控制飞行方向和速度，从而间接控制升力和各种力矩。根据刚体力学原理可知，升力和力矩可以直接平移到刚体（即此处的多旋翼无人机机身）的对称轴上。随着升力和力矩的改变，多旋翼无人机的姿态和位置就可以得到实时控制和调整。在多旋翼无人机悬停时，旋翼产生的升力平衡了多旋翼无人机的重力，多个旋翼彼此之间的升力相同，使多旋翼无人机的力矩向量和为 0。文献 [3] 研究了如何通过联合估计无人机的位置-姿态，实现了灵活的无人机点对点通信，为无人机联合控制位置和姿态提供了有力论据。文献 [4] 研究了多旋翼无人机中悬停场景下的高能效通信问题。

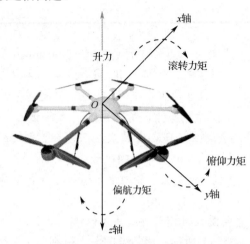

图 1-4 多旋翼无人机的升力和不同力矩示意图

无人机的通信性能可以从以下几个方面来进行评估。

（1）易用性。易用性是指学习操纵小型无人机（固定翼或者多旋翼无人机）实现悬停、自适应姿态前向飞行的难易度。多旋翼无人机的遥控十分简单，它可以灵活自如地垂直起降，并且可以以较小的能耗来实现长时间的悬停。多旋翼无人机可以灵活地实现前、后、左、右、上、下和偏航等飞行[2]。另外，多旋翼无人机的操控比较简单，可以通过编程来灵活地控制飞行参数。固定翼无人机需要在较大的区域中飞行，其悬停操作会耗费大量的能量，地面控制台需要不断地检查固定翼无人机的飞行状态以防止其坠机。

（2）通信可靠性。通信可靠性可通过无人机之间的信令传递时延来评估，该时延的大小通常是由无人机通信网络芯片的精密程度决定的。从硬件设备来看，固定翼无人机需要更精密的内部设备与程序来协同驱动其飞行，当固定翼无人机组成无人机通信网络时，从发送端到接收端的信令传递可能比内部硬件的信令传递更快，信令能够被固定翼无人机的核心计算机迅速收集并处理。对于多旋翼无人机而言，内部更为简单的构造增加了信令传递的处理时延，其内部信令传递时延更大，其通信可靠性相对固定翼无人机的通信可靠性而言较弱[3,5]。

（3）可维护性。可维护性是指当无人机发生故障时，其机架、外设、内部芯片和组装等部件按照说明书的操作是否能在规定时间内及时恢复到正常状态。多旋翼无人机更容易维护，其结构比固定翼无人机简单。例如，固定翼无人机需要一定数量的连接杆作为活动关节，在飞行时会产生一定的空气摩擦损耗；而多旋翼无人机没有这种关节，采用的是更为简单的无刷直流电机[2]，在飞行时受到空气摩擦损耗的影响非常小。另外，多旋翼无人机的电机、控制系统、电池、旋翼和机架在损坏时非常容易更换，操作员自行联系商家购买相应的部件，按照说明书就可以进行安装；而固定翼无人机的零件较多，内部设备更为复杂，当固定翼无人机的部件损坏时，通常只能联系厂家进行维修。

（4）通信链路持续性。由于无人机的高动态特性，其信道状态经常会发生剧烈的变化。无人机在利用自身通信资源（如天线、载频、基带、射频链路等）维持高效通信链路时的代价，通常以建立并维持无人机通信链路的开销或者信息传输时延来衡量[3-6]。建立并维持无人机通信链路的开销通常由空中无人机通信的信道状态信息（Channel State Information，CSI）决定。无人机在快速飞行时，网络内部的无人机节点之间的信道会发生时断时续的现象，其飞行姿态的变动也会使无人机链路通信质量下降。一般来说，无人机可以在给定的最大链路建立开销下，通过自身通信资源，利用启发式搜索算法，建立并维持一个满足一定服务质量（Quality of Service，QoS）的通信链路[3,5]。一般来说，虽然固定翼无人机的内部结构复杂，但其配备的通信资源比多旋翼无人机更加精良，性能也更加优异。在高速飞行的场景下，固定翼无人机的通信链路持续性更高[6]。

（5）续航性与可承载性。续航性与可承载性是指无人机在给定电池能量和任务下的最大飞行时间与最大载重量。

上述五个方面也是无人机通信的服务质量要求。与固定翼无人机相比，多旋翼无人机的能量转换效率低，其飞行持续时间更短，需要经常更换电池，同时它在承载性方面也没有明显优势。

不论固定翼无人机还是多旋翼无人机，在任务决策方面都有如下要求：

- 易控性：无人机需要与地面控制台实时交互信息与指令，让地面控制台更方便地掌握无人机的飞行状态。
- 任务适应性：在不同飞行任务和不同飞行情况的制约下，需要根据不同情况去调整无人机的控制状态，在受控与自主控制之间灵活切换。
- 满足需求性：无人机在执行任务时一定要以任务需求为导向。

综上所述，多旋翼无人机在易用性和可维护性方面的优势比固定翼无人机更显著，但它在通信可靠性与通信链路持续性方面较弱，这对无人机通信与组网的影响非常明显。要实现相同的通信网性能，多旋翼无人机需要配置更加精准的控制方法，目前围绕多旋翼无人机的探测、组网的方法研究越来越受到学界和工业界的追捧[7-8]。多旋翼无人机的用户体验十分良好，围绕用户体验，多旋翼无人机在易用性方面的优势也会越来越突出。多旋翼无人机的续航性和可承载性是其在执行任务时需要考虑的因素，地面控制台需要根据多旋翼无人机反馈回来的数据（如飞行状态），指挥多旋翼无人机及时降落并更换旋翼和电池。随着电池技术、材料技术，以及通信、控制系统技术等不断发展，多旋翼无人机在通信可靠性、通信链路持续性、续航性和可承载性等方面也会朝着固定翼无人机的指标迈进，它在这方面与固定翼无人机的差距也会越来越小。

1.3.2　无人机控制与集群

随着科学技术的不断发展，利用无人机集群进行组网，通过内部集群自主协调控制机制，使协同执行任务的设想成为可能。近年来，无人机集群被广泛应用，执行一些诸如运输重型负载、搜救等任务，以及海洋环境侦察等高风险任务[9-10]。由于无人机的体积小、覆盖范围低，一架无人机只能执行较为简易的任务。与单架无人机相比，无人机集群在执行任务方面有更大的优势。无人机集群具有同步信息传输速率更快、在执行相同任务时的能耗成本更低、覆盖范围更大、容错能力更高、灵活性更加显著等优势[9]。此外，无人机集群可以通过多架无人机来产生新的功能，如在精密定位的任务中，通过在多架无人机之间共享信息（如相对置位），无人机集群可以获得目标的更加精密的位置信息。

1. 无人机集群初探

当无人机集群形成飞行网络时，如何设计无人机集群的控制方法是一个非常重要的问题。一般来说，无人机集群的控制方法有以下几个硬性指标[9]：

（1）控制方法应当可以很容易地将整个无人机集群或无人机集群的中心从一个位置移动到另一个位置。

（2）在形成无人机集群时，集群内所有无人机的相对位置应保持稳定，不会发生相对运动。

（3）在无人机集群飞行时，集群内的无人机能够识别并避免障碍物，以防碰撞。

（4）在特定情况下，可将一个无人机集群分成多个子队形，分布式地执行同一个任务。

（5）确保无人机集群内部的通信网络能够满足协同规划、数据采集等任务的需求。

在无人机集群中，控制方法常采用集中式架构和分布式架构，如图 1-5 所示。

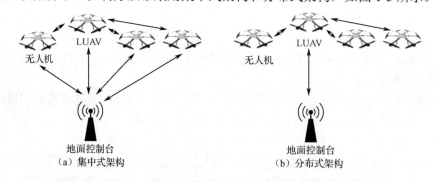

图 1-5　无人机集群控制方法采用的两种架构

（1）集中式架构，如图 1-5（a）所示。在集中式架构中，无人机的控制信号只能由领导无人机（Leading UAV，LUAV）或地面控制台生成[5]。在这种情况下，可以采用中心辐射式网络模型，类似于蜂窝网络。采用集中式架构的控制方法可以利用单个控制器为编队生成无碰撞轨迹。

（2）分布式架构，如图 1-5（b）所示。在分布式架构中，每架无人机都可以基于自己的位置及其邻居无人机的信息来计算控制信号[11]，每架无人机在协同执行任务时所需的大量信息都是由自身产生的。将所有的计算都放在局部位置，可以得到更快的反应。

在集中式架构下，无人机通过无线通信链路直接连接到 LUAV 或者地面控制台上，无人机之间的通信都是通过 LUAV 或者地面控制台进行转发的。如果无人机集群的规模过大或者无人机集群通过无线信号连接地面控制台时所有通信必须经过控制中心（LUAV 或地面控制台），就会使下行链路长度远远大于无人机之间距离，造成通信时延增大。另外，集中式架构中的无线通信链路可能会发生链路拥塞、网络时延大和对带宽要求过高等问题，使控制信号传递不及时，导致无法完成任务。由于无人机集群是动态网络，天线的指向或者波束赋形必须由无人机集群的控制方法来调控，使无人机的天线尽可能指向 LUAV 或者地面控制台。如果控制中心发生故障，那么无人机之间就无法通信。对于集中式架构，所有的运动规划计算都是在一个位置进行的，因此需要较高的计算能力。由于在集中式架构中，控制信号的传输依赖于 LUAV 或者地面控制台，因此集中式架构不适合更大规模的无人机集群。集中式架构下不具有强鲁棒性，遇到链路拥塞可能会造成整个无人机集群失灵。事实上，在以下情形中：

（1）当大量数据需要同时传输到 LUAV 或者地面控制台时，集中式架构可能不理想。

（2）当大量信息被同步传输到地面控制台时，集中式架构的信息处理速度会被限制。如果通信速度慢且不可靠，那么就不允许在无人机集群中传输大量不相关的数据。

此外，在大多数民事应用中，正常操作不需要通过控制中心来实现无人机之间的通信。

在分布式架构中，无人机之间彼此之间互相连接，通常可以在多条无线通信链路上直接通过无线信号进行数据交互，无人机集群内部的少量功能更加齐全的 LUAV 可以在一条链路上连接到地面控制台。因为不需要所有的无人机都连接到地面控制台，所以可以减少通信时延[13]。但在分布式架构中，无人机的飞行会破坏编队，因此无线通信链路可能会出现断续问题。为了解决这个问题，无线通信网络需要通过连续的射频（Radio Frequency，RF）进行自我修复，并在断开的无线通信链路上灵活地进行重新配置。与集中式架构相比，分布式架构具有更大的灵活性、可靠性和更好的 QoS。分布式架构的一个关键需求是它依赖于所有实体之间稳定的通信和可靠的信息共享。如果无线通信链路不够可靠，分布式架构的性能可能会显著下降。

上述两种架构在无人机集群中有各自的优缺点。在分布式架构中，通信资源是在整个无人机集群中分配的，这将使分布式架构的可靠性非常高，对用户应用程序来说也会更加透明。随着分布式架构的广泛应用，无人机集群在执行任务时，其部署成本和维护成本都很低。同时，无人机集群的应用要求集群具有更大的拓扑灵活性，以及无人机之间频繁地进行信息交换，这也是分布式架构在无人机集群中越来越受欢迎的原因之一。

无人机集群控制方法采用的架构取决于无人机集群的通信、硬件传感和控制方案。随着信息技术的发展，在无人机集群中使用无线通信网络给其带来维护成本低、可扩展性强、有效性高和鲁棒性高等优势。无线通信网络已成为无人机集群的关键技术之一。无线通信网络具有确保命令和控制信令得到正确交换、探测数据被传输回指定站点等功能。然而，由于无人机集群的快速机动，无线通信的信道性能是动态的，难以准确预测；此外，在很多情况下，通信链路故障或数据传输的长时延是不可避免的。如何设计无人机集群的控制方法（包括运动规划在内的控制方法），使无人机集群可以产生有效的网络拓扑，以确保良好的连通性，这对提高无人机集群的鲁棒性是一个挑战。通常，需要将协同控制和网络模型整合在一起，共同优化控制方法和路由方法[9,12]。

2．无人机集群的控制方法

一般来说，无人机集群的控制方法可以分为以下三种模式：

（1）人在回路模式（Man-in-Loop Mode，MiL Mode）。这是一种典型的控制模式，无人机集群的飞行、悬停、探测、监控等操作完全由地面控制台监督和实时控制。

（2）人对回路模式（Man-on-Loop Mode，MoL Mode），又称半自主模式（Semi-Autonomous Mode）。无人机集群不仅可以被地面控制台控制，当无人机集群飞到地面控制台无线控制信令覆盖范围外时，无人机还可以获取针对自身的控制权，根据外界环境的变化来灵活调整无人机集群的飞行。

（3）自主模式（Autonomous Mode）。在这种模式下，无人机集群无须地面控制台的直接、实时人工控制，可根据飞行环境的变化来调整自身飞行参数，根据实际情况判断是否需要进行悬停、飞行、降落等操作[9]。

通常，一架无人机可以具备上述三种控制模式。MiL Mode 或 MoL Mode 的自主控制程度较低。由于当前自动化技术的不断发展，以及出于人员风险最小化的考虑，在地面控制台中，人为控制模式的参与会不断减少。针对多架无人机组成的无人机集群，需要这些无人机能够根据外部环境的变化来自主控制自身的飞行状态，并且与无人机集群协调。自主模式在一般情况下不能改变整个无人机集群的飞行拓扑，否则就可能发生碰撞、坠机等危险。在无人机集群中，作为个体的无人机可以采用更灵活、自主的控制方法，这就要求每架无人机保持特定的相对位置、高度和角速度。在过去的几十年里，产生了许多自主协作任务分配和规划的控制方法。

由于无人机是无人驾驶系统，为了保证无人机集群更安全地飞行，必须针对无人机控制信令和探测数据传输来设计适当无线通信网络，因此对无线通信网络的控制是必需的。无人机集群的无线通信网络必须要满足高可靠、低时延的要求，并具有较高的完整性与鲁棒性，从而克服由于无人机集群的高动态性带来的飞行状态误差和通信链路中断的问题。为了控制无人机集群的无线通信网络，确保控制信令的正确交换，以及将执行任务中搜集到的数据传输到期望的位置，控制方法通常有以下要求[9]：

（1）通过高效的无人机集群运动规划控制方法来创建有效的网络拓扑。

（2）适应无人机集群无线通信网络信号传输功率的拓扑控制方法，主要针对不同无人机密度和覆盖范围的探测通信任务，需要无人机集群自主调整各无人机无线信号的传输功率，保证控制信令和数据能够被正确传输。

（3）在无人机集群中部署或控制一定数量的无人机作为中继节点，在无人机集群中，如果网络拓扑过于巨大，无人机集群内部的每架无人机都需要实时地与其他无人机进行数据交互，此时直连链路会因为两架无人机的距离过远而无法保持稳定，因此发送端的无人机需要将数据传输给中继节点，由中继节点通过放大转发或译码转发的方法将数据传输给接收端无人机。这对无人机集群的自主控制方法和拓扑控制方法的有效性提出了挑战，灵活选择合适的中继节点在无人机集群也是一个复杂的问题[14]。

（4）确保通信连通性的任务分配控制方法。由于无人机集群的覆盖范围和服务用户的密度普遍较大，而且需要执行的任务通常都需要探测并定位多个目标源[15]，因此需要设计控制方法，动态地将任务分成多个子任务，同时动态地将无人机集群分成多个子集群来满足任务需求。

（5）合适的拓扑控制方法。设计合适的拓扑控制方法需要注意以下几个方面：

① 针对拓扑、任务、飞行环境等不确定因素，拓扑控制方法需要有一定的鲁棒性。由于通信链路的多样性和无人机集群的高动态性，很难预测并获取无人机集群的无线通信信道状态信息（CSI），无人机集群拓扑控制方法应当能够尽可能使无线通信链路保持稳定，保证控制信令和数据的正确传输，因此无人机集群对不确定性因素具有鲁棒性是十分必要的[6]。

② 带宽限制。无线通信频谱正变得越来越拥挤，因此拓扑控制方法要求无人机集群的控制信令和数据必须在尽可能少的信息交互下快速传输，对带宽的要求低。但为了实现有效的协调，无人机集群的控制信令交互必须要求最小的时延和最低的译码误差，目前使用毫米波作为传输媒介来传输无人机集群的控制信令越来越受到学术界的关注[5]。

③ 为了提高无人机集群无线通信资源的利用率，需要协同优化拓扑控制方法和通信网络协议，以最小的能耗、带宽、码率和无线信号传输功率等建立并维持无人机集群的无线通信链路。针对大量有前景的无人机集群应用（如搜救、边界探测、环境植保等），无人机集群的通信网络协议需要快速适应动态的无线通信网络环境[16]。

无线通信网络存在一定的局限性，这会显著降低无人机集群的性能。一方面，数据传输的时延，特别是在命令交付中，可能会导致无人机集群飞行不稳定和任务执行效率降低，这将带来严重的危险，如无人机之间的碰撞或无人机碰撞其他障碍物；另一方面，时延或丢弃发送给无人机的消息，无论在集中式架构中还是在分布式架构中，都可能导致无人机集群内部的无人机对外部环境感知信息不一致，导致不合理的任务规划。例如，在分布式架构中，无人机集群的时延可能会阻碍无人机对任务达成共识，可能会因为一些无人机闲置而无法完成任务。为了降低风险，大带宽、高速率的毫米波作为控制信令和数据的传输媒介已经部署到了无人机集群中，并显示出了优异的数据传输性能[3,5-6,16]。

3. 无人机集群的控制方法类型

近几十年来，针对多无人机/智能体编队问题的各种控制方法和运动规划方法得到了广泛的研究。目前主要有两类典型的无人机集群控制方法，即基于领导者-追随者（Leader-Follower，LF）的无人机集群控制方法和基于行为（Behavior）的无人机集群控制方法，这两类控制方法都受到了极大的关注。在集中式架构和分布式架构中，大多数研究工作都会使用其中的一类或两类协同的控制方法。

1）基于 LF 的无人机集群控制方法

文献［5-6］针对无人机集群提出了基于 LF 的无人机集群控制方法。基于 LF 的无人机集群控制方法的具体思路是：选择一架具有无线通信完全接入功能的无人机作为无人机集群的领导无人机（LUAV），并作为无人机集群的参考点或中心，无人机集群中的其他无人机作为追随者，为了保持无人机集群的队形，LUAV 引导追随无人机（Following UAV，FUAV）进行飞行、悬停、降落等操作，同时要求 FUAV 之间保持所需的距离和姿态。基于 LF 的无人机集群控制方法是一种被广泛采用的无人机集群控制方法，因为其设计和实施相对比较简单，能够较容易地部署在一个无人机集群中。由于 LUAV 的存在，基于 LF 的无人机集群控制方法对随机因素带来的无人机集群飞行状态误差具有良好的鲁棒性。一般来说，基于 LF 的无人机集群控制方法通常采用集中式架构，要求无人机集群中的 FUAV 只与 LUAV 建立并维持无线通信链路。文献［17］揭示了基于 LF 的无人机集群控制方法的内在本质。基于 LF 的无人机集群控制方法可以保证 LUAV 和 FUAV 之间存在一个稳定的无线通信链路，使 LUAV 可以随时监控 FUAV 的飞行状态，它们之间可以及时交换距离和姿态等信息。在基于 LF 的无人机集群控制方法中的无人机是独立工作的，并且 LUAV 没有从 FUAV 中得到响应。当然，从 FUAV 到 LUAV 的信息传输可以提高无人机集群的鲁棒性。在基于 LF 的无人机集群控制方法中，交换的控制信令总量通常比分布式架构要少，因此通信效率要高得多。基于 LF 的无人机集群控制方法的主要缺点是高度依赖于 LUAV 的性能，有时难以控制和维持无人机集群的性能，特别是当 LUAV 出现故障或者 LUAV 与 FUAV 之间的无线通信链路中断时，无人机集群极其容易失灵，造成碰撞或坠机的危险[9]。

2）基于行为的无人机集群控制方法

文献［18］首先提出了基于行为的物体（包括无人机、无人车等）集群控制方法，然后利用混合向量加权控制函数作为性能指标，根据无人机集群要执行的不同任务类型（如向目标移动、避开障碍物、保持编队等）生成控制命令，从而解决了集群控制问题。该文献还根据总体任务要求，设计了 4 种不同的无人机集群任务控制方法，同时根据具体任务或外界环境的变化灵活地为每种方法生成一个性能增益指标。性能增益指标越高，表示该任务的重要程度越高，无人机集群的最终控制信令就是通过这些增益的加权组合来生成的。通过实施基于行为的编队控制，可以方便地维护无人机集群拓扑的完整性，并实现碰撞避免。然而，基于行为的无人机集群控制方法并不是基于无人机/无人车的运动学/动力学特性设计的，因此很难使用传统的数学/控制论方法来分析系统的稳定性，这使得从理论上证明基于行为的无人机集群控制方法的性能十分复杂。由于基于行为的无人机集群控制方法缺乏系统稳定性分析，可能并不太适合更大规模的无人机集群。尽管存在这样的缺陷，但基于行为的无人机集群控制方法能够通过一个控制命令完成不同的任务，因此它仍然被移动机器人和无人车（Unmanned Ground Vehicle，UGV）平台普遍采用。另外，基于行为的无人机集群控制方法具有更灵活的队形。在开放的天空中，无人机集群的稳定性是优先考虑考虑的因素，因此可以考虑使用基于 LF 的无人机集群控制方法。但在一个复杂的环境中，基于行为的无人机集群控制方法可以引导无人机接管自身的控制权。在未来，基于 LF 和行为的混合控制方法可能是趋势，混合控制方法既包含了基于 LF 的无人机集群控制方法的稳定性，也包含了基于行为的无人机集群控制方法的灵活性。文献［18］提出了一种融合基于 LF 的无人机集群控制方法和基于行为的无人机集群控制方法的混合无人车集群控制方法，混合无人车集群控制方法依赖于虚拟集群目标与跟随车辆之间的相对位置偏差。这种混合方法既具有主动行为控制方法的特点，又具有虚拟目标结构。基于行为的无人机集群控制方法主要关注单架无人机/单辆无人车的运动规划，通过基于 LF 的无人机集群控制方法，在 LUAV 和 FUAV 之间建立完备的监督机制，可以保证控制方法的完整性。LUAV 和无人机集群中每架 FUAV 都建立了稳定的无线通信链路，可以保证 FUAV 在任何时候都被 LUAV 监控，LUAV 可以根据监控信息灵活地控制 FUAV 的行动，从而避免无人机集群发生碰撞的危险。

如上所述，尽管基于 LF 或行为的无人机集群控制方法可以用于无人机集群控制，但它们有各自的缺点。例如，基于 LF 的无人机集群控制方法缺乏稳定的无线通信链路，而基于行为的无人机集群控制方法难以建模，不能保证无人机集群拓扑的稳定性。近年来，随着谐理论（Consensus Theory）的发展，基于图论的谐控制被证明能够解决集群控制问题。此外，一些研究结果表明，基于 LF 或行为的无人机集群控制方法可以统一在谐控制的总体框架中[19]。基于图论的谐控制克服了上述传统控制方法的不足。

1.3.3　无人机通信及其标准化

无人机通信是无人机系统中至关重要的技术之一。无人机的远程控制与数据传输，包括无人机集群的形成与控制，都离不开无人机的通信能力。本节将对无人机通信及其标准化进行概述。首先，本节从无人机通信链路分类、无人机通信手段和无人机通信信道三个方面概述无人机通信技术；然后，对无人机通信标准化的现状进行简介；最后，本节讨论无人机通信中的机遇与挑战。

1. 无人机通信链路分类

在无人机系统中，通信链路分为控制与非有效载荷（Control and Non-Payload Communication，CNPC）链路和有效载荷链路[20]。其中 CNPC 链路主要承载无人机与远程控制者、附近的飞行器等的关键安全信息，确保无人机的飞行安全可靠。有效载荷链路主要承载无人机与地面终端进行的通信任务，如图像、视频、数据包等。而在无人机的大规模部署中，为了保证通信的安全性和可靠性，国际电信联盟（International Telecommunication Union，ITU）将 CNPC 分为了以下三类[21]：

（1）与空中交通管制中心的无线通信。在开放的空域中，通过无人机在空中交通控制中心与无人机控制中心建立的通信链路被称为空中交通管制（Air Traffic Control，ATC）中继。该中继的建立是为了保证无人机与控制中心之间收发数据的畅通，在高密度飞行器区域内可保证无人机控制中心与空中交通管制中心的通信畅通，从而避免无人机对其他飞行器产生安全性的影响。

（2）与无人机控制中心的无线通信。该类无线通信，一般分为上行链路与下行链路两类，其中，无人机控制中心通过上行链路将飞行与导航控制命令发送到无人机；无人机通过下行链路将当前的飞行状态发送到无人机控制中心。

（3）用于支持感知与规避的无线通信。感知与规避对应在所有空域中的"看见与规避原则"，即飞行员确保自身与附近飞行器、地形、障碍物（如天气）的安全距离。

根据不同的应用场景，通常可将有效载荷链路分为以下三种链路：

- ➲ 移动终端-无人机链路：在基站发生故障时，无人机与移动终端进行通信需要依靠两者间的直连链路。
- ➲ 无人机-地面基站/网关链路。
- ➲ 无人机-无人机链路。

对于 CNPC 链路与有效载荷链路，由于其承载的任务不同，所以在无人机通信网络中两种链路所需的通信速率、时延和频段也有所不同。3GPP 给出了这两种链路的一些需求指标[21]：对于 CNPC 链路，时延在 50 ms 以下、通信速率在 60～100 kbit/s、丢包率不能高于 10^{-3}；对于有效载荷链路，要保证上行链路的通信速率达到 50 Mbit/s，在有些应用场景中甚至要求通信速率达到 Gbit/s 量级，时延同样视不同应用场景而定，一般在 100 ms 或以上。出于 CNPC 链路安全性的考虑，CNPC 链路对频段同样存在要求。国际民用航空组织（International Civil Aviation Organization，ICAN）规定无人机的 CNPC 链路必须在受保护的航空频段。ITU 的进一步研究表明，为了适应未来一定数量的无人机 CNPC 链路，需要使用 34 MHz 的地面频谱和 56 MHz 的卫星频谱来支持视距与非视距范围内无人机飞行。为满足上述要求，2012 年世界无线电通信大会（World Radiocomunication Conferences，WRC）将 503～5091 MHz 的 C 段频谱用于无人机 CNPC 链路。有效载荷链路的频段则取决于其应用场景，通常 LTE 带宽可以能满足有效载荷链路的需求；对于某些对数据传输速率要求较高的应用场景，可能会用到毫米波频段。

2. 无人机通信手段

在无人机通信中，常用的无线通信手段主要包括直连通信与卫星通信[20]。直连通信是指无人机与其对应的地面节点（如遥控器或地面基站等）直接进行的点到点通信。在过去的无人机民用通信中，这种通信手段经常被使用。直连通信具有布置简单、成本较低的优点，但其只能在视距范围内进行通信，这就使得直连通信链路很难应用于复杂的传播环境。例如，在城市中，直连通信就很容易被高楼或树木遮挡，从而影响无线通信的质量。为了使无人机能够连接互联网，与其进行直连的地面节点需要与网关相连，这会导致无线数据在回传时产生极大的时延。此外，直连通信在面对干扰或攻击时极易被中断，其安全性无法得到保障。由此可知，直连通信将无法应用于部署大量无人机的应用场景。

由于单纯依靠地面基站与无人机的直连通信无法应对更为复杂的应用场景，而利用卫星进行通信则不会受到复杂应用场景的影响，同时由于卫星通信的覆盖范围较广，所以在无人机通信中卫星通信成为一种不错的选择。随着中大型无人机的增多，普通的地面基站已经无法满足日益增长的通信需求，仅仅依靠地面基站和无人机进行直连通信容易产生信号盲区，在突发情况如地震救援时，无人机又有着不可替代的作用，因此在地面基站暂时中断的情况下，利用卫星进行无人机通信可以大大提升无线通信链路的可靠性。在正常情况下，卫星-无人机通信则被广泛应用于无人机与地面节点分布广泛的应用场景中，如海洋通信或偏远地区。卫星通信还能用于无人机的导航与定位。但卫星通信同样也拥有一些弊端。首先，卫星与无人机或地面基站距离较远，所以会不可避免地产生较大的时延。如前所述，CNPC 链路对时延的要求极高，这对卫星通信提出了巨大的挑战。其次，由于卫星所在的高度决定了卫星的数据终端所处环境较为恶劣，所以如何在保证安全性的前提下降低成本也是卫星通信面临的挑战。此外，由于无人机在尺寸、重量和功率方面的限制，使其很难携带过于笨重的卫星通信设备，这同样会影响卫星通信的性能。为了应对这些挑战，卫星通信的未来发展方向可能是地面基站与卫星相结合：在近距离操作时，使用地面基站发送控制指令；在远距离操作时则启用卫星，确保无人机能时刻接收到无人机控制中心发送的命令。同时，根据不同应用需求使用不同的方案，如针对应急与控制采用低成本的窄带方案，在远距离图像视频回传中则使用宽带方案。

3．无人机通信信道

无人机通信网络中主要存在两类信道：无人机-地信道以及无人机-无人机信道[22]。

（1）无人机-地信道。无人机-地信道与载人飞行器系统中的空-地信道不同。在载人飞行器系统中，地面基站通常被修建在开阔地带，无人机系统中地面基站的修建地点取决于不同的应用场景，这使得地面基站附近的环境不可预知。尽管在大多数场景中，我们会希望无人机-地信道仅由 LoS（Line of Sight，视距）信道组成，但由于房屋甚至机身的遮挡，使用 LoS 信道对无人机-地信道进行建模往往是不可行的。对于在低空飞行的无人机，这些遮挡会带来反射、折射、衍射等多径部分，所以对于这部分信道，不能将其等效为载人飞行器系统中空-地信道的建模。对于在沙漠或海洋等空旷区域飞行的无人机，一般采用双线模型进行建模，这是由于在空旷区域，LoS 信道占主导部分，且多径信道一般只包含反射部分；而对于在较为复杂区域飞行的无人机，一般采用莱斯信道进行建模，通过取值不同的莱斯因子对应不同的环境。

（2）无人机-无人机信道。由于在天空中遮挡可以忽略，所以在无人机通信中的空-空信道通常只考虑 LoS 信道部分。尽管由于地面反射，空-空信道也会受到多径衰落的影响，不过相比于无人机-地信道，这部分衰落通常无须考虑。但由于无人机的高速飞行，所以无人机-无人机信道可能会产生比无人机-地信道更高的多普勒频移，这是无人机-无人机信道建模中需要重点考虑的部分。随着毫米波频段的开发，无人机-无人机信道有可能在毫米波频段工作，尽管毫米波通信可以给无人机通信带来更高的效率，但其所在的更高频率也会导致更大的多普勒偏移。同样，毫米波波束赋形技术的应用将使无人机-无人机信道存在较大的稀疏性，这些无疑都是信道建模中的重要影响因素。

4．无人机通信标准化

3GPP（3rd Generation Partnership Project）协议族已经成为主流的全球移动技术标准化开发主体协议之一，无人机通信的标准化有助于确保设备供应商与无线通信网络运营商之间的兼容性，并降低网络运营和设备成本。3GPP R15 设计并统一了第一个全球第 5 代（5th

Generation，5G）新无线电（New Radio，NR）标准。与此同时，4G 长期演进（Long-Term Evolution，LTE）通信协议也将继续发展。无人机通信标准化设计的需求如下所述[23]：

- 当配置的小区数量满足触发条件时，可基于测量报告的干扰检测来稳定无人机的无线通信链路；
- 当无人机的飞行高度超过网络配置的阈值时，需要及时向地面控制台或地面基站报告无人机当前的实时高度和位置；
- 从无人机到网络的飞行路径信息的信令需要被及时传输；
- 空中无人机的识别与授权技术要保证蜂窝通信的安全。

在连接模式下，无人机需要进行设备配置，并测量正在服务的小区和邻居小区的通信质量，以便在服务小区的通信质量下降时能够切换到通信质量足够好的邻居小区。具有基于事件的测量报告触发机制的参考信号参考功率（Reference Signal Reference Power，RSRP）标准是用于无人机迁移或者切换目标的主要测量标准化类型。LTE 标准化协议指定了几个不同的事件，这里要考虑的相关事件称为 A3、A4 和 A5。事件 A3 是指当邻居小区的配置偏移量优于服务小区的事件；事件 A4 是指邻居小区通信质量变得优于绝对阈值的事件；事件 A5 是指服务小区通信质量变得比一个绝对阈值差，而邻居小区通信质量变得比另一个绝对阈值好的事件。还有一个名为即时触发（Time-To-Trigger，TTT）机制的滑动窗口参数在这里起作用，传统的基于事件报告的标准化工作协议需要将任务需要通过定义为 TTT 的时间滑动窗口来实现，以便触发测量并将无人机从任务中获取的信息发送到 LTE 网络。TTT 是在测量配置中给予无人机参数，该测量配置还描述了无人机在测量其他小区时应该考虑的事件和相应的阈值。

LTE 网络可以配置一个地面无人机，将无人机位置坐标和水平速度附带到任何 RSRP 测量报告中。如果有可用的位置坐标和水平速度信息，则无人机将附带位置坐标和水平速度信息。发送 RSRP 测量报告时的基于事件的触发与无人机的位置坐标或水平速度无关，而是与 RSRP 值相关，如事件 A3。确定为空中无人机运动与控制指定的信令传递的机制是否触发将取决于无人机的飞行高度，报告除了水平速度和位置坐标，还包括飞行高度和垂直速度，其中事件阈值为无人机的飞行高度。当无人机配置了该事件后，且无人机的飞行高度超过阈值时，需要根据 3GPP 标准向地面控制台或者地面基站报告事件 A3。3GPP 正在为无人机飞行高度报告指定一个一致性测试，以测试高度报告来判断无人机是否可以正常工作。测试高度报告依然需要包括无人机的飞行高度，但位置坐标、垂直速度和水平速度等信息也都包含在该报告中。3GPP 的相关工作的范围主要用于低空无人机，并且允许考虑无人机到达距离地面 300 m 的上空，因此配置的高度阈值需要覆盖地面以上 300 m 的高度。由于地面高度相对于海洋的高度是随位置的变化而变化的。一般来说，无人机可用范围规定的高度阈值包括距离海平面-420～8880 m。

3GPP R15 支持无线移动通信网络向无人机请求飞行路径信息，无人机可以通过应用层连接到无人机交通管理系统（UAV Traffic Management System，UTMS），向地面控制台或地面基站实时输出无人机的路径信令。根据 LTE 的标准化规范，以及出于信息安全性的考虑，UTMS 和无人机之间的通信对 LTE 或 NR 网络是不可见的，因为任何 LTE 或 NR 网络的逻辑节点和 UTMS 之间没有标准化接口。为了使地面基站知道无人机的飞行路径信息，地面基站需要从 UTMS 接收信息。表示无人机飞行路径的最简单的方法是起飞点和着陆点，以及一些中间点的位置坐标。除了所规划的飞行路径点的位置坐标，无人机的飞行路径信令还包括描述无人机计划何时到达该路径点的时间。LTE 或 NR 网络对无人机飞行路径的精确度没有进一步的要求,因此在实际的飞行中,无人机飞行路径信令包含的信息必须被认为最有效的附加信息,才能保证地面基站及时利用无线通信网络与无人机建立标准化通信链路。一般来说,较高海拔的小区覆盖是碎片化的,很难根据计划的飞行路径点确定准确的目标小区,因此无人机的飞行路径信息不能直接用于小区切换。LTE 或 NR 网络可以根据无人机飞行路径信息进行粗略的资源规划,例如,当有几架无人机前往某一区域时,LTE 或 NR 网络可能会提前做好准备。LTE 和 NR 网络对无人机飞行路径报告的支持与对测试高度报告的支持是相同的,唯一的区别是哪个标准化协议(LTE 或 NR)会允许事先进行配置,因为无人机在飞行时的信号对 NR 网络来说是不可知的。

无人机可以通过应用层连接到 UTMS,并从那里接收飞行授权。这种通信对 LTE 或 NR 网络是不可见的,因为 LTE 或 NR 网络的逻辑节点和 UTMS 之间没有标准化接口,即使无人机的指挥和控制数据包括无人机授权或无人机身份,网络节点也不会意识到这一点。例如,在美国和日本都有相关规定,允许无人机使用移动通信网络进行连接。3GPP 指定了一种基于订阅的授权方法,对无人机功能的支持存储在归属用户服务器(Home Subscriber Server,HSS)中的用户订阅信息中,在 HSS 中还存储了国际移动用户识别码(International Mobile Subscriber Identity,IMSI)以及一些与安全相关的信息。当一架无人机访问一个小区,且即将通过空中接口建立无线电资源控制(Radio Resource Control,RRC)上行链路时,无人机与地面基站同时通过 S1 AP 接口向移动管理实体(Mobility Management Entity,MME)请求无人机的订阅信息,MME 通过 S6 接口从 HSS 接收用户信息。需要注意的是,订阅信息的作用是授权无人机接入无线通信网络。为了将用户授权与有关设备信息结合起来,订阅信息需要与特定的无线信息比特结合起来。当前版本的 3GPP 指定的功能比特通常由无人机自己决定,这让无人机制造商可以在给定的任务中实现专业功能自由组合。但由于无人机识别的重要性,如果设备的订阅具有无人机的授权,则必须同时支持测试高度报告和基于 RSRP 的测量触发机制。无人机可以将订阅的信息与来无人机无线电能力结合起来,以便识别无人机在飞行时是否已被授权连接到无线电接入网络(Radio Access Network,RAN)。

5. 无人机通信中的机遇与挑战

无人机通信的信道与地面通信的信道存在着许多不同,这给无人机通信网络的设计带来了新的机遇和挑战,这些机遇与挑战主要是由无人机的飞行高度、飞行速度、通信信道以 LoS 径为主等特性带来的[20]。

(1)飞行高度。与传统的地面通信相比,无人机的飞行高度要远高于地面基站的高度。地面基站的高度通常在 25 m 左右,而我国对轻型无人机的飞行限高为 120 m。飞行高度的增加势必会带来更大的信号覆盖范围,但与之对应的就是由于通信距离变长而引起的信号衰落。现有的地面基站采用的大都是带有下倾角的天线,以满足与地面用户通信的需求。在地面基站与无人机进行通信时,带有下倾角的天线同样会带来一部分信号的损失,这就需要设计新的天线技术或者设计新的通信手段,以满足地面基站与无人机之间的通信。同样,在现有的地面通信系统中,地面基站提供的是较为传统的 2D 区域覆盖,但无人机需要地面基站为其提供 3D 区域覆盖,这对地面基站的天线技术就提出了新的要求。如何使无人机通信网络既保证无人机的大覆盖范围,同时又解决地面基站对无人机信号的覆盖,就成为无人机通信中的一项重要挑战。

（2）飞行速度。无人机的高移动性是无人机通信网络中一项十分重要的特性。与地面用户大部分处于低速运动状态或者静止状态不同，无人机用通常是高速飞行的，无人机之间也可能会存在高速的相对运动，这使得无人机在飞行过程中需要进行频繁的切换，同时会与地面用户或地面基站之间产生时变的无线回传链路，这势必会造成无人机通信网络的低频谱利用率以及高额的信令开销。为了应对无人机高移动性所带来的困难，人们开始研究基于无人机通信感知的控制方法，即根据无人机所在的高度、飞行速度、位置坐标等信息，以及其服务的地面用户的位置、通信任务来动态调整飞行路径。同时，针对无人机执行不同任务的场景，以认知的方式动态协同通信节点，更高效地利用频谱资源，确保在不同场景下使通信信道容量最大化。

（3）通信信道以 LoS 径为主。在传统的地面通信系统中，由于建筑物或环境等的遮挡，LoS 径往往在通信过程中被直接阻断。而无人机通信网络中，由于无人机-地信道之间的遮挡较少，因此基本上不会产生由于散射、衍射所带来的阴影衰落与多径衰落。这样的信道特征将使无人机与地面基站和地面用户的通信链路更加可靠。同时，由于无人机通信信道以 LoS 径为主，因此可以认为信道在时域和频域上是慢变甚至不变的。虽然这种信道在通信任务调度和信道资源分配上有一定的优势，但也存在空地干扰的弊端，这种弊端将限制同时出现地面用户和空中用户的无人机的系统容量。在无人机的上行链路中，通信信道以 LoS 径为主，将对同频的邻居小区产生干扰；在无人机的下行链路中，也会对同频的邻居小区产生干扰。对无人机而言，如何消除这种相互干扰是一个十分重要的研究课题。这种信道特征还会带来诸如安全性较差等的问题，这是由于信道元素（以 LoS 径为主）较为单一，因此更容易受到其他恶意节点的攻击，这也给无人机通信网络的物理层安全设计带来了挑战。

（4）其他挑战。除了前述的挑战，无人机通信网络还面临许多其他的挑战，如无人机在飞行过程中重量和功率的限制、无人机通信网络的信道难以估计等问题。前者会要求对无人机所携带的中继设备进行特殊定制以满足无人机的尺寸需求，同时功率限制也会使无人机的通信性能受到飞行时间的影响，进而影响整个系统的能耗；后者则是无人机通信网络的基础，在信道无法得到准确估计的情况下，无论无人机的最优位置部署，还是无人机的动态轨迹优化，都很难使无人机通信网络的性能达到最优。

1.3.4　无人机通信网络与技术

相对于单架无人机而言，多架无人机构成的无人机通信网络在数据共享、任务执行、可扩展性、可生存性、经济成本、隐蔽性等方面有明显优势。在数据共享方面，无人机通信网络使无人机间能够进行信息交互、数据共享，是多无人机协作完成任务的重要基础。在任务执行方面，多架无人机协同工作，使无人机通信网络能够扩大无人机的监视范围、增大通信距离和覆盖区域，从而大大提高任务的执行速度，完成单架无人机无法完成的任务。在可扩展性方面，无人机通信网络使无人机规模的灵活扩展成为可能，可根据任务要求调整监视范围、通信距离和覆盖区域。在可生存性方面，由于无人机受限于自身能量和体积，单架无人机容易遭受能量耗尽、设备故障或者遭遇袭击等意外，具有很大的不稳定性，多架无人机协同组网，能够在很大程度上克服这些问题，提升无人机通信网络的可生存性和抗毁能力。在经济成本方面，无人机通信网络使得多个小型无人机协同完成任务成为可能，相对于使用大型无人机，多个小型无人机的成本更低。相对于大型无人机，小型无人机具有更好的隐蔽性，因此无人机通信网络更适合军用、警用等对隐蔽性要求高的场景。

　　由于无人机通信网络具有以上技术优势，其在军事和民事领域得到了越来越多的应用。在军事领域，能够协作互联的无人机通信网络可应用于快速态势感知、目标打击、辅助指挥等任务。在民事领域，无人机通信网络能够应用于抢险救灾、火灾检测、电子对抗、信息采集、交通监控、遥感等场景。无人机通信网络示意图如图 1-6 所示，根据应用场景的不同，无人机通信网络具有多种组网方式，形成了不同的无人机通信网络类型。按照无人机是否使用地面基础设施，可以将无人机通信网络分为无人机-蜂窝融合网络和无人机空中网络。无人机-蜂窝融合网络主要关注无人机与地面的通信，无人机利用现有的蜂窝网络基础设施和技术，可实现大规模无人机之间或无人机与地面之间的通信。无人机空中网络主要关注无人机的对空通信，无人机不受到地面基础设施限制，可实现多无人机之间的空中组网。本节将分别对无人机-蜂窝融合网络和无人机空中网络的分类、特点及技术优势进行介绍。

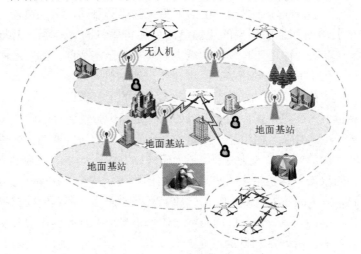

图 1-6　无人机通信网络示意图

1．无人机-蜂窝融合网络

　　1.3.3 节介绍了无人机通信链路的分类和常用的通信手段，但上述内容没有涉及如何实现大规模无人机通信。出于成本的考虑，无论直连通信还是卫星通信，都难以经济、高效地支持大规模无人机通信。同样，为了实现大规模无人机通信而建设专用的地面网络也将带来高昂的成本。

　　与 1.3.3 节介绍的无人机通信手段不同，蜂窝网络发展至今，经历了从第一代（1G）移动通信到第五代（5G）移动通信的变革，已经具有相对完备的基础设施和几乎无处不在的覆盖能力，足以支持大规模、高密度的无人机通信。在蜂窝网络的覆盖范围内，无人机能够利用现有的蜂窝网络基础设施和技术，经济高效地实现无人机通信网络与地面基站的通信。尤其是最近蓬勃发展的 5G 移动通信技术，已经开启了万物互联的时代，能够提供高速率、低时延的通信服务，可以满足高数据传输速率且对时延敏感的无人机通信需求。因此，无人机-蜂窝融合网络受到了极大的关注。与此同时，无人机为蜂窝网络技术的发展提供了新的可能。由于无人机具有一定的飞行高度以及灵活机动的特性，不仅能够避免受到地面环境的影响，而且在辅助蜂窝网络通信方面具有极大的发展潜力。

　　按照无人机在网络中的角色不同，可以将无人机-蜂窝融合网络分为两大类：一类是无人机作为空中用户，从空中接入蜂窝网络，我们将这类网络称为蜂窝连接的无人机通信网络（Cellular-Connected UAV Network）；另一类是无人机作为空中基站/中继等空中通信平台提供空中接入，协助蜂窝网络，我们将这类网络称为无人机辅助的无线网络（UAV-Assisted Wireless Network）。接下来，将分别介绍这两类网络的特点和技术优势。

1）蜂窝连接的无人机通信网络

在蜂窝连接的无人机通信网络中，无人机作为空中用户接入蜂窝网络，通过地面通信系统和地面网络的支持，实现了大规模无人机之间以及无人机与其他用户之间的通信。蜂窝连接的无人机通信网络具有以下显著的优势。首先，蜂窝网络由运营商提供，并且在全球已经实现了极大的覆盖范围，因此蜂窝连接的无人机通信网络不仅易于使用、具有极大的可用范围，而且成本还比较低。在蜂窝连接的无人机通信网络中，处于不同位置的无人机之间以及无人机与其他用户之间，都能够方便快捷地实现无线连接。其次，蜂窝网络具有先进的技术和认证机制，因此蜂窝连接的无人机通信网络能够利用蜂窝网络的先进技术和认证机制，提升无人机通信网络的性能。例如，5G 移动通信系统具有完善的信道接入机制，并且能够达到 10 Gbit/s 的数据传输速率和 1 ms 的时延。无人机作为空中用户时，可以利用现有技术实现较高的无人机通信网络性能。当无人机的密度增大时，仍然能够通过设备到设备（D2D）等蜂窝网络技术实现高效的通信。最后，蜂窝辅助定位为无人机定位提供了新的手段。无人机定位是无人机导航、自动驾驶的重要基础，蜂窝辅助定位为无人机定位提供了重要补充，能够提升无人机定位精度和导航性能[23]。

2）无人机辅助的无线网络

随着通信设备的小型化，在无人机上搭载小型基站/中继等通信设备，可将无人机作为空中平台，从而辅助地面通信系统。在无人机辅助的无线网络中，无人机不再作为空中用户，而是搭载了小型通信设备作为空中通信平台，辅助服务地面网络用户。与传统蜂窝网络中的静态基站/中继相比，无人机辅助的无线网络具有以下明显优势。首先，无人机空中基站能够灵活快速部署，响应不同场景的需求。在应急抢险、灾后救援等场景中，无人机空中基站的灵活部署优势将更加明显。其次，无人机在空中飞行，不受地面环境的影响，更容易与地面建立视距通信链路。无人机基站/中继相对而言不易受到地面树木、行人、楼宇等障碍物的影响，从而能够为地面网络的通信调度提供可靠的视距通信链路。在无人机的辅助下，地面无线网络能够为受障碍物遮挡影响的用户提供更高的服务质量。最后，由于无人机的高移动性，无人机基站/中继具有更高的自由度，可以提升通信性能，满足地面无线网络的通信需求。5G 移动通信对峰值数据传输速率、通信时延、服务终端数量等提出了更高的要求。传统地面基础设施的自由度受限，不利于针对不同场景的需求来灵活地配置通信指标。而无人机辅助的无线网络能够利用无人机基站/中继的高自由度，在增强型移动宽带、大规模机器通信、任务关键型通信等多种场景中灵活部署，灵活满足不同场景的关键通信需求。

2. 无人机空中网络

尽管无人机-蜂窝融合网络具有种种优势，但仍然存在许多蜂窝网络不适用的情况。例如，在蜂窝网络未覆盖的沙漠、海洋等偏远地区，无人机就无法通过蜂窝网络实现大规模无人机之间的通信或无人机与地面用户的通信。此外，在许多无人机协同执行任务的场景下，如多架无人机协同侦察、视频监控、采集数据等，需要建立多无人机之间的通信链路，通过地面基础设施作为中间节点不再是最优选择。在无人机空中网络中，无人机通信不再受到地面基础设施覆盖范围的限制，能够将无人机应用扩展到更多的军用和民用场景。

无人机空中网络主要指多无人机间不通过地面基础设施、直接在空中建立通信网络。无人机空中网络具有多种形式，按照其网络组织形式的不同，可以分为无人机主从网络、飞行自组织网、无人机集群等。

1）无人机主从网络

无人机主从网络是一种中心化的网络，由一架具有较强通信和负载能力的主无人机和多架具有一般通信和负载能力的从无人机组成。该网络中的主无人机具有数据汇聚、数据回传等功能，从无人机将感知、采集到的数据发送给主无人机，再由主无人机将这些数据传输到外部网络。无人机主从网络适用于许多任务驱动型场景，如交通监控、森林防火、灾情检测等。以无人机主从网络执行交通监控任务为例，多架从无人机在监控区内分散巡航，并将采集的实时视频监控发送到主无人机，主无人机将视频数据汇聚并回传到地面基站。无人机主从网络具有以下优势。首先，无人机主从网络中的从无人机与主无人机直接连接，避免了多跳产生的时延开销和能耗，因此在需要实时数据传输的场景下，无人机主从网络具有低时延、低能耗的优势。其次，无人机主从网络允许异构无人机协同工作，可以在完成任务的同时降低成本。通过配置少数能力较强的主无人机，无人机主从网络降低了对大量从无人机的通信和负载能力要求，使得网络更加经济高效。

2）飞行自组织网（Flight Ad Hoc Network，FANET）

虽然无人机主从网络适用于许多任务驱动型的场景，但同时也面临着安全性和可扩展性问题。一方面，主无人机作为无人机主从网络的中心，一旦遭到破坏，将导致整个网络不可用，因此无人机主从网络在复杂环境下面临着巨大的安全性风险。另一方面，受到主无人机通信和负载能力的限制，无人机主从网络通常适用于规模较小的无人机通信网络，其可扩展性有限，不适用于大规模无人机通信的场景。

相对于中心化的无人机主从网络，去中心化的飞行自组织网能够有效解决上述问题。移动自组织网（Mobile Ad Hoc Network，MANET）是一种无基础设施的、动态自组织的网络，用于实现笔记本电脑、手机和对讲机等移动设备之间的点对点通信，这些移动设备通常使用IEEE 802.11a/b/g/n 等协议在带宽受限的无线链路上进行通信。MANET 中的每个移动设备都可以随机移动，因此这些移动设备与其他设备的链路将频繁改变。此外，为了支持两个相距较远节点的通信，中间的一些其他节点需要作为中继节点来转发数据。车载 Ad Hoc 网络（VANET）是 MANET 在车载网络上的应用，它能够支持二维高速移动的车载通信。FANET是 MANET 和 VANET 在无人机通信领域中扩展应用，在 FANET 中，无人机具有收发数据与路由的功能，各无人机之间通过信息交互获取资源占用信息和运行状态信息，从而通过多跳方式传输控制指令，建立无中心的无线移动通信网络。FANET 中的无人机以分布式、自组织的方式进行信息交互，具有以下显著优势。首先，FANET 不依赖于地面基础设施。无人机自身作为通信节点和中继节点，不需要地面基础设施，不受地面基础设施覆盖范围的限制，受地形因素的影响小，可满足复杂、偏远环境下的无人机组网需求。其次，FANET 具有抗毁和自愈能力。FANET 继承了 MANET 的优点，FANET 中的无人机是对等的，可以随时加入和退出网络，任何无人机的故障都不会影响 FANET 的运行，FANET 具有良好的抗毁和自愈能力。最后，FANET 的拓扑结构灵活。FANET 的拓扑结构可以根据应用场景采取不同的形式，如网状、环状、星状，甚至直线状等网络拓扑结构，因此 FANET 具有更强的环境适应性。

3）无人机集群

尽管 FANET 是一种健壮灵活的小型无人机通信网络，但考虑到在整个网络上实现动态可靠的路由协议的复杂度和困难性，FANET 通常无法为大规模无人机提供一个可扩展的解决方案。多跳次数的增加也将带来更多的能耗、较低的频谱效率和较长的端到端时延。

相对于 FANET，无人机集群有望实现更大规模和更加智能化的无人机组网。无人机集群是指一群低成本小型无人机在操控人员（空中或地面）的指挥或监管下，参照蜜蜂等昆虫的集体行动模式自主组网并共同完成特定的任务。构成无人机集群的无人机可以是同构的，也可以是异构的；其组网方式可以是中心化的，也可以是去中心化的。因此，无人机集群是一种灵活的大规模无人机组网方式。在适当场景下，无人机集群可以进行编队飞行。"长机-僚机"飞行模式是一种典型的无人机集群飞行模式，在这种模式下，无人机集群按照统一的飞行速度和方向进行编队飞行。僚机节点具有感知、采集数据和无线通信能力，完成数据采集后通过多跳通信向长机发送数据，长机具有连接外部网络的网关功能，能够分发感知和采集到的数据。在其他场景下，无人机可以取消编队，分别进行避障等操作。相对于其他组网方式，无人机集群的优势主要体现在以下两方面。一方面，无人机集群在其内部可以形成多个自组织网或者其他异构网络，同时完成多项任务，因此无人机集群能够支持更大规模的无人机组网，从而提升组网和工作效率。另一方面，无人机集群能够借鉴蜂群、蚁群等群体智能模式，实现智能化的控制和组网，因此无人机集群能够进一步提升无人机通信网络的智能化、自主化程度，在增加无人机数量时无须大量增加控制成本，有利于无人机通信网络在复杂环境（如战争环境）下的应用。目前，无人机集群在战场态势感知、装备体系协同、诱骗干扰和集群攻击等方面具有广阔的应用前景。

无人机集群和 FANET 都是主要面向无人机内部通信的网络。随着无人机在不同领域的应用，其应用场景越来越多样化，为了满足泛在、灵活、协作的通信与网络需求，异构网络统筹协同、一体化网络部署与实施成为未来信息通信的重要发展趋势之一。为此，无人机不仅需要进行机群内部通信，还面临着与车辆、卫星、船舶等多种目标通信的需求。将空基无人机网络与天基卫星网络、地基物联网和海基远洋网络进行融合，形成空-X 一体化网络，如空地一体化、空海一体化和未来的空天地海一体化网络，能够充分发挥无人机通信网络的优势，实现异构网络协作双赢，具有广阔的发展前景和巨大的应用价值。

1.4　本书的主要内容

本书共 12 章，第 1 章为概述，剩下的 11 章可分为三篇。第 1 篇为无人机通信网络基础篇，包括第 2~5 章；第 2 篇是无人机-蜂窝融合通信网络篇，包括第 6~9 章；第 3 篇是无人机空中通信网络篇，包括第 10~12 章。本书的章节结构如图 1-7 所示。

第 1 章：概述。本章主要介绍无人机系统的演进，主要内容包括无人机的应用场景、无人机的发展历程、无人机类型、无人机控制与集群、无人机通信及其标准化、无人机通信网络与技术等。

1. 无人机通信网络基础篇

本篇主要介绍无人机通信网络的基础知识，从无线通信技术的基本概念引申到无人机通信网络的基本概念，专门讨论无人机通信网络的特征、信道模型和性能的理论研究。本篇的主要内容如下：

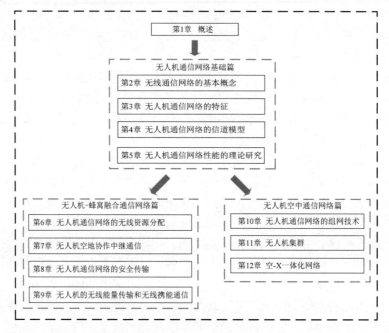

图 1-7　本书的章节结构

第 2 章：无线通信网络基本概念。本章主要介绍无线通信网络的基础，信号从发送端到接收端之间的整个过程，以及该过程涉及的无线通信技术。本章首先介绍无线通信网络基础，以及无线信道的传输与衰落，然后延伸出无线通信的多址技术和多天线技术。

第 3 章：无人机通信网络的特征。本章主要介绍无人机通信网络的特征，研究无人机通信网络在信号传输过程中相比于蜂窝网络的特征，阐述无人机在空中三维空间运动时造成的高动态特性。由于无人机通信网络是协同组网、共同完成任务的，这种任务驱动型网络比蜂窝网络更加容易受到周围环境陌生、信息处理能力受限、能量供给受限、气象环境和恶意节点干扰的共同影响。

第 4 章：无人机通信网络的信道模型。本章主要介绍信号在发送端到接收端之间传输时经历的信道特性，主要讨论信号在无人机网络的信道中遭遇的大尺度衰落模型、快衰落模型、信道的 3GPP 标准化信道测量方法，以及获取无人机信道信息的信道模型反演研究方法。

第 5 章：无人机通信网络性能的理论研究。本章主要介绍无人机通信网络性能的理论研究方法，先从随机几何网络模型的基本知识讲起，并将无人机通信网络建模成随机几何网络模型，然后分别讨论热点覆盖场景、灾难救援场景的无人机通信网络性能和无人机通信网络缓存性能的理论研究现状。

2．无人机-蜂窝融合通信网络篇

本篇主要讨论无人机通信技术的主要研究内容、相关研究进展和主要挑战，包括无人机通信网络的无线资源分配、无人机空地协作中继通信、无人机通信网络的安全传输、无人机的无线能量传输和无线携能通信等方面的最新进展。

第 6 章：无人机通信网络的无线资源分配。本章主要介绍无人机蜂窝网络无线资源分配的相关概念，分别具体介绍无人机辅助异构蜂窝网络的无线资源分配、无人机辅助 NOMA 系统的无线资源分配、无人机辅助缓存网络及其无线资源分配、无人机毫米波通信波束赋形与无线资源分配等的技术进展，为无人机-蜂窝网络融合通信奠定基础。

第 7 章：无人机空地协作中继通信。在地面蜂窝网络通信场景下，当收发两端之间的直连信道中断时，将无法进行直接通信，此时无人机可作为中继节点，存储地面发送端发送的数据并将其转发到接收端。本章先介绍无人机空地协作中继通信的研究现状，然后介绍远程应急无人机中继系统和低时延高可靠的无人机中继系统，最后讨论无人机中继系统的飞行轨迹优化。

第 8 章：无人机通信网络的安全传输。本章介绍无人机通信网络安全通信的概念，目标是保证收发两端之间的通信链路能够安全稳定地传输数据，不受外部恶意干扰源的影响。具体来说，本章介绍基于人工噪声的无人机通信网络的安全传输、基于 NOMA 的无人机通信网络的安全传输、无人机中继系统的安全传输和无人机中继辅助隐蔽通信。

第 9 章：无人机的无线能量传输和无线携能通信。本章讨论无人机的无线能量传输（WPT）和无线携能通信（SWIPT），具体内容包括 WPT 和 SWIPT 技术概述、无人机 WPT 网络优化、无人机辅助 SWIPT 网络优化和多无人机辅助 SWIPT 网络优化，展示信息能量联合传输技术在无人机通信网络中的显著优势。

3. 无人机空中通信网络篇

本篇主要讨论空中无人机通信网络的主要问题，主要内容包括无人机通信网络的组网技术、无人机集群和空-X 一体化网络。

第 10 章：无人机通信网络的组网技术。本章主要介绍无人机频谱管理、多路访问控制协议、拓扑及功率管理、路由协议。

第 11 章：无人机集群。本章在介绍无人机集群基本概念的基础上，主要介绍无人机集群的路径规划、无人机集群的抗干扰技术、无人机集群的路由及拓扑管理、无人机集群控制和无人机集群智能。

第 12 章：空-X 一体化网络。本章主要介绍空-X 一体化网络的基本概念，对以无人机-车联网通信为代表的空地一体化网络、以无人机-卫星通信为代表的空天一体化网络和以无人机-船舰为代表的空海一体化网络的通信场景下进行深度探讨，并展望未来空天地海一体化网络的技术发展方向。

本章参考文献

[1] IMT-2020（5G）推进组. 5G 无人机应用[R/OL]. [2020-02-18]. http://www.caict.ac.cn/kxyj/qwfb/bps/201809/t20180928_186178.htm.

[2] 全权. 多旋翼飞行器设计与控制[M]. 杜光勋，赵峙尧，戴训华，等译. 北京：电子工业出版社，2018.

[3] Zhang J, Xu W, Gao H, et al. Position-attitude prediction based beam tracking for UAV mmWave communications[C]. Proc of 2019 IEEE International Conference on Communications (ICC), Shanghai, 2019.

[4] Wang Y, Xu W, Liu J, et al. An energy-efficient design for mobile UAV fire surveillance networks [C]. Proc of 2019 IEEE International Conference on Communications (ICC), Shanghai, 2019.

[5] Ke Y, Gao H, Xu W, et al. Position prediction based fast beam tracking scheme for multi-user UAV-mmWave communications [C]. Proc of 2019 IEEE International Conference on Communications (ICC), Shanghai, 2019.

[6] Xu W, Ke Y, Lee C-H, et al. Data-driven beam management with angular domain information for mmWave UAV networks[J]. IEEE Transactions on Wireless Communications, 2021, 20(11): 7040-7056.

[7] Zeng Y, Xu J, Zhang R. Energy minimization for wireless communication with rotary-wing UAV [J].IEEE Transactions on Wireless Communications, 2019, 18(4): 2329-2345.

[8] Zhan C, Huang R. Energy efficient adaptive video streaming with rotary-wing UAV [J]. IEEE Transactions on Vehicular Technology (TVT), 2020, 69(7): 8040-8044.

[9] Hu F, Ou D, Huang X. UAV swarm networks: models, protocols, and systems [M]. Paris: CRC Press, 2020.

[10] Williamson W R, Abdel-Hafez M F, Rhee I, et al. An instrumentation system applied to formation flight [J]. IEEE Transactions on Control System Technology, 2007, 15(1): 75-85.

[11] Wang X, Yadav V, Balakrishnan S N. Cooperative UAV formation flying with obstacle/collision avoidance [J]. IEEE Transactions on Control System Technology, 2007, 15(4): 672-679.

[12] Valavanis K P, Vachtsevanos G J. Handbook of unmanned aerial vehicles[M]. Berlin: Springer, 2015.

[13] Nie R, Xu W, Zhang Z, et al. Max-min distance clustering based distributed cooperative spectrum sensing in cognitive UAV networks [C]. Proc. of 2019 IEEE International Conference on Communications (ICC), Shanghai, 2019.

[14] Huang C, Xu W, Shang J. Joint topology construction and power adjustment for UAV networks: a deep reinforcement learning based approach [J]. IEEE/CIC China Commun., 2021, 18(7): 265-283.

[15] Gong Y, Xu W, Guo L, et al. Trajectory-curvature-aware moving jammer positioning for UAV networks [C]. Proc. of 11th International Conference on Wireless Communications and Signal Processing (WCSP) , Xi'an, 2019.

[16] Zhang J, Xu W, Gao H, et al. Codebook-based beam tracking for conformal array-enabled UAV mmWave networks [J]. IEEE Internet of Things Journal, 2021, 8(1):244-261.

[17] Mesbahi M, Hadaegh F Y. Formation flying control of multiple spacecraft via graphs, matrix inequalities, and switching[J]. Journal of Guidance, Control, and Dynamics, 2001, 24(2):369-377.

[18] Balch T, Arkin R C. Behavior-based formation control for multirobot teams[J]. IEEE Transactions on Robotics and Automation, 1998, 14(6):926-939.

[19] Ren W. Consensus strategies for cooperative control of vehicle formations[J]. IET Control Theory & Applications, 2007, 1(2):505-512.

[20] Zeng Y, Wu Q, Zhang R. Accessing from the sky: a tutorial on UAV communications for 5G and beyond[J]. Proceedings of the IEEE, 2019, 107(12):2327-2375.

[21] ITU. Characteristics of unmanned aircraft systems and spectrum requirements to support their safe operation in non-segregated airspace[R]. Geneva: ITU-R, 2009.

[22] Zeng Y, Zhang R, Lim T J. Wireless communications with unmanned aerial vehicles: opportunities and challenges[J]. IEEE Communications Magazine, 2016, 54(5):36-42.

[23] Zeng Y, Guvenc I, Zhang R, et al. UAV communications for 5G and beyond [M]. New Jersey: John Wiley & Sons, 2020.

第 1 篇

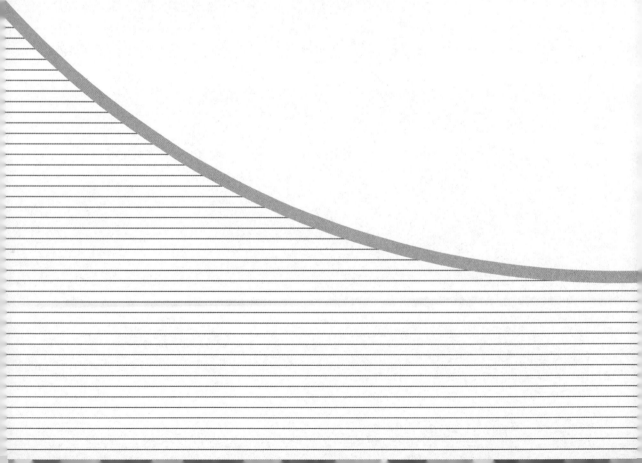

无人机通信网络基础篇

第2章
无线通信网络的基本概念

2.1 引言

　　通信系统是指信息从传输开始到结束的过程中所需的硬件设备和传输媒介的总和。点对点通信系统主要由发送端、接收端和信道组成。发送端是信源（如电话系统中电话机、麦克风），把各种待传输的消息转换为原始电信号。信源输出的信号也称为基带信号，基带信号的特点是没有经过频谱搬移和变换，是频谱从零频附近开始的低通信号。基带信号一般分为两类：数字基带信号和模拟基带信号。发送端对原始电信号进行特定的变换，使原始电信号适合在信道中传输，常用的变换方法有调制、信源编码和信道编码。信道是指信号传输的通道，提供了信源与信宿之间在电气上的联系，信道可以是无线的，也可以是有线的。接收端是信宿，其功能和发送端相反，通过对接收信号进行解调、译码、解码等操作恢复原始电信号，并将原始电信号转换为相应的消息。信道中的噪声源是指信道中所有的噪声和分散在通信系统中其他各处噪声的集合，常应用于理论分析的噪声是高斯白噪声。

　　通信系统可以按照多种方式来进行分类。按照通信业务的不同，通信系统可以分为电报、电话、传真、数据传输、可视电话等。按照调制方式的不同，通信系统可以分为基带传输系统和频带传输系统。按照信道中传输信号形式的不同，通信系统可以分为模拟通信系统和数字通信系统。按照传输媒介类型的不同，通信系统可以分为有线通信系统和无线通信系统。按照通信设备工作频段的不同，通信系统可以分为长波通信系统、中波通信系统、短波通信系统、微波通信系统等。按照信号复用方式的不同，通信系统可以分为频分复用（Frequency Division Multiplexing，FDM）系统、时分复用（Time Division Multiplexing，TDM）系统、码分复用（Code Division Multiplexing，CDM）系统和波分复用（Wavelength Division Multiplexing，WDM）系统等。按照通信方式的不同，通信可以分为单工通信系统、全双工通信系统、半双工通信系统等。在信道中传输模拟信号的通信系统称为模拟通信系统，模拟信号是指连续消息，其状态是连续变化的，如语音和图像。在信道中传输数字信号的通信系统称为数字通信系统，数字信号是指离散消息，其状态是可数或离散的，如符号、文字和数据。

2.2 无线通信网络基础

2.2.1　分集技术

　　传统的通信理论一直将多径传播看成信号传输的一种不利因素。不同时延的多径信号副本相互叠加会产生破坏性的干扰，使链路性能不稳定。为了对抗移动通信中的多径衰落、提高链路的稳定性，人们提出了分集技术，即确保信息码元通过多条信号路径，并且各路径的衰落是相互独立的，从而只要有一条路径的信号足够强就可能保证可靠的通信。分集技术可以极大地改善衰落信道的性能。实现分集技术的方法有很多，通过编码和交织可以实现时间分集；对信息码元进行编码并将编码后的码元分散到不同的相干周期，从而使得码元的不同部分经历相互独立的衰落。如果信道是频率选择性的，还可以采用频率分集；如果信道中有多个间隔足够远的发射天线或者接收天线，则可以实现天线分集；在蜂窝网络中，由于来自移动台的信号能够被两台基站接收，从而可以采用宏分集。因为分集是一种重要资源，所以无线通信系统中通常采用多种类型的分集技术[1]。下面主要讨论时间分集、频率分集和天线分集三种技术。

1．时间分集技术

时间分集技术是单天线、单功放与单收通道的"三单"、低成本技术，除略有时延外，其特点是可以适应较宽的通信速率范围。时间分集技术在多次重发与扩频的情况下仍有较高的频谱利用率，在各种衰落信道中均有良好的性能，并且可以和现有的信道编码技术兼容。取信道衰落关于时间的平均就可以实现时间分集，信道相干时间通常是几个到几百个码元时间，因此信道对连续码元是高度相关的。常见的获得时间分集的方法有：重复编码、自动重传请求（Automatic Repeat-reQuest，ARQ）、交织与编码结合。重复编码是最简单的编码，将相同码元在 L 个码元时间上进行简单的重复，即信号重复发送多次，并保证发送间隔足够大，以获得相关性较低的接收信号。与重复编码相比，ARQ 的频谱利用率要高，因为它有反馈信道。ARQ 中的接收端会向发送端发送确认信息，确认接收到的信号质量是否符合要求，如果接收到的信号质量较差，则发送端将重新发送码元。交织和编码结合是一种带有交织的前向纠错编码的重复编码方式，即相同信息的不同符号在不同时间传输，从而提高接收信号的信噪比（Signal Noise Ratio，SNR）。

2．频率分集技术

频率分集技术是通信系统中常用的一种提高信号增益的技术。在发送端用不同的频率发送同一个信号，如果频率的间隔大于信道的相干带宽，那么不同频率上的衰落是近似相互独立的，信号在这些频率上同时衰落的概率将非常小。在接收端对接收到的信号进行合成，可以提高信号增益。频率分集技术是宽带信道固有的抗衰落技术，但码间干扰（Inter-Symbol Interference，ISI）会严重影响增益效果。码间干扰是指前一个码元的时延对当前码元产生的干扰，解决码间干扰的方法一般有三种：具有 ISI 均衡单载波系统、直接序列频谱扩展、多载波系统。具有 ISI 均衡的单载波是频率选择性信道的经典方法，通过接收端的线性和非线性处理，可以在某种程度上减小码间干扰，这里涉及维特比算法和线性均衡器。维特比算法可以实现发送码元的最优似然（Maximum Likelihood，ML）检测；线性均衡器可以在检测当前码元的同时线性地抑制其他码元的干扰，复杂度较低。直接序列频谱扩展采用伪噪声序列调制将信息码元通过一个大的带宽发送出去，这个带宽要远远大于数据传输速率。由于码元传输速率很低，所以码间干扰会减小，从而大大简化了发送端的结构。多载波系统通过发送预编码将 ISI 信道转换为一组无干扰的正交子载波，各子载波经历窄带平坦衰落，对不同子载波的码元进行编码就可以实现分集。

3. 天线分集技术

天线分集技术是一种对抗移动通信衰落的有效技术。其基本原理在于经历不同衰落的多径信号仅是部分相关的，它们同时处于深衰落的概率极低。通过合并多径信号可提高无线链路的可靠性，提升传输的数据传输速率或降低系统的发射功率。决定分集性能的重要因素是分集支路之间的相关性，相关性越低，分集增益越高。天线分集主要包括空间分集、极化分集和角度分集，这三种分集分别属于天线分集中的空间维、极化维与角度维，实际中难以单独使用某个维，而是多维联合应用的，且某一维占优。

空间分集采用多副相互间隔一定距离的同极化分集天线单元进行发送或接收。天线分集技术是一种较简便且被广泛采用的分集技术，其分集性能与通信环境和分集合并方式密切相关。由于基站的多径角度扩展较低，通常用于基站的空间分集天线单元的间距较大。然而，较大的天线单元间距已成为限制分集支路数目的主要因素，大间距会增加天线系统的成本，且各支路的平均接收功率差异变大；小间距会提高天线单元间的相关性。极化分集采用不同极化且同址安装的分集天线进行发送或接收。由于电波受传播媒介作用可能发生极化扭转，不同极化方向上的多径信号仅是部分相关的，因此合并这些信号可以增加极化分集的增益。极化分集的性能与空间分集相当，但可以减小极化失配影响。角度分集采用方向性波束在不同角度进行发送或接收。由于地形、地貌等传播环境的影响，从不同方向远离发送端或抵达接收端的多径信号并非完全相关的，合并它们也可获得分集效果。

2.2.2 复用技术

随着通信系统用户的增多，通信服务的质量会逐渐下降。为了提高信道的利用率，共享信道资源，为用户提供更好的服务质量，业界提出了信道复用技术。采用信道复用技术，可以在一条信道上同时传输多个不同用户的信号，不仅可以提高信道利用率，还可以降低通信成本。信道复用技术主要分为四类：频分复用、时分复用、波分复用和码分复用[2]。

（1）频分复用技术：将信道的可用频带划分为若干互不交叠的频段，一个频段供一个用户使用，每个用户所使用的中心频率处于这个频段的中央，各个用户可以在这些频段上互不干扰地传输信号。频分复用技术的实现比较容易，所以应用较早也比较广泛，但由于每路信号都要占据一个频道资源，而频带资源是有限的，所以随着用户数量的增加，频分复用技术面临着瓶颈。正交频分复用（Orthogonal Frequency Division Multiplexing，OFDM）技术是一种特殊的多载波传输技术，既可以将其看成调制技术，也可以将其看成复用技术。OFDM 技术的主要思想是在有效的带宽内，将信道分为若干正交的子载波，在每个子载波上使用不同的载波频率进行调制，从而将高速传输的比特流分解为若干速率相对较低的子比特流后并行传输。

（2）时分复用技术：根据传输时间将信道划分为多个等长的时间段，即 TDM 帧，每个 TDM 帧还可以划分成更小的时隙，不同的用户在不同的 TDM 帧中占用固定的时隙进行通信。当使用时分复用技术时，所有的用户在不同时间占用相同的频带宽度。统计时分复用（Statistical Time Division Multiplexing，STDM）技术是在时分复用技术的基础上衍生出来的。统计时分复用技术中的 STDM 帧不是等长的，时隙数要小于所连接的用户数，并且时隙也不是固定分配的，而是按需分配的，这样可以提高信道的利用率。

（3）波分复用技术：根据光波的波长不同将信道划分成若干逻辑子信道，每个逻辑子信道传输一路光信号。波分复用技术也称为光的频分复用技术，该技术主要应用在光纤信道中。当使用波分复用技术时，不同波长的光从不同方向经过汇聚后进入光纤中传播，到达接收端后再根据光的折射角度将光分解为不同路的光信号，由不同的接收模块分别接收。

（4）码分复用技术：利用正交码组序列进行相关运算来划分不同用户，所有的用户可在同一时间、同一频带上进行通信，彼此之间不会相互干扰。码分复用技术属于扩展频谱通信，将要传输的具有一定信号带宽的信息码元，用一个带宽远大于信号带宽的高速伪随机（Pseudo Noise，PN）序列去调制信息码元，使原始信息的带宽被大大地扩展了，再经载波二次调制后发送出去。接收端使用与发送端相同的伪随机序列，对接收到的宽带信号进行相应的处理，从中提取原始数据。采用局部相关替代传统的周期性自相关/互相关方法，不仅可以极大地增加用户地址码的数量，满足用户在数量上的要求；还可以有效地改善频带不足的情况，具有较好的抗干扰能力。

2.2.3　双工技术

双工技术是移动通信系统的重要技术之一，该技术实现了上/下行链路资源的分割，降低了彼此的干扰，可保证传输的正常进行。移动通信系统中最主要的两种双工技术是频分双工（Frequency Division Duplex，FDD）技术和时分双工（Time Division Duplex，TDD）技术。

FDD 属于全双工通信方式，需要两个独立的信道分别用于上行传输和下行传输。两个信道之间需要设定一个保护频段，以防止邻近的发送端和接收端之间产生相互干扰。FDD使用的信道是由多个相同带宽的频率信道组成，因为每个带宽是确定的，所以每个频率信道的信道容量也都是确定的。根据香农定理可知，在每个信道的信噪比都相等的情况下，每个频率信道的信道容量相等。对于上/下行链路具有相同信道的对称通信业务而言，如语音通信，FDD 是理想方案。

TDD 属于半双工通信方式，上行链路和下行链路共用同一个信道，在某个时间段内只有一个固定的传输方向。由于每个时隙的持续时间很短，所以产生的时延对用户来说是微小的。发送端和接收端根据时间的划分进行工作。上行链路和下行链路之间有保护时间间隔，所以不会产生相互干扰。TDD 不仅可以支持语音业务等对称通信业务，还可以适应一些上/下行无法预测的非对称的业务。在 TDD 系统中，当上/下行业务不对称时，可以根据上/下行链路时隙的持续时间长短来改变信道容量。FDD 系统的频带宽度是很难调节的，这是因为一个信道带宽的改变会引起相邻信道带宽的变化，从而影响整个系统的设计。

全双工通信的优势是系统容量较大、冲突避免能力较强、端到端时延较小。全双工通信系统采用相同的时隙进行信号的发送与接收，因此其系统容量是半双工通信系统的 2 倍。通信系统的冲突来源于信道载波侦听。在半双工通信系统中，通信节点在发送信号前，需要对所使用的信道进行载波侦听，以保证信道的可靠性。对于全双工通信系统，由于通信节点可以同时进行信号的发送和接收，因此在信号发送前不再需要进行载波侦听。全双工通信系统里的中继节点可以在同时不同频的条件下将源节点发送的信号转发到相应的目标节点，从而减小系统的端到端时延。半双工通信优势是适用于非对称信道、成本较低。当上/下行业务对称且采用相同调制方式时，TDD 和 FDD 的频谱效率是一样的。当上/下行业务不对称时，TDD 的频谱效率要高于 FDD。在部署通信系统时，很多设备并不需要通信双方同时发送和接收信号，单双工通信系统仅需要一条信道，可以在同一频段上支持这些应用，从而大大节省了频带资源和建设成本。

5G 系统支持更大的系统带宽，尤其是随着高频的使用，带宽的使用在百兆赫量级。在这样的带宽量级下，对称频谱分配更加困难，非对称频谱分配将成为 5G 的主流，因此 5G 系统中的一个关键技术就是 TDD 帧结构的设计。对于 TDD 系统，一个配置周期即可包含上/下行链路，5G 新空口（New Radio，NR）系统将支持更短和更灵活的周期配置。

2.2.4　信道编/解码技术

信道编码是现代通信系统中基础部分之一。在数字信号传输的过程中，实际信道存在的噪声和干扰可能会导致接收端的误判，造成接收信号的差错。解决这个问题的方法之一就是信道编码。信道编码理论是由香农于 1948 年在《通信的数学理论》中提出的[3]。香农指出：任何一个通信信道都有确定的信道容量 C，如果通信系统所要求的传输速率 R 小于 C，则存在一种编码方法，当码长 n 充分大并应用最大似然译码时，信息的错误概率可以达到任意小。

信道编码的原理是，发送端是在待发送的信息码元序列中加入一些多余的码元（监督码元），这些监督码元和信息码元之间以某种确定的规则相互关联；在接收端按照既定的规则检验信息码元和监督码元之间的约束关系，当约束关系被破坏时就意味着传输中有差错，借助于约束关系还可以纠正错误。按照信息码元和监督码元的约束关系，可以将信道编码分为线性码和非线性码。线性码是指信息码元和监督码元之间的约束关系是线性的，即满足一组线性方程。非线性码是指信息码元和监督码元之间的约束关系是非线性的。

差错控制编码是从 3GPP R99 开始被引入的，主要包括卷积码、Turbo 码，以及在 5G NR 中引入的 Polar 码。在 3GPP 制定的标准中，信道编码方案的每次更迭都标志着系统性能和可靠性的一次提升。下面主要介绍卷积码、Turbo 码和 Polar 码的基本概念[4]。

卷积码的输入和输出都是连续的，任意时刻的输出不仅与该时刻的输入有关，还与之前部分时刻的输入有关。一般用 (n, k, m) 表示卷积码，它表示在任意时刻将长度为 k 个信息码元输入编码器进行编码，输出长度为 n 的码元，m 表示在编码过程中受到前 m 个时刻输入的制约。针对卷积码的译码算法有很多，如维特比算法、软维特比算法等。

Turbo 码是在卷积码的基础发展起来的，它将卷积码和随机交织结合在一起，获得了极其接近香农理论极限的译码性能。Turbo 编码器主要由分量编码器、交织器、删余器和复用器组成。信息码元序列、经过一次分量编码器的信息码元序列和经过两次分量编码器的信息码元序列共同组成完整码字。交织器的功能是打乱输入信息码元序列的次序，分散随机错误和突发错误，以便纠错。删余器的功能是为了得到某一固定码率的码字。Turbo 码采用的是软输入软输出的译码算法。

Polar 码是基于信道极化理论构造的，将一组二进制码元输入离散无记忆信道，通过信道合成和信道分裂的操作，将得到的新的二进制码元输入离散无记忆信道，该过程称为极化过程，得到的新信道称为子信道。码长 $N=8$ 的信道极化过程及子信道示例如图 2-1 所示，W 是原始信道，$W-$ 和 $W+$ 是经过一级极化得到的子信道。当参与极化的信道足够多时，一部分子信道容量趋于 1，称为可靠子信道，用于承载信息资源，剩下的趋于 0，称为不可靠子信道，用于承载固定的已知比特，通过这种方法构造的编码就是极化码。

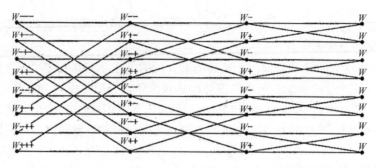

图 2-1　码长 $N=8$ 的信道极化过程及子信道示例

2.3 无线信道的传输损耗与衰落

2.3.1　无线信道传输损耗

由于无线信道的开放性、接收环境的复杂性、通信用户的随机移动性，使得信号在无线信道传输时会发生三种不同层次的损耗和四种不同的效应[1]。

三种不同层次的损耗包括：

（1）路径传播损耗：是指电波在空间传播时产生的损耗，反映了在宏观大范围（千米量级）的空间距离上传播的信号电平平均值的变化趋势。

（2）慢衰落损耗：是指电波在传播路径上受建筑物等的遮挡产生阴影效应，从而造成的损耗，反映了在中等范围内（数百波长量级）的空间距离上传播的信号电平平均值的变化趋势。

（3）快衰落损耗：反映了微观小范围（数十波长以下量级）空间距离上传播的信号电平平均值的变化趋势，其电平幅度一般服从瑞利（Rayleigh）分布、莱斯（Rice）分布和纳卡伽米（Nakagami）分布。在不同的空间、不同的频率和不同的时间上，衰落特性是不一样的，因此快衰落又可以细分为空间选择性快衰落、频率选择性快衰落和时间选择性快衰落[1]。

四种不同的效应包括：

（1）阴影效应：由于大型建筑物和其他物体的遮挡，会在电波传播路径上产生传播半盲区，类似于太阳光受遮挡后产生的阴影。光波的波长较短，因此阴影可见；电波波长较长，因此阴影不可见，但可以在接收端（如手机）通过专用仪表进行测试。

（2）远近效应：由于移动用户的随机移动性，移动用户与基站之间的距离也在随机变化，若各个移动用户发射信号的功率相同，那么到达基站时信号的强弱将不同，离基站近者信号强，离基站远者信号弱。通信系统中的非线性将进一步加重信号强弱的不平衡性，甚至出现以强压弱的现象，并使弱者，即离基站较远的移动用户出现掉话（通信中断）现象，通常称这一现象为远近效应。

（3）多径效应：由于接收端所处地理环境的复杂性，使得接收到的信号不仅有直射波的主径信号，还有从不同物体（如建筑物）反射过来以及绕射过来的其他路径信号，而且这些信号到达时的强度、时间以及载波相位都是不一样的。接收端接收到的信号实际上是多条路径信号的向量和，也就是说各路径之间可能产生自干扰，这类自干扰称为多径干扰或多径效应。多径干扰是非常复杂的，有时接收端根本收不到直射波，接收到的都是一些连续反射波或绕射波。

（4）多普勒效应：是由移动用户处于高速移动时传播频率的扩散而引起的，其扩散程度与移动用户的运动速度成正比。只有在高速（移动速度大于或等于 70 km/h）的应用场景中（如车载通信）才需要考虑多普勒效应，在慢速移动的应用场景中（如步行和准静态的室内通信）无须考虑多普勒效应。

2.3.2　三种主要的快衰落

1. 空间选择性衰落

空间选择性衰落指在不同地点与空间位置的衰落特性是不一样的，其现象、成因与机理如图 2-2 所示。

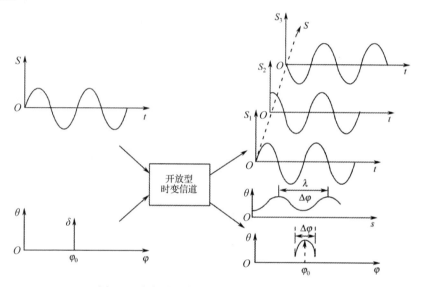

图 2-2　空间选择性衰落的现象、成因与机理

信道输入：

- 射频：单频等幅载波。
- 角度域：在 φ_0 处输入一个 δ 脉冲波束。

信道输出：

- 时空域：在不同接收点（如 S_1、S_2、S_3），时域上衰落特性是不一样的，即同一时间、不同地点（空间）的衰落是不一样的。从时空域上看，信号的包络周期为 T_1。
- 角度域：在 φ_0 处的 δ 脉冲波束产生了扩散，其扩散宽度为 $\Delta\delta$。

结论：开放型时变信道使天线的点波束产生了扩散，引起了空间选择性衰落，其衰落周期 $T_1 = \lambda/\Delta\varphi$，其中 λ 为波长。

空间选择性衰落通常也称为平坦瑞利衰落，这里的平坦是指在时域、频域中不存在选择性衰落。

2. 频率选择性衰落

频率选择性衰落指在不同频段上的衰落特性是不一样的，其现象、成因与机理如图 2-3 所示。

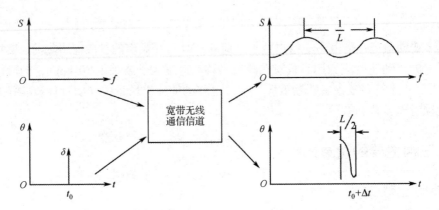

图 2-3　频率选择性衰落的现象、成因与机理

信道输入：
- 频域：白色等幅频谱。
- 时域：在 t_0 时刻输入一个脉冲 δ。

信道输出：
- 频域：衰落起伏的有色谱。
- 时域：在 $t_0+\Delta t$ 瞬间，δ 脉冲在时域产生了扩散，其扩散宽度为 $L/2$，其中 Δt 为绝对时延。

结论：信道在时域上的扩散，引起了频域上的频率选择性衰落，衰落周期 $T_2 =1/L$，与时域中的扩散程度成正比。

3. 时间选择性衰落

时间选择性衰落是指在不同的时间衰落特性是不一样的，其现象、成因与机理如图 2-4 所示。

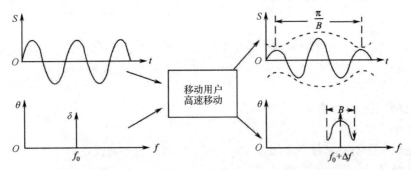

图 2-4　时间选择性衰落的现象、成因与机理

信道输入：
- 时域：单频等幅载波。
- 频域：在频率 f_0 处输入单根谱线（δ 脉冲）。

信道输出：
- 时域：包络起伏不平。
- 频域：以 $f_0+\Delta f$ 为中心产生频率扩散，其宽度为 B，其中 Δf 为绝对多普勒频移，B 为相对值。

结论：移动用户在高速移动时，在频域上会引起多普勒频移，在相应的时域上，波形会产生时间选择性衰落，其衰落周期为 $T_3 = \pi/B$。

2.4 多址技术

2.4.1 多址技术的概述

随着移动通信网络的飞速发展，以及移动业务数据量的爆炸式增长和智能终端设备的海量使用，频谱资源紧张的现象变得极其严重。提升移动通信网络容量的常规方法是增加系统资源，如更多的频谱、更大的发射功率、更密集的小区数目和更多的传输天线等空间维度的资源。但频谱资源已经濒临耗尽，以及低辐射的要求和小区站址数量有限等原因，使得这些常规方法面临很大的挑战。其他方案大多从多址接入技术入手，通过优化现有多用户分享资源的方式，使系统可以同时支持更多的用户。多址接入技术随着每一代移动通信的发展在不断地更新换代[5]。

目前多址接入技术可分为正交多址（Orthogonal Multiple Access，OMA）技术和非正交多址（Non-Orthogonal Multiple Access，NOMA）技术两类。第一代（1G）移动通信系统到第四代（4G）移动通信系统中的多址技术都属于 OMA 技术，第五代（5th-Generation，5G）移动通信系统的候选多址技术是 NOMA 技术。1G 主要采用模拟技术和频分多址（Frequency Division Multiple Access，FDMA）技术，由于受到传输带宽的限制，1G 不能进行移动通信的长途漫游，只能是一种区域性的移动通信系统。2G 主要采用数字的时分多址（Time Division Multiple Access，TDMA）技术，2G 的主要业务是语音，主要功能是提供数字化的语音业务及低速的数据业务，它克服了 1G 的弱点，使语音质量和保密性都得到很大提高，但由于 2G 采用不同的制式，移动通信标准不统一，用户只能在同一制式覆盖的范围内漫游，无法全球漫游。3G 主要采用码分多址（Code Division Multiple Access，CDMA）技术，具有 5 MHz 以上的传输带宽，传输速率最低为 384 kbit/s、最高可达 2 Mbit/s，支持语音业务和数据业务，其主要功能是提供高速数据传输业务和宽带多媒体服务，但 3G 仍是基于地面、标准不一的区域性通信系统。4G 主要采用正交频分多址（Orthogonal Frequency Division Multiple Access，OFDMA）技术，改进了 CDMA 的空中接口技术，支持语音、视频等大流量高质量业务，提供了更高的频谱效率和更大的吞吐量。5G 的候选多址技术是 NOMA 技术，虽然 OMA 技术可以保证不同用户信号间严格的正交性，避免多址干扰，但存在频谱效率不高的缺点。4G 中的 OFDMA 技术为了弥补这一缺陷，采用重叠子载波的方法来提高频谱效率。尽管如此，随着移动通信应用的迅猛发展，OFDMA 技术也逐渐不能满足用户设备（User Equipment，UE）的超高数据传输速率、超低时延、超低功耗的要求。NOMA 技术可以在有效提高频谱效率的同时接入更多的用户，其数量远大于常见的 CDMA 等正交多址技术允许接入的用户数量，因此成为未来移动通信系统的候选多址技术。

2.4.2 正交频分多址技术

OFDM 技术得到了通信界的广泛认可，它除了能提高频谱利用率，还能有效地抵抗频率选择性衰落和窄带干扰。尽管宽带信道是非平坦的，具有频率选择性，但由于每个子信道的符号数据率降低了，因此每个子载波是相对平坦的，传输信号带宽小于信道（子载波）的相干带宽，这样就可以克服频率选择性衰落[6]。

每个 OFDM 符号都是由一组子载波叠加而成的，其中的每个子载波都可以受到相移键控（Phase-Shift Keying，PSK）或者正交幅度调制（Quadrature Amplitude Modulation，QAM）符号的调制，其通带信号可表示为：

$$s(t) = \mathrm{Re}\left\{ \sum_{i=-N/2}^{N/2-1} d_{i+N/2} \exp\left[\mathrm{j}2\pi\left(f_c - \frac{i+0.5}{T} \right)t \right] \right\}, \ t \in [0,T] \tag{2-1}$$

式中，d_i 表示第 i 路的基带复数据信号；N 表示子载波数；T 表示符号周期；f_c 是载波的中心频率。

为了使用方便，通常采用基带信号来描述 OFDM 的输出信号，即：

$$x(t) = \sum_{i=-N/2}^{N/2-1} d_{i+N/2} \exp\left(\mathrm{j}2\pi\frac{i}{T}t \right), \ t \in [0,T] \tag{2-2}$$

OFDM 传输是以块为单位进行的，d_i 是一个 OFDM 符号周期内在第 i 个子载波上的调制符号，在每个 OFDM 符号周期内，N 个调制符号是并行传输的。每个调制符号都可以采用任意的调制方式，如 QPSK、16QAM、64QAM 等。

时域矩形波对应着频域的 sinc 函数，子载波间隔为 $\Delta f = 1/T$，其中 T 为每个子载波调制符号时间，一个 OFDM 符号的频域波形如图 2-5 所示。

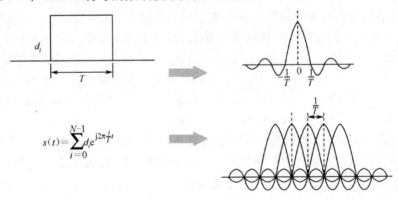

图 2-5　一个 OFDM 符号的频域波形

正交频分复用的本质是两个经过调制之后的子载波在一个符号周期内是相互正交的，即：

$$\int_{mT_u}^{(m+1)T_u} x_{k_1}(t) x_{k_2}^*(t) \mathrm{d}t = \int_{mT_u}^{(m+1)T_u} a_{k_1} a_{k_2}^* \mathrm{e}^{\mathrm{j}2\pi k_1 t\Delta f} \mathrm{e}^{-\mathrm{j}2\pi k_2 t\Delta f} \mathrm{d}t \tag{2-3}$$

式（2-3）中的实部和虚部分别对应 OFDM 符号的同相分量和正交分量，在实际中可以分别与相应子载波的 cos 分量和 sin 分量相乘。图 2-6 所示为 OFDM 系统的基本模型，图中假定 $t_s=0$，并且 $f_i = f_c + i/N$，其中 f_c 为载波频率。在接收端，将接收到的同相分量和正交分量映射回数据信息，即可完成子载波的解调。

如果 OFDM 用在用户间的复用，则可实现多址接入，使多个用户在不同的子信道上同时传输数据[7]。在下行传输中，在每个 OFDM 符号周期，不同的子载波集合（称为子信道）

为不同的用户发送数据；在上行传输中，每个用户占用不同的子信道发送数据。OFDMA 系统中的子载波可以按照两种方式组成子信道：集中式（Localized）子信道映射和分布式（Distributed）子信道映射。集中式子信道映射如图 2-7 所示，每个用户的子信道是由连续子载波组成的。分布式子信道映射如图 2-8 所示。

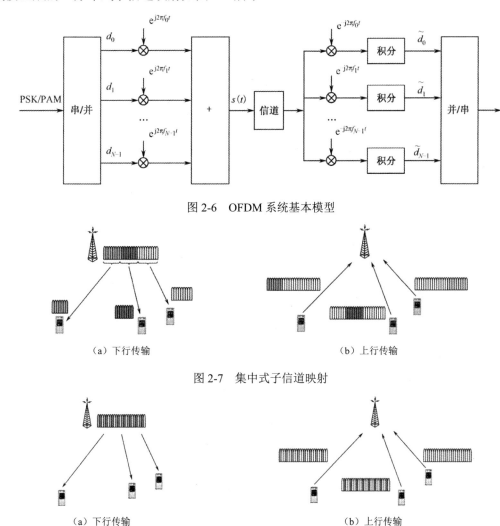

图 2-6　OFDM 系统基本模型

（a）下行传输　　　　　　　　　　　　　（b）上行传输

图 2-7　集中式子信道映射

（a）下行传输　　　　　　　　　　　　　（b）上行传输

图 2-8　分布式子信道映射

在 OFDMA 系统中，由于不同用户的衰落参数是相互独立的。某个信道对某一个用户来说是深度衰落的信道，对其他用户来说不一定是深度衰落的信道。事实上，某个信道对于所有用户都是深度衰落信道的概率是非常小的。在集中式子信道映射方式下，用户可以通过频域调度来选择无线信道性能相对较好的子信道。当多用户接入 OFDMA 系统时，各个用户可以互补地使用子信道，即获得多用户分集增益，使所有的子信道都能得到有效应用，从而提高频谱利用率。

但是在有些情况下，如用户在高速移动时，此时的信道质量指示（Channel Quality Indicator，CQI）反馈跟不上信道的变化速度，终端信干噪比（Signal to Interference plus Noise Ratio，SINR）较低时无法进行有效的频谱调度。此时，更适合采用分布式 OFDMA 系统，即将分配给一个子信道的子载波分散到整个带宽，各子信道的子载波交替排列，从而可以获得和 CDMA 系统相似的频率分集增益。但是，分布式 OFDMA 系统的信道估计较为复杂，抗频偏能力也比较差。

在 LTE 网络中，下行采用 OFDMA 作为多址接入方式，上行采用 SC-FDMA（单载波频分多址）作为多址接入方式。之所以选择 SC-FDMA 作为上行的多址接入方式，是因为 SC-FDMA 具有单载波的特性，其发送信号峰均比（Peak-to-Average Ratio，PAR）较低，在上行功率相同的情况下，可以提高上行的功率效率。

2.4.3　非正交多址接入技术

通过 NOMA 技术，可以根据发射功率的不同让多个用户使用同一子载波、同一个 OFDM 符号对应的同一个资源单元，从而达到多址接入的目的[8]。近几年受到关注较多的 NOMA 技术可以分为两类：功率域非正交多址接入（Power-domain Non-orthogonal Multiple Access，PNMA）技术和码域非正交多址接入技术。码域非正交多址接入技术包括低密度扩展（Low-Density Spreading，LDS）多址接入技术、稀疏码多址接入（Sparse Code Multiple Access，SCMA）技术、多用户共享接入（Multi-User Shared Access，MUSA）技术和图样分割多址接入（Pattern Division Multiple Access，PDMA）技术等。

NOMA 的基本思想是在发送端采用分配用户发射功率的非正交发送方式来发送信号，同一子信道上不同用户的信号功率按照相关算法进行分配，使到达接收端的各用户的信号功率不一样，并主动引入干扰信息，之后在接收端通过串行干扰消除（Serial Interference Canceller，SIC）接收机消除干扰，实现正确解调，达到区分不同用户的目的。NOMA 是时域、频域和功率域上的多用户复用技术。在时域中，NOMA 仍然使用 OFDM 符号作为最小单位，保证严格的子帧同步，在符号间插入循环前缀（Cyclic Prefix，CP）来防止符号间干扰。在频域中，NOMA 使用子信道作为最小单位，各子信道间采用 OFDM 技术，保持子信道间相互正交、互不干扰。在功率域中，NOMA 使多个用户共享每个子信道和 OFDM 符号对应的发射功率，改变了单用户独占的方式。但这种同一子信道和 OFDM 符号上的不同用户的发射功率是非正交的，因而会产生共享信道的多址干扰（Multi-Address Interference，MAI）。为了克服多址干扰，NOMA 在接收端采用 SIC 技术进行多用户干扰检测和删除，以保证系统的正常通信[9-10]。

1. SIC 技术

在 NOMA 中，同一 OFDM 符号同时承载了不同发射功率的多个用户，存在 MAI。如果将这些 MAI 看成伪随机序列信号，则可以利用伪随机序列的结构性和相关性来消除这些 MAI，达到提高系统性能的目的。这种消除 MAI 的技术称为多用户检测技术。多用户检测技术的主要思想是先对干扰信号进行译码，再重构干扰信号，并从接收信号中删除干扰信号。按照干扰信号译码方式的不同，多用户检测技术可分为串行干扰消除（SIC）技术和并行干扰消除（Parallel Interference Canceller，PIC）技术。

SIC 技术是多用户检测的关键技术之一，其核心思想是对接收的多用户信号进行多级循环迭代，逐次检测并消除多用户干扰信号。SIC 接收机的检测方式是采用多级分层逐步检测机制，每级只检测一个用户信号，如果共享信道传输过来的同一资源单元中叠加了 K 个用户信号，则 SIC 接收机需要进行 K 级检测。在第 1 级检测之前，先将接收到的所有用户信号按照功率大小进行排序，大致估计各信号的功率幅度，因此接收端每次输出的信号都是经过 SIC 接收机判决和除去 MAI 后的最大功率的用户信号。由于此时用户信号的 SINR 最大，因此 SIC 接收机就先对 SINR 最大的信号进行匹配滤波、判决与估计幅度比对等处理操作；然后找到剩下的最大功率的用户信号并送到下一级，SIC 接收机继续按照功率大小顺序依次执行相同操作，完成对所有用户的检测。由此可见，每次检测都可以将单个用户信号的 MAI 降到最低，极大地增加了检测的可靠性。

在实际系统中，SIC 接收机会根据接收信噪比或接收信号的功率来确定检测顺序，检测顺序是 SIC 接收机的关键点。SIC 接收机的复杂度为 $O(K^3)$，其中 K 为用户数量，因此 SIC 接收机的复杂度远低于最优的最大似然检测。SIC 接收机的结构设计简单、复杂度低，其性能与传统的检测器相比有较大的提高，具有很好的实用性。SIC 接收机的每一级检测都需要一个字符的时延，在信号功率发生变化时需要重新进行排序，因此上一级判决结果对下一级判决的影响很大，如果上一级判决结果不可靠或判决出错，就会引起下一级检测性能的严重下降。

2. 功率域非正交多址接入

PNMA 是指在发送端根据用户的信道条件为不同用户分配不同的发射功率，多个用户的信号在功率域直接叠加，以获得最大的系统性能增益；在接收端通过 SIC 接收机来消除多用户干扰，达到区分不同用户信号的目的。

PNMA 下行链路发送端和接收端的信号处理过程如图 2-9 所示。假设在基站的某扇区内有 2 个用户，用户 1 距离基站更近。在发送端，用户 1 和用户 2 共同占用同一个资源，这两个用户的信号直接在功率域上叠加。由于远近效应，所以用户间的信道条件可能会有很大的不同，由于用户 1 距离基站较近，信道条件较好，所以占用的功率资源较少；同理用户 2 的信道条件较差，基站为其分配的功率资源较多。接收端利用 SIC 接收机进行删除干扰，因为用户 2 占用的功率资源多于用户 1，虽然用户 2 的接收信号中存在用户 1 信号的干扰，但这部分干扰功率低于用户 2 的 SINR，不会给用户 2 带来显著影响，所以应先解调、译码并重构用户 2 的信号，完成后删除用户 2 的信号，然后在较好的 SINR 条件下解调、译码并重构用户 1 的信号。

图 2-9　PNMA 下行链路发送端和接收端的信号处理过程

PNMA 上行链路发送端和接收端的信号处理过程和下行链路的处理过程基本对称，都利用远近效应或发送端的不均匀分配导致的用户之间的 SINR 差异，叠加的多用户信号在接收端通过干扰删除进行区分，优先解调、译码并重构拥有良好 SINR 条件的用户信号，此时需要将一起接收到的其他用户信号当成干扰处理。

3. 码域非正交多址接入

码域非正交多址接入是指首先通过码域扩频和非正交叠加为不同用户分配不同的代码，然后在相同的时域资源上进行复用。接收端通过线性解扩频码和干扰删除操作来分离多个用户信号。扩频码字的设计占有重要地位，会直接影响到码域非正交多址接入的性能和接收机的复杂度。

在码域非正交多址接入中，LDS 是一种特殊的 CDMA，其特殊的地方是 LDS 的扩频码字中存在一部分零元，因此码字具有稀疏性，而不是传统 CDMA 中的密集扩展序列。这种稀疏性使接收端能够采用低复杂度的解调算法，并通过合适的扩频序列设计，从而有效地降低多用户之间的干扰。SCMA 是 LDS 的优化版，相比于 LDS，SCMA 直接将不同的比特流映射到不同的稀疏码字，对 LDS 中的 QAM 调制器和线性稀疏扩频两个模块进行联合优化，其中的每个用户都有一个预定义的码本。码域非正交多址如图 2-10 所示。

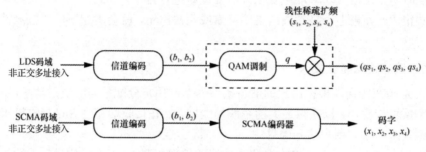

图 2-10　码域非正交多址接入

SCMA 非正交叠加示例如图 2-11 所示，同一个码本中的所有码字在相同的两个维度中都包含零元，并且不同码本中零元的位置不同，经过信道编码后的数据比特将直接映射到相应的码字中。对于每个用户，2 个编码比特映射到一个复杂的码字，最后将多个用户的码字进行非正交叠加，在 4 个共享的正交资源上多路复用所有用户的码字，有利于避免任何两个用户的冲突。SCMA 的优势是其码本可以灵活设计，提供了非常丰富的优化维度，如码字数量、扩频长度和非零码字的个数等，这样就可以从覆盖率、连接数量以及容量等一些不同的系统衡量维度，针对不同场景进行设计。

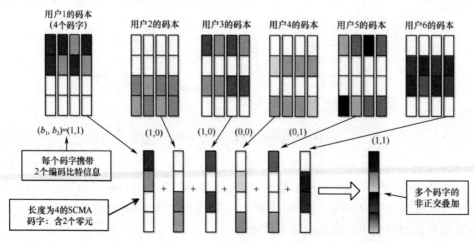

图 2-11　SCMA 非正交叠加示例图（码长为 4、用户数为 6）

2.5 多天线技术

2.5.1 多天线技术的发展

随着无线通信需求的快速增长，采用单天线收发的传统无线通信系统正面临着严峻的考验，必须寻求无线通信领域的革新技术以便从根本上解决无线通信系统的频谱利用率和通信质量问题。迄今为止，传统无线通信技术对信号的频域、时域与码域信息的利用已达到一个前所未有的高度，但仍然无法满足未来移动通信系统的要求。为了提高移动通信系统的性能，人们提出了天线分集技术，联合使用天线分集技术与时间分集技术，还能获得空间维与时间维的分集效益，因此从传统单天线系统向多天线系统演进是无线通信发展的趋势之一[11]。

智能天线技术基于自适应天线原理，通过算法对天线阵列单元进行加权处理，使天线阵列能够实时对准有用信号，在干扰方向形成零点，从而提高信干噪比。智能天线技术可以充分利用无线资源的空间可分离性，提高无线资源的利用率，从根本上提升系统容量。智能天线阵列具有较窄的主瓣，较灵活的主/副瓣位置关系，可提供天线阵列增益与分集增益。

一般而言，智能天线可以分为 2 类：开关波束天线阵列和自适应天线阵列。开关波束天线阵列是一种易于工程实现的智能天线，它将一个扇区分为多个微扇区，根据信号的空间方位，每隔数秒切换到最优指向的微扇区波束，而抑制其他微扇区的干扰。自适应天线阵列能提供最优增益，实时识别并跟踪有用信号，最大限度地抑制干扰。M 元自适应天线阵列在理论上至多能抑制 $M-1$ 个干扰，其实际性能也与传播环境密切相关。在视距链路传播环境中（如开阔地区），自适应天线可以根据估计的信号达波角（或去波角）来跟踪与调整各阵元信号的加权，使天线阵列的方向图主瓣对准所需信号的方向，零点指向干扰，但此时自适应天线无法分离间隔很近的信号。在多径传播环境中，当多径信号从多个方向到达接收天线阵列时，不可能在信号的所有到达路径上都形成波束并在所有干扰信号的到达路径上都生成零点，原因是所需零点的数目远大于阵元数目。为了获取分集增益，需要增大天线阵列的间距，这样的天线阵列可能出现栅瓣。自适应天线阵列能够利用路径分集来合并相关多径成分，减小多径衰减。对于非相关多径，自适应天线阵列可以选择最强的成分，并将其他成分看成干扰，这样就会损失部分信号功率。在多径环境中，天线阵列周围的散射体如同大量的反射天线一样，可以将在视距传播环境下无法分离的信号分离出来。如果接收天线阵列的间距足够大，波束宽度比角度扩展小，则间距很小的信号也可以被分离出来。随着阵元数目、角度扩展以及多径散射的增加，可分离的信号数目会更多，但在高强度多径成分比较丰富的环境下，自适应天线阵列的抗多径衰落能力是相当有限的。

多输入多输出（Multi Input Multi Output，MIMO）技术源于天线分集技术与智能天线技术，它是多输入单输出（Multi Input Single Output，MISO）与单输入多输出（Single Input Multiple Output，SIMO）技术的结合，具有两者的特征。MIMO 技术在发送端与接收端均采用多天线单元，运用先进的无线传输与信号处理技术，以及无线信道的多径传播，开发空间资源，建立空间并行传输通道，在不增加带宽与发射功率的情况下，可以成倍地提高无线通信的质量与数据传输速率，堪称现代通信领域的重要技术突破。MIMO 技术利用信道的多径效应，可以实现发送和接收分集，改善系统性能；可以扩展信号处理的操作空间，从原有的时域和频域扩展到现在的时域、频域和空域。MIMO 中的关键技术有空时处理、预编码等技术。

　　作为 5G NR 关键性技术之一，大规模多输入多输出（Massive MIMO）在基站端使用远超激活终端数量的天线，实现了 3D 波束赋形，大幅提高了频谱利用率、网络容量和覆盖率，有效缓解了无线接入网络中频谱资源短缺以及频谱效率亟待提升等压力[12]。5G NR 中 Massive MIMO 具备传统 MIMO 技术所无法比拟的物理特性和性能优势，主要包括以下几个方面：

　　（1）高复用增益和分集增益：天线数目的增多，最直接的影响是为传播信道提供了更多的复用增益和分集增益，使得系统在数据传输速率和链路可靠性方面拥有更好的性能。

　　（2）信道渐近正交性：随着基站天线数目的大幅增加，不同用户之间的信道向量将呈现出渐近正交特性，用户间的干扰可以被有效消除。

　　（3）信道硬化：当基站天线数量很多时，信道的小尺度衰落效果被平均化，显著降低了信号处理的复杂度。

　　（4）高能效：相干合并可以实现非常高的天线阵列增益，基站可以将能量聚焦到用户所在的空间方向上，通过大量的天线阵列增益，辐射功率可以降低一个数量级或更多。

　　（5）高空间分辨率：随着天线阵列规模趋于无限大，基站端形成的波束将变得非常细窄，具有极高的方向选择性及波束赋形增益。

2.5.2　多用户 MIMO

　　多用户 MIMO 是指基站在同一时频资源上利用 MIMO 系统与多个用户进行通信的技术。多用户 MIMO 能够通过多天线分集增益提高比特率性能，通过多天线复用增益扩大多用户信道容量。常见的多用户 MIMO 技术有 CDMA 和 SDMA 等技术。由于 CDMA 技术需要占用大量的码资源，而 SDMA 技术的频谱利用率高且不消耗码资源，因此 SDMA 是多用户 MIMO 系统的一种重要方式。通过在基站采用多天线，多个用户可以利用空间信道的差异共享同一时频资源。SDMA 允许小区内的频率复用，因此能提高系统的频谱利用率，从而在有限的频带内增加系统的数据吞吐量。

　　为解决无线多用户 MIMO 下行链路中存在的多用户干扰问题，近年来越来越多的研究致力于在发送端进行多个用户联合预编码的技术。通过预编码处理，一方面可以有效消除下行链路的多用户干扰，从而大大提高系统容量；另一方面可以大大简化接收机的算法，解决移动台的功耗和体积问题。同时，由于发送端准确知道各用户的数据，并且在发送端采用反馈干扰抵消的方法，因此不存在误码扩散问题，性能更优。

　　本节介绍一种用于多用户 MIMO 系统下行链路中的线性预编码技术——块对角化（Block Diagonalization，BD）预编码算法。BD 预编码算法可以实现多用户 MIMO 信道矩阵的块对角化，从而完全消除多用户之间的干扰，其效果相当于将多用户 MIMO 系统转化为多个独立的单用户 MIMO 系统。当发送端向某一个用户发射信号时，先通过一个处于其他用户信道矩阵零空间内的调制矩阵对该信号进行处理，再通过天线发射出去，从而可以消除多用户干扰。多用户 MIMO 下行链路如图 2-12 所示。

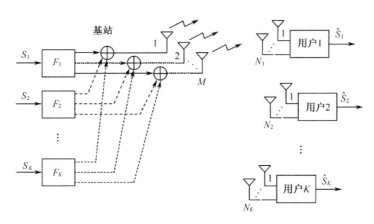

图 2-12　多用户 MIMO 下行链路

假设某个基站同时向 K 个用户发送数据，基站的天线数记为 n_T，用户 i 的天线数记为 n_{R_i}。假设基站到各用户的信道为瑞利平坦衰落信息，则基站到用户 i 的信道可以表示为 $n_{R_i} \times n_T$ 维矩阵 H_i，其元素为服从独立的复高斯分布$(0,1)$的随机变量。在一个符号周期内，基站总的发射信号可以表示为 $\boldsymbol{x} = \sum_{i=1}^{K} \boldsymbol{W}_i \boldsymbol{s}_i$，其中 $\boldsymbol{s}_i$ 为发送给用户 i 的 L_i 维信息字符向量，其元素是相互独立的零均值、单位方差的信息字符；$\boldsymbol{W}_i$ 为用户 i 的 $n_T \times L_i$ 预编码矩阵，则用户 i 的接收信号可以表示为：

$$\boldsymbol{y}_i = \boldsymbol{H}_i \boldsymbol{x} + \boldsymbol{I}_i = \boldsymbol{H}_i \boldsymbol{W}_i \boldsymbol{s}_i + \boldsymbol{H}_i \sum_{j=1, j \neq i}^{K} \boldsymbol{W}_j \boldsymbol{s}_j + \boldsymbol{I}_i \tag{2-4}$$

式中，$\boldsymbol{H}_i \boldsymbol{W}_i \boldsymbol{s}_i$ 为有用信号向量；$\boldsymbol{H}_i \sum\limits_{j=1, j \neq i}^{K} \boldsymbol{W}_j \boldsymbol{s}_j$ 为其他用户对用户 i 的干扰信号；$\boldsymbol{I}_i$ 为均值为 0、协方差阵为 σ 的高斯白噪向量。

考虑发送端完全知道所有用户信道矩阵的情况，要求发送端的预编码使得各用户接收信号中没有其他用户的干扰，即要求 $\boldsymbol{H}_i \sum\limits_{j=1, j \neq i}^{K} \boldsymbol{W}_j \boldsymbol{s}_j$ 对于所有的用户 i 均为 0，则各用户的预编码矩阵需满足 $\boldsymbol{W}_i \boldsymbol{s}_i = 0 (\forall i \neq j)$。也就是说，每个用户的预编码矩阵都位于其他所有用户的信道矩阵的零空间，此时用户 i 的接收信号向量表达式可简化为 $\boldsymbol{y}_i = \boldsymbol{H}_i \boldsymbol{W}_i \boldsymbol{s}_i + \boldsymbol{I}_i$。

定义所有用户的接收信号向量 $\boldsymbol{y} = \left[\boldsymbol{y}_1^T, \boldsymbol{y}_2^T, \cdots, \boldsymbol{y}_K^T, \right]^T$，则 $\boldsymbol{y}$ 可以写成：

$$\begin{bmatrix} \boldsymbol{y}_1 \\ \boldsymbol{y}_2 \\ \vdots \\ \boldsymbol{y}_K \end{bmatrix} = \underbrace{\begin{bmatrix} \boldsymbol{H}_1 \boldsymbol{W}_1 & & & \\ & \boldsymbol{H}_2 \boldsymbol{W}_2 & & \\ & & \ddots & \\ & & & \boldsymbol{H}_K \boldsymbol{W}_K \end{bmatrix}}_{H} \begin{bmatrix} \boldsymbol{s}_1 \\ \boldsymbol{s}_2 \\ \vdots \\ \boldsymbol{s}_K \end{bmatrix} + \begin{bmatrix} \boldsymbol{I}_1 \\ \boldsymbol{I}_2 \\ \vdots \\ \boldsymbol{I}_K \end{bmatrix} \tag{2-5}$$

式中，所定义的预编码后的等效多用户信道矩阵 $\boldsymbol{H}$ 是一个块对角阵，因此这种预编码方案的效果是将多用户信道块对角化，故称为块对角化预编码。通过块对角化预编码，多用户 MIMO 系统可以看成包含 K 个独立的单用户 MIMO 系统，其中第 i 个用户的等效信道矩阵为 $\boldsymbol{H}_i \boldsymbol{W}_i$，每个等效的单用户 MIMO 系统可以采用传统的单用户 MIMO 传输方案和检测算法。

2.5.3   Massive MIMO 技术

1. Massive MIMO 系统模型

Massive MIMO 利用三维（Three-Dimension，3D）信道中垂直和水平维度的空间分辨率，发射细窄的指向性波束来区分不同空间分布的用户，提高系统性能。Massive MIMO 系统模型如图 2-13 所示。

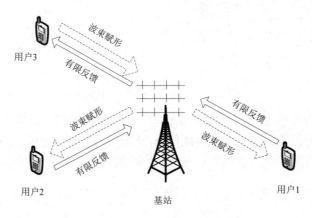

图 2-13　Massive MIMO 系统模型

基站配置了二维均匀面阵结构（Two-Dimensional Uniform Rectangular Array，2D URA）天线，天线数目为 $N \times M$，其中 N 为水平维度的天线阵列数目、M 为垂直维度的天线阵列数目。Massive MIMO 系统中共 K 个用户，每个用户均采用单天线结构配置。基站到第 k 个用户的 3D 信道响应矩阵可表示为：

$$\boldsymbol{H}_{3D} = \begin{bmatrix} h_k^{1,(1,1)} & h_k^{1,(1,2)} & \cdots & h_k^{1,(1,M)} \\ h_k^{1,(2,1)} & h_k^{1,(2,2)} & \cdots & h_k^{1,(2,M)} \\ \vdots & \vdots & h_k^{1,(n,m)} & \vdots \\ h_k^{1,(N,1)} & h_k^{1,(N,2)} & \cdots & h_k^{1,(N,M)} \end{bmatrix} \tag{2-6}$$

式中，$h_k^{1,(n,m)}$ 表示基站侧第 n 个水平、第 m 个垂直发送天线阵列到用户单天线的信道响应信息。3D 信道响应矩阵的每一行代表的是水平维度的信道信息，每一列代表的是垂直维度的信道信息。$\left[h_k^{1,(i,1)}, h_k^{1,(i,2)}, \cdots, h_k^{1,(i,M)} \right] (1 \leqslant i \leqslant N)$ 表示基站的第 i 个水平天线阵列到用户单天线的信道信息，可称为水平信道；$\left[h_k^{1,(1,j)}, h_k^{1,(2,j)}, \cdots, h_k^{1,(N,j)} \right] (1 \leqslant j \leqslant M)$ 表示基站的第 j 个垂直天线阵列到用户单天线的信道信息，可称为垂直信道。

2. Massive MIMO 技术的标准化研究

这里主要介绍 3GPP 关于 Massive MIMO 技术标准化的现状，主要包括信道传输、信道反馈和波束管理三个方面。

1）信道传输

对于下行传输机制，LTE 中的标准主要聚焦于闭环 MIMO 传输，而 NR 中要考虑高速移动场景下的鲁棒性，因此 NR 需要同时支持开环 MIMO 传输和闭环 MIMO 传输。LTE 中开环 MIMO 传输和闭环 MIMO 传输是分开设计的，可以根据需求和客观条件进行转换。在

NR 中，由于传输环境更加复杂，这种转换可能跟不上环境的变化，同时考虑到分开设计难以同时满足对传输效率和鲁棒性要求，因此在 NR 中，3GPP 在同一个框架里不仅设计了两种传输方案，同时还考虑了半开环 MIMO 传输方案，并支持传输方案间的动态切换。由于 NR 中承载的数据较多，带宽进一步被加宽，不同相干带宽上的信道特性区别较大，因此提出了频率选择性预编码，即在不同的带宽上采取不同的编码方式。为了比较清晰地分割带宽，3GPP 提出了把物理资源块（Physical Resource Block，PRB）分为若干个组（Physical Resource Group，PRG）的思想，在每个组内采取相同的预编码方式，这种分组技术即 PRB 绑定。物理下行共享信道（Physical Downlink Shared Channel，PDSCH）的传输方案支持最多 8 层传输，天线端口为 1000~1011，当只有一个码字时支持 1~4 层传输，有两个码字时支持 5~8 层传输；同时支持下行解调参考信号（Demodulation Reference Signal，DMRS）空间复用（SU-MIMO、MU-MIMO），对于 SU-MIMO 至少支持 8 个正交 DMRS 端口，对于 MU-MIMO 至少支持 12 个正交 DMRS 端口。

对于上行传输机制，NR 中上行传输机制支持 4 层传输，考虑到反馈开销和性能，还支持基于码本传输、基于非码本传输、多样性/差异性传输三种方案。对于多样性/差异性传输，可以考虑 DFT-S-OFDM、循环时延分集（Cyclic Delay Diversity，CDD）、预编码器循环（Precoder Cycling，PC）、天线端口切换、空频块码（Space Frequency Block Code，SFBC）和空时块编码（Space Time Block Code，STBC），同时支持传输方案间的动态切换。对于基于码本传输，NR 支持频率选择性预编码。频率选择性预编码可以使信道的预编码更好地匹配信道，获得更好的性能增益。对于基于非码本传输，UE 可以根据下行控制信息（Downlink Control Information，DCI）中的宽带子资源标识符（Sub-Resource Identifier，SRI）确定上行物理共享信道（Physical Uplink Shared Channel，PUSCH）的预编码和传输等级。基于 CP-OFDM 和 DFT-s-OFDM 传输都支持 PRB 绑定，在基于 CP-OFDM 传输中，PRB 绑定支持基于码本传输和基于非码本传输；在基于 DFT-s-OFDM 传输中，PRB 绑定大小是整个调度带宽。

2）信道反馈

如何准确地获取信道状态信息也是 Massive MIMO 系统中的重要一环。信道状态信息（Channel State Information，CSI）可以使通信系统适应当前的信道条件，在多天线系统中为高可靠性、高速率的通信提供了保障[13]。用户设备可以根据基站发送的导频信息（CSI Resource Indicator，CSI-RS）测量得到 CSI，然后反馈给基站。NR 支持周期、半周期、非周期的 CSI 上报，CSI-RS 也可以是周期性、半周期或非周期的。NR 支持两种 CSI 反馈方式：Type Ⅰ反馈和 Type Ⅱ反馈。利用波束选择原理，Type Ⅰ反馈的开销相当低。利用波束组合的原理，Type Ⅱ反馈的性能比 Tpye Ⅰ反馈有相当大的增益，但反馈的开销也会显著增加。设计两种 CSI 反馈方式的目的不同，Type Ⅰ反馈适用于单用户 MIMO（Single User MIMO，SU-MIMO）系统，因为 SU-MIMO 主要依赖于 UE 进行层间干扰抑制，因此不需要极高分辨率的 CSI 反馈；Type Ⅱ反馈适用于多用户 MIMO（Multi-User MIMO，MU-MIMO）系统，由于在 eNB 处使用多天线从空间上抑制不同 UE 间的干扰，因此更高分辨率的 CSI 反馈能够在 eNB 处进行更精确的波束赋形，从而显著改善 MU-MIMO 系统的性能。

Type I 反馈为基于码本的预编码矩阵指示（Precoding Matrix Indicator，PMI）反馈，并且 PMI 码本至少有两级，如 $W=W_1W_2$，其中 W_1 码本搜索的第一级波束是宽带的、长期的；W_2 码本搜索的第二级波束可以是子带的、短期的，同时还会传递每个子带的量化系数。

Type Ⅱ反馈具有更高空间分辨率，支持以下三种方案：

方案 1：基于线性组合码本的预编码反馈，如图 2-14 所示。该图给出了两级码本的反馈方式，即 $W=W_1W_2$，其中，W_1 由一组从二维 DFT 波束中提取出的 L 个正交波束组成，并且 L 个波束的集合是由过采样的二维 DFT 波束组成的，$L\in\{2,3,4\}$（L 是可配置的），且波束选择是宽带的；W_2 中 L 个波束是 W_1 内的常见波束组合，组合系数是子带上报的相位量化，在 QPSK 到 8PSK 相位相关的信息量化之间是可配置；波束幅度量化可以配置为宽带或子带上报。

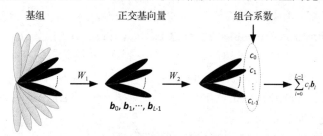

图 2-14　基于线性组合码本的 CSI 反馈

方案 2：协方差矩阵反馈。信道协方差矩阵反馈是长期的、宽带的，是一种显式反馈，并且协方差矩阵的量化/压缩版本是由 UE 上报的，其中，量化/压缩基于一组 M 个正交基向量，上报可以包括 M 个正交基向量的指示和一组系数。

方案 3：混合 CSI 反馈。方案 1 或方案 2 中的 CSI 码本可以协同 LTE-Class-B-type-like CSI 反馈使用，其中 LTE-Class-B-type-like CSI 反馈可以基于 Type I 或 Type Ⅱ反馈的 CSI 码本。

3）波束管理

NR 支持的高频带中的自由空间路径损耗有所增加，信道或信号的传输依赖于更高的方向性链路。Massive MIMO 系统要求对准每个用户的波束更细、精确度更高。由于用户（UE）会发生移动、旋转和阻塞的情况，因此需要实时更新方向性波束来保持收发点（Transmission and Reception Point，TRP）和 UE 之间的链路质量。波束管理包括上/下行波束训练（目的是选择最优波束），以及波束恢复两方面[14]。

（1）上/下行波束训练。在波束管理中，为了选择用于上/下行的数据传输的方向性波束对链路，首先需要选定用于上/下行波束管理的参考信号（RS），然后定义波束选择的流程，运用选定的参考信号进行波束训练，从而获得用于上/下行数据传输的方向性波束对链路（Beam Pair Link，BPL）。上/下行波束训练过程如图 2-15 所示。

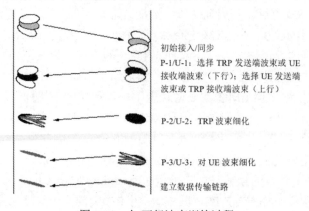

图 2-15　上/下行波束训练过程

下行波束训练的具体步骤如下：

P-1：UE 在不同的 TRP 发送端和接收端波束上测量，选择 TRP 发送端波束或 UE 接收端波束，在 TRP 或 UE 进行波束扫描，产生的是接收端和发送端的粗波束。

P-2：在 P-1 的基础上实现 TRP 波束细化。UE 使用选中的粗波束对 TRP 细波束进行测量，找到 TRP 的最优发送端波束。

P-3：对 UE 波束的细化。在波束测量的过程中，TRP 使用 P-2 中的细波束来细化 UE 接收端波束。

上行波束训练的具体步骤如下：

U-1：在不同的 UE 发送端波束上进行 TRP 检测，选择 UE 发送端波束或 TRP 接收端波束，同时进行上行随机接入。

U-2：在不同的 TRP 接收端波束上进行 TRP 检测，改变或选择 TRP 接收端波束，该过程中实现了 TRP 波束细化。

U-3：在 UE 使用波束赋形时，会在相同的 TRP 接收端波束上进行 TRP 检测，转换 UE 发送端波束，该过程实现 UE 波束细化。

（2）波束恢复。在初始接入过程中，波束赋形（Beam Forming，BF）称为波束训练；在数据传输中，BF 称为波束追踪。由于 UE 可能会移动、旋转和波束阻塞，因此需要进行波束追踪。如果在数据传输过程中波束质量下降，则需要进行波束恢复。波束恢复过程包括波束失败检测、确定新的候补波束、波束失败恢复请求传输和波束失败恢复请求响应四个过程。

波束失败检测：UE 检测波束失败参考信号，检测是否满足波束失败的触发条件。若检测结果满足波束失败触发条件，则宣布波束失败。

确定新的候补波束：在数据传输过程中，UE 检测参考信号，用于寻找新的候补波束，既可以在之前上报的波束组中选择新的候补波束，也可以在原始波束附近选择新的候补波束。如果在规定的时间窗内找不到新的候补波束，则需要启动小区选择随机接入过程。

波束失败恢复请求传输：在检测到波束失败后，用户向基站发送波束失败恢复请求信息。用于传输波束失败恢复请求的信道有三类，即基于竞争的物理随机接入信道（Physical Random Access Channel，PRACH）、基于非竞争的 PRACH 和物理上行链路控制信道（Physical Uplink Control Channel，PUCCH）。

波束失败恢复请求响应：在接收到波束失败恢复请求后，基站应对 UE 做出响应，寻找新的候选波束或者重新建立传输链路。

2.6 本章小结

本章首先介绍了无线通信网络基础，包括分集技术、复用技术、双工技术、信道编/解码技术；然后总结了无线信道的传输损耗与衰落；接着介绍了无线通信的多址技术，特别是当前移动通信网络采用的正交频分多址技术和非正交多址接入技术；最后对于当前移动通信网络关注的多天线技术进行了综述，总结了 Massive MIMO 技术的当前研究与标准化现状。

本章参考文献

[1] 吴伟陵，牛凯. 移动通信原理[M]. 北京：电子工业出版社，2009.

[2] 啜钢，王文博，常永宇，等. 移动通信原理与系统[M]. 2 版. 北京：北京邮电大学出版社，2009.

[3] Shannon C E. A mathematical theory of communication[J]. Bell Systems Technical Journal, 1948, 27(4):623-656.

[4] 袁东风，张海霞. 宽带移动通信中的先进信道编码技术[M]. 北京：北京邮电大学出版社，2004.

[5] 张天魁. B3G/4G 移动通信系统中的无线资源管理[M]. 北京：电子工业出版社，2011.

[6] 尹长川，罗涛，乐光新. 多载波宽带无线通信技术[M]. 北京：北京邮电大学出版社，2004.

[7] 佟学俭，罗涛. OFDM 移动通信技术原理与应用[M]. 北京：人民邮电出版社，2003.

[8] Li T , Yan C , Li W , et al. On uplink non-orthogonal multiple access for 5G:opportunities and challenges[J]. China Communications , 2017, 14(12):142-152.

[9] Ding Z, Yang Z, Fan P, et al. On the performance of non-orthogonal multiple access in 5G systems with randomly deployed users[J]. Signal Processing Letters, IEEE, 2014, 21(12):1501-1505.

[10] Saito Y, Kishiyama Y, Benjebbour A, et al. Non-orthogonal multiple access (NOMA) for cellular future radio access[C]. Vehicular Technology Conference (VTC Spring), 2013.

[11] 罗涛. 多天线无线通信原理与应用[M]. 北京：北京邮电大学出版社，2005.

[12] 王东明，张余，魏浩，等. 面向 5G 的大规模天线无线传输理论与技术[J]. 中国科学：信息科学，2016, 46(1): 3-21.

[13] 刘海艳. 毫米波大规模 MIMO 系统的信道追踪技术研究[D]. 北京：北京邮电大学，2019.

[14] 耿立茹. 毫米波 Massive MIMO 系统中基于码本的波束管理研究[D]. 北京：北京邮电大学，2018.

第 3 章
无人机通信网络的特征

3.1 引言

无人机通信网络可以看成一个飞行的无线网络，其中无人机作为网络节点，可以接收或发送信息，也可以作为中继节点提供中继服务。无人机通信网络可以是没有基础设施支持的自组织网，或者由地面通信和卫星通信基础设施支持的无人机辅助通信网络。无人机通信网络的拓扑结构多种多样，可以是网状、星状、直线状等，因具体的应用场景而异。

无人机在较高的海拔飞行主要有以下两个好处：

（1）地面的发送端/接收端与空中接收端/发送端在一条清晰的视距上，电波以视距传播，信号传输质量更好。

（2）无人机节点可以充当中继节点扩展收发两端通信距离，如图 3-1 所示。当地面通信中收发两端处于不平坦的地形以及复杂的地理环境中时，无人机可以提供更好的通信服务。

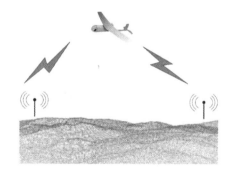

图 3-1　无人机充当中继节点扩展收发两端的通信距离

无人机通信网络主要分为两类：第一类是无人机接入蜂窝网络（也称为无人机-蜂窝融合网络），无人机作为空中用户，可以在空中访问蜂窝网络；第二类是基于无人机辅助的通信网络（无人机空中网络），无人机作为空中通信平台（如基站、中继），辅助地面通信网络进行通信。无人机接入蜂窝网络有以下几点好处：

（1）得益于蜂窝网络几乎是全球覆盖的，地面的无人机控制者可以在视距范围外，对无人机进行指挥操作。基于此，将来会出现更多的无人机应用。

（2）借助蜂窝网络的先进技术以及身份验证机制，与蜂窝网络连接的无人机有望在可靠性、安全性、数据吞吐量等方面获得性能提升。

（3）无人机接入蜂窝网络是一种经济高效的网络，因为它可以重复使用已经建好的数百万个蜂窝，无须建立仅用于无人机系统（Unmanned Aerial System，UAS）的新基础架构。因此，无人机接入蜂窝网络对于无人机和蜂窝网络来说是一种双赢的结果，未来将有丰富的商机等待探索。

由于无人机制造成本的不断降低以及通信设备不断小型化，在无人机上安装小型基站/中继设备辅助地面通信变得更加可行。例如，可以将轻量级 LTE 基站安装在无人机上。基于无人机辅助的通信网络有以下几点好处：

（1）小型基站/中继设备可以快速、按需部署在无人机上，尤其适用于临时的突发的情况，如紧急搜索、救援等。

（2）无人机的飞行高度较高，无人机上的基站/中继可以通过视距和地面用户进行通信，可为地面用户提供更可靠的通信链路。

（3）由于无人机具有可控的高动态性，无人机可以调整三维空间位置，更好地满足地面通信的需求。

5G 三大典型应用场景是增强型移动宽带（enhanced Mobile Broadband，eMBB）、大规模机器通信（massive Machine-Type Communications，mMTC）、高可靠低时延通信（Ultra-Reliable and Low-Latency Communications，URLLC）。5G 能够满足无人机通信网络在技术上的需求，有效支撑无人机通信，因此未来会有更多的基于无人机通信的应用场景。本章主要从节点三维运动、LoS 电波传播、任务驱动网络、周围环境陌生、信息处理能力受限、能量供给能力受限、气象条件影响、恶意干扰影响等方面分析无人机通信网络的特征。

3.2 节点三维运动

无人机作为一种高速运动的智能化工具，在农业、航拍、救灾以及军事等领域都得到了广泛的关注和应用。由于无人机具有三维高速运动特征，能够轻易穿越障碍物，因此可以高效完成许多人类及传统工具无法完成的工作。例如，无人机在城市环境、地震救援场景，以及高海拔地区的大范围监视等情况中具有无可替代的作用。

无人机具有三维高速运动特征。一方面，这会导致无人机与地面基站/用户发生更频繁的切换，且通信链路也在不断地动态变化；另一方面，无人机也可以根据用户需求随时随地调整位置、高度、速度、航向等，以获得更好的系统服务性能。无人机可以作为无线中继，提高地面无线设备的连通性，扩大网络覆盖。无人机还可以作为可移动的空中基站，如图 3-2 所示，为地面用户提供可靠的通信，提高无线网络的容量[1-3]。

图 3-2　无人机作为可移动的空中基站

　　与传统的地面基站相比，使用无人机作为可移动的空中基站时，无人机能够快速、轻松移动，所花费的时间成本较低。由于无人机可以实现快速部署，这就使得无人机特别适用于应对突发状况。此外，在低空飞行的无人机，可以在大多数情况下建立可靠的视距链路，即使在收发两端之间有遮挡物阻碍，也能够建立直接通信或通过移动中继建立起长距离的视距链路。使用无人机辅助通信已经成为未来无线通信中不可或缺的一部分，其发展前景非常广阔[4]。

　　无人机的飞行轨迹受空间障碍物、能量约束、地面用户需求和高空管制等多方面因素限制。满足地面用户需求是无人机辅助通信的目标，无人机的飞行轨迹应根据系统吞吐量、能量、频谱效率和时延等关键性能指标进行优化。例如，可以离线或实时设计、调整无人机的飞行轨迹，并依据无人机与地面用户通信的环境分配相应的通信信道，更好地服务地面用户。同样，对于与蜂窝网络相连的无人机，需要基于地面基站的位置来设计无人机的飞行轨迹，确保无人机在飞行过程中始终可以与地面基站进行通信，保证无人机顺利执行任务。未来，可以结合通信调度及资源分配来优化无人机的 3D 部署及飞行轨迹，提升通信性能。

3.3 LoS 电波传播

　　无人机在高空飞行时，会导致无人机与地面用户/基站之间的通信信道非常独特。具体来说，地面通信会遭受非常严重的阴影效应和多径衰落的影响，而无人机与地面用户/基站间通信时，空中散射物较少，阴影效应及多径衰落造成影响很小。因此，我们通常认为无人机与地面用户/基站之间的通信信道主要由视距（Line of Sight，LoS）信道组成。无人机与地/海面用户的视距通信如图 3-3 所示。

图 3-3　无人机与地/海面用户的视距通信

　　通俗来讲，视距是指发射天线和接收天线能互相"看得见"对方。视距信道指无线信号无遮挡地在收发两端直线传播。视距传播是指在发射天线和接收天线间能相互"看得见"的距离内，电波直接从发射天线传播到接收天线的一种传播方式。

　　空地信道主要由视距信道组成，这既给无人机通信带来了机遇，也带来了挑战。一方面，空地信道受地面反射物以及空中散射物的影响很小，信道质量更好，链路可靠性更高，当无人机与地面基站/用户通信时，带来了明显的宏分集效益，可增强接收信号强度，有效抵抗衰落。另一方面，无人机通信更易造成强烈的空地干扰，可能会严重限制基于无人机辅助通信网络的容量。例如，在无人机作为用户接入基站的通信场景中，无人机在进行上行通信时，可能会对其他相邻小区的相同频段的造成严重干扰。同样，无人机在进行下行通信时，也会受到其他相邻基站的干扰。干扰消除对于无人机通信是至关重要的。基于视距信道通信的无人机更易受到地面恶意干扰节点的干扰、窃听和攻击,加强物理层安全是无人机通信必不可少的一环[5]。

3.4 任务驱动网络

受限于当前的电池容量和无人机载荷能力,无人机一般无法长时间停留在空中,所以无人机通信网络通常都是为完成一定的任务而组建的,无人机会在任务完成后返回地面。根据常见任务的特点,我们将任务驱动的无人机通信网络分为悬停无人机通信网络、周期性轨迹运动的无人机通信网络和非规则轨迹运动的无人机通信网络。

1. 悬停无人机通信网络

当无人机在执行辅助地面通信、采集地面传感器网络数据等任务时,需要在一段时间内保持悬停静止状态。无人机悬停位置和频谱等资源的分配,对无人机通信网络容量有着显著的影响。因此,针对悬停无人机通信网络,研究无人机通信网络的联合位置优化和资源分配方法有助于提高无人机通信网络容量。在无人机通信网络存在干扰限制和任务限制的约束下,利用匹配博弈、凸优化、非凸优化等数学理论,设计有效的悬停位置部署和资源分配方法,优化悬停位置和网络资源分配模型,可最大化无人机通信网络容量。无人机悬停采集水样如图 3-4 所示。

图 3-4　无人机悬停采集水样

2. 周期性轨迹运动的无人机通信网络

在执行农业植保、巡逻等任务时,由于任务需求的周期性,无人机需要经常做周期性轨迹运动。在这种情况下,我们需要进一步考虑周期性轨迹运动无人机通信网络的资源高效利用与优化问题。在周期性轨迹运动的无人机通信网络中,主无人机协调每一架从无人机在各自预设的轨迹中周期性地飞行。在无人机通信网络的频谱干扰限制、每架从无人机的任务驱动限制、无人机之间碰撞避免限制、从无人机的速度限制以及无人机的最大发射功率限制等约束下,利用连续凸近似或者交替迭代等凸优化、非凸优化方法,联合设计无人机通信网络的轨迹优化和资源分配方案,建立周期性轨迹运动的无人机通信网络的轨迹优化和资源分配模型,可最大化无人机通信网络单位周期内的容量。无人机执行农业植保任务如图 3-5 所示。

3. 非规则轨迹运动的无人机通信网络

在执行目标跟踪等任务时,无人机需要实时跟踪目标,通常需要做非规则轨迹运动,因此需要进一步研究非规则轨迹运动的无人机通信网络的资源高效利用与优化问题。在碰撞避免限制、飞行速度限制、无人机通信网络的频谱干扰限制等约束下,利用整数规划及非凸优化等理论,设计相应场景下的资源高效利用方法,建立非规则轨迹运动的无人机通信网络的轨迹优化和资源分配模型,可最大化网络容量。无人机执行目标跟踪任务如图 3-6 所示。

图 3-5　无人机执行农业植保任务

图 3-6　无人机执行目标跟踪任务

3.5 周围环境陌生

无人机具有活动范围广、任务驱动等特征,经常需要在一些不熟悉的环境,甚至恶劣的环境中执行任务。如果无人机对周围环境信息不熟悉,就会严重影响无人机之间、无人机与地面控制台之间的通信,导致无人机的信息回传、命令接收等延迟甚至中断。另外,对于依赖于无人机之间的合作、周围环境特征等的无人机技术,也将面临由于对周围环境陌生而带来的影响。

无人机通信网络可以看成一个飞行的无线网络,其中每架无人机作为一个节点,将自己的信息发送到其他节点,接收其他节点的信息或者在网络中转发其他节点的信息;无人机了解自身与其他节点之间通信链路的特性,这在保障无人机正常执行任务时是至关重要的。例如,在无人机通信网络中,由于空到地(Air-to-Ground,AG)通信信道在载荷通信与遥测控制中均发挥重要作用,实时获取 AG 信道的特性是无人机通信的重要挑战之一[6]。AG 信道特性不同于被广泛研究的地面通信信道,一般来说,AG 信道是由无人机本身和地面目标周围的反射物共同确定的。由于无人机的高动态特性以及三维运动特性,在评估 AG 信道特性时需要考虑无人机的一些特性,如机身阴影、无人机电池和发动机的机械和电子噪声,以及 MIMO 系统的天线特性(包括尺寸、方向、极化和天线阵列控制等)。在陌生环境中,如果无法明确地面目标周围的反射物和遮挡物,无人机的正常通信就会受到较大的影响。如何在陌生环境下快速掌握无人机与地面目标、无人机与其他无人机之间的通信信道,是保障无人机通信网络正常工作的挑战之一。无人机在陌生环境中执行任务如图 3-7 所示。

随着无人机产业的快速发展,授权给无人机通信网络使用的频谱将会更加拥挤,频谱资源面临枯竭,通过认知再利用周围空闲频谱是克服频谱短缺难题

图 3-7　无人机在陌生环境中执行任务

的重要技术手段之一。无人机通信网络所在的低空空域中，已分配的频谱的利用率一般非常低，因此通过认知再利用周围空闲频谱来有效解决无人机通信网络频谱短缺这一问题的可行性非常高。无人机对周围的环境进行认知、了解是无人机进行频谱复用的关键。一般而言，频谱认知要求用户对周围的频谱机会进行认知，寻求空闲频段实施接入，在不干扰主用户通信的前提下，合理有效利用空闲频段。因此，在无人机寻求空闲频谱接入网络时，对周围频谱状态信息的精准掌握是非常关键的。由于无人机任务驱动的特性以及高动态特性，无人机通信的信道在实时快速变化，在陌生环境下，无人机在认知周围频谱时面临着节点三维高速移动和缺少频谱先验信息等挑战，在频谱认知过程中面临适应能力差和准确率低等问题。为了克服这些挑战和问题，需要动态协调无人机通信网络中不同节点进行网络化认知，以提升认知频谱机会的能力。然而，由于缺少对于陌生环境频谱状态的先验信息，网络化认知的难度将大大提高，这对无人机通信网络提出了新的挑战。

区别于手机等地面通信终端，无人机在执行任务时运动范围广、远离操作人员。通过恶意干扰或反无人机技术可以很容易损毁、捕获无人机，导致重要信息丢失，造成无法挽回的损失。由于无人机通常处于陌生环境，无人机通信网络关于周围频谱和干扰节点的先验信息有限，需要利用网络化认知来获取周围频谱、干扰节点等重要信息，以协同无人机通信网络中的所有节点有针对性地进行网络化，最大限度地消除恶意干扰带来的危害。同时，通过充分协同无人机通信网络中的所有节点，进行网络化认知，还能够获知恶意干扰节点的干扰策略，从而针对不同的干扰策略采取最合适的对抗措施。降低干扰功率，同样能够提升无人机通信网络容量。

3.6 信息处理能力受限

由于无人机的广泛应用，因此无人机可能会遇到各种计算密集型任务，如模式识别、自然语言处理、视频预处理等。虽然现在的无人机已经具备相当强大的计算能力，但把这些任务都交给无人机来完成显然是不合理的。这些任务通常会消耗较多的计算资源和能量，但无人机的计算资源和电池寿命是有限的，因此，海量的资源需求与资源供给受限之间存在矛盾。无人机的信息处理能力和决策能力对于无人机通信网络执行任务的能效性和准确性具有重要的意义。一般而言，无人机需要内置计算机来完成数据处理任务，这些数据可能是接收到的信号或者无人机上的传感器产生的数据。基于这些数据的处理结果，无人机能够控制飞行、执行特定任务、实现避撞等。另外，在无人机通信网络中，无人机需要和网络中的其他无人机进行信息交互，协作执行任务。因此，高效、准确的信息处理能力是无人机通信网络高效合作的支撑性技术。但由于无人机的体积和成本限制，以及任务的多样性等，无人机的信息处理能力往往会受到限制。

相比于单架无人机，无人机通信网络通过合作协同可以得到更广的覆盖范围，具有更高的灵活性和鲁棒性。一架无人机通信网络可以看成一个物理组件和网络组件之间的具有强烈交互作用的一个网络物理系统（CPS），因此一个主要的挑战就是如何在网络组件和物理组件之间实现合作协同。如果能充分利用合作协同的作用，就可以极大地扩大无人机通信网络的应用场景。从 CPS 的角度来看，无人机通信网络是集传感、通信、计算和控制于一体的网络，能够有效地分配资源，以最优方式完成任务。传感器将来自物理世界的原始数据引入无人机通信网络，驱动数据在无人机通信网络内部流动，保证信息的分布和共享，从而实现全局的分析和决策。计算是基于所获得的信息进行分析和决策的关键。无人机通信网络交互示意图如图 3-8 所示，无人机通信网络的信息决策就像人体系统的中枢神经系统一样，在图3-8 所示的闭环中，从简单的数据分析到复杂的决策，都依赖于无人机通信网络的计算能力，因此计算是闭环的核心。此外，来自物理世界的信息、决策及其反馈可以被存储起来，形成记忆、知识和经验。

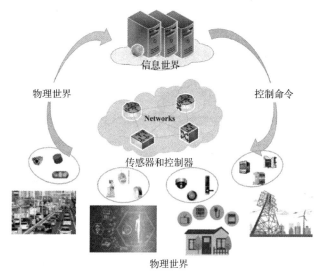

图 3-8　无人机通信网络交互示意图

计算卸载被认为是解决无人机信息处理能力受限的一种有效方法，也是一些新兴计算技术（如移动云计算、移动边缘计算等）的核心思想。通过访问资源丰富的基础设施（如边缘/云服务器或智能云服务平台），卸载一些计算任务，可以增强无人机对资源紧缺应用的能力。计算卸载已引起人们的广泛关注，许多研究者考虑在一些场景中将无人机作为接入点并向地面移动用户提供计算卸载服务，例如无人机支持的移动边缘计算系统[7]或基于无人机的移动云计算系统[8]。这些工作对无人机通信网络中的计算卸载解决方案具有启发意义，云服务平台为无人机提供计算卸载服务。与地面移动用户相比，无人机的移动性要复杂得多，这使得无人机的移动性问题更加棘手。有些文献针对无人机通信网络中的计算卸载问题进行了研究。例如，文献［9］提出了一种新的移动边缘计算设置，其中的无人机由蜂窝地面基站服务，用于计算卸载，该文献通过对无人机飞行轨迹的优化和卸载调度的计算来最小化无人机的任务完成时间；文献［10］在无人机参与者之间采用博弈模型，解决了计算卸载问题，同时还在执行时间和能耗之间进行了权衡。总体而言，计算卸载对信息处理能力受限的无人机有重要作用，特别是对于任务复杂的无人机通信网络，还需要进一步研究计算卸载的方法。

3.7 能量供给能力受限

地面基站、终端等通常有来自电网或者可充电电池的稳定电源，能量补给相对容易且成本较低。但对于在执行任务的无人机，由于其飞行范围广、灵活度高，能量补给比较困难。

充足的能量是保障无人机正常工作的首要条件。另外，对无人机的体积、经济性等设计要求将严重影响无人机的能量供给能力。在无人机能量供给能力受限的条件下，如何设计高效的能量使用方案，避免能量浪费，具有重要意义。无人机通信网络的节能设计比传统地面通信网络的节能设计更加复杂。

在无人机通信网络中，能量的消耗主要来自两部分。第一部分是维持无人机正常通信（如信号处理、通信电路、信号传输等）所需的能量，第二部分是为无人机提供动力使得无人机完成机械运动所需的能量。一般而言，第二部分所需的能量远超第一部分，因此无人机通信网络的能量方案设计不同于一般的地面通信网络的能量方案，更关注无人机的轨迹优化[11]。已经有一些文献研究了无人机的能耗建模问题。文献［12］对四旋翼无人机在不同速度下的能耗进行了研究。文献［13-14］将无人机的能耗建模成了机械力和加速向量的范数。文献［15］构建了与无人机速度的平方成正比的能耗模型，能耗与无人机的体积、形状、飞行状态、所处的物理环境（如飞行高度、风速、天气）等密切相关，无人机动力推进系统模型可以根据固定翼和多旋翼两种无人机类型进行区分，对于这两种无人机，推进力与速度的关系需要分别进行研究。文献［16］研究了在无人机能量有限情况下的无人机辅助地面通信，无人机的电池大约占无人机有效载荷的30%，因此减少能耗对延长无人机的生命周期具有重要的意义。

无人机通信网络物理层的能效优化设计，主要关注电子设备的物理特性。无人机通信网络的节点高移动性给物理层带来了诸多问题，主要可以从四个方面考虑能效优化问题：动态电压控制、节点级功率控制调度、选择最小子集、带缓冲的睡眠调节。无人机通信网络的数据链路层主要关注避免碰撞、对周围环境进行实时监控等，因此在数据链路层中主要从四个方面考虑能效优化问题：单电波工作周期、双电波工作周期、拓扑控制、聚类控制。无人机通信网络的网络层主要关注路由协议设计，因此主要从四个方面考虑能效优化问题：轨迹规划、节点规划、协调规划、休眠规划。

提高无人机通信网络的能量利用率的基本想法是在通信和飞行控制方面做出最优决策。例如，利用马尔可夫决策过程决定是否通信，哪架无人机进行通信等，选择最优的传输功率以满足通信质量要求，或者在保证任务完成的同时规划低耗能的最优轨迹，可以减少无人机的能耗。另外，在存在阴影效应的情况下，除了单纯放大传输功率外，还可以通过移动直连链路来获得改进的通信质量和能效。实际上，后一种策略可能根本不起作用，而用于通信的辅助能量将完全被浪费掉。因此，在两者耦合的基础上共同规划通信和控制，将为提高能效提供一种可行的解决方案。

3.8 气象条件的影响

一般而言，无人机的起飞、降落和通信都与气象条件密切相关。在天气恶劣的情况下，无人机的正常活动将受到影响。在日常生活中，由于天气导致的航班晚点、取消屡见不鲜。例如，大雾天气会严重影响能见度，会对飞机的安全飞行产生严重隐患；在气流强烈的条件下飞机也会出现颠簸，甚至机械故障。气象条件对于无人机的正常飞行、通信等是至关重要的，因此无人机通信网络要求能够获得实时、准确的气象监控信息，从而合理规划飞行方案、任务执行方案等。无人机在恶劣的气象条件下执行任务如图3-9所示。

图 3-9　无人机在恶劣的气象条件下执行任务

毫米波通信技术因其频段范围大而在近期备受关注。在无人机通信网络中，利用毫米波频段进行通信已成为大势所趋。不同于低频段电波，毫米波受气象条件的不利影响更大，毫米波通信除了有典型的自由空间路径损耗，还有额外的衰减[17]。在毫米波频段，无人机之间的通信受到的影响比传统地面通信受到的影响要更大。相比于地面通信，空中通信链路往往需要建立距离更远的通信链路。对于远距离通信链路的建立，大气衰减成为维持通信链路的一个重要考虑因素。大气衰减主要有三个来源。第一个来源是气体分子吸收，这些分子是由毫米波信号激发大气中气体导致的。第二种是悬浮液体，如雾或云。第三种是由于雨或其他类型的降水造成的散射副产品。这些三个来源都会产生频率相关衰减。

一般来说，大气衰减效应随着电波频率的增加（波长减小）而增加。由于电波会与特定的大气分子在特定的频率上相互作用，大气衰减的峰值更高。氧气导致的电波吸收主要在 60 GHz 附近，距离每增加 1 km 将衰减大约 10 dB，对于远距离通信链路来说，这将导致严重的衰减。大气中的悬浮液体是频率依赖性衰减的另一个来源，衰减也将随频率的增加而增加[18]，在较低的频率下，衰减要小得多。对于航空毫米波通信来说，悬浮液体并不是一个重要的问题。但是，悬浮液体会影响光学传感器，所以会对无人机的整体运作有影响。降雨、雨夹雪、雪等降水的散射是比较复杂的。降水不仅会导致恶劣的飞行条件，也会给毫米波信号带来额外的衰减，因此考虑降水对链接预算的影响是很重要的。计算各种衰减源的综合影响是很复杂的，一般来说，需要详细了解连接发射机和接收机的链路是如何横切大气层的。例如，云和雾都是局部现象，其影响随无人机在地面上的位置和高度而变化；温度和相对湿度也会随着海拔和天气条件的变化而变化。准确地掌握运行环境的情况，对于确定气象条件对链接预算的影响是很重要的。

3.9　恶意干扰的影响

相对于手机等移动终端，无人机更加容易受到恶意干扰。如何保障通信的安全性在实际场景中具有重要意义，抗干扰技术对无人机通信网络尤其重要，已有一些文献提出了一些常用抗干扰方法。

通信系统中常用的抗干扰方法有直接序列扩频和跳频。经过直接序列扩频处理后，信道在频域上有极低的频谱密度，不易被干扰节点发现。同时，直接序列扩频信号具有抗窄带干扰的先天优势。文献［19］在无人机通信网络中使用直接序列扩频（直扩）抗干扰。文献［20］

提出了一种相位调制控制信号的直扩保护方法来提高无人机通信网络的抗干扰能力。文献[21]提出了一种无人机通信网络跳频方法，该方法利用抽取滤波器组进行自适应跳频，并通过半实物仿真验证该方法的性能。

上述的抗干扰方法均是在干扰先验信息未知的条件下而设计的。随着认知技术的成熟，无人机通信网络能够对其周围的环境进行深入认知。认知技术能够使抗干扰方法从被动变为主动，可以通过认知干扰节点的行为来采取有效的抗干扰方法。还有一些文献对认知无人机通信网络抗干扰方法进行了深入研究。认知技术能够使无人机通信网络获取周围环境的有用信息，增加抗干扰方法的灵活性。目前已有部分结合认知技术与跳频抗干扰方法的研究成果。文献[22]提出了使用认知跳频方法来解决频谱资源匮乏问题，提高了无人机通信网络的抗干扰能力。文献[23]给出了一种高性能认知跳频序列的产生方法。但目前的认知跳频研究成果主要针对地面通信系统，认知无人机通信网络具有高速运动、网络协同、对干扰理解更加深入（环境认知获得更多干扰信息）等特点，为抗干扰方法的研究提供了更多潜力。

认知无人机通信网络是一个崭新的领域，潜在的抗干扰方法有很多，具体来说，可以从干扰无法避让及干扰避让两个方面进行调研。基于干扰避让的无人机通信网络示意图如图3-10所示。

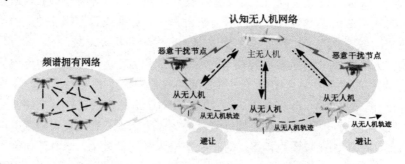

图3-10　基于干扰避让的无人机通信网络示意图

针对干扰无法避让的情况，在无法获得足够认知信息或者在全频带实施干扰的情况下，认知无人机通信网络通常无法通过避让干扰来获得更加高质量的频谱，导致通信信道恶化而影响通信性能。利用无速率编码能够降低信道恶化对通信性能的影响，无速率编码允许数据包乱序到达接收端。文献[24]提出了一种可实现的无速率编码，即 Luby Transform 码。文献[25-26]提出了无速率多址接入思想，分别在删除信道和噪声信道中将无速率编码引入移动数据上行链路。文献[27]采用仿真的手段验证了在无人机通信网络中使用无速率编码传输数据的有效性。

针对干扰避让的情况，认知无人机通信网络的高速运动特征使其能够在空间中躲避干扰攻击。关于无人机躲避障碍物/碰撞方面的研究较多。一类方法是图搜索算法，文献[28]研究了在多架无人机场景下的最短路径规划和避障。文献[29]先采用随机图存储无碰撞结构的点和可行路径，然后在图中搜索目标节点之间的可行路径。文献[30]提出了另一类方法，即人工势场法。人工势场法将目标节点看成引力场、将障碍物看成斥力场，无人机在场内移动时被目标节点吸引、被障碍物排斥，从而可以使无人机沿着无碰撞的路径到达目标节点。关于无人机在恶意干扰情况下主动避让干扰而达到无人机通信网络资源高效利用的问题，可以借鉴无人机躲避障碍物/碰撞的思想和方法。但两者有较大的差别：一方面，无人机躲避障碍物/碰撞主要关注可行路径的寻找与规划，而干扰避让的目标是使无人机通信网络的容量等性能达到最大化;另一方面,恶意干扰节点很有可能会随着无人机通信网络的避让而改变自身的干扰位置及策略,无人机躲避障碍物/碰撞一般不属于这种情况。因此,无人机躲避障碍物/碰撞的方法不能直接用于无人机通信网络的抗干扰。除了对干扰节点的空间位置进行避让,还可以对干扰频段等进行避让。文献 [31] 在多信道环境下通过切换信道来躲避干扰,将抗干扰问题建模为随机博弈模型,进而采用 Q 学习的方法进行求解。文献 [32] 分析了在干扰方的观测存在误差情况下的干扰对抗功率分配博弈。文献 [33] 进一步提出干扰存在观测误差情况下的分层功率控制算法。文献 [34] 从干扰频段避让和干扰位置避让两个角度,构建了基于深度 Q 学习网络的双维度抗干扰模型。

3.10 本章小结

无人机通信网络是连接不同无人机节点的“神经系统”,是无人机高效协作、实现群体智能化的不可或缺的支撑性技术。无人机通信网络已经得到了广泛研究并用于 5G,未来会有更多的基于无人机通信网络的应用场景。本章归纳并分析了无人机通信网络特征,主要包括节点三维运动、LoS 电波传播、任务驱动网络、周围环境陌生、信息处理能力受限、能量供给能力受限、气象条件影响、恶意干扰影响等特征。针对这些特征,本章阐述了它们带来的机遇与挑战,并介绍了相应的关键技术。

本章参考文献

[1] Mozaffari M, Saad W, Bennis M, et al. Efficient deployment of multiple unmanned aerial vehicles for optimal wireless coverage [J]. IEEE Communications Letters, 2016, 20(8): 1647-1650.

[2] Orfanus D, Freitas E P D, Eliassen F. Self-organization as a supporting paradigm for military UAV relay networks [J]. IEEE Communications Letters, 2016, 20(4): 804-807.

[3] Lyu J, Zeng Y, Zhang R. Cyclical multiple access in UAV-aided communications: a throughput-delay tradeoff [J]. IEEE Wireless Communications Letters, 2016, 5(6): 600-603.

[4] Erdelj M, Natalizio E, Chowdhury K R, et al. Help from the sky: leveraging UAVs for disaster management[J]. IEEE Pervasive Computing, 2017, 16(1): 24-32

[5] Wu Q, Mei W, Zhang R. Safeguarding wireless network with UAVs: a physical layer security perspective[J]. IEEE Wireless Communications, 2019, 26(5): 12-18.

[6] Zeng Y, Guvenc I, Zhang R, et al. UAV communications for 5G and beyond [M]. New Jersey: John Wiley & Sons, 2020.

[7] Zhou F, Wu Y, Hu R Q, et al. Computation rate maximization in UAV-enabled wireless-powered mobile-edge computing systems[J]. IEEE Journal on Selected Areas in Communications, 2018, 36(9): 1927-1941.

[8] Jeong S, Simeone O, Kang J. Mobile edge computing via a UAV-mounted cloudlet: optimization of bit allocation and path planning[J]. IEEE Transactions on Vehicular Technology, 2017, 67(3): 2049-2063.

[9] Cao X, Xu J, Zhang R. Mobile edge computing for cellular-connected UAV: computation offloading and trajectory optimization[C]. 2018 IEEE 19th International Workshop on Signal Processing Advances in Wireless Communications (SPAWC), Kalamata, 2018.

[10] Messous M A, Sedjelmaci H, Houari N, et al. Computation offloading game for an UAV network in mobile edge computing[C]. 2017 IEEE International Conference on Communications (ICC), Paris, 2017.

[11] Wu Q, Liu L, Zhang R. Fundamental trade-offs in communication and trajectory design for UAV-enabled wireless network[J]. IEEE Wireless Communications, 2019, 26(1): 36-44.

[12] Di Franco C, Buttazzo G. Energy-aware coverage path planning of UAVs[C]. 2015 IEEE International Conference on Autonomous Robot Systems and Competitions, Vila Real, 2015.

[13] Richards A, How J P. Aircraft trajectory planning with collision avoidance using mixed integer linear programming[C]. Proceedings of the 2002 American Control Conference (IEEE Cat. No. CH37301), Anchorage, 2002.

[14] Ma C S, Miller R H. MILP optimal path planning for real-time applications[C]. 2006 American Control Conference, Minneapolis, 2006.

[15] Grøtli E I, Johansen T A. Path planning for UAVs under communication constraints using SPLAT! and MILP[J]. Journal of Intelligent & Robotic Systems, 2012, 65(1): 265-282.

[16] Eom S, Lee H, Park J, et al. UAV-aided wireless communication designs with propulsion energy limitations[J]. IEEE Transactions on Vehicular Technology, 2019, 69(1): 651-662.

[17] Rappaport T S, Jr R W H, Daniels R C, et al. Millimeter Wave Wireless Communications [M]. New Jersey: Prentice Hall, 2015.

[18] Altshuler E. A simple expression for estimating attenuation by fog at millimeter wavelengths[J]. IEEE Transactions on Antennas and Propagation, 1984, 32(7): 757-758.

[19] Edrich M, Schmalenberger R. Combined DSSS/FHSS approach to interference rejection and navigation support in UAV communications and control[C]. IEEE Seventh International Symposium on Spread Spectrum Techniques and Applications, Prague, 2002.

[20] Todorovic B M, Orlic V D. Direct sequence spread spectrum scheme for an unmanned aerial vehicle PPM control signal protection[J]. IEEE Communications Letters, 2009, 13(10): 727-729.

[21] Venosa E, Vermeire B, Alakija C, et al. Non-maximally decimated filter banks enable adaptive frequency hopping for unmanned aircraft vehicles[C]. 2016 Integrated Communications Navigation and Surveillance (ICNS), Herndon, 2016.

[22] Zhi R, Zhang L, Zhou Z. Cognitive frequency hopping[C]. 2008 3rd International Conference on Cognitive Radio Oriented Wireless Networks and Communications (CrownCom 2008), Singapore, 2008.

[23] Guan L, Li Z, Hao B, et al. Cognitive frequency hopping sequences[J]. Chinese Journal of Electronics, 2016, 25(1): 185-191.

[24] Luby M. LT codes[C]//2002 The 43rd Annual IEEE Symposium on Foundations of Computer Science Proceedings. IEEE Computer Society, 2002: 271-271.

[25] Wu K, Zhang Z, Chen S. Rateless multiple access over erasure channel[C]. 2010 IEEE 71st Vehicular Technology Conference, Taiwan, 2010.

[26] Wu K, Zhang Z, Chen S. Rateless multiple access over noisy channel[C]. Proceedings of the 6th International Wireless Communications and Mobile Computing Conference, Caen, 2010.

[27] Zhu Y, Huang Q, Li J, et al. Design and evaluation of airborne communication networks [C]. 2015 Seventh International Conference on Ubiquitous and Future Networks, Sapporo, 2015.

[28] Wang C, Wang L, Qin J, et al. Path planning of automated guided vehicles based on improved A-Star algorithm[C]. 2015 IEEE International Conference on Information and Automation, Lijiang, 2015.

[29] Kavraki L E, Svestka P, Latombe J C, et al. Probabilistic roadmaps for path planning in high-dimensional configuration spaces[J]. IEEE transactions on Robotics and Automation, 1996, 12(4): 566-580.

[30] Kitamura Y, Tanaka T, Kishino F, et al. 3D path planning in a dynamic environment using an octree and an artificial potential field[C]. Proceedings 1995 IEEE/RSJ International Conference on Intelligent Robots and Systems. Human Robot Interaction and Cooperative Robots, Pittsburgh, 1995.

[31] Wang B, Wu Y, Liu K J R, et al. An anti-jamming stochastic game for cognitive radio networks[J]. IEEE Journal on Selected Areas in Communications, 2011, 29(4): 877-889.

[32] Xiao L, Chen T, Liu J, et al. Anti-jamming transmission Stackelberg game with observation errors[J]. IEEE Communications Letters, 2015, 19(6): 949-952.

[33] Jia L, Yao F, Sun Y, et al. A hierarchical learning solution for anti-jamming Stackelberg game with discrete power strategies[J]. IEEE Wireless Communications Letters, 2017, 6(6): 818-821.

[34] Han G, Xiao L, Poor H V. Two-dimensional anti-jamming communication based on deep reinforcement learning[C]. 2017 IEEE International Conference on Acoustics, Speech and Signal Processing (ICASSP), New Orleans, 2017.

第 4 章
无人机通信网络的信道模型

4.1 引言

无人机通信一般可分为无人机（Unmanned Aerial Vehicle，UAV）与无人机之间的通信，以及无人机与地面节点［包括地面终端（Ground Terminal，GT）、地面基站（Ground Base Station，GBS）或接入点（Access Point，AP）］之间的通信。以无人机辅助蜂窝网络为例，主要涉及三种类型的链路，即 GBS-UAV 链路、UAV-GT 链路和 UAV-UAV 链路。无人机与无人机之间的中距离通信通常发生在开阔的空域，与地面起伏无关，因此 UAV-UAV 链路通常用简单的自由空间路径损耗模型表示。本章主要用于 GBS-UAV 链路和 UAV-GT 链路的通信信道模型。在理论上，已有的针对地面通信系统信道模型的部分研究同样适用于无人机通信网络的信道模型。但由于在无人机通信网络中，发送端和接收端中至少有一个需要工作在远高于传统地面通信系统的空中，这就给无人机通信网络的通信信道带来新的特点，需要我们建立不同的数学模型，精确表示不同高度的无人机通信信号传播环境。

在地面通信系统中，常用瑞利衰落表示小尺度衰落。在无人机通信网络中，由于无人机通信链路具有视距传播特征，因此莱斯衰落模型或者 Nakagami-m 衰落模型更适合无人机对地通信的信道建模。由于无人机的高海拔特性以及 3D 空间传播特点，无人机-地面通信的大尺度信道参数通常更加复杂。已有的研究提出了无人机对地通信的信道模型，主要包括自由空间信道模型、基于高度/角度参数的信道模型和概率 LoS 信道模型。本章首先重点介绍无人机通信网络的大尺度衰落模型和快衰落模型，然后对 3GPP 关于无人机通信信道建模与测量方法进行概述。

4.2 无人机通信网络的大尺度衰落模型

大尺度衰落用于表示收发两端的长距离或长时间范围内的场强变化情况，包括路径损耗和阴影衰落两种类型。路径损耗是指收发两端之间的由传播环境引入的衰减，满足幂函数定律，即信号的衰减程度与距离的平方成反比。阴影衰落是指电波在传播时受到山体、建筑等固定障碍物的阻挡而形成的电波阴影区，阴影区中信号场强较弱。当移动台进入阴影区时就会出现阴影效应，阴影衰落服从对数正态分布。

在非频率选择性信道上的通用无线信道模型中，收发两端之间的复信道系数可以表示为：

$$g = \sqrt{\beta(d)}\tilde{g}$$

$$\tag{4-1}$$

式中，$\beta(d)$ 表示大尺度衰落，包括路径损耗和阴影衰落；d 表示收发两端之间的距离；$\tilde{g}$ 表示由于多径传播或多普勒频移带来的小尺度衰落，它通常是一个复数随机变量，其值满足 $E[|\tilde{g}|^2]=1$。

路径损耗的经典模型是对数距离路径损耗模型，这是一个 3GPP 和 ITU 都推荐使用的标准信道模型，其表达式为：

$$PL(d) = 10\alpha \lg d + X_0 + X_\sigma \tag{4-2}$$

式中，α 是路径损耗指数，通常取值为 2～6 之间，由该区域中建筑或植被的密度、种类、高度等因素决定。当 $\alpha=2$ 时表示传播环境是自由空间，空间中的障碍物越多，α 的值越大，其取值如表 4-1 所示。X_0 表示距离为 1 m 时的路径损耗，其数值取决于工作频段和天线增益等因素。$X_\sigma \sim N(0, \sigma_X^2)$ 表示阴影衰落，表示均值为 0、方差为 σ_X^2 的正态（高斯）随机变量。式（4-2）表明相同位置的接收机受到随机阴影衰落的影响而具有不同的路径损耗。

表 4-1　路径损耗指数的取值

环　　境	路径损耗指数
自由空间	2
市区蜂窝	2.7～3.5
市区蜂窝阴影	3～5
建筑内视距链路传输	1.6～1.8
建筑物内障碍物阻挡	4～6
工厂内障碍物阻挡	2～3

与传统的地面通信系统相比，无人机通信网络工作在空中，信号传播空间具有三维特性，这就导致其大尺度衰减往往更加复杂。无人机通信网络的典型特征是收发两端之间同时存在直射链路和反射时延链路，但由于空域相对地面具有空间较为开阔的特点，直射链路的占比很大。为此，已有的研究提出了以下三类信道模型：自由空间信道模型、基于高度/角度参数的信道模型、概率 LoS 信道模型。

4.2.1　路径损耗模型

1. 自由空间信道模型

如果存在一个没有信号阻挡和反射的理想场景，我们就可以得到不存在阴影衰落和快衰落的自由空间信道传播模型。在本节中，我们令式（4-1）中的 $|\tilde{g}|=1$，即不考虑快衰落，则信道功率可以表示为：

$$\beta(d) = (\frac{\lambda}{4\pi d})^2 = \tilde{\beta}_0 d^{-2} \tag{4-3}$$

式中，λ 是载波波长；$\tilde{\beta}_0 \triangleq [\lambda/(4\pi)]^2$，表示在距离为 1 m 时的信道功率。根据自由空间路径损耗模型可知，信道功率完全由收发两端的距离决定。如果收发两端的位置已知，则可以很容易得到信道功率。自由空间信道模型在早期的无人机通信网络研究中被广泛采用。

虽然自由空间信道模型是一个理想化的模型，但仍然具有一定的应用性。我们注意到，相比于传统的地面通信信道，无人机对地通信主要是通过 LoS 链路实现的，因此自由空间信道模型符合无人机通信中的某些特定场景。例如，自由空间信道模型可适用于对乡村地区路径损耗的估计，因为在乡村地区，信号传播时受到的阻挡和散射较少。当无人机飞得足够高时，无人机与地面基站具有较大概率的 LoS 链路，因此自由空间信道模型也是适用的。但对于城市地区，建筑物的高度与无人机的飞行高度相比是不能被忽略的，此时使用自由空间信道模型就显得过于简单了。因此，当无人机的飞行高度发生变化时，需要改进信道模型使之能够反映传播环境的变化。

2. 基于高度/角度参数的信道模型

在城市中无人机–地面信号传播如图 4-1 所示。随着无人机不断爬升，信号传播受到的障碍物阻挡和散射呈现减少的趋势。为了清楚地描述这个特点，人们在自由空间信道模型中引入了高度或角度参数。

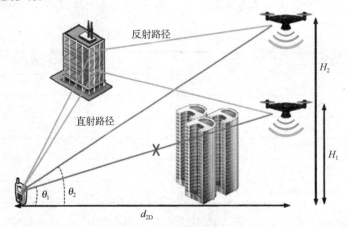

图 4-1   在城市中无人机-地面信号传播

1）基于高度参数的信道模型

对于 GBS-UAV 链路，可以将式（4-2）中的各个变量描述为关于无人机飞行高度 H_{UT} 的单调递减函数，即：

$$\alpha\left(H_{UT}\right) = \max\left(p_1 - p_2 \lg H_{UT}, 2\right)$$
$$X_0\left(H_{UT}\right) = p_1 - p_2 \lg\left[\max\left(H_{UT}, H_{FSPL}\right)\right] \tag{4-4}$$
$$\sigma\left(H_{UT}\right) = p_1 - p_2 \lg\left[\max\left(H_{UT}, H_{FSPL}\right)\right]$$

式中，p_1（$p_1 > 0$）和 p_2（$p_2 > 0$）是建模参数，可以通过基于信道测量结果的曲线拟合获得；H_{FSPL} 表示信号可被视为自由空间传播时的无人机飞行高度。上述模型精确反映了当无人机向高处移动时信号受到的阻挡和散射通常会更少的特点，路径损耗指数、阴影衰落等均呈现递减的趋势。当 H_{UT} 足够大时，就可得到 $\alpha = 2$ 的自由空间传播模型。注意，尽管上述模型是针对 GBS-UAV 链路提出的，但其在理论上同样适用于 UAV-GT 链路（注意：使用的参数不同）。由于地面基站常常是被架高的，因此 GBS-UAV 链路通常会比 UAV-GT 链路受到较少的障碍物阻挡。

2）基于角度参数的信道模型

尽管基于高度参数的信道模型能够反映无人机飞行高度变化对通信环境的影响，但在实际应用中，相同飞行高度的通信环境也是有所差别的。当无人机向靠近/远离地面基站的方向飞行时，信号的传播环境就会发生改变。为了解决这个问题，将信号的传播环境建模为有关仰角 θ 的函数（如图 4-1 所示），函数的值取决于无人机的飞行高度和无人机与地面基站的相对水平距离。

$$\mathrm{PL}_{\mathrm{UT}}(d,\theta) = \mathrm{PL}_{\mathrm{ter}}(d) + \eta(\theta) + X_{\mathrm{UT}}(\theta) \tag{4-5}$$

式中，$\mathrm{PL}_{\mathrm{ter}}(d)$ 是地面基站和无人机下方位置间的传统地面路径损耗，可由式（4-2）计算得到；$\eta(\theta)$ 是多余路径损耗；$X_{\mathrm{UT}}(\theta) \sim N\left[0,\ \sigma_{\mathrm{UT}}^2(\theta)\right]$，表示多余的阴影衰落成分。$\eta(\theta)$ 和 $\sigma_{\mathrm{UT}}^2(\theta)$ 可建模为关于 θ 的函数，即：

$$\eta(\theta) = A(\theta - \theta_0)\,\mathrm{e}^{-\frac{\theta-\theta_0}{B}} + \eta_0 \tag{4-6}$$

$$\sigma_{\mathrm{UT}}^2(\theta) = a\theta + \sigma_0 \tag{4-7}$$

式中，A、B、θ_0、a、σ_0 是模型参数，可以基于对测量数据的曲线拟合获得，$A<0$，因此 $\eta(\theta)$ 随着 θ 的增加先减小后增大。这一方面是因为随着无人机飞行高度的增大，障碍物的阻挡和散射减少了；另一方面是因为链路距离的增加使地面基站天线增益下降了。

基于角度参数的信道模型的优点是对传播信道进行了一致性的考虑。例如，当一架无人机向一座地面基站靠近时，其通信信道将从一个部分视距传播环境逐渐转变为完全视距传播环境，这就会产生截然不同的信道特征，其路径损耗指数、阴影衰落都会发生变化。在基于角度的信道模型中，对于给定的仰角，直射路径将始终与地面通信保持一致的相互作用。

3. 概率 LoS 信道模型

在城市中，无人机与地面基站之间的 LoS 链路会不时受到地面障碍物的阻挡。为了区分 LoS 链路和 NLoS 链路的不同传播环境特点，一种常用的方法是根据两种传播路径的发生概率对 LoS 链路和 NLoS 链路分别进行建模，称为概率 LoS 信道模型。两种传播路径的发生概率通常可以基于城市地区的统计模型得出，如该城市地区中建筑物的密度和高度等。对于给定的发射机和接收机位置，信号通过 LoS 链路传输的概率可通过计算在发射机和接收机的视距上没有建筑物的概率得到。针对无人机-地面通信，人们提出了不同的视距概率表达式和相应信道模型。下面介绍基于角度参数的概率 LoS 信道模型。

基于角度参数的概率 LoS 信道模型将式（4-1）中的大尺度衰落 $\beta(d)$ 建模为：

$$\beta(d) = \begin{cases} \beta_0 d^{-\alpha}, & \mathrm{LoS链路} \\ \kappa\beta_0 d^{-\alpha}, & \mathrm{NLoS链路} \end{cases} \tag{4-8}$$

式中，β_0 是在 LoS 链路下距离为 1 m 时的路径损耗；$\kappa<1$，表示由 NLoS 链路带来的附加衰减系数。概率 LoS 信道模型可使用仰角 θ 的函数来表示，即：

$$P_{\mathrm{LoS}}(\theta) = \frac{1}{1 + a\,\mathrm{e}^{-b(\theta-a)}} \tag{4-9}$$

式中，a 和 b 是模型参数。式（4-9）表明 LoS 链路的概率随着仰角的增大而增大，最终趋近于 1。

基于角度参数的概率 LoS 信道模型，在考虑周围建筑物的随机性和小尺度衰落的情况下，信道功率期望为：

$$\overline{g}(d_{\mathrm{2D}}, H_{\mathrm{UT}}) \triangleq E[|g|^2] \tag{4-10}$$

$$= P_{\mathrm{LoS}}(\theta)\beta_0 d^{-\alpha} + \left[1 - P_{\mathrm{LoS}}(\theta)\right]\kappa\beta_0 d^{-\alpha} \tag{4-11}$$

$$= \hat{P}_{\mathrm{LoS}}(\theta)\beta_0 d^{-\alpha} \tag{4-12}$$

式中，d_{2D} 和 H_{UT} 分别为地面基站到无人机的距离和无人机的飞行高度；$\hat{P}_{LoS}(\theta) \triangleq P_{LoS}(\theta) + \kappa[1 - P_{LoS}(\theta)]$ 可以看成考虑了由 NLoS 链路造成的附加衰减因子的正则 LoS 概率。基于角度参数的概率 LoS 信道模型中信道功率期望和无人机飞行高度的关系如图 4-2 所示，从图中可以看出不同 d_{2D} 时 $\bar{g}(d_{2D}, H_{UT})$ 随着 H_{UT} 增大而变化的曲线。

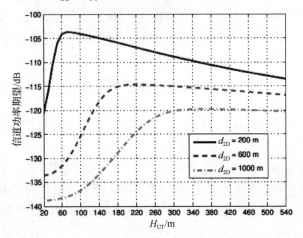

图 4-2　基于角度参数的概率 LoS 信道模型中信道功率期望和无人机飞行高度的关系

在给定 d_{2D} 的条件下，由于 LoS 链路概率的增加，信道功率期望先随 H_{UT} 的增大递增，当 LoS 链路概率的增加不能弥补由链路距离变长带来的路径损耗增量时，信道功率期望开始随 H_{UT} 的增大而递减。这种对无人机飞行高度的折中已被广泛用于无人机机载基站/中继布局的优化中。

4.2.2　阴影衰落模型

前面提到阴影衰落通常可以建模为一个空间对数正态过程，即：

$$\lambda(x) = 10^{\sigma v(x)/20} \tag{4-13}$$

式中，$v(x)$ 是一个标准高斯过程；σ 是阴影标准差，受到载频、天线高度和传播环境等的影响。$v(x)$ 可用正弦波叠加法表示为：

$$v(x) = \sum_{n=1}^{N} c_n \cos(2\pi s_n x + \theta_n) \tag{4-14}$$

式中，增益 $c_n = \sqrt{2/N}$；空间频率 $s_n = f_n/(\lambda_n f_{max})$；$\theta_n$ 是独立同分布的随机变量，服从均匀分布 $U(0, 2\pi)$。于是可以求出 $v(x)$ 的空间自相关函数，即：

$$r_{vv}(\Delta x) = E\left[v(x)v(x + \Delta x)\right] = \sum_{n=1}^{N} \frac{c_n^2}{2} \cos(2\pi s_n \Delta x) \tag{4-15}$$

根据上面的公式可以将对数正态衰落过程 $\lambda(x)$ 的空间自相关函数表示为：

$$r_{\lambda\lambda}(\Delta x) = e^{\sigma_0^2[1 + r_{vv}(\Delta x)]} \tag{4-16}$$

式中，$\sigma_0 = \sigma(\ln 10)/20$。式（4-16）描述了距离的变化对阴影衰落的影响。

1. 古德曼德森模型

古德曼德森模型是一种典型的空间自相关函数模型，该模型借助实测数据对 $v(x)$ 进了研究，通过负指数函数对 $v(x)$ 的相关性进行了建模，可表示为：

$$r_{vv}(\Delta x)=e^{-|\Delta x|/D_c} \tag{4-17}$$

式中，$\Delta x=x_2-x_1$ 表示两个位置间的距离；$D_c>0$ 表示去相关距离，即相关距离减少至一半或 0 时的距离。

古德曼德森模型的参数可以用等区域法（MEA）计算得出。根据随机过程的功率密度函数，通过 MEA 可获得古德曼德森模型的参数 s_n 和 c_n 的封闭形式的解。设 $S_w(s)$ 表示随机过程的功率密度函数，对空间自相关函数 $r_w(x)$ 进行傅里叶变换可得到功率谱密度函数，即：

$$S_{vv}(s)=\frac{2D_c}{1+(2\pi sD_c)^2} \tag{4-18}$$

定义 s_n 为离散空间频率，使得功率谱密度 $S_w(s)$ 的积分等于 $1/(2N)$，即：

$$\int_{s\in I_n} S_{vv}(s)\mathrm{d}s=\frac{1}{2N} \tag{4-19}$$

引入辅助函数：

$$F_s(s_n)=\int_{-\infty}^{s_n} S_{vv}(s)\,\mathrm{d}s \tag{4-20}$$

可得：

$$F_{vv}(s_n)=\frac{1}{2}+\frac{n}{2N}, \qquad s_n>0 \tag{4-21}$$

由式（4-18）和式（4-21）可得：

$$s_n=\frac{1}{2\pi D_c}\tan(\frac{\pi n}{2N}) \tag{4-22}$$

式中，$n=1,\cdots,N$。当 $n=N$ 时，$s_n=\infty$，为了避免这个问题，用 $n-1/2$ 代替 n，式（4-22）可改写为：

$$s_n=\frac{1}{2\pi D_c}\tan\left[\frac{\pi(n-1/2)}{2N}\right] \tag{4-23}$$

由仿真模型的条件定义

$$\int_{s\in I_n}\hat{S}_{vv}(s)\,\mathrm{d}s=\int_{s\in I_n} S_{vv}(s)\,\mathrm{d}s \tag{4-24}$$

根据维纳-辛钦定理，由自相关函数

$$\hat{r}_{vv}(x)=\sum_{n=1}^{N}\frac{c_n^2}{2}\cos(2\pi s_n\Delta x)$$

可得到功率谱密度为：

$$\hat{S}_{vv}(s)=\sum_{n=1}^{N}\frac{c_n^2}{4}\left[\sigma(s+s_n)+\sigma(s-s_n)\right] \tag{4-25}$$

从而可得到 $c_n=\sqrt{2/N}$，$n=1,2,\cdots,N$。

由此可以得出古德曼德森模型的所有参数，即：

$$c_n=\sqrt{2/N}, \qquad s_n=\frac{1}{2\pi D_c}\tan\left[\frac{\pi(n-1/2)}{2N}\right] \tag{4-26}$$

把得到的参数代入式（4-15）可以求得参数的具体数值。正弦曲线的数量 N 越大，采用 MEA 得到的仿真模型就越接近于参考模型。

2．高斯模型

古德曼德森模型存在一个问题，即：由于空间自相关函数的二阶导数是无限的，因此对数正态过程的电平通过率也是无限的。高斯模型就是为了解决这个问题而被提出的。将空间自相关函数表示为：

$$r_{vv}(\Delta x)=\mathrm{e}^{-(\Delta x/D_c)^2} \tag{4-27}$$

当空间自相关函数有确定的二阶导数时，参考模型的电平通过率 $N_\lambda(r)$ 存在，反之则不存在。引入数值 $\gamma=-r_{vv}''(0)=2/D_c^2$ 后，电平通过率可表示为：

$$N_\lambda(r)=\frac{\sqrt{\gamma}}{2\pi}\exp\left[-\frac{(20\lg r-m_\mathrm{L})^2}{2\sigma_\mathrm{L}^2}\right] \tag{4-28}$$

式中，σ_L 和 m_L 分别为阴影标准差和区域均值。和古德曼德森模型一样，采用 MEA 进行相似的推导过程，可得：

$$c_n=\sqrt{2/N} \tag{4-29}$$

$$s_n=\frac{1}{\pi D_c}\mathrm{erf}^{-1}\left(\frac{n-1/2}{N}\right) \tag{4-30}$$

式中，$\mathrm{erf}^{-1}(\cdot)$ 是逆误差函数。

3．巴特沃斯模型

巴特沃斯模型用含有 k 阶巴特沃斯滤波器的函数表示高斯过程 $v(x)$ 的功率谱密度，即：

$$S_{vv}(s)=\frac{2A_k}{1+(sD_k)^{2k}} \tag{4-31}$$

式中，A_k 和 D_k 是取值为正的常数。A_k 的取值要保证 $v(x)$ 的平均功率 $\int S_{vv}(s)\mathrm{d}s=1$。根据维纳-辛钦定理可知，空间自相关函数可以由功率谱密度通过傅里叶逆变换获得，因此古德曼德森模型实际上是巴特沃斯模型在 $k=1$、$A_1=2D_c$、$D_1=2\pi D_c$ 时的一个特例。当 $k=2$、$A_2=\sqrt{2}D_c/\pi$ 时可得到二阶巴特沃斯模型，此时 $v(x)$ 的空间自相关函数为

$$r_{vv}(\Delta x)=\sqrt{2}\mathrm{e}^{-\pi\sqrt{2}|\Delta x|/D_c}\sin\left(\pi\sqrt{2}\frac{|\Delta x|}{D_2}+\frac{\pi}{4}\right) \tag{4-32}$$

由此可得 $\gamma=-r_{vv}''(0)=\left(2\pi/D_2\right)^2$。注意：当 $D_2=\pi\sqrt{2}D_c$ 时，二阶巴特沃斯模型和古德曼德森模型有相同的电平通过率。

4.3 无人机通信网络的快衰落模型

快衰落也称为小尺度衰落，是由多径信号相干叠加引起的，描述的是信号在短期范围内的衰落。具体来说，是指当移动设备移动一个较小的距离时，接收信号在短期内的快速波动情况。影响快衰落的因素主要包括多径效应、多普勒效应、信号的传输带宽等。在无线通信系统中，接收信号往往是多径信号的叠加，多径信号的幅度、相位等参数具有随机性，多径效应就是由收发两端之间的多条信号传播路径的相长干扰和相消干扰造成的信号失真和错误。移动台在高速移动的情况下或者所处的多径环境处于快速变化时，都会产生多普勒效应，即接收信号的频率会由于收发两端的相对运动而发生变化。当信号的传输带宽大于多径信道

的相干带宽时，接收信号就会出现失真。

快衰落模型主要需要考虑时间色散参数、频率色散参数及空间色散参数。在地面通信系统中常用瑞利衰落表示小尺度衰落，无人机通信网络与地面通信系统不同，由于无人机通信网络具有 LoS 链路传播的特征，莱斯衰落模型或者 Nakagami-*m* 衰落模型更适合无人机对地的通信。

4.3.1　莱斯衰落模型

当信号中存在视距传播的成分时，接收信号的均值是非零的，是直射成分和复高斯信号的叠加。在这种情况下，可用莱斯分布对信号包络建模，即：

$$p_z(z) = \frac{z}{\sigma^2} e^{\left[\frac{-(z^2+s^2)}{2\sigma^2}\right]} I_0\left(\frac{zs}{\sigma^2}\right), \qquad z \geqslant 0 \tag{4-33}$$

接收信号的平均功率为：

$$P_r = \int_0^\infty z^2 p_z(z)\mathrm{d}z = s^2 + 2\sigma^2 \tag{4-34}$$

莱斯分布也常用衰落参数 $K = s^2/(2\sigma^2)$ 来表示，此时式（4-33）可写成：

$$p_z(z) = \frac{2z(K+1)}{P_r} \exp\left[-K - \frac{(K+1)z^2}{P_r}\right] I_0\left(2\sqrt{\frac{K(K+1)z}{P_r}}\right), \qquad z \geqslant 0 \tag{4-35}$$

4.3.2　Nakagami-*m* 衰落模型

Nakagami-*m* 衰落模型是为了解决瑞利分布和莱斯分布在应用中偶尔存在的与实验数据不够符合的问题。Nakagami-*m* 衰落模型的应用场景与莱斯模型相似，但也能对瑞利衰落这样糟糕的衰落进行建模。Nakagami-*m* 的分布式表示为：

$$p_z(z) = \frac{2m^m z^{2m-1}}{\Gamma(m)P_r} e^{\left(\frac{mz^2}{P_r}\right)} \tag{4-36}$$

式中，P_r 为接收信号的平均功率；$\Gamma(m)$ 为伽马函数；m 为衰落参数。改变 m 的值，Nakagami-*m* 衰落可以转变为多种衰落。当 $m=1$ 时，Nakagami-*m* 衰落可退化为瑞利衰落；当 $m=(K+1)^2/(2K+1)$ 时，Nakagami-*m* 衰落可近似为衰落参数为 K 的莱斯衰落；当 $m=\infty$ 时表示无衰落。

4.3.3　色散参数

1. 时间色散参数

时间色散参数是用平均附加时延、时延扩展和最大附加时延扩展等参数来描述的，这些参数是由功率时延分布来定义的。最大附加时延表示最晚到达的多径成分的到达时间，在实际中最晚到达的信号功率可能比噪声功率还小，因此常常不考所谓最晚到达时延，而是考虑多径能量低至某一门限时的最大时延。设置门限的目的是对噪声和多径成分加以区分，其值过低会将噪声误认为多径成分，而过高则会遗漏某些多径成分。门限取值会对时间色散参数的值造成影响。平均附加时延是所有多径成分到达的平均时延，计算公式为：

$$\overline{\tau}=\frac{\sum_k P(\tau_k)\tau_k}{\sum_k P(\tau_k)}$$

式中，$P(\tau_k)$ 是路径 k 的到达功率；τ_k 是路径 k 的时延。均方根时延扩展是所有到达的多径成分附加时延的标准差，其表达式为 $\sigma_\tau=\sqrt{\overline{\tau^2}-\overline{\tau}^2}$。

2. 频率色散参数

频率色散参数是用多普勒扩展来描述的，而相关时间是与多普勒扩展相对应的参数。与时延扩展和相关带宽不同的是，多普勒扩展和相关时间描述的是信道的时变特性。这种时变特性是由移动台与基站间的相对运动或者信道中的物体运动引起的。

3. 空间色散参数

在无人机通信网络中需要综合考虑三维空间内的信道空间特性。三维信道建模的一个重点是如何将水平维度信道的二维信道扩展为同时包括水平维度信道和垂直维度信道的三维信道，因此需要增加模型的水平角度分布和垂直角度分布。

水平角度和垂直角度的定义如图 4-3 所示，假设水平面为 xOy 平面，垂直方向为 z 轴方向，则水平角度可定义为空间多径方向在 xOy 平面上的投影与 x 轴正方向的夹角，垂直角度可定义为空间多径方向与坐标系 z 轴正方向的夹角。在图 4-3 中，若 $\hat{\phi}$ 为空间多径的方向，则对应的水平角度为 ϕ，垂直角度为 θ。

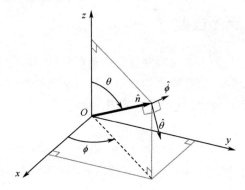

图 4-3   水平角度和垂直角度的定义

在三维信道模型中，一条路径对应 4 个角度，包括水平发射角、水平到达角、垂直发射角、垂直到达角，具体定义如下：

- 水平发射角（Azimuth of Departure，AOD）：空间信道多径与发送端水平方向的夹角。
- 水平到达角（Azimuth of Arrival，AOA）：空间信道多径与接收端水平方向的夹角。
- 垂直发射角（Zenith of Departure，ZOD）：空间信道多径与发送端垂直方向的夹角。
- 垂直到达角（Zenith of Arrival，ZOA）：空间信道多径与接收端垂直方向的夹角。

除了可以使用 ZOD、ZOA 定义垂直角度，还可以使用 EOD（Elevation of Departure）/EOA（Elevation of Arrival）定义垂直角度。这两种定义的区别在于参考坐标的不同，ZOD/ZOA 表示 z 轴正方向到多径方向的夹角，而 EOD/EOA 表示水平面到多径方向的夹角。

在采用基于几何的随机信道建模方法（Geometry Based Stochastic Modeling，GBSM）对三维信道进行建模的过程中，需要利用射线跟踪的方法对仿真场景内的所有散射多径成分的特性进行统计建模，从而计算出信道的冲激响应。用于描述多径成分的统计特性的参数包括时延扩展参数、LoS 增益参数、阴影衰落参数和角度扩展参数。多径成分统计互相关矩阵是由以上每两个参数互相关系数所组成的矩阵，若描述信道的多径成分需 N 个参数，则多径成分统计互相关矩阵为 $N \times N$ 的对称正定矩阵。多径成分统计互相关矩阵具有以下性质：

- ⮞ 多径成分统计互相关矩阵是正定矩阵；
- ⮞ 多径成分统计互相关矩阵的对角线上元素为 1。

在二维信道建模中，角度扩展参数仅包括水平维两个扩展参数——ASD（Azimuth Spread of Departure Angle）和 ASA（Azimuth Spread of Arrival Angle），即二维信道中共有 5 个参数（DS、ASD、ASA、K、SF），多径成分统计互相关矩阵为 5×5 的正定矩阵，如式（4-37）所示。

$$
\begin{bmatrix}
1 & \rho_{\text{DS-ASD}} & \rho_{\text{DS-ASA}} & \rho_{\text{DS-K}} & \rho_{\text{DS-SF}} \\
\rho_{\text{ASD-DS}} & 1 & \rho_{\text{ASD-ASA}} & \rho_{\text{ASD-K}} & \rho_{\text{ASD-SF}} \\
\rho_{\text{ASA-DS}} & \rho_{\text{ASA-ASD}} & 1 & \rho_{\text{K-K}} & \rho_{\text{K-SF}} \\
\rho_{\text{K-DS}} & \rho_{\text{K-ASD}} & \rho_{\text{K-ASA}} & 1 & \rho_{\text{K-SF}} \\
\rho_{\text{SF-DS}} & \rho_{\text{SF-ASD}} & \rho_{\text{SF-ASA}} & \rho_{\text{SF-K}} & 1
\end{bmatrix}
\tag{4-37}
$$

由于三维信道对垂直角度进行建模，所以信道的角度扩展参数除了水平角度扩展参数，还应包括垂直角度 ZOD/ZOA 的角度扩展参数 ZSD/ZSA，即三维信道需 7 个参数（DS、ASD、ASA、K、SF、ZSD、ZSA）来描述多径成分的统计特性。多径成分统计互相关矩阵为 7×7 的正定对称矩阵，如式（4-38）所示。

$$
\begin{bmatrix}
1 & \rho_{\text{DS-ASD}} & \rho_{\text{DS-ASA}} & \rho_{\text{DS-K}} & \rho_{\text{DS-SF}} & \rho_{\text{DS-ZSD}} & \rho_{\text{DS-ZSA}} \\
\rho_{\text{ASD-DS}} & 1 & \rho_{\text{ASD-ASA}} & \rho_{\text{ASD-K}} & \rho_{\text{ASD-SF}} & \rho_{\text{ASD-ZSD}} & \rho_{\text{ASD-ZSA}} \\
\rho_{\text{ASA-DS}} & \rho_{\text{ASA-ASD}} & 1 & \rho_{\text{ASA-K}} & \rho_{\text{ASA-SF}} & \rho_{\text{ASA-ZSD}} & \rho_{\text{ASA-ZSA}} \\
\rho_{\text{K-DS}} & \rho_{\text{K-ASD}} & \rho_{\text{K-ASA}} & 1 & \rho_{\text{K-SF}} & \rho_{\text{K-ZSD}} & \rho_{\text{K-ZSA}} \\
\rho_{\text{SF-DS}} & \rho_{\text{SF-ASD}} & \rho_{\text{SF-ASA}} & \rho_{\text{SF-K}} & 1 & \rho_{\text{SF-ZSD}} & \rho_{\text{SF-ZSA}} \\
\rho_{\text{ZSD-DS}} & \rho_{\text{ZSD-ASD}} & \rho_{\text{ZSD-ASA}} & \rho_{\text{ZSD-K}} & \rho_{\text{ZSD-SF}} & 1 & \rho_{\text{ZSD-ZSA}} \\
\rho_{\text{ZSA-DS}} & \rho_{\text{ZSA-ASD}} & \rho_{\text{ZSA-ASA}} & \rho_{\text{ZSA-K}} & \rho_{\text{ZSA-SF}} & \rho_{\text{ZSA-ZSD}} & 1
\end{bmatrix}
\tag{4-38}
$$

矩阵中 7 个参数的顺序是不固定的，可以是任意顺序；矩阵中 $\rho_{\text{DS-ZSD}}$ 和 $\rho_{\text{ZSD-DS}}$ 的意义相同，均表示参数 DS 与 ZSD 的互相关系数，其他参数意义以此类推；矩阵中对角线上的 1 表示同一个参数的自相关系数为 1。

三维信道的多径成分统计互相关矩阵是在 WINNER 信道模型和信道模型二维信道互相关矩阵的基础上扩展得到的。对于式（4-38）中数互相关系的定义，根据实测数据以及射线跟踪的仿真结果，出现了不同的互相关矩阵方案。由于互相关矩阵由实测数据经过统计得到，没有理论依据可以判断哪个方案更接近实际三维信道。在 4.4 节中，我们将介绍 3GPP 关于三维无人机信道建模的模型和参数确定方法。

垂直发射角角度扩展是垂直发射角的角度扩展，垂直到达角角度扩展是垂直到达角的角度扩展。多径成分的角度扩展参数是一个随机分布参数，服从指数正态分布，即三维信道模型中需要定义 ZSD、ZSA 两个随机量的均值和方差。与其他多径成分统计参数的定义方式相同，垂直角度扩展 ZSD、ZSA 随机分布参数的定义是由信道实测数据统计得出的。首先，由于三维信道中水平角度扩展 ASD、ASA 的分布参数直接沿用了二维信道的定义，因此需要考虑垂直角度扩展是否能借鉴水平角度扩展的方法，将 ZSD、ZSA 的均值和方差定义为常数。其次，由于三维信道中收发两端分布在不同的高度上，还需要考虑角度扩展参数与无人机高度以及距离的相关性。对于 ZSD 的定义，由于楼层高度相对固定，即每个楼层与发送端的垂直方向相对角度相对固定，所以三维信道中 ZSD 的分布参数（均值/方差）具有高度相关性和距离相关性，此结论与实测数据趋势吻合。对于 ZSA 的定义，由于城市中存在较多的建筑物，多径信号经过折射、散射等后，到达角是随机分布的，与无人机的高度无关。经实测数据验证，三维信道中 ZSA 的分布参数（均值/方差）为固定值，与无人机高度和距离没有相关性。

ZOD 和 ZOA 分别表示 UE 和基站之间多径的垂直发射角和到达角。借鉴二维信道 AOD、AOA 的生成方法，结合实测数据可以得出 ZOD、ZOA 的生成方法。

（1）步骤 1：确定垂直角度扩展 ZOD、ZOA 的统计特性。由于用户在垂直方向与水平方向的分布不同，所以垂直角度扩展的统计特性不能沿用二维信道中水平角度扩展的统计特性，需要通过分析实测数据得到。根据射线跟踪仿真结果可知，ZOD、ZOA 的角度服从拉普拉斯分布。以 ZOA 为例（ZOD 计算方法与 ZOA 相同），与功率相关的垂直角度分布计算为：

$$\theta'_{n,\text{ZOA}} = -\frac{\sigma_{\text{ZSA}} \ln\left[P_n / \max(P_n)\right]}{C} \tag{4-39}$$

式中，P_n 为多径信号的功率；σ_{ZSA} 为角度扩展的均方根；C 为与多径数量相关的比例因子。垂直角度的比例因子 C 由实测数据分析得到，当簇数（Clusters）等于 12、19、20 时，比例因子取值如表 4-2 所示；当簇数不等于 12、19、20 时，垂直角度的 C 与水平角度的 C 相同。

表 4-2　比例因子取值

簇　　数	10	11	12	15	19	20
C	0.9854	1.013	1.04	1.1088	1.1764	1.1918

若传播路径中存在 LoS 链路，则需要用 C^{LoS} 代替 C 计算垂直角度扩展。

$$C^{\text{LoS}} = C(1.3086 + 0.0339K - 0.0077K^2 + 0.0002K^3)$$

式中，K 为 LoS 链路的莱斯因子。

（2）步骤 2：随机化垂直角度扩展 ZOD、ZOA。ZOD、ZOA 的随机化过程沿用了二维信道中水平角度的随机化过程。以 ZOA 为例，首先通过乘以符号量 $X_n \in \{1,-1\}$ 来随机化角度的正负号，在此基础上叠加一个随机数 $Y_n \sim N(0, \sigma_{\text{ZSA}}^2 / 7^2)$ 引入随机性，最后与 LoS 链路的垂直到达角 $\bar{\theta}_{\text{ZOA}}$ 相加，即可得到传播路径的随机化垂直到达角 $\theta_{n,\text{ZOA}}$。ZOA 的随机化为：

$$\theta_{n,\text{ZOA}} = X_n \theta'_{n,\text{ZOA}} + Y_n + \bar{\theta}_{\text{ZOA}} \tag{4-40}$$

ZOD 的随机化过程为：

$$\theta_{n,\text{ZOD}} = X_n \theta'_{n,\text{ZOD}} + Y_n + \theta_{\text{LOS,ZOD}} + \mu_{\text{offset,ZOD}} \tag{4-41}$$

通过观察可知，ZOD 与 ZOA 的区别在于 ZOD 除了引入 LoS 链路垂直角度，还叠加了 $\mu_{\text{offset,ZOD}}$。这是由于分析实测数据得到 ZOD 的角度随无人机高度和距离的变化而变化，所以在生成随机化的 ZOD 时需要添加 $\mu_{\text{offset,ZOD}}$ 并引入 UE 高度相关性及距离相关性。

（3）步骤 3：计算每条路径的所有子径 ZOD、ZOA。在三维信道模型中，每条路径包括多条子径，需要计算每条子径的 ZOD、ZOA 参数。在每条路径的 ZOD、ZOA 上添加子径参数过程为：在每条路径的垂直角度上添加子径偏移，生成每条子径的垂直角度；由于垂直角度被定义为与 z 轴正方向的夹角，夹角取值范围为[0,180°]，所以需要将每条子径的垂直角度映射到这个范围内。

① 生成每条子径垂直角度的过程如下，ZOD 与 ZOA 的生成子径角度的过程不同，需要分开讨论：

（a）生成第 n 条路径中第 m 条子径的 ZOA，如式（4-42）所示。

$$\theta_{n,m,\mathrm{ZOA}} = \theta_{n,\mathrm{ZOA}} + C_{\mathrm{ZOA}}\alpha_m \tag{4-42}$$

式中，C_{ZOA} 为每条路径内子径偏移的均方根，由实测数据统计得到；α_m 为每条子径的偏移量，α_m 沿用水平角度的相应定义。

（b）生成第 n 条路径中第 m 条子径的 ZOD，如式（4-43）所示。

$$\theta_{n,m,\mathrm{ZOD}} = \theta_{n,\mathrm{ZOD}} + \frac{3}{8} \times 10^{\mu_{\mathrm{ZSD}}} \times \alpha_m \tag{4-43}$$

式中，μ_{ZSD} 为 ZSD 指数正态分布的均值，α_m 与 ZOA 相同。

② 计算每条子径的 ZOD、ZOA 后，需要将每条子径的 ZOD、ZOA 映射到[0,180°]，垂直角度映射过程如下（ZOD 与 ZOA 的映射过程相同）：

（a）通过取模运算将 ZOD、ZOA 映射到[0,360°]。

（b）若 ZOD、ZOA 在[0,180°]范围内，则不做运算；若 $\theta_{n,m,\mathrm{ZOA/ZOD}} \in [180°,360°]$，则使用（$360° - \theta_{n,m,\mathrm{ZOA/ZOD}}$）将 ZOD、ZOA 映射到[0,180°]范围内。

通过以上 3 个步骤可以生成三维信道中每条路径的每条子径的垂直角度 ZOD、ZOA。每条子径的垂直角度与无人机位置和大尺度分布有关，会影响到小尺度衰落和信道的生成。

4.4　3GPP 无人机通信网络的信道建模与测量

2017 年初，3GPP 技术规范小组（TSG）批准了一项新的研究项目，即通过 LTE 网络增强对飞行器的支持[1]。该研究项目提出了地面基站与飞行高度在 1.5～300 m 的飞行器之间的详细信道模型（以下称为建议信道模型），对 LoS 概率、路径损耗、阴影衰落和快衰落等进行了综合建模。该建议信道模型是针对三种典型的 3GPP 部署场景提出的，这三种部署场景分别是乡村宏蜂窝（Rural Macro，RMa）、城市宏蜂窝（Urban Macro，UMa）和城市微蜂窝（Urban Micro，UMi）。

建议信道模型中信道参数的生成过程如图 4-4，注意，该图给出的是下行链路的信道参数生成过程，若要建模上行链路，则需要互换角度参数中的发射角和到达角。

4.4.1　LoS 概率

建议信道模型复用了 3GPP 对 0.5～100 GHz 频段信道模型的研究模型[2]，三种应用场景下的 LoS 概率表达式如表 4-3 所示，其中 d_{2D} 表示基站到无人机的水平距离。

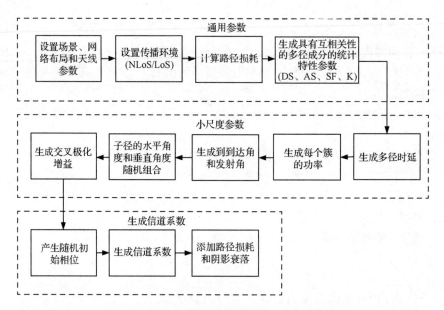

图 4-4　建议信道模型中信道参数的生成过程

表 4-3　三种应用场景下的 LoS 概率表达式

应用场景	LoS 概率表达式	适用范围/m
RMa-AV	PLoS 的表达式见文献［2］中的表 7.4.2-1	$1.5 \leqslant h_{UT} \leqslant 10$
	$P_{LoS} = \begin{cases} 1, & d_{2D} \leqslant d_1 \\ \dfrac{d_1}{d_{2D}} + \exp\left(\dfrac{-d_{2D}}{p_1}\right)\left(1 - \dfrac{d_1}{d_{2D}}\right), & d_{2D} > d_1 \end{cases}$ $p_1 = \max\left(15021 \times \lg h_{UT} - 16053, 1000\right)$ $d_1 = \max\left(1350.8 \times \lg h_{UT} - 1602, 18\right)$	$10 < h_{UT} \leqslant 40$
	100%	$40 < h_{UT} \leqslant 300$
UMa-AV	PLoS 的表达式见文献［2］中的表 7.4.2-1	$1.5 \leqslant h_{UT} \leqslant 22.5$
	$P_{LoS} = \begin{cases} 1, & d_{2D} \leqslant d_1 \\ \dfrac{d_1}{d_{2D}} + \exp\left(\dfrac{-d_{2D}}{p_1}\right)\left(1 - \dfrac{d_1}{d_{2D}}\right), & d_{2D} > d_1 \end{cases}$ $p_1 = 4300 \times \lg h_{UT} - 3800$ $d_1 = \max\left(460 \times \lg h_{UT} - 700, 18\right)$	$22.5 < h_{UT} \leqslant 100$
	100%	$100 < h_{UT} \leqslant 300$
UMi-AV	PLoS 的表达式见文献［2］中的表 7.4.2-1	$1.5 \leqslant h_{UT} \leqslant 22.5$
	$P_{LoS} = \begin{cases} 1, & d_{2D} \leqslant d_1 \\ \dfrac{d_1}{d_{2D}} + \exp\left(\dfrac{-d_{2D}}{p_1}\right)\left(1 - \dfrac{d_1}{d_{2D}}\right), & d_{2D} > d_1 \end{cases}$ $p_1 = 233.98 \times \lg h_{UT} - 0.95$ $d_1 = \max\left(294.05 \times \lg h_{UT} - 432.94, 18\right)$	$22.5 < h_{UT} \leqslant 300$

注：LoS 概率表达式是在默认的天线高度下得到的，默认的天线高度分别为 35 m（RMa-AV）、25 m（UMa-AV）、10 m（UMi-AV）；d_1 的单位是米。

4.4.2　路径损耗

本节介绍建议信道模型中的路径损耗。建议信道模型实际上是结合基于高度参数的信道模型和概率 LoS 信道模型来描述不同高度的无人机信号传播环境的。不同应用场景下的路径损耗表达式如表 4-4 所示，其中 d_{3D} 表示无人机到基站的实际空间距离。

表 4-4　不同应用场景下的路径损耗表达式

适用场景	路径损耗表达式/dB	适用范围/m
RMa-AV LoS	$PL_{RMa-LoS}$ 的表达式见文献 [2] 中的表 7.4.1-1	$1.5 \leqslant h_{UT} \leqslant 10$
	$PL_{RMa-AV-LoS} = \max\left(23.9 - 1.8\lg h_{UT}, 20\right)\lg d_{3D} + 20\lg\left(\dfrac{40\pi f_c}{3}\right)$	$10 < h_{UT} \leqslant 300$ $d_{2D} \leqslant 10000$
RMa-AV NLoS	$PL_{RMa-NLoS}$ 的表达式见文献 [2] 中的表 7.4.1-1	$1.5 \leqslant h_{UT} \leqslant 10$
	$PL_{RMa-AV-NLoS} = \max\left\{PL_{RMa-AV-LoS}, -12 + \left(35 - 5.3\lg h_{UT}\lg d_{3D} + 20\lg\dfrac{40\pi f_c}{3}\right)\right\}$	$10 < h_{UT} \leqslant 300$ $d_{2D} \leqslant 10000$
UMa-AV LoS	$PL_{UMa-LoS}$ 的表达式见文献 [2] 中的表 7.4.1-1	$1.5 \leqslant h_{UT} \leqslant 22.5$
	$PL_{UMa-AV-LoS} = 28.0 + 22\lg d_{3D} + 20\lg f_c$	$22.5 < h_{UT} \leqslant 300$ $d_{2D} \leqslant 4000$
UMa-AV NLoS	$PL_{UMa-NLoS}$ 的表达式见文献 [2] 中的表 7.4.1-1	$1.5 \leqslant h_{UT} \leqslant 22.5$
	$PL_{UMa-AV-NLoS} = -17.5 + \left(46 - 7\lg h_{UT}\right)\lg d_{3D} + 20\lg\dfrac{40\pi f_c}{3}$	$22.5 < h_{UT} \leqslant 300$ $d_{2D} \leqslant 4000$
UMi-AV LoS	$PL_{UMi-LoS}$ 的表达式见文献 [2] 中的表 7.4.1-1	$1.5 \leqslant h_{UT} \leqslant 22.5$
	$PL_{UMi-AV-LoS} = \max\left\{PL', 30.9 + \left(22.25 - 0.5\lg h_{UT}\right)\lg d_{3D} + 20\lg f_c\right\}$	$22.5 < h_{UT} \leqslant 300$ $d_{2D} \leqslant 4000$
UMi-AV NLoS	$PL_{UMi-NLoS}$ 的表达式见文献 [2] 中的表 7.4.1-1	$1.5 \leqslant h_{UT} \leqslant 22.5$
	$PL_{UMi-AV-NLoS} = \max\left\{PL_{UMi-AV-LoS}, 32.4 + \left(43.2 - 7.6\lg h_{UT}\right)\lg d_{3D} + 20\lg f_c\right\}$	$22.5 < h_{UT} \leqslant 300$ $d_{2D} \leqslant 4000$

注：（1）对于 UMa-AV LoS 场景，当无人机的飞行高度为 $22.5\ \text{m} < h_{UT} \leqslant 300\ \text{m}$ 且水平距离 $d_{2D} \leqslant 4\ \text{km}$ 时，没有观测到断点距离；（2）$PL_{RMa-AV-LoS}$ 是在 $10\ \text{m} < h_{UT} \leqslant 300\ \text{m}$ 和 $d_{2D} \leqslant 10\ \text{km}$ 条件下 RMa-AV LoS 场景的路径损耗；（3）PL' 表示自由空间路径损耗；（4）$PL_{UMi-AV-LoS}$ 是 $22.5\ \text{m} < h_{UT} \leqslant 300\ \text{m}$ 和 $d_{2D} \leqslant 4\ \text{km}$ 条件下 UMi-AV Los 场景的路径损耗。

4.4.3　阴影衰落

本节介绍建议信道模型中的阴影衰落模型。与路径损耗类似，建议信道模型实际上是结合基于高度参数的信道模型和概率 LoS 信道模型来描述不同高度的无人机信号传播环境的。不同应用场景下的阴影衰落表达式如表 4-5 所示。

表 4-5　不同应用场景下的阴影衰落表达式

适用场景	阴影衰落的标准差/dB	适用范围/m
RMa-AV LoS	σ_{SF} 的表达式见文献 [2] 中的表 7.4.1-1	$1.5 \leqslant h_{UT} \leqslant 10$
	$\sigma_{SF} = 4.2\,e^{-0.0046 h_{UT}}$	$10 < h_{UT} \leqslant 300$
RMa-AV NLoS	σ_{SF} 的表达式见文献 [2] 中的表 7.4.1-1	$1.5 \leqslant h_{UT} \leqslant 10$
	$\sigma_{SF} = 6$	$10 < h_{UT} \leqslant 40$

续表

适用场景	阴影衰落的标准差/dB	适用范围/m
UMa-AV LoS	σ_{SF} 的表达式见文献［2］中的表 7.4.1-1	$1.5 \leqslant h_{UT} \leqslant 22.5$
	$\sigma_{SF} = 4.64\,e^{-0.0066 h_{UT}}$	$22.5 < h_{UT} \leqslant 300$
UMa-AV NLoS	σ_{SF} 的表达式见文献［2］中的表 7.4.1-1	$1.5 \leqslant h_{UT} \leqslant 22.5$
	$\sigma_{SF} = 6$	$22.5 < h_{UT} \leqslant 100$
UMi-AV LoS	σ_{SF} 的表达式见文献［2］中的表 7.4.1-1	$1.5 \leqslant h_{UT} \leqslant 22.5$
	$\sigma_{SF} = \max\{5e^{-0.01 h_{UT}}, 2\}$	$22.5 < h_{UT} \leqslant 300$
UMi-AV NLoS	σ_{SF} 的表达式见文献［2］中的表 7.4.1-1	$1.5 \leqslant h_{UT} \leqslant 22.5$
	$\sigma_{SF} = 8$	$22.5 < h_{UT} \leqslant 300$

4.4.4　快衰落

对于 $1.5\ \text{m} \leqslant h_{UT} \leqslant 10\ \text{m}$ 的 RMa-AV 场景、$1.5\ \text{m} \leqslant h_{UT} \leqslant 22.5\ \text{m}$ 的 UMa-AV 和 UMi-AV 场景，其快衰落可以参考文献［2］的 7.5 节；对于 $10\ \text{m} \leqslant h_{UT} \leqslant 300\ \text{m}$ 的 RMa-AV 场景、$22.5\ \text{m} \leqslant h_{UT} \leqslant 300\ \text{m}$ 的 UMa-AV 和 UMi-AV 场景，3GPP 给出了 3 种备选方案来评估基站的 2 发 2 收、无人机的 1/2 发 2 收的情况。

1．方案 1

对于 RMa-AV 场景和 UMa-AV 场景，采用基于 CDL-D 的快衰落模型[2]，具体步骤如下：

（1）按照文献［2］中 7.5 节的步骤 1～3 完成用户放置、LoS/NLoS 概率计算和路径损耗计算，LoS/NLoS 概率计算和路径损耗计算可按照表 4-3 和表 4-4 和表 4-5 进行。

（2）按照文献［2］中 7.7.1 节的步骤 1～4 生成信道相关系数。

（3）根据文献［2］中 7.7.1 节，将无人机实际的 AOA、AOD、ZOA 和 ZOD 缩放为符合所需的均值 ASA、ASD、ZSA 和 ZSD。对于 RMa-AV 和 UMa-AV 场景，其所需的角度扩展分别如表 4-6 和表 4-7 所示。

表 4-6　RMa-AV 场景的所需角度扩展、时延扩展和 K 参数

应用场景	AS_desired（角度扩展）				K 参数/dB	时延扩展/ns
	ASA/°	ASD/°	ZSA/°	ZSD/°		
RMa-AV LoS	0.2	0.2	0.1	0.1	20	10
RMa-AV NLoS	0.5	0.5	0.2	0.2	10	30

表 4-7　UMa-AV 场景的所需角度扩展、时延扩展和 K 参数

应用场景	AS_desired（角度扩展）				K 参数/dB	时延扩展/ns
	ASA/°	ASD/°	ZSA/°	ZSD/°		
UMa-AV LoS	0.5°	0.5°	0.1°	0.1°	20	10
UMa-AV NLoS	1°	1°	0.3°	0.3°	10	30

（4）根据文献［2］中 7.7.6 节，将 CDL-D 模型的 K 参数缩放为所需值。CDL-D 模型的时延扩展可按文献［2］中 7.7.3 节的规定，用所需时延扩展值进行缩放。表 4-6 和表 4-7

分别给出了 RMa-AV 和 UMa-AV 场景的所需的 K 参数和时延扩展值。

（5）对于 LoS 链路中的 ZOD，在角度值缩放后，偏移角度仅添加到 NLoS 链路，即 CDL-D 中的所有拉普拉斯聚类。该偏移角由几何关系确定，假设 RMa-AV 场景在地面上以及 UMa-AV 在建筑物屋顶上都是镜面反射的，RMa-AV 和 UMa-AV 场景的偏移角如图 4-5 和图 4-6 所示。

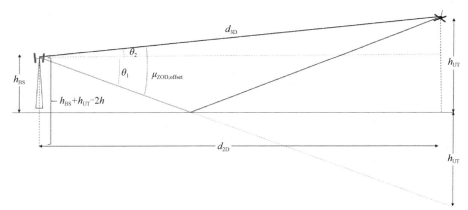

图 4-5　RMa-AV 场景的偏移角

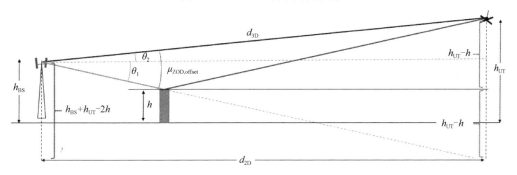

图 4-6　UMa-AV 场景的偏移角

RMa-AV 和 UMa-AV 场景的偏移角分别为：

$$\mu_{\text{ZOD,offset}} = \theta_1 + \theta_2 = \arctan\left(\frac{h_{\text{BS}} + h_{\text{UT}}}{d_{2D}}\right) + \arctan\left(\frac{h_{\text{UT}} - h_{\text{BS}}}{d_{2D}}\right) \tag{4-44}$$

$$\mu_{\text{ZOD,offset}} = \theta_1 + \theta_2 = \arctan\left(\frac{h_{\text{BS}} + h_{\text{UT}} - 2h}{d_{2D}}\right) + \arctan\left(\frac{h_{\text{UT}} - h_{\text{BS}}}{d_{2D}}\right) \tag{4-45}$$

（6）对于 NLoS 链路中的 ZOD，不论 RMa-AV 还是 UMa-AV 场景，偏移角均为 0。

对于 UMi-AV 场景，在基站低于平均屋顶高度且无人机远高于平均屋顶高度的情况下，使用基于反向 UMa 场景的快衰落。在此方案中，交换基站和无人机用户的角度扩展，可以继续使用文献［2］中 7.5 节的快衰落。

2. 方案 2

对于 RMa-AV 和 UMa-AV 场景，通过修正 DS、ASA、ASD、ZSA、ZSD、K 参数，可以继续使用文献［2］中 7.5 节的快衰落，修正的参数如表 4-8 和表 4-9 所示。

表 4-8　RMa-AV 场景下修正的 DS、ASA、ASD、ZSA、ZSD、K 参数

参数	应用场景	μ	σ
DS	RMa-AV LoS	$0.0549 \times \lg h_{\mathrm{UT}} - 8.0945$	$1.1879 \mathrm{e}^{-0.0086 h_{\mathrm{UT}}}$
	RMa-AV NLoS	$-1.3465 \times \lg h_{\mathrm{UT}} - 7.0805$	$1.5546 \mathrm{e}^{0.0043 h_{\mathrm{UT}}}$
ASA	RMa-AV LoS	$-2.214 \times \lg h_{\mathrm{UT}} - 1.1645$	$2.5622 \mathrm{e}^{-0.00251 h_{\mathrm{UT}}}$
	RMa-AV NLoS	$-1.602 \times \lg h_{\mathrm{UT}} + 1.439$	$1.5316 \mathrm{e}^{-0.0056 h_{\mathrm{UT}}}$
ASD	RMa-AV LoS	$-1.431 \times \lg h_{\mathrm{UT}} - 0.89$	$2.2056 \mathrm{e}^{0.0008 h_{\mathrm{UT}}}$
	RMa-AV NLoS	$-1.4633 \times \lg h_{\mathrm{UT}} + 0.5212$	$1.357 \mathrm{e}^{0.0018 h_{\mathrm{UT}}}$
ZSA	RMa-AV LoS	$-0.2409 \times \lg h_{\mathrm{UT}} - 0.1569$	$0.7579 \mathrm{e}^{-0.0069 h_{\mathrm{UT}}}$
	RMa-AV NLoS	$-1.097 \times \lg h_{\mathrm{UT}} + 0.3287$	$1.631 \mathrm{e}^{-0.0087 h_{\mathrm{UT}}}$
ZSD	RMa-AV LoS	$0.8105 \times \lg h_{\mathrm{UT}} - 0.9774$	$0.7106 \mathrm{e}^{-0.0068 h_{\mathrm{UT}}}$
	RMa-AV NLoS	$-0.869 \times \lg h_{\mathrm{UT}} - 1.2355$	$1.5851 \mathrm{e}^{-0.0079 h_{\mathrm{UT}}}$
K	RMa-AV LoS	$22.55 \times \lg h_{\mathrm{UT}} - 4.72$	$6.988 \mathrm{e}^{0.01659 h_{\mathrm{UT}}}$

表 4-9　UMa-AV 场景下修正的 DS、ASA、ASD、ZSA、ZSD、K 参数

参数	应用场景	μ	σ
DS	UMa-AV LoS	$-0.31 \times \lg h_{\mathrm{UT}} - 6.845$	$0.7294 \mathrm{e}^{0.0014 h_{\mathrm{UT}}}$
	UMa-AV NLoS	$0.0965 \times \lg h_{\mathrm{UT}} - 7.503$	$0.9745 \mathrm{e}^{-0.0045 h_{\mathrm{UT}}}$
ASA	UMa-AV LoS	$-2.4985 \times \lg h_{\mathrm{UT}} - 1.602$	$1.0389 \mathrm{e}^{0.0085 h_{\mathrm{UT}}}$
	UMa-AV NLoS	$-2.266 \times \lg h_{\mathrm{UT}} - 2.666$	$1.022 \mathrm{e}^{0.009944 h_{\mathrm{UT}}}$
ASD	UMa-AV LoS	$-0.0135 \times \lg h_{\mathrm{UT}} + 1.345$	$1.0188 \mathrm{e}^{-0.0001 h_{\mathrm{UT}}}$
	UMa-AV NLoS	$1.17 \times \lg h_{\mathrm{UT}} - 0.665$	$1.2387 \mathrm{e}^{-0.0046 h_{\mathrm{UT}}}$
ZSA	UMa-AV LoS	$-0.2895 \times \lg h_{\mathrm{UT}} + 0.225$	$0.9576 \mathrm{e}^{-0.0018 h_{\mathrm{UT}}}$
	UMa-AV NLoS	$-0.0005 \times \lg h_{\mathrm{UT}} - 0.4695$	$1.6237 \mathrm{e}^{-0.0076 h_{\mathrm{UT}}}$
ZSD	UMa-AV LoS	$-0.2975 \times \lg h_{\mathrm{UT}} - 0.5798$	$1.0757 \mathrm{e}^{0.0059 h_{\mathrm{UT}}}$
	UMa-AV NLoS	$0.925 \times \lg h_{\mathrm{UT}} - 2.725$	$1.6421 \mathrm{e}^{-0.0092 h_{\mathrm{UT}}}$
K	UMa-AV LoS	$4.217 \times \lg h_{\mathrm{UT}} + 5.787$	$8.158 \mathrm{e}^{0.0046 h_{\mathrm{UT}}}$

对于 UMi-AV 场景，根据文献［3］修正 DS、ASA、ASD、ZSA、ZSD、K 参数，可以继续使用文献［2］中 7.5 节的快衰落。

3. 方案 3

将 K 参数设置为 15 dB，其他参数保持不变，则文献［2］中 7.5 节的快衰落适用于全部的场景。

4.5 本章小结

本章主要介绍无人机通信网络的信道模型，包括大尺度衰落模型和快衰落模型。大尺度

衰落模型包括路径损耗模型和阴影衰落模型。根据参数的不同，路径损耗模型可以分为自由空间信道模型、基于高度/角度参数的信道模型、概率 LoS 信道模型。阴影衰落通常建模为对数正态分布，根据空间自相关函数的不同，本章给出了古德曼德森模型、高斯模型和巴特沃斯模型这三种阴影衰落模型。对于快衰落模型，考虑到无人机通信网络具有视距传播的特征，莱斯衰落模型或者 Nakagami-m 衰落模型更适合无人机-地面通信。本章还对 3GPP 无人机通信网络信道建模与测量方法进行了概述，给出了下行链路的信道相关参数生成过程。若需建模上行链路信道，则需要互换角度参数中的发射角和到达角。

本章参考文献

[1] 3GPP. Study on enhanced LTE support for aerial vehicles[R]. 3GPP, 2015.

[2] 3GPP. Study on channel model for frequencies from 0.5 to 100 GHz[R]. 3GPP, 2018.

[3] 3GPP. WF on problem statement on interference in aerial scenarios. [R]. 3GPP, 2017.

第 5 章
无人机通信网络性能的理论研究

5.1 引言

随着无人机成本的不断降低，以及设备的持续小型化，无人机的应用领域得到了极大的扩展，基于无人机的无线通信也成为一项具有很大发展前景的技术。在无人机中配备特定的无线通信模块，并由相应的控制器控制，无人机可作为基站（无人机基站）为指定区域提供灵活的、随需而变的通信服务。与传统的地面基站相比，无人机基站具备两项突出的优势：

- 动态部署：无人机具备移动性，可以灵活地根据实时的需求进行动态部署。
- 视距链路传输：无人机基站通过 LoS 链路连接地面用户的概率较高，能够保证通信的高度可靠。

无人机的移动性进一步增强了 LoS 传输的优势，在三维空间上调整无人机的位置，可以有效避免无人机到用户链路之间的障碍物。综上所述，无人机基站可以在覆盖范围、容量、时延和服务质量等方面极大地提高地面无线网络的性能。一般来说，无人机通信网络性能的理论研究主要是对网络的性能指标进行推导和分析，包括网络覆盖率、数据传输速率、频谱效率、能量效率和传输时延等，并在此基础上研究各类网络参数对无人机通信网络性能的影响，最终获得最优网络参数配置。

本章基于随机几何理论对无人机通信网络的性能进行理论研究，包括理论研究的基本方法、主要思路、相关研究进展与主要结论。

5.2 随机几何理论的基础知识

随机几何理论通过对节点所有的几何分布可能性进行平均化，为无线通信网络提供了一种定义和计算宏观性质的方法[1]。随机几何理论适用于自组织网、不规则网络、规则网络等一些可以用随机点过程进行建模的网络场景。类似的思想之前已被用于排队论中，即通过对给定参数下所有到达模式的可能性进行平均化，从而提供响应时间和堵塞时间的计算方法。与传统采用"时间平均"的方法不同的是，"空间平均"是在某一时刻采用某种特定协议的网络中的大量节点的性能得到的。将随机几何理论应用于无线通信网络的建模，相对来说是比较新的研究进展，早期的一批相关文献出现在 20 世纪后期。1961 年 Gilbert 发表的关于连续统一体（Continuum）和布尔渗透（Boolean Percolation）的论文可以看成通过随机几何理论分析大型无线网络连接性的首篇论文[2]。

5.2.1　空间点过程

在随机几何理论中，网络通常被抽象成点过程（Point Process，PP），它是随机几何中最基本、最常用的空间分布特征。一般来说，点过程是随机分布在欧氏空间的一系列点的随机组合，常被当成统计模型来分析和研究对象空间位置和观测点的性质[3-4]。随着随机几何理论的应用越来越广泛，根据应用场景的不同，采用的点过程也不尽相同，常用的点过程模型主要包括齐次泊松点过程（Homogeneous Poisson Point Process，HPPP）、泊松聚过程（Poisson Cluster Process，PCP）、硬核点过程（Hard Core Point Process，HCPP）等。常用的点过程如图 5-1 所示，其中方形点代表基站，黑色圆点代表基站簇。在这些点过程中，应用最广泛的是齐次泊松点过程，下面将对齐次泊松点过程的性质和应用进行详细说明。

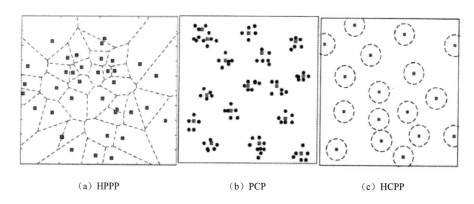

(a) HPPP　　　　　　(b) PCP　　　　　　(c) HCPP

图 5-1　常用的点过程示意图（覆盖面积 10 m×10 m、密度为 0.15 个/m²）

1. 空间点过程的定义

空间点过程是随机几何理论的基础，所有的重要定理和复杂的分析方法都以空间点过程为基础。下面将给出空间点过程的定义，并介绍几种常用的点过程模型。

定义 5-1：如果定义在空间 $\mathbb{R}^d$ 上的 $\varPhi$ 是随机、有限或可数无限、无重合的点集合，则 $\varPhi$ 为空间点过程。

1）泊松点过程

泊松点过程也称为泊松随机测度、泊松随机点场，用于描述某些在空间内服从泊松分布的点集合，这个点集合的特点是任一有限大小区域内点的数目是一个服从泊松分布的变量[5]。

定义 5-2：对于一组有界、互不相交的集合 $A_i(i=1,2,\cdots,k)$，若空间点过程 $\varPhi$ 的强度测度 $\varLambda$ 满足等式

$$P\left\{\varPhi(A_1)=n_1,\cdots,\varPhi(A_k)=n_k\right\}=\prod_{i=1}^{k}\left[\frac{\varLambda(A_i)^{n_i}}{n_i!}\mathrm{e}^{-\varLambda(A_i)}\right] \tag{5-1}$$

则 $\varPhi$ 称为泊松点过程（Poisson Point Process，PPP）。特别地，当 $\varLambda(\mathrm{d}x)=\lambda\mathrm{d}x$ 时，$\varPhi$ 称为均匀泊松点过程，λ 是 $\varPhi$ 的强度测度参数。

泊松点过程是最基本的空间点过程，其点与点之间相互独立，并且任意空间集合所包含的点的数目服从泊松分布。在此基础上，齐次泊松点过程可由以下的两条性质来定义：

（1）点的数目服从泊松分布：点过程 $\varPhi$ 中在有界博雷尔（Borel）集合 B 内的点数目服

从均值为 $\lambda v_d(B)$ 的泊松分布，其中 λ 为常数，即：

$$P\left[\Phi(B)=m\right]=\frac{\mu^m}{m!}\mathrm{e}^{-\mu}, \qquad m=0,1,2\cdots \qquad (5\text{-}2)$$

其中，$\mu=\lambda v_d(B)$。

（2）独立散射性：对于任意的 k，点过程 Φ 中 k 个不相交的 Borel 集合中的点数目形成 k 个独立随机变量。

2）排斥特性点过程

泊松点过程并没有考虑点与点之间的空间相关性，但在实际应用中，在系统建模时需要考虑点与点之间相互排斥或相互聚集的特性，因此具有空间相关性的点过程模型具有重要的理论价值，下面介绍一些具有排斥特性的点过程。

定义 5-3：Φ_p 为一个强度为 λ_p 的泊松点过程，去除 Φ_p 中所有两两之间距离小于 R_r 的点，剩余点的集合 Φ 为 I 型 Matern 硬核点过程（Matern Hard Core Point Process-I，MHP-I），其密度为：

$$\lambda=\lambda_p\mathrm{e}^{-\lambda_p\pi R_r^2}$$

定义 5-4：Φ_p 为一个强度为 λ_p 的泊松点过程，$\forall x_i\in\Phi_p$ 均有一个在 $[0,1]$ 内服从均匀分布的随机变量 U_i 与之对应，U_i 称为 x_i 的标记值。定义随机变量 m_i 表征点 x_i 是否在其附近半径 r 内的点中具有最小的标记值，即：

$$m_i=1\left[U_i<U_j,x_j\in B_{x_i}\left(R_r\right)\backslash\{x_i\}\right] \qquad (5\text{-}3)$$

去除由 Φ_p 中所有标记值不为 1 的点，剩余点的集合 Φ 为 II 型 Matern 硬核点过程（Matern Hard Core Point Process-II，MHP-II），其密度为：

$$\lambda=\frac{1-\mathrm{e}^{-\lambda_p\pi R_r^2}}{\pi R_r^2}$$

I 型与 II 型 Matern 硬核点过程称为硬核过程，即存在一个最小半径 r，任意两点间距离均大于 r。具有排斥特性的点过程还存在另一类软核点过程，此类点过程中任意两点距离无最小距离限制。

2. 点过程运算

1）稀释（Thinning）

点过程的稀释运算是指按照一些既定规则从点过程中删除一些点[1]。稀释运算的一个简单例子是 p-稀释（p-thinning），具体操作如下：考虑点过程 Φ 和保留函数 $p(x):\mathbb{R}^d\to[0,1]$，其中依赖于每个点 x 的地理位置，即点 x 以 $1-p(x)$ 的概率被删除，并且该点是否被删除与其他点的地理位置及其是否被删除是无关的，因此 $p(x)$ 表示该点被保留下来的概率[7]。

若 Φ 是测度为 Λ 的泊松点过程，则经过稀释后（保留概率为 $p(x)$）的点过程是一个测度为 $p\Lambda$ 的泊松点过程，即 $(p\Lambda)(A)=\int_A p(x)\Lambda(\mathrm{d}x)$。考虑一种特殊的情况，如果 Φ 是一个静态的、密度为 λ 的泊松点过程，则通过 p-稀释后得到的点过程仍为静态的泊松点过程，密度为 $p\lambda$。

2）叠加（Superposition）

与点过程的稀释运算正好相反，点过程的叠加运算是在原点过程中增加一些点。考虑一系列点过程子集 $\Phi_1,\Phi_2,\Phi_3\cdots$，其测度分别为 $\Lambda_1,\Lambda_2,\Lambda_3\cdots$，则称 $\Phi=\bigcup_{i=1}^{\infty}\Phi_i$ 为这一系列点过程通过叠加运算得到的点过程。

从本质上来说，点过程的叠加相当于测度的相加。若点过程子集 Φ_i 均为泊松点过程，且 $\Phi_1, \Phi_2, \Phi_3 \cdots$ 相互独立，并且其测度 Λ_i ($i = 1,2,3\cdots$) 是局部有限的，则通过叠加运算得到的点过程 $\Phi = \bigcup_{i=1}^{\infty} \Phi_i$ 也是一个泊松点过程，其测度[1]为 $\Lambda = \sum_i \Lambda_i$。

5.2.2　随机几何的分析工具

本节以齐次泊松点过程为例，介绍一些常用的随机几何分析工具，包括相关的定理、性质、点过程运算和一些常用的结论，这些分析工具在描述覆盖率、遍历容量等通信系统性能时为随机几何性能分析方法论提供了重要的理论依据。

1. 巴尔姆分布（Palm Distribution）

在点过程的很多问题中都需要得到点过程中的某些典型节点（Typical Point）的信息，这种典型节点可以是从点过程 Φ 中任意抽取的一个点，并且点过程中的每个点被抽到的概率都是相等的。例如，最近距离分布函数描述的就是从 Φ 中一个特定的点 x 到其他最近点的距离分布，其他点构成点集合 $\Phi \backslash x$[3,6]。

2. 概率母泛函（Probability Generating Functional，PGFL）

设为 U 为 d 维实数域 $\mathbb{R}^d$ 上的非负有界可测函数 u 的集合，其中 $\{x \in \mathbb{R}^d : u(x) > 0\}$，$V$ 为所有函数 $v = 1 - u$ 的集合，其中 $u \in U$($0 \le U \le 1$)，则点过程 Φ 的概率母泛函可定义为：

$$G(v) = E[v(x_1)v(x_2)\cdots] = E\left[\prod_{x \in \Phi} v(x)\right] = \int \prod_{x \in \Phi} v(x) P(\mathrm{d}\varphi) \tag{5-4}$$

若点过程 Φ 是测度为 Λ 的泊松点过程，则其概率母泛函可由下式计算得到[1]：

$$G(v) = \mathrm{e}^{-\int [1-v(x)]\Lambda(\mathrm{d}x)} \tag{5-5}$$

3. 坎贝尔定理（Campell Theorem）

如果说概率母泛函为随机点过程中可测函数的求和提供了计算工具，那么坎贝尔定理则为可测函数的乘积提供了一种新的计算方法，具体结论如下。

假设 $f : \mathbb{R}^d \rightarrow \mathbb{R}$ 为 $\mathbb{R}^d$ 上的一个可测函数，则随机变量和 $S = \sum_{x \in \Phi} f(x)$ 的均值可通过下式计算得到：

$$E(S) = E\left[\sum_{x \in \Phi} f(x)\right] = \int_{\mathbb{R}^d} f(x) \Lambda(\mathrm{d}x) \tag{5-6}$$

4. 斯利夫尼亚克-美克定理（Slivnyak-Mecke Theorem）

先考虑两个所有参数都相同的分布，但存在如下的差异性：一个分布中包含原点 o，记为 Φ，另一个分布中不包含原点 o，但有一个点位于原点的邻区，记为 $\Phi \cup \{O\}$，则这两个分布除了在原点问题上的差异性，其巴尔姆分布相同，这就是 Slivnyak-Mecke 定理。用代数语言可表示为：

$$P(\Phi \text{具有某性质} \| O) = P(\Phi \cup \{O\} \text{具有某性质}) \tag{5-7}$$

Slivnyak-Mecke 定理说明了在特定的位置增加或减少某个点不会影响泊松过程中其他点的分布，这个性质为相关性能分析提供了很大的便利。

5.2.3 随机几何分析常用结论

利用随机几何模型对无线通信网络拓扑进行建模的方法尤其适合大规模网络，主要思想是先将整个网络看成欧氏平面或空间的平稳随机过程的一次快照（尤其是这些网络元素的位置可以看成某些点过程的实现），然后采用概率的方式去分析。当潜在的随机模型是遍历性的，这种概率性分析可以提供估计空间平均的方法，用于衡量一些典型的网络性能参数（如连接性、稳定性、容量等），这些参数通常只依赖于一小部分参数（如点过程的密度、协议参数等）。

1. 距离分布

对于泊松点过程，根据 Slivnyak-Mecke 定理可知，其接触距离与最近邻居距离的分布是相同的。

引理 5-1：对于强度测度为 λ 的泊松点过程，其接触距离与最近邻居距离的概率密度函数为：

$$f_{r_0}(r) = 2\pi\lambda r e^{-\pi\lambda r^2} \tag{5-8}$$

证明：首先推导最近距离 r_0 的累积分布函数（Cumulative Distribution Function，CDF）$F_{r_0}(r)$，根据累积分布函数的定义，有：

$$F_{r_0}(r) = P(r_0 \leqslant r) = 1 - P(r_0 > r) \tag{5-9}$$

式中，事件 $r_0 > r$ 对应于区域 $b(O,r)$ 区域内点的数目为 0，基于齐次泊松点过程的定义，可计算 r_0 的累积分布函数：

$$F_{r_0}(r) = 1 - P(r_0 > r) = 1 - P\{\Phi[b(0,r_0)] = 0\} = 1 - e^{-\lambda\pi r^2} \tag{5-10}$$

对 $F_{r_0}(r)$ 求一阶导数，即可得到 $f_{r_0}(r) = 2\pi\lambda r e^{-\pi\lambda r^2}$。

得证。

根据泊松点过程的定义，可给出第 n 近邻居的距离的概率密度函数。

引理 5-2：对于强度测度为 λ 的泊松点过程（记为 Φ），坐标原点到 Φ 中各点的距离排序为 $r_0 < r_1 < \cdots < r_{n-1}$，$r_{n-1}$ 表示泊松点过程 Φ 到点 u 的第 n 近距离，第 n 近距离分布的概率分布函数（Probability Distribution Function，PDF）为：

$$f_{r_{n-1}}(r) = e^{-\lambda\pi r^2} \frac{2(\lambda\pi r^2)^n}{r\Gamma(n)} \tag{5-11}$$

式中，$\Gamma(x) = \int_0^\infty e^{-t} t^{x-1} dt$ 为完全 Gamma 函数。

在研究无线通信网络的性能时，在有些场景（如多点协作场景）中需要考虑第 n 近或前 n 邻近基站或者用户的影响[10]，因此需要推导距离的期望。根据齐次泊松点过程的性质可以得到 $r_n^{-\alpha}$ 的均值[3]，即：

$$E(r_n^{-\alpha}) = \frac{(\lambda\pi)^{\frac{\alpha}{2}}\Gamma(n - \frac{\alpha}{2})}{\Gamma(n)}, \qquad n \geqslant \frac{\alpha}{2} \tag{5-12}$$

考虑两种特殊的情况，当 $\alpha = -1$ 或者 $\alpha = -2$ 时，可以得到如下结论：

$$E(r_n) = \frac{(2n-1)!!}{2^n(n-1)!\sqrt{\lambda}} \tag{5-13}$$

$$E(r_n^2) = \frac{n}{\lambda\pi} \qquad (5\text{-}14)$$

2. 测度

随机变量的各阶矩体现了均值、方差等数字特征，而点过程的矩测度在随机几何理论分析中也十分重要，实际中，通常更加关注点过程的一阶矩、二阶矩，它们均可通过坎贝尔定理计算。

定理 5-1（坎贝尔定理）：$\varPhi$ 为 $\mathbb{R}^d$ 上的空间点过程，$f:\mathbb{R}^d \to \mathbb{R}$ 为可测函数，$\varLambda$ 为 $\varPhi$ 的强度测度，$\lambda(x)$ 为 $\varPhi$ 的强度函数，$u^2(\mathrm{d}x, \mathrm{d}y)$ 为 $\varPhi$ 的二阶矩测度，有：

$$E\left[\sum_{x_i \in \varPhi} f(x_i)\right] = \int_{\mathbb{R}^d} f(x)\varLambda(\mathrm{d}x) = \int_{\mathbb{R}^d} f(x)\lambda(x)\mathrm{d}x$$

$$E\left[\left(\sum_{x_i \in \varPhi} f(x_i)\right)^2\right] = \int_{\mathbb{R}^d} f^2(x)\varLambda(\mathrm{d}x) = \iint_{\mathbb{R}^d \times \mathbb{R}^d} f(x)f(y)u^2(\mathrm{d}x, \mathrm{d}y) \qquad (5\text{-}15)$$

3. 点过程的拉普拉斯函数

点过程的拉普拉斯函数是随机几何分析的重要基础。点过程的拉普拉斯函数包含了空间点过程的所有统计特性，并且该函数具有等价形式的概率母泛函（PGFL）。

定义 5-5：对于点过程 $\varPhi = \{x_0, x_1, x_2 \cdots\}$，其拉普拉斯函数为：

$$\mathcal{L}_{\varPhi}(f) = E\left\{\exp\left[-\sum_i f(x_i)\right]\right\} \qquad (5\text{-}16)$$

定义 5-6：对于点过程 $\varPhi = \{x_0, x_1, x_2 \cdots\}$，其概率母泛函为：

$$\mathcal{G}_{\varPhi}(g) = E\left[\prod_i g(x_i)\right] \qquad (5\text{-}17)$$

经过简单的函数替换 $g(x) = \mathrm{e}^{-f(x)}$，即可发现概率母泛函与拉普拉斯函数是等价的。值得注意的是，目前仅有泊松点过程、泊松聚过程的拉普拉斯函数具有明确的表达式，GPP 的拉普拉斯函数可用无穷乘积项表示，而对于一般性点过程，很难获得其拉普拉斯函数的表达式。

4. 泰森多边形的面积分布

在二维平面中，如果采用齐次泊松点过程对无线通信网络中的基站位置进行建模，按照"最近距离接入"原则，即用户总是接入到距其最近的基站，由此整个网络覆盖平面就被划分成了一个个泰森多边形（Voronoi Diagram），每个泰森多边形代表每个基站的覆盖范围。

考虑一个点过程 $\varPhi = \{x_0, x_1, x_2 \cdots\}$，点 x 覆盖的泰森多边形区域为：

$$C_{x_i}(\varPhi) = \{y \in \mathbb{R}^2 : \|y - x_i\| < \inf_{x_j \in \varPhi, x_j \neq x_i} \|y - x_j\|\} \qquad (5\text{-}18)$$

对于一般性点过程模型中泰森多边形的面积分布，通常没有闭式表达，对其分布仅有一些数值拟合结果。在泊松点过程模型中，已有文献给出了泰森多边形归一化面积的近似概率分布函数，即：

$$f_d(y) = \frac{\left[(3d+1)/2\right]^{(3d+1)/2}}{\varGamma\left[(3d+1)/2\right]} y^{\frac{3d-1}{2}} \mathrm{e}^{-\frac{3d+1}{2}y}, \qquad d = 1, 2, 3 \qquad (5\text{-}19)$$

式中，d 表示空间维度；$y = S/\langle S \rangle$，其中 S 为覆盖区域总面积，$\langle S \rangle$ 为每个基站的平均覆盖面积。虽然上述的分布函数并不精确，但表达简洁且在误差范围内，因此常用于描述泰森多边形的面积分布，即基站的覆盖面积。

当$d=2$时，可得到二维平面泰森多边形面积的概率分布函数，即：

$$f_2(y) = \frac{(3.5)^{3.5}}{\Gamma(3.5)} y^{2.5} e^{-3.5y}$$ （5-20）

二维平面泰森多边形的面积分布具有重要的应用意义，可用于推导单层蜂窝网络中每个基站所对应小区内用户数的分布，有如下结论：

定理 5-2：考虑两个相互独立的，强度分别为λ_1、λ_2的泊松点过程Φ_1、Φ_2，点过程Φ_1对应的任意泰森多边形包含的来自Φ_2中点的个数的概率分布函数为：

$$P(N=n) = \frac{(3.5)^{3.5}\Gamma(3.5+n)\left(\frac{\lambda_2}{\lambda_1}\right)^n}{\Gamma(3.5)n!\left(\frac{\lambda_2}{\lambda_1}+3.5\right)^{n+3.5}}, \qquad n=0,1,2$$ （5-21）

证明：基于泊松点过程的定义以及全概率公式，可得：

$$P(N=n) = \int_0^\infty P(N=n\mid y)f_2(y)\mathrm{d}y = \int_0^\infty \frac{\left(\frac{\lambda_2}{\lambda_1}y\right)^n}{n!} e^{\frac{\lambda_2}{\lambda_1}y} f_2(y)\mathrm{d}y$$

$$= \frac{(3.5)^{3.5}\Gamma(3.5+n)\left(\frac{\lambda_2}{\lambda_1}\right)^n}{\Gamma(3.5)n!\left(\frac{\lambda_2}{\lambda_1}+3.5\right)^{n+3.5}}$$ （5-22）

得证。

此外，在蜂窝网络的性能分析中，点过程运算的应用十分重要。利用点过程运算可以将点过程的变化抽象成数学计算模型，以便对无线通信网络进行建模和性能分析。例如，点过程的稀释运算常用于考虑休眠机制的基站建模。具体来说，如果有一部分基站进入休眠状态（被关断），则这些基站被视为无效基站，需要从原基站模型中删除，这也相当于原点过程被稀释。此外，点过程的叠加运算可用于对异构网络中基站和用户的位置进行建模，位于不同接入层的基站部署密度不同，且其位置分布相互独立，因此无线通信网络中所有基站都可以看成是由相互独立的点过程通过叠加运算得到的。

5.3 随机几何网络模型

本节主要介绍在蜂窝网络中基于随机几何分析的下行链路信干噪比（Signal to Interference plus Noise Ratio，SINR）的基本数学表达式，以帮助读者理解后续的公式推导及网络性能分析。

在无线通信的下行链路中，用户接收到的信号强度随着发送端与接收端之间距离增大而衰减，符合公式：

$$P_r(y) = P_t(x)Ah_{xy}\|x-y\|^{-\alpha}$$ （5-23）

式中，$x \in \mathbb{R}^d$ 是基站（BS）的空间位置，$P_t(x)$ 是 BS 的发射功率；$y \in \mathbb{R}^d$ 是用户终端（UE，简称用户）的空间位置；h_{xy} 为 BS 和 UE 之间的信道增益变量；$\|\cdot\|$ 表示欧氏距离；A 是传播常数；α 为路径损耗指数。由于式（5-23）在发送端与接收端位置重合时有奇异值，因此被称为无界路径损耗模型。尽管该公式只在发送端与接收端位置不重合时有效，但其简单性使其在大量研究中被应用。

另一个路径损耗模型被称为有界路径损耗模型，如下所示：

$$P_r(y) = \frac{P_t(x) A h_{xy}}{\varepsilon + \|x - y\|^{\alpha}} \tag{5-24}$$

式中，加入 $\varepsilon > 0$ 是为了防止在原点有奇异值。有界路径损耗模型更符合实际系统，但分析过程也更复杂。

尽管路径损耗模型的选择能够在很大程度上影响干扰分析结果，但其对 SINR 分析结果的影响是很微小的。

由于信号衰落与距离以及无线媒介的自然属性有关，因此网络拓扑结构对整个无线网络的性能有很大影响，即基站的位置及其所在网络的架构都会影响到用户接收到的信号质量。同时，由于网络中其他用户也会使用相同的信道，因此用户所在网络中的其他同信道用户也会对该用户造成同频干扰，这将影响用户侧的 SINR。因此，用户侧的 SINR 为：

$$\text{SINR}(y) = \frac{P_t(x_0) A h_{x_0 y} \|x_0 - y\|^{-\alpha}}{N_0 + \sum_{x \in I} \left[P_t(x) A h_{xy} \|x - y\|^{-\alpha} \right]} \tag{5-25}$$

式中，y 是用户的位置；x_0 是基站的位置；$I = \{x_1, x_2, \cdots\}$ 是其他干扰源的位置集合；N_0 为噪声功率；$I_{\text{agg}} = \sum_{x \in I} \left[P_t(x) A h_{xy} \|x - y\|^{-\alpha} \right]$ 是该用户获得的累积干扰。

5.4 单层无人机通信网络性能的理论研究

在无人机通信网络的性能分析中，覆盖率是一个常用的系统指标。覆盖率的定义是用户到基站的瞬时信干（噪）比大于某个阈值的概率。下面以一个简单场景为例进行说明。考虑一个单层无人机通信网络的下行链路场景，利用随机几何模型对基站和用户位置进行建模，推导单层无人机通信网络覆盖率的表达式，讨论基站部署密度对网络性能的影响。

5.4.1　系统模型

单层无人机通信网络模型如图 5-2 所示。无人机集群被部署为空中基站，无人机飞行在固定的高度 L_0，其位置服从二维泊松点过程。出于安全考虑，无人机集群有最小飞行高度 $L_{\min}$ 和最大飞行高度 $L_{\max}$。信道模型采用 SUI（Stanford University Interim）模型[14]，信道增益的表达式为：

$$\text{Gain} = h K_0 \left(\frac{d}{d_0} \right)^{-n(z)} \tag{5-26}$$

式中，

$$n(z) = \max\left\{a - bz + \frac{c}{z}, 2\right\} \qquad (5\text{-}27)$$

d 表示传播距离；K_0 是参考距离为 d_0 时的接收功率；h 表示小尺度衰落；$n(z)$ 表示高度为 z 时的路径损耗指数（Path Loss Exponent，PLE）。

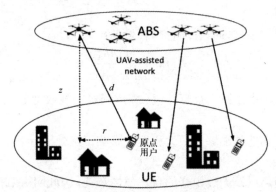

图 5-2   单层无人机通信网络模型[13]

根据 Slivnyak-Meeke 定理，本节将原点用户作为典型用户来分析网络性能。根据式（5-8）可知，r 的概率密度函数为：

$$f(r) = 2\lambda\pi r e^{-\lambda\pi r^2} \qquad (5\text{-}28)$$

假设所有的无人机基站传输功率均为 P_t，根据公式（5-25），得到用户接收的 SINR 为：

$$\text{SINR} = \frac{P_t \cdot h K_0 \left(\dfrac{d}{d_0}\right)^{-n(z)}}{N + \displaystyle\sum_{d_i \in \Phi \setminus \{0\}} \left[P_t \cdot h_i K_0 \left(\dfrac{d_i}{d_0}\right)^{-n(z)}\right]} = \frac{h K_0 \left(\dfrac{d}{d_0}\right)^{-n(z)}}{\beta_0 + \displaystyle\sum_{d_i \in \Phi \setminus \{0\}} \left[h_i K_0 \left(\dfrac{d_i}{d_0}\right)^{-n(z)}\right]} \qquad (5\text{-}29)$$

式中，$d = \sqrt{r^2 + z^2}$；N 表示噪声功率；$I = \displaystyle\sum_{d_i \in \Phi \setminus \{0\}} \left[h_i K_0 \left(\dfrac{d_i}{d_0}\right)^{-n(z)}\right]$ 表示归一化干扰和；$\beta_0 = \dfrac{N}{P_t K_0}$。

5.4.2   覆盖率

设用户和基站成功通信的 SINR 阈值为 θ，则无人机通信网络的覆盖率可以表示为：

$$P(\theta, z) = E_r\left[P(\text{SINR} > \theta) \mid r\right] = \int_0^\infty P(\text{SINR} > \theta) f(r) \mathrm{d}r \qquad (5\text{-}30)$$

设 h 服从参数为 m 和 $1/m$ 的 Gamma 分布，即 $h \sim \text{Gamma}(m, 1/m)$，则 h 的概率密度函数为：

$$f_G(h) = \frac{m^m h^{m-1}}{\Gamma(m)} e^{-mh} \qquad (5\text{-}31)$$

式中，m 可以由莱斯衰落因子 K 计算得到，即：

$$m = \frac{K^2 + 2K + 1}{2K + 1} \qquad (5\text{-}32)$$

当 $m=1$ 时，式（5-31）就退化为瑞利衰落了。

将式（5-28）、式（5-29）和式（5-31）代入式（5-30），可得到覆盖率的更一般表达式，即：

$$P(\theta,z) = \lambda\pi\int_0^{\infty} E_I\left[\frac{\Gamma(m,m\mu)}{\Gamma(m)}\,\middle|\,r\right]\mathrm{e}^{-\lambda\pi v}\mathrm{d}v \tag{5-33}$$

式中，$\mu = \theta(\beta_0 + I)(\dfrac{d}{d_0})^{n(z)}$，$v = r^2$。$\Gamma(s,x) = \int_x^{\infty} t^{s-1}\mathrm{e}^{-t}\mathrm{d}t$ 表示不完全 Gamma 函数，$\Gamma(s) = \int_0^{\infty} t^{s-1}\mathrm{e}^{-t}\mathrm{d}t$ 表示标准 Gamma 函数。

为了进一步分析，现给出式（5-33）在瑞利信道下的精确表达式：

$$P(\theta,z) = \lambda\pi\mathrm{e}^{-\lambda\pi\rho z^2}\int_0^{\infty}\exp\left[-\lambda\pi(1+\rho)v - \theta\beta_0\left(\frac{v+z^2}{d_0^2}\right)^{\frac{n(z)}{2}}\right]\mathrm{d}v \tag{5-34}$$

式中，

$$\rho = \theta^{\frac{2}{n(z)}}\int_{\theta^{\frac{-2}{n(z)}}}^{\infty}\frac{1}{1+x^{\frac{n(z)}{2}}}\mathrm{d}x \tag{5-35}$$

如果忽略噪声，则式（5-34）可进一步表示为：

$$P(\theta,z) = \frac{\mathrm{e}^{-\lambda\pi\rho z^2}}{1+\rho} \tag{5-36}$$

证明：

$$
\begin{aligned}
P(\mathrm{SINR} > \theta\,|\,r) &= P\left[h > \theta(\frac{d}{d_0})^{n(z)}(\beta_0 + I)\,\middle|\,r\right] \\
&\overset{(a)}{=} E_I\left\{\exp\left[-\theta(\frac{d}{d_0})^{n(z)}(\beta_0+I)\right]\middle|\,r\right\} = \mathrm{e}^{-\theta(\frac{d}{d_0})^{n(z)}\beta_0}\mathcal{L}_I\left[\theta(\frac{d}{d_0})^{n(z)}\right]
\end{aligned}
\tag{5-37}
$$

式中，推导过程(a)的依据是在瑞利信道下 h 服从指数分布；$\mathcal{L}_I\left[\theta(\dfrac{d}{d_0})^{n(z)}\right]$ 表示干扰的拉普拉斯变换，它可以进一步表示为：

$$
\begin{aligned}
\mathcal{L}_I &= E_I\left\{\exp\left[-\theta(\frac{d}{d_0})^{n(z)}I\right]\middle|\,r\right\} = E_{\Phi,h_i}\left\{\prod_{d_i\in\Phi\backslash\{0\}}\exp\left[-\theta h_i d^{n(z)}d_i^{-n(z)}\right]\right\} \\
&\overset{(b)}{=} E_{\Phi}\left[\prod_{d_i\in\Phi\backslash\{0\}}\frac{1}{1+\theta d^{n(z)}d_i^{-n(z)}}\right] \\
&\overset{(c)}{=} \exp\left\{-2\lambda\pi\int_r^{\infty}\left[1-\frac{1}{1+\theta d^{n(z)}\left(\sqrt{s^2+z^2}\right)^{-n(z)}}\right]s\,\mathrm{d}s\right\} \\
&\overset{(d)}{=} \exp\left[-\lambda\pi d^2\theta^{\frac{2}{n(z)}}\int_{\theta^{\frac{-2}{n(z)}}}^{\infty}\frac{1}{1+x^{\frac{n(z)}{2}}}\mathrm{d}x\right]
\end{aligned}
\tag{5-38}
$$

式中，推导过程(b)的依据是 h_i 彼此之间独立同分布；推导过程(c)的依据是泊松点过程的概率生成函数；推导过程(d)的依据是变量代换，即用 x 代换 $\dfrac{s^2+z^2}{d^2\theta^{\frac{2}{n(z)}}}$。将式（5-28）、式（5-37）和式（5-38）代入式（5-33），即可得到式（5-34）。

得证。

接下来我们分析无人机通信网络的基站部署密度 λ 对覆盖率的影响。直观来说，在高 SNR 的情况下，如果 λ 过大，则会导致干扰增大，进而影响覆盖率。但随着 λ 的增大，服务用户的基站与用户之间的距离会减小，在低信噪比情况下有可能提高覆盖率。因此，存在无人机通信网络部署的最优密度。仿真结果也验证了这一结论，如图 5-3 所示。

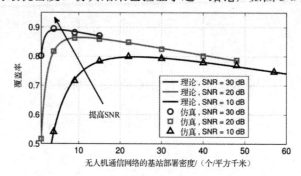

图 5-3　无人机通信网络的基站部署密度 λ 对覆盖率的影响[13]

将路径损耗指数（PLE）固定为 4，无人机的飞行高度为 100 m，阈值 $\theta = -10$ dB，$d_0 = 100$ m。随着基站部署密度的增大，覆盖率先快速增加后近乎线性下降。这是由于 λ 很低时，增大 λ 可以快速提高覆盖率，然而当 λ 增大到某个特定值时，继续增大 λ 会使得干扰变强，从而降低覆盖率。

接下来推导 PLE=4 时的最优的基站部署密度近似表达式。首先，将式（5-34）改写为：

$$P(\theta, z) = \frac{\lambda \pi^{\frac{3}{2}} d_0^2}{\sqrt{\theta \beta_0}} e^{\frac{\kappa^2}{2} + \lambda \pi z^2} Q\left(\kappa + \frac{z^2}{d_0^2}\sqrt{2\theta\beta_0}\right) \tag{5-39}$$

当 x 很大时，可以将 $Q(x)$ 级数展开为：

$$Q(x) = \frac{e^{-\frac{x^2}{2}}}{\sqrt{2\pi}\sqrt{1+x^2}} \tag{5-40}$$

将式（5-40）代入式（5-39）即可得到：

$$P(\theta, z) \approx a\lambda e^{-c\lambda} \frac{1}{\sqrt{1+b\lambda^2}} \tag{5-41}$$

式中，

$$\begin{cases} a = \dfrac{d_0^2}{\sqrt{2\beta_0\theta}} e^{-\frac{\beta_0\theta z^4}{d_0^4}} \\[3mm] b = \dfrac{\pi^2(1+\rho)^2 d_0^4}{2\beta_0\theta} \\[3mm] c = \pi\rho z^2 \\[3mm] \rho = \left[\dfrac{\pi}{2} - \arctan(\theta^{-\frac{1}{2}})\right]\theta^{\frac{1}{2}} \end{cases} \tag{5-42}$$

在 SNR 和 θ 都比较大的情况下，对式（5-41）求导，令其导数等于 0 即可得到最优的基站部署密度，即：

$$\lambda^* = \sqrt[3]{\frac{1}{2bc} + \sqrt{\frac{1}{4b^2c^2} + \frac{1}{8b^3}}} + \sqrt[3]{\frac{1}{2bc} - \sqrt{\frac{1}{4b^2c^2} + \frac{1}{8b^3}}} \tag{5-43}$$

5.5 热点覆盖场景下无人机通信网络性能的理论研究

在热点覆盖场景下，无人机辅助蜂窝网络进行通信，有利于缓解地面基站的负载压力。无人机基站有更大的概率利用视距链路与用户进行通信，因而可以提高传输速率。接下来以覆盖率和系统频谱效率为指标对系统性能进行分析。

5.5.1　系统模型

无人机辅助蜂窝网络的系统模型如图 5-4 所示。

图 5-4　无人机辅助蜂窝网络的系统模型[15]

设无人机的飞行高度为L_s，无人机基站的位置服从部署密度为λ_s的齐次泊松点过程，记为Φ_s。设地面基站高度为L_t，位置服从部署密度为λ_t的齐次泊松点过程，记为Φ_t。下行采用OFDMA 进行多用户传输。如果多个用户连接到同一个基站，这些用户将被随机调度。假设无人机基站和地面基站都使用相同的通信频段，发射功率分别是P_s和P_t。

记用户和基站之间的距离为$X_k = \sqrt{L_k^2 + r^2}, k \in \{t, s\}$。无人机基站和地面用户进行视距链路传输的概率为：

$$p_s^{\mathrm{L}}(X_s) = \frac{1}{1 + \eta \mathrm{e}^{-\beta[\omega - \eta]}} \tag{5-44}$$

式中，η，β是由环境决定的参数；$\omega = \arcsin\left(\dfrac{L_s}{X_s}\right)$，表示用户到无人机基站的仰角。

地面基站和用户之间进行视距链路传输的概率为：

$$p_t^{\mathrm{L}}(X_t) = \begin{cases} 1 - \dfrac{X_t}{d_{\mathrm{c}}}, & 0 < X_t < d_{\mathrm{c}} \\ 0, & X_t > d_{\mathrm{c}} \end{cases} \tag{5-45}$$

式中，d_{c}被称为评判距离（Critical Distance）。

用户和基站之间路径损耗可以统一表示为：

$$\zeta_k(X_k) = \begin{cases} X_k^{-\alpha_k^{\mathrm{L}}}, & p_k^{\mathrm{L}}(X_k) \\ X_k^{-\alpha_k^{\mathrm{NL}}}, & 1 - p_k^{\mathrm{L}}(X_k) \end{cases} \quad k \in \{t, s\} \tag{5-46}$$

式中，α_k^{L}和α_k^{NL}分别表示视距链路传输和非视距链路传输的路径损耗指数。

对于小尺度衰落，我们将其建模为 Nakagami-m 模型。记视距链路传输和非视距链路传输的衰落参数分别为 m_L 和 m_{NL}，相对应的信道增益分别表示为 G_L 和 G_{NL}，其概率密度函数可以表示为

$$f_{G_v}(g) = \frac{(m_v)^{m_v} g^{m_v-1}}{\Gamma(m_v)} e^{-m_v g}, \qquad v \in \{L, NL\} \tag{5-47}$$

在热点覆盖场景下，影响网络性能的主要是干扰。因此本节在分析中忽略了噪声的影响。我们考虑用户的接入策略为最大偏好接收功率接入，即典型用户在距离最近的基站中选择接入的基站所属类别为：

$$i = \arg\max_{k \in \{t,s\}} P_k B_k X_k^{-\alpha_k^v}, \qquad v \in \{L, NL\} \tag{5-48}$$

式中，B_k 是为了平衡网络流量负载而设置的不同基站类别的偏好因子。

在接下来的讨论中，为了表示方便，定义 $\hat{\lambda}_k^{(i)} \triangleq \lambda_k / \lambda_i$、$\hat{P}_k^{(i)} \triangleq P_k / P_i$、$\hat{B}_k^{(i)} \triangleq B_k / B_i$。

5.5.2　覆盖率和频谱效率性能

引理 5-3：用户接入无人机基站和地面基站的概率可以表示为：

$$\mathcal{A}_s = \mathcal{A}_{s,L} + \mathcal{A}_{s,NL}, \qquad \mathcal{A}_t = \mathcal{A}_{t,L} + \mathcal{A}_{t,NL} \tag{5-49}$$

式中，$\mathcal{A}_{s,L}$、$\mathcal{A}_{s,NL}$、$\mathcal{A}_{t,L}$、$\mathcal{A}_{t,NL}$ 分别表示用户接入最优视距链路传输无人机基站、最优非视距链路传输无人机基站、最优视距链路传输地面基站、最优非视距链路传输地面基站的概率。其可以统一表示为：

$$\mathcal{A}_{k,v} = \int_{L_k}^{\infty} 2\pi x p_k^v(x) \lambda_k \exp\left\{ -\left[\int_0^{\tilde{x}_{k,v}^{s,L}} C_s^L(u)du + \int_0^{\tilde{x}_{k,v}^{s,NL}} C_s^{NL}(u)du + \int_0^{\tilde{x}_{k,v}^{t,L}} C_t^L(u)du + \int_0^{\tilde{x}_{k,v}^{t,NL}} C_t^{NL}(u)du \right] \right\} dx \tag{5-50}$$

式中，$k \in \{t,s\}$；$v \in \{L, NL\}$；$C_k^v(u) = 2\pi \lambda_k u p_k^v\left[\sqrt{u^2 + L_k^2}\right]$；$p_k^{NL}(x) = 1 - p_k^L(x)$。$\forall k$、$i \in \{t,s\}$、$v$、$w \in \{L, NL\}$，有：

$$x_{k,v}^{i,w} \triangleq \left[\hat{P}_i^{(k)} \hat{B}_i^{(k)}\right]^{1/\alpha_i^w} x^{\alpha_k^v/\alpha_i^w}, \quad \tilde{x}_{k,v}^{i,w} = \sqrt{\max\left[0, \left(x_{k,v}^{i,w}\right)^2 - L_i^2\right]}$$

证明：

以 $\mathcal{A}_{s,L}$ 为例进行证明。

$$\mathcal{A}_{s,L} \triangleq P[n=s, v=L]$$

$$\overset{(a)}{=} E_{X_{s,L}}\left\{ P\left[P_s B_s X_{s,L}^{-\alpha_s^L} > P_s B_s X_{s,NL}^{-\alpha_s^{NL}}\right] P\left[P_s B_s X_{s,L}^{-\alpha_s^L} > P_t B_t X_{t,L}^{-\alpha_t^L}\right] P\left[P_s B_s X_{s,L}^{-\alpha_s^L} > P_t B_t X_{t,NL}^{-\alpha_t^{NL}}\right] \right\}$$

$$= \int_{L_s}^{\infty} P\left[X_{s,NL} > x^{\frac{\alpha_s^L}{\alpha_s^{NL}}}\right] P\left[X_{t,L} > \left(\hat{P}_t^{(s)} \hat{B}_t^{(s)}\right)^{\frac{1}{\alpha_t^L}} x^{\frac{\alpha_s^L}{\alpha_t^L}}\right] \times$$
$$\qquad P\left[X_{t,NL} > \left(\hat{P}_t^{(s)} \hat{B}_t^{(s)}\right)^{\frac{1}{\alpha_t^{NL}}} x^{\frac{\alpha_s^L}{\alpha_t^{NL}}}\right] f_{X_{s,L}}(x)dx \tag{5-51}$$

$$\overset{(b)}{=} \int_{L_s}^{\infty} \bar{F}_{X_{s,NL}}\left(x_{s,L}^{s,NL}\right) \bar{F}_{X_{t,L}}\left(x_{s,L}^{t,L}\right) \bar{F}_{X_{t,NL}}\left(x_{s,L}^{t,NL}\right) dF_{X_{s,L}}(x)$$

式中，$\bar{F}_{X_{s,L}}(x)$、$F_{X_{s,L}}(x)$ 分别表示互补累积分布函数和累积分布函数；$f_{X_{s,L}}(x)$ 表示概率密度函数。在式（5-51）中，推导过程(a)的依据是式（5-48），推导过程(b)的依据是累积分布函数

和互补累积分布函数的定义。

定义 $R_{k,v}$ 表示与用户距离最近的、以 v 方式传输的 k 类别基站到用户的水平距离，即实际距离 $X_{k,v}=\sqrt{R_{k,v}^2+L_k^2}$。根据二维泊松点过程的性质，有：

$$\overline{F}_{R_{k,v}}(r)=\exp\left\{-\int_0^r 2\pi u p_k^v\left[\sqrt{u^2+L_k^2}\right]\lambda_k \mathrm{d}u\right\} \tag{5-52}$$

根据互补累积分布函数的定义，可以进一步得到：

$$f_{R_{k,v}}(r)=2\pi r p_k^v\left[\sqrt{r^2+L_k^2}\right]\lambda_k\exp\left\{-\int_0^r 2\pi u p_k^v\left[\sqrt{u^2+L_k^2}\right]\lambda_k \mathrm{d}u\right\} \tag{5-53}$$

根据 $R_{k,v}$ 和 $X_{k,v}$ 的关系，可进一步得到：

$$f_{X_{k,v}}(x)=2\pi x p_k^v(x)\lambda_k\exp\left\{-\int_0^{\sqrt{x^2-L_k^2}} 2\pi u p_k^v\left[\sqrt{u^2+L_k^2}\right]\lambda_k \mathrm{d}u\right\} \tag{5-54}$$

把式（5-52）、式（5-54）代入式（5-51）即可得到 $\mathcal{A}_{s,L}$，同理可以得到 $\mathcal{A}_{s,NL}$、$\mathcal{A}_{t,L}$、$\mathcal{A}_{t,NL}$。整理之后便可以得到式（5-50）。

得证。

根据 Slivnyak-Mecke 定理，将原点用户作为典型用户进行研究。设典型用户接入 k 类型基站时服务基站与它的距离是 Y_k，则其概率密度函数可以表示为：

$$f_{Y_k}(y)=\frac{\mathcal{A}_{k,L}}{\mathcal{A}_{k,L}+\mathcal{A}_{k,NL}}f_{Y_{k,L}}(y)+\frac{\mathcal{A}_{k,NL}}{\mathcal{A}_{k,L}+\mathcal{A}_{k,NL}}f_{Y_{k,NL}}(y) \tag{5-55}$$

式中，

$$f_{Y_{k,v}}(y)=\frac{2\pi y p_k^v(y)}{\mathcal{A}_{k,v}}\lambda_k\exp\left\{-\left[\int_0^{\tilde{y}_{k,v}^{s,L}}C_s^L(u)\mathrm{d}u+\int_0^{\tilde{y}_{k,v}^{s,NL}}C_s^{NL}(u)\mathrm{d}u+\right.\right.$$
$$\left.\left.\int_0^{\tilde{y}_{k,v}^{t,L}}C_t^L(u)\mathrm{d}u+\int_0^{\tilde{y}_{k,v}^{t,NL}}C_t^{NL}(u)\mathrm{d}u\right]\right\} \tag{5-56}$$

$$y\geqslant L_k,\quad y_{k,v}^{i,w}\triangleq y^{\alpha_k^v/\alpha_i^w}\left[\hat{P}_i^{(k)}\hat{B}_i^{(k)}\right]^{1/\alpha_i^w}$$
$$\tilde{y}_{k,v}^{i,w}=\sqrt{\max\left[0,\left(y_{k,v}^{i,w}\right)^2-L_i^2\right]}$$

证明：见参考文献［16］的 Lemma 4（引理4）。

记 $P_{Cov}^{k,v}$ 为用户接入 k 类型基站、传输方式为 v 的条件覆盖率，则网络总的覆盖率 P_{Cov} 可以表示为：

$$P_{Cov}=P_{Cov}^{s,L}\mathcal{A}_{s,L}+P_{Cov}^{s,NL}\mathcal{A}_{s,NL}+P_{Cov}^{t,L}\mathcal{A}_{t,L}+P_{Cov}^{t,NL}\mathcal{A}_{t,NL} \tag{5-57}$$

设信干比的阈值为 γ，用户接入的基站为 y_0，根据覆盖率的定义，有：

$$P_{Cov}^{k,v}=E_{y_0}\left\{P\left[\mathrm{SIR}_{k,v}(y_0)>\gamma\right]\right\} \tag{5-58}$$

式中，$\mathrm{SIR}_{k,v}(y_0)$ 表示用户接收基站传输的瞬时信噪比，其表达式为：

$$\mathrm{SIR}_{k,v}(y_0)=\frac{P_k\zeta_k^v(y_0)g_{k,0}}{\sum_{x_i\in\Phi_j}P_j\zeta_j(x_i)g_{j,0}+\sum_{y_i\in\Phi_k\backslash\{y_0\}}P_k\zeta_k(y_i)g_{k,0}} \tag{5-59}$$

式中，$k,j\in\{t,s\}$，$j\neq k$，$v\in\{L,NL\}$；$g_{k,0}\sim\exp(1)$ 表示瑞利衰落信道。记 $I_{j\to k}\triangleq\sum_{x_i\in\Phi_j}P_j\zeta_j(x_i)g_{j,0}$

为基站层间干扰，$I_{k \to k} \triangleq \sum\limits_{y_i \in \Phi_k \backslash \{y_0\}} P_k \zeta_k(y_i) g_{k,0}$ 为基站层内干扰。

令 $k = s$、$v = L$，则：

$$P_{\text{Cov}}^{s,L} = \int_{y=L_s}^{\infty} P\big[\text{SIR}_{s,L}(y) > \gamma\big] f_{Y_{s,L}}(y) \mathrm{d}y \tag{5-60}$$

式中，

$$
\begin{aligned}
&P\big[\text{SIR}_{s,L}(y) > \gamma\big] \\
&= E_{\Phi_s, \Phi_t}\Big[g_{s,0} > \frac{m_L \gamma y^{\alpha_s^L}}{P_s}\big(I_{t \to s}^L + I_{s \to s}^L\big)\Big] \\
&\overset{(a)}{=} E_{\Phi_s, \Phi_t}\Bigg[e^{\Big[-\frac{m_L \gamma y^{\alpha_s^L}}{P_s}(I_{t \to s}^L + I_{s \to s}^L)\Big]} \sum_{l=0}^{m_L - 1} \big(\frac{m_L \gamma y^{\alpha_s^L}}{P_s}\big)^l \frac{(I_{t \to s}^L + I_{s \to s}^L)^l}{l!}\Bigg] \\
&\overset{(b)}{=} \sum_{l=0}^{m_L - 1} \frac{(-s)^l}{l!} \frac{\mathrm{d}^l}{\mathrm{d}s^l}\Big[\mathcal{L}_{I_{t \to s}^L}(s) \mathcal{L}_{I_{s \to s}^L}(s)\Big]_{s = \frac{m_L \gamma y^{\alpha_s^L}}{P_s}}
\end{aligned}
\tag{5-61}
$$

式中，推导过程(a)的依据是 Gamma 分布的互补累积分布函数，即 $\overline{F}(x) = 1 - \frac{\gamma(m, mx)}{\Gamma(m)} = e^{(-mx)} \sum\limits_{l=0}^{m-1} \frac{(mx)^l}{l!}$；推导过程(b)的依据是 $E_I\big[\overline{F}(xI)\big] = E_I\Big[e^{(-mx)} \sum\limits_{l=0}^{m-1} \frac{(mx)^l}{l!}\Big] = \sum\limits_{l=0}^{m-1} \frac{(-s)^l}{l!} \frac{\mathrm{d}^l}{\mathrm{d}s^l}\big[\mathcal{L}_I(s)\big]$。

对于干扰 $I_{t \to s}^L$，它的拉普拉斯变换结果为：

$$
\begin{aligned}
\mathcal{L}_{I_{t \to s}^L}(s) &= E_{\Phi_t, \{g_{r_i}\}}\Bigg[\exp\Big(-s \sum_{r_i \in \Phi_t} P_t \zeta_t(\sqrt{r_i^2 + L_t^2}) g_{r_i}\Big)\Bigg] \\
&\overset{(a)}{=} E_{\Phi_t}\Bigg[\prod_{r_i \in \Phi_t} \big(p_t^L(\sqrt{r_i^2 + L_t^2})\big) E_{g_{r_i} \sim \text{LoS}}\Big\{\exp\big[-s P_t \cdot \zeta_t^L(\sqrt{r_i^2 + L_t^2}) g_{r_i}\big]\Big\} + \\
&\qquad \big[1 - p_t^L(\sqrt{r_i^2 + L_t^2})\big] E_{g_{r_i} \sim \text{NLoS}}\Big\{\exp\big[-s P_t \zeta_t^{\text{NL}}(\sqrt{r_i^2 + L_t^2}) g_{r_i}\big]\Big\}\Bigg] \\
&\overset{(b)}{=} E_{\Phi_t}\Bigg\{\prod_{r_i \in \Phi_t}\bigg[\frac{p_t^L(\sqrt{r_i^2 + L_t^2})}{(1 + \frac{s P_t \zeta_t^L(\sqrt{r_i^2 + L_t^2})}{m_L})^{m_L}} + \frac{1 - p_t^L(\sqrt{r_i^2 + L_t^2})}{(1 + \frac{s P_t \zeta_t^{\text{NL}}(\sqrt{r_i^2 + L_t^2})}{m_{\text{NL}}})^{m_{\text{NL}}}}\bigg]\Bigg\} \\
&\overset{(c)}{\approx} \exp\Bigg[-2\pi\lambda_t\bigg(\int_{\bar{y}_{k,v}^{j,w}}^{\infty}\big(1 - p_t^L(\sqrt{r^2 + L_t^2})\big) \cdot \bigg(1 - \frac{1}{(1 + \frac{(s P_t)(r^2 + L_t^2)^{\frac{\alpha_t^{\text{NL}}}{2}}}{m_{\text{NL}}})^{m_{\text{NL}}}}\bigg) r \mathrm{d}r + \\
&\qquad \int_{y_{k,v}^{j,w}}^{\infty} p_t^L(\sqrt{r^2 + L_t^2}) \cdot \bigg(1 - \frac{1}{(1 + \frac{(s P_t)(r^2 + L_t^2)^{\frac{\alpha_t^L}{2}}}{m_L})^{m_L}}\bigg) r \mathrm{d}r\Bigg]
\end{aligned}
\tag{5-62}
$$

式中，积分下限为：

$$\tilde{y}_{k,v}^{i,w} = \sqrt{\max\left[0,(y_{k,v}^{i,w})^2 - L_i^2\right]}, \quad y_{k,v}^{i,w} \triangleq \left[\hat{P}_i^{(k)}\hat{B}_i^{(k)}\right]^{1/\alpha_i^w} y^{\alpha_k^v/\alpha_i^w}, \quad \forall k,i \in \{t,s\}, v,w \in \{\text{L,NL}\}$$

推导过程(a)的依据是贝叶斯法则，推导过程(b)的依据是 g_η 服从 Gamma 分布，即：

$$E_{g_\eta \sim \text{LoS}}[e^{(-sht^{-\alpha})}] = (1+\frac{st^{-\alpha}}{m_\text{L}})^{-m_\text{L}}, \quad E_{g_\eta \sim \text{NLoS}}[e^{(-sht^{-\alpha})}] = (1+\frac{st^{-\alpha}}{m_\text{NL}})^{-m_\text{NL}}$$

推导过程(c)是近似处理，认为视距链路传输基站的干扰和非视距链路传输基站的干扰相互独立。

使用类似的分析方法，又可以得到 $I_{s \to s}^\text{L}$ 的拉普拉斯变换。将 $I_{t \to s}^\text{L}$ 和 $I_{s \to s}^\text{L}$ 代入式（5-61），再进一步代入式（5-60），即可得到 $P_{\text{Cov}}^{s,\text{L}}$ 的表达式。同理，还可以进一步得到 $P_{\text{Cov}}^{s,\text{NL}}$、$P_{\text{Cov}}^{t,\text{L}}$、$P_{\text{Cov}}^{t,\text{NL}}$ 的表达式，将它们统一归纳表示为：

$$P_{\text{Cov}}^{k,v} = \int_{y=L_k}^{\infty} \sum_{l=0}^{m_v-1} \frac{(-s)^l}{l!} \frac{\mathrm{d}^l}{\mathrm{d}s^l}\left[\mathcal{L}_{I_{t \to s}^v}(s)\mathcal{L}_{I_{s \to s}^v}(s)\right]_{s=\frac{m_v\gamma y^{\alpha_k^v}}{P_k}} f_{Y_{k,v}}(y)\mathrm{d}y, k \in \{t,s\}, v \in \{\text{L,NL}\} \quad (5\text{-}63)$$

式中，干扰的拉普拉斯变换统一表示为：

$$\mathcal{L}_{I_{i \to k}^v}(s) \approx \exp\left\{-2\pi\lambda_i\left[\int_{\tilde{y}_{k,v}^{i,\text{NL}}}^{\infty}\left\{1-p_i^\text{L}\left[\sqrt{r^2+L_i^2}\right]\right\}\cdot\left\{1-\frac{1}{\left[1+\frac{(sP_i)(r^2+L_i^2)^{-\frac{\alpha_i^\text{NL}}{2}}}{m_\text{NL}}\right]^{m_\text{NL}}}\right\}r\mathrm{d}r+\right.\right.$$

$$\left.\left.\int_{\tilde{y}_{k,v}^{i,\text{L}}}^{\infty}p_i^\text{L}\left[\sqrt{r^2+L_i^2}\right]\left\{1-\frac{1}{\left[1+\frac{(sP_i)(r^2+L_i^2)^{-\frac{\alpha_i^\text{L}}{2}}}{m_\text{L}}\right]^{m_\text{L}}}\right\}r\mathrm{d}r\right]\right\} \quad (5\text{-}64)$$

则用户接入以 v 方式传输的、k 类型基站的平均遍历速率（Average Ergodic Rate）可以表示为：

$$\mathcal{R}_{k,v} = E_{y_0}\left\{E_{\text{SIR}_{k,v}}\left[\log_2(1+\text{SIR}_{k,v}(y_0))\right]\right\}, k \in \{t,s\}, v \in \{\text{L,NL}\} \quad (5\text{-}65)$$

定理 5-3：记 $\mathcal{R}_t$、$\mathcal{R}_s$ 分别表示用户接入地面基站和无人机基站的平均传输速率，则平均频谱效率（Average Spectral Efficiency，ASE）可以表示为：

$$\text{ASE} \triangleq \lambda_t\mathcal{R}_t + \lambda_s\mathcal{R}_s \quad (5\text{-}66)$$

与式（5-55）类似，$\mathcal{R}_t$、$\mathcal{R}_s$ 可以统一表示为：

$$\mathcal{R}_k = \frac{\mathcal{A}_{k,\text{L}}}{\mathcal{A}_{k,\text{L}}+\mathcal{A}_{k,\text{NL}}} \times \mathcal{R}_{k,\text{L}} + \frac{\mathcal{A}_{k,\text{NL}}}{\mathcal{A}_{k,\text{L}}+\mathcal{A}_{k,\text{NL}}} \times \mathcal{R}_{k,\text{NL}}, \quad k \in \{t,s\} \quad (5\text{-}67)$$

式中，$\forall k \in \{t,s\}$，$v \in \{\text{L,NL}\}$，有：

$$\mathcal{R}_{k,v} = \int_{L_k}^{\infty}\int_0^{\infty}\sum_{l=0}^{m_v-1}\frac{(-s)^l}{l!}\frac{\mathrm{d}^l}{\mathrm{d}s^l}\Big[\mathcal{L}_{I_{t\to s}^{v}}(s)\cdot\mathcal{L}_{I_{s\to s}^{v}}(s)\Big]_{s-\frac{m_v(2^u-1)y^{\alpha_k^v}}{P_k}}f_{Y_{k,v}}(y)\mathrm{d}y \tag{5-68}$$

证明：

与覆盖率分析方法类似，令 $k = s$、$v = \mathrm{L}$，根据定义，有：

$$\mathcal{R}_{s,\mathrm{L}} = \int_{L_s}^{\infty} E_{\mathrm{SIR}_{s,\mathrm{L}}}\Big\{\log_2\Big[1+\mathrm{SIR}_{s,\mathrm{L}}(y)\Big]\Big\}f_{Y_{s,\mathrm{L}}}(y)\mathrm{d}y \tag{5-69}$$

而

$$\begin{aligned}
&E_{\mathrm{SIR}_{s,\mathrm{L}}}\Big\{\log_2\Big[1+\mathrm{SIR}_{s,\mathrm{L}}(y)\Big]\Big\}\\
&= \int_0^{\infty} P\Big[\mathrm{SIR}_{s,\mathrm{L}}(y) > 2^u-1\Big]\mathrm{d}u\\
&= \int_0^{\infty} E_{\Phi_s,\Phi_t}\Big[g_{s,0} > \frac{m_{\mathrm{L}}(2^u-1)y^{\alpha_s^{\mathrm{L}}}}{P_s}\big(I_{t\to s}^{\mathrm{L}}+I_{s\to s}^{\mathrm{L}}\big)\Big]\mathrm{d}u\\
&= \int_0^{\infty} E_{\Phi_s,\Phi_t}\Bigg\{\exp\Bigg[-\frac{m_{\mathrm{L}}(2^u-1)y^{\alpha_s^{\mathrm{L}}}}{P_s}\big(I_{t\to s}^{\mathrm{L}}+I_{s\to s}^{\mathrm{L}}\big)\Bigg]\sum_{l=0}^{m_{\mathrm{L}}-1}\Big(\frac{m_{\mathrm{L}}(2^u-1)y^{\alpha_s^{\mathrm{L}}}}{P_s}\Big)^l\frac{\big(I_{t\to s}^{\mathrm{L}}+I_{s\to s}^{\mathrm{L}}\big)^l}{l!}\Bigg\}\mathrm{d}u\\
&= \int_0^{\infty}\sum_{l=0}^{m_{\mathrm{L}}-1}\frac{(-s)^l}{l!}\frac{\mathrm{d}^l}{\mathrm{d}s^l}\Big[\mathcal{L}_{I_{t\to s}^{\mathrm{L}}}(s)\cdot\mathcal{L}_{I_{s\to s}^{\mathrm{L}}}(s)\Big]_{s=\frac{m_{\mathrm{L}}(2^u-1)y^{\alpha_s^{\mathrm{L}}}}{P_s}}\mathrm{d}u
\end{aligned} \tag{5-70}$$

将式（5-64）代入式（5-70），再将式（5-70）代入式（5-69），便可以得到 $\mathcal{R}_{s,\mathrm{L}}$ 的表达式。使用类似的方法，可以得到 $\mathcal{R}_{s,\mathrm{NL}}$，$\mathcal{R}_{t,\mathrm{L}}$，$\mathcal{R}_{t,\mathrm{NL}}$ 的表达式，将其归纳之后便得到式（5-68）。

得证。

5.5.3　性能仿真验证

无人机通信网络的覆盖率与无人机基站高度的关系如图5-5所示，图中DSC（Drone Small Cell）用来表示无人机基站的覆盖率，TSC（Terrestrial Small Cell）用来表示地面基站的覆盖率，Overall 表示全局覆盖率。随着无人机基站高度的增加，其覆盖率和全局覆盖率都是先上升后下降。这是由于在无人机基站的高度在最开始时比较低，随着飞行高度的增加，无人机基站的视距链路传输概率增大，进而从整体上减小了路径损耗，提高了覆盖。但飞行高度过高时，路径损耗会增加，再加上基站间的干扰，从而使覆盖率下降，进而导致全局覆盖率下降。

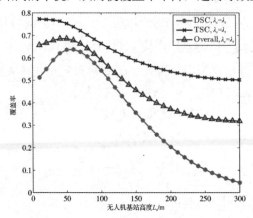

图 5-5　无人机通信网络的覆盖率与无人机基站高度的关系[15]

不论单独的无人机基站，还是单独的地面基站，平均频谱效率（ASE）都随着基站部署密度的增加而增大。注意到当基站部署密度较低时，无人机基站和地面基站组成的异构网络的 ASE 远大于对应密度的单一网络，这也解释了为什么往往热点覆盖区域的双层网络主要是通过密集部署无人机基站来实现的。而随着基站部署密度的增大，基站间的干扰会显著增强，导致了高部署密度情况下双层异构网络的 ASE 低于单一的无人机基站网络的 ASE。基站部署密度和平均频谱效率的关系如图 5-6 所示。

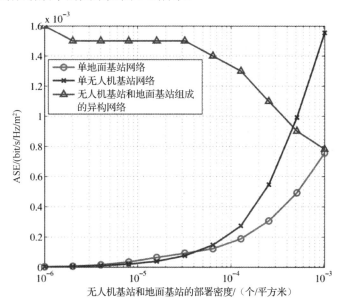

图 5-6　基站部署密度和平均频谱效率的关系[15]

5.6 灾难救援场景的无人机通信网络性能的理论研究

在灾难救援场景中，无人机基站替代被破坏的地面基站进行通信，可以缓解地面基站的业务负载，尽可能地提供可靠数据传输。在灾难救援场景中，无人机通信网络的性能研究主要关注受灾区域内无人机辅助蜂窝网络基站，以覆盖率和频谱效率为指标。

5.6.1　系统模型

设地面基站的位置分布服从泊松点过程，密度为 λ，标记为 Φ。存在半径为 R_c 的孤立区域 D，假设由于自然灾害、电力系统故障等原因，区域 D 内的地面基站无法为用户提供服务。设区域 D 之外的基站为 y_i，构建一个新的泊松点过程 Φ_0，即 $\Phi_0 = \Phi \backslash D$。一架无人机基站被部署在 D 的中心位置来提供应急场景通信，飞行高度为 H。设无人机基站和区域 D 内任一用户的水平距离为 r_0，不失一般性，记该用户坐标为 $x_0 = (r_0, 0)$。区域 D 之外的基站 i 与该用户之间的距离为 r_i，即 $r_i = \|y_i - x_0\|$。为了研究方便，规定 $r_i \leqslant r_j (0 < i \leqslant j)$。本节考虑的通信模式为：用户的通信服务由无人机基站和区域 D 之外最近的地面基站协作提供。考虑到噪声的影响远小于其他基站的干扰，故本节在研究无人机通信网络的性能时忽略了噪声的影响。灾难救援

场景下无人机辅助蜂窝网络系统模型如图 5-7 所示。

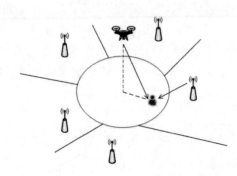

图 5-7　灾难救援场景下无人机辅助蜂窝网络系统模型[17]

无人机空-地信道模型为概率 LoS 信道模型，信道模型由视距链路和非视距链路构成，根据第 4 章的分析可知，无人机基站和用户之间进行视距链路传输的概率为：

$$P_{\mathrm{L}}(r_0) = \frac{1}{1 + C\exp\left\{-B\left[\varphi(r_0, H) - C\right]\right\}} \tag{5-71}$$

式中，$\varphi(r_0, H) = \arctan(H/r_0)$，表示从用户看无人机基站的仰角；$B$ 和 C 是由环境决定的参数。显然，非视距链路传输的概率 $P_{\mathrm{N}}(r_0) = 1 - P_{\mathrm{L}}(r_0)$。

进一步，无人机基站和用户之间空-地链路的信道增益为：

$$h_0 = \frac{\left|g_{0u}\right|^2}{\left(\sqrt{H^2 + r_0^2}\right)^{\alpha_u}} \tag{5-72}$$

式中，$u \in \{\mathrm{L, N}\}$，L 表示视距链路传输，N 表示非视距链路传输；α_u 表示大尺度衰落指数；g_{0u} 表示小尺度衰落，其服从参数为 m_u 的 Nakagami-m 分布。

地面基站 i 到用户的地-地信道模型为非视距信道模型，信道增益为：

$$h_i = \frac{\left|g_i\right|^2}{r_i^{\alpha_G}}$$

式中，g_i 表示小尺度瑞利衰落；α_G 表示大尺度衰落指数。

设无人机基站和最近的基站是分布式传输波束赋形（Distributed Transmit Beamforming），则总的传输功率可以表示为：

$$P_d = \min\{P_0, P_1\}$$

式中，P_0 表示无人机基站的传输功率；P_1 表示地面基站的传输功率。本节假设所有的地面基站传输功率均为 P_1，则用户接收信号的信干比 SIR 为：

$$\mathrm{SIR} = \frac{P_d(h_0 + h_1)}{P_1 \sum\limits_{x_i \in \Phi_0 \setminus x_1} h_i} \tag{5-73}$$

5.6.2　覆盖率和频谱效率性能

引理 5-4：给定 r_0 条件下 r_1 的条件概率密度函数为：

$$f_{r_1|r_0}(r) = \begin{cases} 0, & r \leqslant R_c - r_0 \\ \lambda\zeta_1(r)e^{-\lambda\zeta_2(r)}, & R_c - r_0 < r < R_c + r_0 \\ 2\pi\lambda r e^{-\lambda\pi(r^2 - R_c^2)}, & \text{其他} \end{cases} \tag{5-74}$$

对应的条件累积分布函数为：

$$F_{r_1|r_0}(r) = \begin{cases} 0, & r \leqslant R_c - r_0 \\ 1 - e^{-\lambda\zeta_2(r)}, & R_c - r_0 < r < R_c + r_0 \\ 1 - e^{-\lambda\pi(r^2 - R_c^2)}, & \text{其他} \end{cases} \tag{5-75}$$

式中，

$$\zeta_1(r) = 2\pi r + \frac{r}{r_0}\sqrt{\frac{-(r - r_0 - R_c)(r + r_0 - R_c)(r - r_0 + R_c)(r + r_0 + R_c)}{r_0^2}} - $$
$$\frac{r}{r_0}\sqrt{\frac{-(-r + r_0 - R_c)(r + r_0 - R_c)(-r + r_0 + R_c)(r + r_0 + R_c)}{r_0^2}} - \tag{5-76}$$
$$2r\text{arcsec}\frac{2rr_0}{r^2 + r_0^2 - R_c^2}$$

$$\zeta_2(r) = \pi r^2 - \theta_1(r)R_c^2 + R_c^2\sin\theta_1(r)\cos\theta_1(r) - \theta_2(r)r^2 + r^2\sin\theta_2(r)\cos\theta_2(r) \tag{5-77}$$

$$\theta_1(r) = \arccos\frac{r_0^2 + R_c^2 - r^2}{2R_c r_0}, \quad \theta_2(r) = \arccos\frac{r_0^2 + r^2 - R_c^2}{2rr_0} \tag{5-78}$$

证明：

由于区域 D 之内没有地面基站可以提供服务，因此 r_1 必须满足 $r_1 > R_c - r_0$ 时，概率密度函数和累积分布函数才能取得有效值。

根据定义，有：

$$F_{r_1|r_0}(r) = 1 - P_r(r_1 > r|r_0) = 1 - e^{-\lambda S(r)} \tag{5-79}$$

将以用户为中心、半径为 $r_1 = r$ 的区域表示为 D_1，$S(r)$ 表示区域 $D - D \bigcap D_1$。

$R_c - r_0 < r < R_c + r_0$ 区域如图 5-8 所示，在该区域中，

$$S(r) = \pi r^2 - \left[\theta_1(r)R_c^2 - R_c^2\sin\theta_1(r)\cos\theta_1(r)\right] - \left[\theta_2(r)r^2 - r^2\sin\theta_2(r)\cos\theta_2(r)\right] \tag{5-80}$$

式中，根据余弦定理可得到 $\theta_1(r) = \arccos\dfrac{r_0^2 + R_c^2 - r^2}{2R_c r_0}$，$\theta_2(r) = \arccos\dfrac{r_0^2 + r^2 - R_c^2}{2rr_0}$。

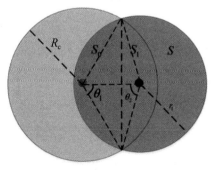

图 5-8 $R_c - r_0 < r < R_c + r_0$ 区域[17]

$r > R_c + r_0$区域如图 5-9 所示，在该区域中，$S(r) = \pi r^2 - \pi R_c^2$。

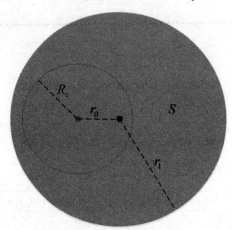

图 5-9　$r > R_c + r_0$区域[17]

将得到的 $S(r)$ 代入式（5-79）即可得到累积分布函数，对累积分布函数求导即可得到概率密度函数。

得证。

引理 5-5： 定义 $I_2 = \sum\limits_{x_i \in \Phi_0 \setminus x_1} h_i$，则在固定 r_0 和 r_1 时，I_2 的拉普拉斯变换可以表示为

$$\mathcal{L}_{I_2 \mid r_0, r_1}(s) = E\left\{ \mathrm{e}^{-sI_2} \right\} = \mathrm{e}^{\eta(s)} \tag{5-81}$$

式中，$\eta(s)$ 可以表示为：

（1）当 $R_c - r_0 < r < R_c + r_0$时，

$$
\begin{aligned}
\eta(s) \approx & -\frac{2\lambda(\pi - \Theta)s^{\frac{2}{\alpha_G}}}{\alpha_G}\bar{B}\left(\frac{1}{1 + sr_1^{-\alpha_G}}; \frac{2}{\alpha_G}; 1 - \frac{2}{\alpha_G}\right) - \\
& \frac{\lambda\pi\Theta s^{\frac{2}{\alpha_G}}}{N\alpha_G}\sum_{n=1}^{N}\sqrt{1 - \theta_n^2}\,\bar{B}\left\{\frac{1}{1 + s\left[z(c_n)\right]^{-\alpha_G}}; \frac{2}{\alpha_G}; 1 - \frac{2}{\alpha_G}\right\}
\end{aligned}
\tag{5-82}
$$

（2）当 $r > R_c + r_0$时，

$$\eta(s) = -\frac{2\lambda\pi s^{\frac{2}{\alpha_G}}}{\alpha_G}\bar{B}\left(\frac{1}{1 + sr_1^{-\alpha_G}}; \frac{2}{\alpha_G}; 1 - \frac{2}{\alpha_G}\right) \tag{5-83}$$

式中，$\bar{B}(x;a;b) = \int_x^1 t^{a-1}(1-t)^{b-1}\,\mathrm{d}t$，表示上不完全贝塔函数；$\Theta = \arccos\dfrac{r_0^2 + r_1^2 - R_c^2}{2r_1 r_0}$，$z(\theta) = \sqrt{R_c^2 - r_0^2\sin^2\theta} - r_0\cos\theta$；$N$ 是切比雪夫-高斯积分（Chebyshev-Gauss Quadrature）的参数，$\theta_n = \cos\dfrac{(2n-1)\pi}{2N}$，$c_n = \dfrac{\Theta}{2}(\theta_n - 1) + \pi$。

$\hat{R}(r_0, r_1)$ 区域如图 5-10 所示，当 $R_c - r_0 < r < R_c + r_0$时，$\hat{\mathcal{R}}(r_0, r_1)$ 可以被划分成 2 个区域 $\hat{\mathcal{R}}_1$ 和 $\hat{\mathcal{R}}_2$。$\hat{\mathcal{R}}_1 = \{(r,\theta) \mid r > r_1, |\theta| < \pi - \Theta\}$，$\hat{\mathcal{R}}_2 = \{(r,\theta) \mid r > z(\theta), \pi - \Theta < |\theta| < \pi\}$。对 Q 的计算也可以转换为在这两个区域上的积分，即：

$$Q = 2\int_0^{\pi-\Theta}\int_{r_1}^{\infty}\left(1-\frac{1}{1+\dfrac{s}{r^{\alpha_G}}}\right)r\mathrm{d}r\mathrm{d}\theta + 2\int_{\pi-\Theta}^{\pi}\int_{z(\theta)}^{\infty}\left(1-\frac{1}{1+\dfrac{s}{r^{\alpha_G}}}\right)r\mathrm{d}r\mathrm{d}\theta$$

$$\overset{(a)}{=} 2(\pi-\Theta)\frac{s^{\frac{2}{\alpha_G}}}{\alpha_G}\int_{\frac{1}{1+\frac{s}{r_1^{\alpha_G}}}}^{1} t^{\frac{2}{\alpha_G}-1}(1-t)^{-\frac{2}{\alpha_G}}\mathrm{d}t + 2\int_{\pi-\Theta}^{\pi}\frac{s^{\frac{2}{\alpha_G}}}{\alpha_G}\int_{\frac{1}{1+\frac{s}{z^{\alpha_G}(\theta)}}}^{1} t^{\frac{2}{\alpha_G}-1}(1-t)^{-\frac{2}{\alpha_G}}\mathrm{d}t\mathrm{d}\theta$$

$$\tag{5-84}$$

$$\overset{(b)}{\approx} \frac{2(\pi-\Theta)s^{\frac{2}{\alpha_G}}}{\alpha_G}\overline{B}\left(\frac{1}{1+sr_1^{-\alpha_G}};\frac{2}{\alpha_G},1-\frac{2}{\alpha_G}\right)+$$

$$\frac{\Theta\pi s^{\frac{2}{\alpha_G}}}{N\alpha_G}\sum_{n=1}^{N}\sqrt{1-\theta_n^2}\times\overline{B}\left\{\frac{1}{1+s\left[z(c_n)\right]^{-\alpha_G}};\frac{2}{\alpha_G},1-\frac{2}{\alpha_G}\right\}$$

式中，推导过程(a)应用了变量代换$t=1+\dfrac{s}{r^{\alpha_G}}$；推导过程(b)应用了切比雪夫-高斯逼近。

同理可得，当$r > R_c + r_0$时，

$$Q = \frac{2\pi s^{\frac{2}{\alpha_G}}}{\alpha_G}\overline{B}\left(\frac{1}{1+sr_1^{-\alpha_G}};\frac{2}{\alpha_G};1-\frac{2}{\alpha_G}\right) \tag{5-85}$$

在此基础上，不难证明引理 5-6。

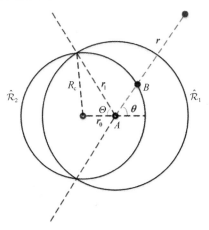

图 5-10　$\hat{R}(r_0,r_1)$ 区域[17]

引理 5-6：$\mathcal{L}_{I_2|r_0,r_1}(s)$ 的第 k 阶导数可以表示为：

$$\mathcal{L}_{I_2|r_0,r_1}^{(k)}(s) = \sum_{l=0}^{k-1}\binom{k-1}{l}\eta^{(k-l)}(s)\mathcal{L}_{I_2|r_0,r_1}^{(l)}(s) \tag{5-86}$$

式中，$\eta^{(t)}(s)$ 表示 $\eta(s)$ 的第 t 阶导数。

（1）当$R_c - r_0 < r < R_c + r_0$时，

$$\eta^{(t)}(s) \approx t!(-1)^t \lambda \left\{ \frac{2(\pi-\Theta)s^{\frac{2}{\alpha_G}-t}}{\alpha_G} \bar{B}\left(\frac{1}{1+sr_1^{-\alpha_G}};\frac{2}{\alpha_G}+1;t-\frac{2}{\alpha_G}\right) + \right.$$

$$\left. \frac{\pi\Theta s^{\frac{2}{\alpha_G}-t}}{N\alpha_G} \sum_{n=1}^{N}\sqrt{1-\theta_n^2}\,\bar{B}\left\{\frac{1}{1+s\left[z(c_n)\right]^{-\alpha_G}};\frac{2}{\alpha_G}+1;t-\frac{2}{\alpha_G}\right\}\right\} \tag{5-87}$$

（2）当 $r > R_c + r_0$ 时，

$$\eta^{(t)}(s) = \frac{t!(-1)^t 2\lambda\pi s^{\frac{2}{\alpha_G}-t}}{\alpha_G}\bar{B}\left(\frac{1}{1+sr_1^{-\alpha_G}};\frac{2}{\alpha_G}+1;t-\frac{2}{\alpha_G}\right) \tag{5-88}$$

引理 5-7：设覆盖率门限为 ϵ，给定 r_0、r_1 和 u（$u\in\{\mathrm{L,N}\}$）时，则覆盖率可以表示为：

$$P(r_0,r_1,u) = \sum_{j=0}^{1}\sum_{k=1}^{\alpha_j}\frac{A_{jk}}{\beta_j^k}\sum_{l=0}^{k-1}\frac{(-s_j)^l}{l!}\mathcal{L}_{I_2|r_0,r_1}^{(l)}(s_j) \tag{5-89}$$

式中，

$$\alpha_0 = m_u$$
$$\beta_0 = m_u\left(H^2+r_0^2\right)^{\frac{\alpha_u}{2}}$$
$$\alpha_1 = 1$$
$$\beta_1 = r_1^{\alpha_G}$$
$$s_j = \frac{\beta_j\epsilon P_1}{P_d}$$
$$A_{jk} = (-1)^{\alpha_j-k}\frac{\beta_0^{\alpha_0}\beta_1^{\alpha_1}\left(\alpha_{1-j}+\alpha_j-k-1\right)!}{(\alpha_j-k)!(\alpha_{1-j}-1)!}\times\left(\beta_{1-j}-\beta_j\right)^{-\alpha_{1-j}-\alpha_j+k}$$

证明：

根据定义，有：

$$P(r_0,r_1,u) = P_r(\mathrm{SIR} > \epsilon) = P_r\left(h_0+h_1 > \bar{\epsilon}I_2\right) \tag{5-90}$$

式中，$\bar{\epsilon} = P_1\epsilon/P_d$。记 $h \triangleq h_0+h_1$，由于 $|g_0|^2 \sim \mathrm{Gamma}(m_u,m_u)$，因此

$$h_0 \sim \mathrm{Gamma}\left[m_u,m_u\left(H^2+r_0^2\right)^{\frac{\alpha_u}{2}}\right] \triangleq \mathrm{Gamma}(\alpha_0,\beta_0) \tag{5-91}$$

同理，$h_1 \sim \mathrm{Gamma}\left(1,r_1^{\alpha_G}\right)\triangleq \mathrm{Gamma}(\alpha_1,\beta_1)$。$h$ 的拉普拉斯变换为：

$$\mathcal{L}_h(t) = \mathcal{L}_{h_0}(t)\mathcal{L}_{h_1}(t) = \sum_{j=0}^{1}\sum_{k=1}^{\alpha_j}\frac{A_{jk}}{(t+\beta_j)^k} \tag{5-92}$$

进行拉普拉斯反变换之后，可得到 h 的条件累积分布函数，即：

$$\bar{F}_h(x) = \sum_{j=0}^{1}\sum_{k=1}^{\alpha_j}\frac{A_{jk}}{\beta_j^k}\sum_{l=0}^{k-1}\frac{(\beta_j x)^l}{l!}\mathrm{e}^{-\beta_j x} \tag{5-93}$$

覆盖率的表达式为：

$$P\left(r_0,r_1,u\right)=E_{I_2}\left\{\sum_{j=0}^{1}\sum_{k=1}^{\alpha_j}\frac{A_{jk}}{\beta_j^k}\sum_{l=0}^{k-1}\frac{\left(\beta_j\overline{\epsilon}I_2\right)^l}{l!}\mathrm{e}^{-\beta_j\overline{\epsilon}I_2}\right\} \tag{5-94}$$

式中，

$$E_{I_2}\left\{I_2^l\mathrm{e}^{-xI_2}\right\}=(-1)^l\mathcal{L}_{I_2|r_0,r_1}^{(l)}\left(x\right) \tag{5-95}$$

至此，引理 5-7 证明完毕。

结合引理 5-4、引理 5-5、引理 5-6 和引理 5-7，可以得到在给定 r_0 的情况下无人机辅助地面基站的网络覆盖率为：

$$P\left(r_0\right)=\sum_{u\in\{\mathrm{L,N}\}}P_u\left(r_0\right)\int_0^{\infty}P\left(r_0,r_1,u\right)f_{r_1|r_0}\left(r_1\right)\mathrm{d}r_1 \tag{5-96}$$

整个系统的归一化频谱效率为：

$$\mathrm{NSE}=\frac{P_{\mathrm{c}}\log\left(1+\epsilon\right)}{2} \tag{5-97}$$

式中，$P_{\mathrm{c}}=\int_0^{R_{\mathrm{c}}}P\left(r_0\right)\dfrac{2r_0}{R_{\mathrm{c}}^2}\mathrm{d}r_0$。

5.6.3　性能仿真验证

覆盖率和 r_0 的关系如图 5-11 所示，当 r_0 较小时，使用单无人机基站的覆盖率和无人机基站与地面基站协同的覆盖率几乎相同，因为此时用户的最优选择是接入无人机基站。当 r_0 较大时，使用无人机基站和地面基站协同的覆盖率明显高于使用单无人机基站的覆盖率。

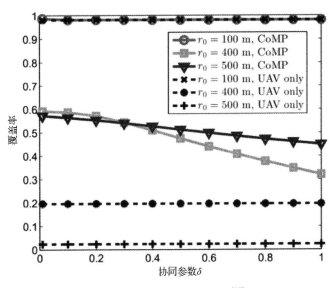

图 5-11　覆盖率和 r_0 的关系[17]

5.7 热点覆盖场景的无人机通信网络缓存性能的理论研究

　　为了有效应对数据流量的爆炸式增长，蜂窝网络缓存技术应运而生。蜂窝网络缓存技术的核心思想是利用蜂窝网络中的各种设备，包括基站、接入点和用户设备等，在非高峰时段提前将数据存储在距离用户比较近的节点。在高峰时段，当用户有数据请求时，可以直接从缓存节点获取数据，从而降低网络业务量负载，缓解回程链路拥塞，减少内容传输时延，有效提高用户服务质量[18]。无人机通信网络缓存的一个典型应用是热点区域的数据传输，如在体育赛事、演唱会中，数据会在短时间内呈现爆炸式的增长，导致网络资源出现暂时的短缺。从运营商的角度来看，临时部署无人机通信网络，提供短期连接，要比建立额外的固定地面基站速度更快、成本更低，且性能提升明显。无人机通信网络缓存的另一个典型应用是灾难救援。洪水、飓风、地震等自然灾害常常会造成毁灭性的后果，在大范围的自然灾害和突发事件中，已有的地面通信网络可能会遭到破坏，甚至完全被摧毁。在这种情况下，无人机基站能够快速构建一个可靠的应急通信系统，卸载受损地面通信网络的业务负载，实现数据传输，支持救灾活动。

　　在热点覆盖场景中，无人机辅助地面基站进行数据缓存，有利于缓解地面基站的负载压力，利用视距链路传输请求的内容，可提高数据传输速率。在热点覆盖场景下，无人机通信网络的性能研究关注缓存性能，以缓存覆盖率和平均速率作为性能指标。

5.7.1　系统模型

1. 热点覆盖场景的网络模型

　　热点覆盖场景的网络模型如图 5-11 所示，该图采用双层无人机辅助蜂窝网络，无人机基站覆盖在地面基站层上。无人机基站部署在距离地面固定高度 h 的三维空间中，空中基站位置 x_i 服从泊松过程 $\Phi_A = \{x_1, x_2, x_3 \cdots\}$，密度为 λ_A。地面基站（Terrestrial Base Station，TBS）位于地面二维空间内，位置 y_i 服从泊松过程，密度为 λ_T。地面用户服从泊松分布，本节采用原点用户作为标记用户来分析网络性能。

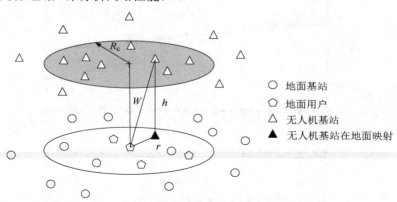

图 5-12　热点覆盖场景的网络模型[18]

2. 信道模型

无人机辅助蜂窝网络的信道模型由路径损耗模型和小尺度衰落模型（快衰落模型）构成，无人机对地信道及地面对地面的信道具备不同的特性。

1）无人机对地信道

根据第 4 章的分析可知，无人机基站和用户之间的信道模型为概率 LoS 信道模型。给定无人机基站 x_i，则 x_i 与标记用户之间采用视距链路的概率为：

$$P_{\text{LoS}}(\varphi) = \frac{1}{1 + a^{[-b(\varphi-a)]}} \tag{5-98}$$

式中，a 和 b 为常量，由周围环境决定；φ 表示无人机基站与用户间的仰角，可利用 $\varphi = \dfrac{180°}{\pi}\arctan\left(\dfrac{h}{r}\right)$ 计算，r 是无人机基站 x_i 投影到地面的位置 x_i^* 和标记用户之间的水平距离。非视距链路概率为 $P_{\text{NLoS}}(\varphi) = 1 - P_{\text{LoS}}(\varphi)$。由于所有的无人机基站都悬停在相同的高度，所以视距链路概率与非视距链路概率是关于水平距离 r 的函数。

为了简化描述，采用 $P_{\text{LoS}}(r)$、$P_{\text{NLoS}}(r)$ 表示视距链路概率和非视距链路概率。每个用户经历视距链路传输或者非视距链路传输，且视距链路传输与非视距链路传输是相互独立的，因此从标记用户的角度来看，无人机基站能够分为两个独立的泊松过程 $\Phi_A = \Phi_L \cup \Phi_N$，$\Phi_L$、$\Phi_N$ 分别表示为标记用户提供视距链路和非视距链路的无人机基站集合。无人机基站集合的分解采用下述方式进行：当无人机基站 x_i 与标记用户间的链路满足视距条件或者非视距条件时，x_i 映射到视距链路的无人机基站集合或者非视距链路空间集合中。映射过程与位置有关，由于视距链路概率和非视距链路概率是水平距离的函数，因此获得的 Φ_L、Φ_N 是非均匀过程。给定高度 h，与标记用户水平距离小的无人机基站更容易提供视距链路。随着高度的增加，越来越多的无人机基站提供视距链路。为了统一描述，定义 $\varepsilon \in \{L, N\}$ 为无人机基站与标记用户间的链路状态，εBS 表示 ε 类无人机基站，包括视距链路无人机基站（LBS）和非视距链路无人机基站（NBS），$\hat{\varepsilon}$ 表示相反的链路状态。

将小尺度衰落建模为 Nakagami-m 衰落，定义 g_L 和 g_N 为标记用户与无人机基站 x_i 之间视距链路或非视距链路的信道增益，g_L 和 g_N 服从 Gamma 分布，它们的概率密度函数为：

$$f_{g_{\varepsilon,i}} = \frac{m_\varepsilon^{m_\varepsilon} \omega^{m_\varepsilon-1}}{\Gamma(m_\varepsilon)} \exp(-m_\varepsilon \omega), \qquad \varepsilon \in \{L, N\} \tag{5-99}$$

式中，$m_\varepsilon = m_L$ 或 m_N，分别表示视距链路和非视距链路的形状参数；$\Gamma()$ 是 Gamma 函数。

定义无人机基站的发射功率为 P_A，则标记用户从视距链路传输或非视距链路传输的无人机基站 x_i 接收的功率为：

$$P_{\varepsilon,i} = P_A \eta_\varepsilon g_{\varepsilon,i} Z_{\varepsilon,i}^{-\alpha_\varepsilon}, \qquad \varepsilon \in \{L, N\} \tag{5-100}$$

式中，$\eta_\varepsilon = \eta_L$ 或 η_N，分别表示视距链路和非视距链路的额外路径损耗；$Z_{\varepsilon,i} = Z_{L,i}$ 或 $Z_{N,i}$，分别表示标记用户与空间基站的距离；$\alpha_\varepsilon = \alpha_L$ 或 α_N，分别表示视距链路和非视距链路的路径损耗指数。

2）地面对地面的信道

地面对地面路径损耗采用标准幂律模型，令 $Z_{T,i}$ 表示标记用户与地面基站 y_i 之间的距离，α_T 表示路径损耗指数，则路径损耗为 $Z_{T,i}^{-\alpha_T}$。地面基站的小尺度衰落采用瑞利衰落，服从独立同分布的、均值为 1 的指数分布，即 $g_{T,i} \sim \exp(1)$。定义地面基站的发射功率为 P_T，则标记用户从地面基站 y_i 接收的功率为 $P_{T,j} = P_T \eta_T g_{T,j} Z_{T,j}^{-\alpha_T}$。

5.7.2　缓存策略

1. 缓存放置策略

假设内容集合 $F = \{f_1, f_2, \cdots, f_{E-1}, f_E\}$，包括 $E = |F|$ 个内容。内容集合的流行度分布服从 Zipf 分布。将内容按照流行度下降趋势排序，则第 n 个内容的流行度为：

$$S_n = \frac{n^{-\gamma}}{\sum\limits_{i=1}^{E} i^{-\gamma}} \tag{5-101}$$

无人机基站配置缓存容量 E_c，地面基站不配置缓存，但具备大容量的回程链路，等效于缓存了所有的内容。与内容总数相比，无人机基站缓存容量有限，无法缓存全部内容。在采用分组缓存的方式时，需要将全部内容分成 E / E_c 个内容组，每个内容组含有 E_c 个内容，分别对应的内容是 $G_n = \{f_{E_c(n-1)+1}, f_{E_c(n-1)+2}, \cdots, f_{E_c n}\}$，则每个小组的请求概率可为：

$$q_n = \sum_{i=E_c(n-1)+1}^{E_c n} S_i \tag{5-102}$$

在采用概率缓存放置策略时，无人机基站需要根据缓存概率随机选择一个内容组进行缓存，缓存内容组 G_n 的概率为 $0 \leqslant p_n \leqslant 1$，且满足 $\sum\limits_{n=1}^{E/E_c} p_n = 1$。根据泊松过程的性质可知，缓存内容组 G_n 的无人机基站和未缓存内容组 $\hat{G}_n$ 的无人机基站可以建模为稀疏泊松过程 Φ_{A,n^+} 和 Φ_{A,n^-}，它们的密度分别为 $p_n \lambda_A$ 和 $(1 - p_n)\lambda_A$。结合信道的特性可知，Φ_{A,n^+} 由视距链路与非视距链路两类无人机基站组成，即 $\Phi_{A,n^+} = \Phi_{L,n^+} \bigcup \Phi_{N,n^+}$，它们的密度分别为 $P_{\mathrm{LoS}}(r) p_n \lambda_A$ 和 $P_{\mathrm{NLoS}}(r) p_n \lambda_A$。同样 Φ_{A,n^-} 也可以分为两类，即 $\Phi_{A,n^-} = \Phi_{L,n^-} \bigcup \Phi_{N,n^-}$。

2. 内容传输策略

本节采用基于缓存服务半径的面向内容传输策略。定义 R_c 为无人机基站服务用户内容请求的最大水平距离，则以原点为中心、以 R_c 为半径的距离地面高度 h 的圆形区域称为缓存区域 B_c。用户选择接入缓存区域内存储了请求内容的最强功率无人机基站，无人机基站直接将内容发送给用户。若缓存区域内不存在无人机基站缓存请求内容，则用户选择接入最近的地面基站，地面基站通过回程链路从核心网发送内容。

为了提高系统性能，无人机基站与地面基站采用相同的频谱。当用户请求内容属于内容组 G_n 且接入无人机基站 εBS 时，总干扰来自除服务无人机基站外的所有无人机基站及全部地面基站。考虑到白噪声的影响小，这里只考虑干扰的影响。信号与干扰比 $\mathrm{SIR}_{\varepsilon,n}$ 为

$$\mathrm{SIR}_{\varepsilon,n} = \frac{P_A \eta_\varepsilon g_\varepsilon W_{\varepsilon,n}^{-\alpha_\varepsilon}}{I_A + I_T} \tag{5-103}$$

式中，服务无人机基站 εBS 与标记用户间的距离为 $W_{\varepsilon,n}$；衰落为 g_ε；I_A 和 I_T 分别是来自无人机基站层和地面基站层的干扰。

类似地，用户请求内容属于内容组 G_n 且接入地面基站的 SIR 为

$$\mathrm{SIR}_{T,n} = \frac{P_T \eta_T g_T W_{T,n}^{-\alpha_T}}{I_A + I_T} \tag{5-104}$$

式中，服务地面基站与标记用户间的距离为 $W_{T,n}$。

5.7.3　缓存覆盖率与平均速率性能

1. 缓存覆盖率

在热点覆盖场景中，缓存覆盖率被定义为用户请求的内容能够从无人机基站或者地面基站中得到，且 SIR 大于规定阈值的概率。基于内容传输策略，标记用户可以接入视距链路无人机基站 LBS、非视距链路无人机基站 NBS 和地面基站 TBS。结合内容请求概率 q_n，应用全概率公式，可得到缓存覆盖率，即：

$$C = \sum_{n=1}^{E/E_c} q_n P(\mathrm{SIR}_n \geq \theta)$$

$$= \sum_{n=1}^{E/E_c} q_n \left[A_{\mathrm{L},n} \underbrace{P(\mathrm{SIR}_{\mathrm{L},n} \geq \theta)}_{C_{\mathrm{L},n}} + A_{\mathrm{N},n} \underbrace{P(\mathrm{SIR}_{\mathrm{N},n} \geq \theta)}_{C_{\mathrm{N},n}} + A_{T,n} \underbrace{P(\mathrm{SIR}_{T,n} \geq \theta)}_{C_{T,n}} \right] \tag{5-105}$$

式中，$A_{\mathrm{L},n}$、$A_{\mathrm{N},n}$、$A_{T,n}$ 分别表示标记用户请求内容属于内容组 G_n 且接入基站 LBS、NBS、TBS 的概率；$C_{\mathrm{L},n}$、$C_{\mathrm{N},n}$、$C_{T,n}$ 是给定接入链路前提下的条件缓存覆盖率。

根据本节使用的基于缓存服务半径的面向内容传输策略，用户选择接入缓存区域内缓存请求内容的最强接收功率无人机基站或者最近的地面基站。由于视距链路和非视距链路的路径损耗指数与额外路径损耗指数不同，因此最近的无人机基站不一定提供最强的接收功率。例如，距离标记用户远的视距链路无人机基站提供的接收功率有可能比距离标记用户近的非视距链路无人机基站大，其原因是 $\eta_{\mathrm{L}} \geq \eta_{\mathrm{N}}$、$\alpha_{\mathrm{L}} \leq \alpha_{\mathrm{N}}$。与距离标记用户远的无人机基站相比，虽然距离标记用户近的无人机基站更可能采用视距链路传输，但上述情况是有可能发生的。针对处于相同链路状态的无人机基站集合，路径损耗指数与额外路径损耗指数是相同的，与其他无人机基站相比，距离标记用户最近的无人机基站能够提供最大的接收功率。综上所述可知，服务无人机基站是从缓存请求内容的最近视距链路无人机基站或者非视距链路无人机基站中选择出来的。接下来，我们首先推导可以通过本地缓存或者回程链路获得请求内容的视距链路无人机基站、非视距链路无人机基站和地面基站的最近距离分布，基于获得的距离分布推导标记用户的接入概率以及服务距离分布。利用获得的辅助结论，根据式（5-105）推导缓存覆盖率。

1）最近距离分布

设 $V_{\mathrm{L},n}$、$V_{\mathrm{N},n}$、$V_{T,n}$ 分别是标记用户与缓存内容组 G_n 的最近 LBS、NBS 和 TBS 之间的欧氏距离，利用累积分布函数（Cumulative Distribution Function，CDF）推导最近无人机基站的概率密度函数。假设 $R_{\mathrm{L},n}$ 表示 $V_{\mathrm{L},n}$ 对应的水平距离，则 $V_{\mathrm{L},n}$ 的累积分布函数为：

$$F_{V_{\mathrm{L},n}}(v) = P\left(V_{\mathrm{L},n} \leq v\right) = 1 - P\left(\sqrt{R_{\mathrm{L},n}^2 + h^2} > v\right) \overset{(1)}{=} 1 - \exp\left\{-2\pi p_n \lambda_A \int_0^{\sqrt{v^2 - h^2}} P_{\mathrm{L}}(r) r \, \mathrm{d}r\right\} \tag{5-106}$$

式中，推导过程（1）利用的是泊松点过程的不发生概率。对 $F_{V_{L,n}}(v)$ 求关于 v 的导数，可以获得最近视距链路无人机基站的概率密度函数 $f_{V_{L,n}}(v)$。最近非视距链路无人机基站的概率密度函数 $f_{V_{N,n}}(v)$ 和最近地面基站的概率密度函数 $f_{V_{T,n}}(v)$ 的推导过程与 $f_{V_{L,n}}(v)$ 类似。综上所述可知，不同类型基站的最近距离概率密度函数可表示为：

$$f_{V_{L,n}}(v) = -2\pi p_n \lambda_A P_L\left(\sqrt{v^2 - h^2}\right) v \exp\left[-2\pi p_n \lambda_A \int_0^{\sqrt{v^2 - h^2}} P_L(r) r \mathrm{d}r\right], \quad v \geqslant h$$

$$f_{V_{N,n}}(v) = -2\pi p_n \lambda_A P_N\left(\sqrt{v^2 - h^2}\right) v \exp\left[-2\pi p_n \lambda_A \int_0^{\sqrt{v^2 - h^2}} P_N(r) r \mathrm{d}r\right], \quad v \geqslant h \qquad (5\text{-}107)$$

$$f_{V_{T,n}}(v) = -2\pi \lambda_T v \exp\left(\pi \lambda_T v^2\right)$$

2）接入概率

根据基于缓存服务半径的面向内容传输策略，用户接入无人机基站的概率需要在缓存区域 B_c 内综合考虑无人机基站层的缓存状态以及链路条件。相对地，用户接入地面基站层的概率等于缓存区域 B_c 内不存在缓存请求内容的无人机基站概率。具体层的接入概率如定理5-4所示。

定理 5-4：热点覆盖场景中，用户请求内容属于内容组 G_n 并接入 LBS、NBS 或者 TBS 的概率表示为：

$$A_{L,n} = \int_h^{\sqrt{R_c^2 + h^2}} \exp\left\{-2\pi p_n \lambda_A \int_0^{D_{LN}(v)} P_N(z) z \mathrm{d}z\right\} f_{V_{L,n}}(v) \mathrm{d}v$$

$$A_{N,n} = \int_h^{\sqrt{R_c^2 + h^2}} \exp\left\{-2\pi p_n \lambda_A \int_0^{D_{NL}(v)} P_L(z) z \mathrm{d}z\right\} f_{V_{N,n}}(v) \mathrm{d}v \qquad (5\text{-}108)$$

$$A_{T,n} = \exp\left\{-\pi p_n \lambda_A R_c^2\right\}$$

式中，

$$D_{LN}(v) = \sqrt{\left[\max\left(d_{LN}(v), h\right)\right]^2 - h^2}$$

$$D_{NL}(v) = \min\left(\sqrt{d_{NL}^2(v) - h^2}, R_c\right)$$

$$d_{LN}(v) = \left(\frac{\eta_N}{\eta_L}\right)^{\frac{1}{\alpha_N}} v^{\frac{\alpha_L}{\alpha_N}}$$

$$d_{NL}(v) = \left(\frac{\eta_L}{\eta_N}\right)^{\frac{1}{\alpha_L}} v^{\frac{\alpha_N}{\alpha_L}}$$

设用户接入 εBS，服务距离为 v，$D_{\varepsilon\hat{\varepsilon}}(v)$ 表示缓存请求内容的、与服务无人机基站处于不同链路状态的 $\hat{\varepsilon}$BS 和标记用户间的最小水平距离限制。$l_{\varepsilon\hat{\varepsilon}}(v)$ 表示 εBS 与标记用户间的最小欧氏距离，当 $\hat{\varepsilon}$BS 的距离大于 $l_{\varepsilon\hat{\varepsilon}}(v)$ 时，标记用户从 $\hat{\varepsilon}$BS 接收到的功率小于从 εBS 接收到的功率。

证明：当标记用户请求内容属于内容组 G_n 时，根据基于缓存服务半径的面向内容传输策略，缓存内容组 G_n 的最近 LBS 的 x_0 成为标记用户的服务基站必须满足两个条件：第一个条件是 x_0 位于缓存区域内；第二个条件是用户从 x_0 的接收功率大于从缓存内容组 G_n 的最近 NBS 的接收功率。用户接入视距链路无人机基站的概率 $A_{L,n}$ 等于两个条件同时满足时的概率，即：

$$A_{\mathrm{L},n} = P\left[h \leqslant V_{\mathrm{L},n} \leqslant \sqrt{R_{\mathrm{c}}^2 + h^2} \bigcap P_A \eta_{\mathrm{L}} V_{\mathrm{L},n}^{-\alpha_{\mathrm{L}}} \geqslant P_A \eta_{\mathrm{N}} V_{\mathrm{N},n}^{-\alpha_{\mathrm{N}}} \right]$$

$$= \int_h^{\sqrt{R_{\mathrm{c}}^2 + h^2}} P\left[V_{\mathrm{N},n} \geqslant \left(\frac{\eta_{\mathrm{N}}}{\eta_{\mathrm{L}}} \right)^{\frac{1}{\alpha_{\mathrm{N}}}} v^{\frac{\alpha_{\mathrm{L}}}{\alpha_{\mathrm{N}}}} \right] f_{V_{\mathrm{L},n}} (v) \mathrm{d}v \tag{5-109}$$

令 $l_{\mathrm{LN}}(v) = \left(\dfrac{\eta_{\mathrm{N}}}{\eta_{\mathrm{L}}} \right)^{\frac{1}{\alpha_{\mathrm{N}}}} v^{\frac{\alpha_{\mathrm{L}}}{\alpha_{\mathrm{N}}}}$ 表示缓存内容组 G_n 的 NBS 与标记用户之间的最小欧氏距离，意味着当 NBS 的欧氏距离大于 $l_{\mathrm{LN}}(v)$ 时，标记用户从 NBS 的接收功率小于从欧氏距离为 v 的服务无人机基站 LBS 的接收功率，即：

$$A_{\mathrm{L},n} = \int_h^{\sqrt{R_{\mathrm{c}}^2 + h^2}} P\left[\sqrt{R_{\mathrm{N},n}^2 + h^2} \geqslant l_{\mathrm{LN}}(v) \right] f_{V_{\mathrm{L},n}} (v) \mathrm{d}v \tag{5-110}$$

式中，$R_{\mathrm{N},n}$ 是 $V_{\mathrm{L},n}$ 对应的水平距离，由于无人机基站高度固定，$l_{\mathrm{LN}}(v)$ 应该满足 $l_{\mathrm{LN}}(v) \geqslant h$。

$$A_{\mathrm{L},n} = \int_h^{\sqrt{R_{\mathrm{c}}^2 + h^2}} P\left[R_{\mathrm{N},n} \geqslant \sqrt{\left\{ \max\left[l_{\mathrm{LN}}(v), h \right] \right\}^2 - h^2} \right] f_{V_{\mathrm{L},n}} (v) \mathrm{d}v \tag{5-111}$$

令 $D_{\mathrm{LN}}(v) = \sqrt{\left\{ \max\left[l_{\mathrm{LN}}(v), h \right] \right\}^2 - h^2}$ 表示缓存内容组 G_n 的 NBS 的最小水平距离限制，即缓存内容组 G_n 的 NBS 限制在以 $D_{\mathrm{LN}}(v)$ 为半径的圆形区域外。利用泊松点过程 $\Phi_{\mathrm{L},n}$ 的空集概率，$A_{\mathrm{L},n}$ 的推导为：

$$A_{\mathrm{L},n} = \int_h^{\sqrt{R_{\mathrm{c}}^2 + h^2}} \exp\left\{ -2\pi p_n \lambda_A \int_0^{D_{\mathrm{LN}}(v)} P_{\mathrm{N}}(z) z \mathrm{d}z \right\} f_{V_{\mathrm{L},n}} (v) \mathrm{d}v \tag{5-112}$$

$A_{\mathrm{N},n}$ 的推导与 $A_{\mathrm{L},n}$ 类似，需要注意的是，根据基于缓存服务半径的面向内容传输策略，服务无人机基站需要位于缓存区域内。当标记用户请求内容属于内容组 G_n 且接入 NBS 时，如果 $\sqrt{l_{\mathrm{LN}}^2(v) - h^2} > R_{\mathrm{c}}$，则缓存内容组 G_n 的 LBS 统一限制在缓存区域外。令 $D_{\mathrm{LN}}(v) = \min\left\{ \sqrt{l_{\mathrm{LN}}^2(v) - h^2}, R_{\mathrm{c}} \right\}$ 表示缓存内容组 G_n 的 LBS 的最小水平距离限制，则缓存内容组 G_n 的 LBS 限制在以 $D_{\mathrm{LN}}(v)$ 为半径的圆形区域外。

利用泊松点过程空集的概率特性，地面基站的接入概率推导为：

$$A_{\mathrm{L},n} = P\left(B_{\mathrm{c}} \text{中不存在内容组} G_n \right) = \exp\left(-\pi p_n \lambda_A R_{\mathrm{c}}^2 \right) \tag{5-113}$$

定理 5-4 得证。

3）服务距离分布

我们现在基于标记用户的连接状态分析服务距离分布。如果用户接入地面基站，则服务距离是最近距离，服务距离的概率密度函数是最近距离的概率密度函数 $f_{V_{T,n}}(v)$。如果用户接入无人机基站，服务距离的概率密度函数与无人机基站接入概率有关。设 $W_{\mathrm{L},n}$、$W_{\mathrm{N},n}$ 分别表示用户请求内容组 G_n 的内容且接入 LBS、NBS 的服务距离，利用累积分布函数推导概率密度函数，$W_{\mathrm{L},n}$ 的分布等效于用户请求内容属于内容组 G_n 且接入 LBS 条件下 $V_{\mathrm{L},n}$ 的分布。累积分布函数的具体推导如下：

$$F_{W_{L,n}}(w) = P\left[V_{L,n} \leqslant w \mid h \leqslant V_{L,n} \leqslant \sqrt{R_c^2 + h^2} \cap P_A\eta_L V_{L,n}^{-\alpha_L} \geqslant P_A\eta_N V_{N,n}^{-\alpha_N}\right]$$

$$= \frac{P\left[V_{L,n} \leqslant w \cap h \leqslant V_{L,n} \leqslant \sqrt{R_c^2 + h^2} \cap P_A\eta_L V_{L,n}^{-\alpha_L} \geqslant P_A\eta_N V_{N,n}^{-\alpha_N}\right]}{P\left[h \leqslant V_{L,n} \leqslant \sqrt{R_c^2 + h^2} \cap P_A\eta_L V_{L,n}^{-\alpha_L} \geqslant P_A\eta_N V_{N,n}^{-\alpha_N}\right]}$$

$$= \frac{P\left[h \leqslant V_{L,n} \leqslant w \cap P_A\eta_L V_{L,n}^{-\alpha_L} \geqslant P_A\eta_N V_{N,n}^{-\alpha_N}\right]}{A_{L,n}}$$

$$= \frac{1}{A_{L,n}}\int_h^w \exp\left\{-2\pi p_n\lambda_A\int_0^{D_{LN}(v)}P_N(z)z\mathrm{d}z\right\}f_{V_{L,n}}(v)\mathrm{d}v \tag{5-114}$$

对 $F_{W_{L,n}}(w)$ 关于 w 求导可以获得概率密度函数 $f_{W_{L,n}}(w)$，$f_{W_{N,n}}(w)$ 的推导方式与 $f_{W_{L,n}}(w)$ 类似。综上所述可知，无人机基站的概率密度函数可以表示为：

$$f_{W_{L,n}}(w) = \frac{f_{V_{L,n}}(w)}{A_{L,n}}\exp\left[-2\pi p_n\lambda_A\int_0^{D_{LN}(v)}P_N(r)r\mathrm{d}r\right]$$

$$f_{W_{N,n}}(w) = \frac{f_{V_{N,n}}(w)}{A_{N,n}}\exp\left[-2\pi p_n\lambda_A\int_0^{D_{NL}(v)}P_L(r)r\mathrm{d}r\right] \tag{5-115}$$

式中，

$$D_{LN}(w) = \sqrt{\left[\max(l_{LN}(w),h)\right]^2 - h^2}$$

$$D_{NL}(w) = \min\left(\sqrt{l_{NL}^2(v) - h^2}, R_c\right)$$

$$l_{LN}(w) = \left(\frac{\eta_N}{\eta_L}\right)^{\frac{1}{\alpha_N}}w^{\frac{\alpha_L}{\alpha_N}}$$

$$l_{NL}(w) = \left(\frac{\eta_L}{\eta_N}\right)^{\frac{1}{\alpha_L}}w^{\frac{\alpha_N}{\alpha_L}}$$

基于获得的接入概率与服务距离分布，按照式（5-115）所示，下面依次推导无人机基站的条件缓存覆盖率和地面基站的条件缓存覆盖率。

4）无人机基站的条件缓存覆盖率

假设标记用户请求内容组 G_n 的内容，并接入距离用户 w 的无人机基站 εBS 中，则无人机基站的条件缓存覆盖率可以表示为：

$$C_{\varepsilon,n} = P(\mathrm{SIR}_{\varepsilon,n} \geqslant \theta) = \int_h^{\sqrt{R_c^2+h^2}} P\left(\frac{P_A\eta_\varepsilon w^{-\alpha_\varepsilon}g_\varepsilon}{I_A + I_T} \geqslant \theta\right)f_{W_{\varepsilon,n}}(w)\mathrm{d}w$$

$$\overset{(1)}{=} \int_h^{\sqrt{R_c^2+h^2}}E_{I_A,I_T}\left\{\sum_{k=0}^{m_\varepsilon-1}\frac{\left[m_\varepsilon\theta P_A^{-1}\eta_\varepsilon^{-1}w^{\alpha_\varepsilon}(I_A+I_T)\right]^k}{k!}\times\exp\left[m_\varepsilon\theta P_A^{-1}\eta_\varepsilon^{-1}w^{\alpha_\varepsilon}(I_A+I_T)\right]\right\}f_{W_{\varepsilon,n}}(w)\mathrm{d}w \tag{5-116}$$

式中，推导过程(1)的依据是无人机基站的小尺度衰落 g_ε 服从 Gamma 分布，令 $s_\varepsilon = m_\varepsilon\theta P_A^{-1}\eta_\varepsilon^{-1}w^{\alpha_\varepsilon}$，式（5-116）可简化为：

$$C_{\varepsilon,n} = \int_h^{\sqrt{R_c^2+h^2}} E_{I_A,I_T}\left\{\sum_{k=0}^{m_\varepsilon-1} \frac{s_\varepsilon^k}{k!}\left(I_A+I_T\right)^k \times \exp\left[-s_\varepsilon\left(I_A+I_T\right)\right]\right\} f_{W_{\varepsilon,n}}(w)\mathrm{d}w$$

$$= \int_h^{\sqrt{R_c^2+h^2}} \sum_{k=0}^{m_\varepsilon-1} \frac{(-s_\varepsilon)^k}{k!}\frac{\mathrm{d}k}{\mathrm{d}s_\varepsilon^k}\left[\mathcal{L}(s_\varepsilon)\mathcal{L}_{I_T}(s_\varepsilon)\right]f_{W_{\varepsilon,n}}(w)\mathrm{d}w \tag{5-117}$$

式中，$\mathcal{L}(\ )$ 表示干扰的拉普拉斯变换。

无人机基站层的干扰可以根据缓存状态及链路条件分为相互独立的四部分，即：

$$I_A = I_{\varepsilon L,n^+} + I_{\varepsilon N,n^+} + I_{\varepsilon L,n^-} + I_{\varepsilon N,n^-}$$

$I_{\varepsilon L,n^+}$ 来自缓存内容组 G_n 的 LBS，分布在以原点为圆心、以 $l_{\varepsilon L}(w)$ 为半径的圆形区域外。针对视距链路传输或非视距链路传输的服务空间基站类型，$l_{\varepsilon L}(w)$ 可分别表示为：

$$l_{LL}(w) = \sqrt{w^2-h^2}$$
$$l_{NL}(w) = D_{NL}(w)$$

$I_{\varepsilon N,n^+}$ 来自缓存内容组 G_n 的 NBS，分布在以原点为圆心、以 $l_{\varepsilon N}(w)$ 为半径的圆形区域外。针对视距链路传输或非视距链路传输的服务空间基站类型，$l_{\varepsilon N}(w)$ 可分别表示为：

$$l_{NN}(w) = \sqrt{w^2-h^2}$$
$$l_{LN}(w) = D_{LN}(w)$$

$I_{\varepsilon L,n^-}$ 来自未缓存内容组 G_n 的 LBS，分布在整个无限空间中；$I_{\varepsilon N,n^-}$ 来自未缓存内容组 G_n 的 NBS，分布在整个无限空间中。

缓存内容组 G_n 的 LBS 干扰 $I_{\varepsilon L,n^+}$ 的拉普拉斯变换推导为：

$$\mathcal{L}_{I_{\varepsilon L,n^+}}(s_\varepsilon) = E_{I_{\varepsilon L,n^+}}\left[\exp\left(-s_\varepsilon I_{\varepsilon L,n^+}\right)\right] = E_{\Phi_{L,n}}\left\{\prod_{x_{L,i}\in\Phi_{L,n^+}\backslash x_0} E_{g_{L,i}}\left[\exp\left(-s_\varepsilon P_A\eta_L g_{L,i}Z_{L,i}^{-\alpha_L}\right)\right]\right\}$$

$$\overset{(1)}{=} E_{\Phi_{L,n}}\left\{\prod_{x_{L,i}\in\Phi_{L,n^+}\backslash x_0}\left[\frac{m_L}{s_\varepsilon P_A\eta_L Z_{L,i}^{-\alpha_L}+m_L}\right]^{m_L}\right\} \tag{5-118}$$

$$\overset{(2)}{=} \exp\left\{-2\pi p_n\lambda_A\int_{l_{\varepsilon L}(w)}^{\infty}\left[1-\left(\frac{m_L}{s_\varepsilon P_A\eta_L\left(z^2+h^2\right)^{-\alpha_L/2}+m_L}\right)^{m_L}\right]P_L(z)z\mathrm{d}z\right\}$$

式中，推导过程(1)的依据是 $g_{L,i}$ 服从 Gamma 分布，推导过程(2)利用的是泊松过程的生成函数。

$\mathcal{L}_{I_{\varepsilon N,n^+}}(s_\varepsilon)$、$\mathcal{L}_{I_{\varepsilon L,n^-}}(s_\varepsilon)$、$\mathcal{L}_{I_{\varepsilon N,n^-}}(s_\varepsilon)$ 的推导方式与 $\mathcal{L}_{I_{\varepsilon L,n^+}}(s_\varepsilon)$ 类似，具体为：

$$\mathcal{L}_{I_{\varepsilon N,n^+}}(s_\varepsilon) = \exp\left\{-2\pi p_n\lambda_A\int_{l_{\varepsilon N}(w)}^{\infty}\left[1-\left(\frac{m_N}{s_\varepsilon P_A\eta_N\left(z^2+h^2\right)^{-\alpha_N/2}+m_N}\right)^{m_N}\right]P_N(z)z\mathrm{d}z\right\}$$

$$\mathcal{L}_{I_{\varepsilon L,n^-}}(s_\varepsilon) = \exp\left\{-2\pi(1-p_n)\lambda_A\int_0^{\infty}\left[1-\left(\frac{m_L}{s_\varepsilon P_A\eta_L\left(z^2+h^2\right)^{-\alpha_L/2}+m_L}\right)^{m_L}\right]P_L(z)z\mathrm{d}z\right\} \tag{5-119}$$

$$\mathcal{L}_{I_{\varepsilon N,n^-}}(s_\varepsilon) = \exp\left\{-2\pi(1-p_n)\lambda_A\int_0^{\infty}\left[1-\left(\frac{m_N}{s_\varepsilon P_A\eta_N\left(z^2+h^2\right)^{-\alpha_N/2}+m_N}\right)^{m_N}\right]P_N(z)z\mathrm{d}z\right\}$$

由于无人机基站干扰的 4 个部分相互独立，故无人机基站总干扰的拉普拉斯变换为：

$$\mathcal{L}_{I_A}(s_\varepsilon) = \mathcal{L}_{I_{\varepsilon L,n^+}}(s_\varepsilon)\mathcal{L}_{I_{\varepsilon N,n^+}}(s_\varepsilon)\mathcal{L}_{I_{\varepsilon L,n^-}}(s_\varepsilon)\mathcal{L}_{I_{\varepsilon N,n^-}}(s_\varepsilon) \tag{5-120}$$

地面基站干扰的拉普拉斯变换为：

$$
\begin{aligned}
\mathcal{L}_{I_T}(s_\varepsilon) &= E_{I_T}\left[\exp\left(-s_\varepsilon I_T\right)\right] = E_{\varPhi_T,g_j}\left\{\exp\left[-s_\varepsilon \sum_{y_i\in\varPhi_T} P_T\eta_T g_{T,j} Z_{T,j}^{-\alpha_T}\right]\right\} \\
&\overset{(1)}{=} E_{\varPhi_T}\left\{\prod_{y_i\in\varPhi_T}\left[\frac{1}{s_\varepsilon P_T\eta_T Z_{T,j}^{-\alpha_T}+1}\right]\right\} \\
&\overset{(2)}{=} \frac{2\pi\lambda_T\left(s_\varepsilon P_T\eta_T\right)^{2/\alpha_T}}{\alpha_T} B\left(\frac{2}{\alpha_T},1-\frac{2}{\alpha_T}\right)
\end{aligned}
\tag{5-121}
$$

式中，$B(\ )$ 表示 Beta 函数；推导过程(1)的依据是地面基站的衰落 $g_{T,j}$ 服从指数分布，即 $g_{T,j} \sim \exp(1)$；推导过程(2)利用的是泊松过程的生成函数。

综上所述可知，将式（5-120）和式（5-121）代入式（5-116），可以获得无人机基站的条件缓存覆盖率 $C_{\varepsilon,n}$。

5）地面基站的条件缓存覆盖率

假设标记用户请求内容组 G_n 的内容，并接入距离用户 v 的地面基站 TBS，则条件缓存覆盖率为：

$$
\begin{aligned}
C_{T,n} &= P\left(\mathrm{SIR}_{T,n} \geq \theta\right) = \int_0^\infty P\left(\frac{P_T\eta_T v^{-\alpha_T} g_T}{I_A+I_T} \geq \theta\right) f_{v_{T,n}}(v)\mathrm{d}v \\
&= \int_0^\infty P\left[g_T \geq \theta P_T^{-1}\eta_T^{-1}v^{\alpha_T}\left(I_A+I_T\right)\right] f_{v_{T,n}}(v)\mathrm{d}v \\
&\overset{(1)}{=} \int_0^\infty \exp\left[\theta P_T^{-1}\eta_T^{-1}v^{\alpha_T}\left(I_A+I_T\right)\right] f_{v_{T,n}}(v)\mathrm{d}v
\end{aligned}
\tag{5-122}
$$

式中，推导过程(1)的依据是地面基站的衰落 g_T 服从指数分布，即 $g_T \sim \exp(1)$。令 $s_T = \theta P_T^{-1}\eta_T^{-1}v^{\alpha_T}$，式（5-122）可简化为：

$$C_{T,n} = \int_0^\infty \exp\left[s_T\left(I_A+I_T\right)\right] f_{v_{T,n}}(v)\mathrm{d}v = \int_0^\infty \mathcal{L}_{I_A}(s_T)\mathcal{L}_{I_T}(s_T) f_{v_{T,n}}(v)\mathrm{d}v \tag{5-123}$$

无人机基站的干扰可以根据链路条件分为独立的两部分，即 $I_A = I_L + I_N$，I_L 来自 LBS，I_N 来自 NBS，二者均分布于整个无限空间中。$\mathcal{L}_{I_L}(s_T)$、$\mathcal{L}_{I_N}(s_T)$ 和 $\mathcal{L}_{I_T}(s_T)$ 的推导过程类似于 $C_{T,n}$ 中干扰拉普拉斯变换的推导，具体可表示为：

$$
\begin{aligned}
\mathcal{L}_{I_{TL}}(s_T) &= \exp\left\{-2\pi\lambda_A\int_0^\infty\left[1-\frac{1}{s_T P_A\eta_L\left(z^2+h^2\right)^{-\alpha_L/2}+1}\right]P_L(z)\mathrm{d}z\right\} \\
\mathcal{L}_{I_{TN}}(s_T) &= \exp\left\{-2\pi\lambda_A\int_0^\infty\left[1-\frac{1}{s_T P_A\eta_N\left(z^2+h^2\right)^{-\alpha_N/2}+1}\right]P_N(z)\mathrm{d}z\right\} \\
\mathcal{L}_{I_T}(s_T) &= \exp\left\{-\frac{2\pi\lambda_D s_T P_T\eta_T v^{2-\alpha_T}}{\alpha-2}\,{}_2F_1\left[1,\frac{\alpha-2}{\alpha},2-\frac{2}{\alpha};\ s_T P_T\eta_T v^{-\alpha_T}\right]\right\}
\end{aligned}
\tag{5-124}
$$

式中，${}_2F$ 是高斯超几何函数，将 $\mathcal{L}_{I_A}(s_T) = \mathcal{L}_{I_L}(s_T)\mathcal{L}_{I_N}(s_T)$ 及 $\mathcal{L}_{I_T}(s_T)$ 代入式（5-123）可以获得地面基站的条件缓存覆盖率 $C_{T,n}$。

2. 平均速率

在热点覆盖场景中，平均速率表示标记用户成功获取请求内容时的平均数据传输速率，可以利用香农公式获得平均速率 $R = E\left[\log_2\left(1+\mathrm{SIR}\right)\right]$。

定理 5-5：在热点覆盖场景中，标记用户的平均速率为：

$$\overline{R} = \sum_{n=1}^{E/E_c} q_n \left(A_{L,n}\overline{R}_{L,n} + A_{N,n}\overline{R}_{N,n} + A_{T,n}\overline{R}_{T,n} \right)$$

$$\overline{R}_{L,n} = \int_0^\infty \int_h^{\sqrt{R_c^2+h^2}} \sum_{k=0}^{m_L-1} \frac{(-s_L)^k}{k!} \frac{\mathrm{d}^k}{\mathrm{d}s_L^k}\left[\mathcal{L}_{I_A}(s_L)\mathcal{L}_{I_T}(s_L)\right] f_{W_{L,n}}(w)\mathrm{d}w\mathrm{d}\tau \bigg|_{s_L = m_L(2^\tau-1)P_A^{-1}\eta_L^{-1}w^{\alpha_L}}$$

$$\overline{R}_{N,n} = \int_0^\infty \int_h^{\sqrt{R_c^2+h^2}} \sum_{k=0}^{m_L-1} \frac{(-s_N)^k}{k!} \frac{\mathrm{d}^k}{\mathrm{d}s_N^k}\left[\mathcal{L}_{I_A}(s_N)\mathcal{L}_{I_T}(s_N)\right] f_{W_{N,n}}(w)\mathrm{d}w\mathrm{d}\tau \bigg|_{s_N = m_N(2^\tau-1)P_A^{-1}\eta_N^{-1}w^{\alpha_N}}$$　　（5-125）

$$\overline{R}_{T,n} = \int_0^\infty \int_h^\infty \left[\mathcal{L}_{I_A}(s_T)\mathcal{L}_{I_T}(s_T)\right] f_{v_{T,n}}(v)\mathrm{d}v\mathrm{d}\tau \bigg|_{s_T = (2^\tau-1)P_T^{-1}\eta_T^{-1}w^{\alpha_T}}$$

证明：类似于缓存覆盖率的推导过程，针对标记用户的不同接入状态，分别推导平均速率。假设标记用户请求内容组 G_n 的内容并接入 LBS，用户的瞬时速率 $R_{L,n}$ 可以利用香农公式获得，即：

$$R_{L,n} = E\left[\log_2\left(1+\mathrm{SIR}_{L,n}\right)\right]$$

$R_{L,n}$ 的均值 $\overline{R}_{L,n}$ 为：

$$\overline{R}_{L,n} = E\left(R_{L,n}\right) \overset{(1)}{=} \int_0^\infty P\left(R_{L,n} \geq \tau\right)\mathrm{d}\tau$$
$$= \int_0^\infty \int_h^\infty P\left\{\log_2\left[1+\mathrm{SIR}_{L,n}(w)\right] \geq \tau\right\}f_{W_{L,n}}(w)\mathrm{d}w\mathrm{d}\tau$$　　（5-126）
$$= \int_0^\infty \int_h^\infty P\left[\mathrm{SIR}_{L,n}(w) \geq 2^\tau-1\right]f_{W_{L,n}}(w)\mathrm{d}w\mathrm{d}\tau$$

式中，推导过程(1)采用的是正随机变量均值的计算方式，即 $E(X) = \int_0^\infty P(X \geq \gamma)\mathrm{d}\gamma$，令 $s_L = m_L(2^\tau-1)P_A^{-1}\eta_L^{-1}w^{\alpha_L}$，接下来的证明过程与 $C_{L,n}$ 类似。同样地，我们可以推导出 $\overline{R}_{N,n}$ 和 $\overline{R}_{T,n}$，详细的过程在此就省略了。

5.7.4　性能仿真验证

本节利用蒙特卡洛方法仿真验证理论结果。仿真场景为双层垂直异构蜂窝网络，包括无人机基站和地面基站，基站和用户均分布在半径为 200 km 的圆形区域，服从泊松点过程。性能仿真参数如表 5-1 所示。

表 5-1　性能仿真参数

参　　数	数　　值
无人机基站部署密度/（个/平方米）	$\lambda_A = 10\times10^{-6}$
地面基站部署密度/（个/平方米）	$\lambda_T = 10\times10^{-6}$
无人机基站高度/m	$h = 200$
传输功率/dBm	$P_A = 32$，$P_T = 40$
带宽/MHz	$W = 10$

续表

参　数	数　值
SIR 阈值/dB	$\theta = -10$
额外路径损耗	$\eta_L = 0.7943$, $\eta_N = 0.01$
路径损耗参数	$\alpha_L = 2$, $\alpha_N = 3$, $\alpha_T = 3$
环境参数	$a = 0.96$, $b = 0.28$
形状参数	$m_L = 2$, $m_N = 3$
内容集合	$E = 1000$
缓存容量	$E_c = 200$

为了分析缓存覆盖率与平均速率，本节采用分支定界算法来获得最大化缓存覆盖率与平均速率的最优缓存概率。本节对比概率缓存放置策略与最流行缓存放置策略、随机缓存放置策略的性能，讨论网络参数与内容流行度分布对性能的影响。网络参数包括无人机基站的高度、无人机基站的部署密度、缓存服务半径和缓存容量。缓存覆盖率与无人机基站高度、覆盖率阈值间的关系如图 5-13 所示，图中的曲线表示利用表达式获得的数值结果，离散点表示利用蒙特卡洛方法的仿真结果。

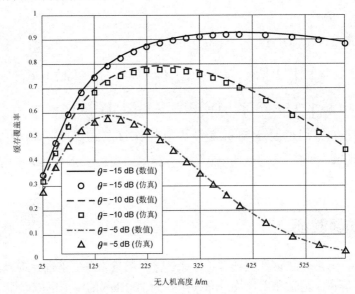

图 5-13　缓存覆盖率与无人机基站高度、覆盖率阈值间的关系

缓存覆盖率的仿真结果如图 5-13 到图 5-17 所示，仿真曲线与数值曲线吻合表明理论推导的正确性。图 5-13 给出了缓存覆盖率随无人机基站高度的变化情况，对于不同的缓存覆盖率阈值，缓存覆盖率的曲线形状是相似的。随着无人机基站高度的增加，缓存覆盖率性能呈现先增大后减小的趋势，存在最优的无人机基站高度。当无人机基站高度较低时，大部分无人机基站的空-地信道是非视距链路，受城市环境的散射影响，路径损耗大。随着无人机基站高度的增加，大部分无人机基站与标记用户间的信道是视距链路，用户接入视距链路无人机基站的概率增大。与非视距链路相比，视距链路的信道条件更具优势，用户的接收功率增大，缓存覆盖率随之上升。然而当高度继续增加时，请求内容几乎可以确定是由视距链路传输给标记用户的，用户与服务无人机基站间距离增大会降低接收功率，并且用户会接收到

大量视距链路无人机基站的干扰，最终造成缓存覆盖率下降。最大化缓存覆盖率的最优无人机基站高度由 SIR 阈值决定，阈值越大，最优无人机基站的高度越低。

　　缓存覆盖率与无人机基站部署密度、缓存覆盖率阈值间的关系如图 5-14 所示，该图给出了在不同的缓存覆盖率阈值下，缓存覆盖率随无人机基站部署密度的变化情况。由该图可得，当缓存覆盖率的阈值固定时，缓存覆盖率随着无人机基站部署密度的增加而先增加后降低，存在最优无人机基站部署密度。随着无人机基站部署密度的增加，缓存区域内存储请求内容的无人机基站增加，用户接入无人机基站的概率增加。由于无人机基站的部署密度增加，用户接入视距链路无人机基站的概率增加，服务距离减小，标记用户的接收功率会随之增加，缓存覆盖率也会相应地提升。当无人机基站部署密度继续增加时，构成干扰的无人机基站数量增多，且与标记用户间的链路状态大多处于视距链路，导致总干扰急剧上升，缓存覆盖率会开始下降。缓存覆盖率阈值增加时，最优无人机基站部署密度会逐渐降低。

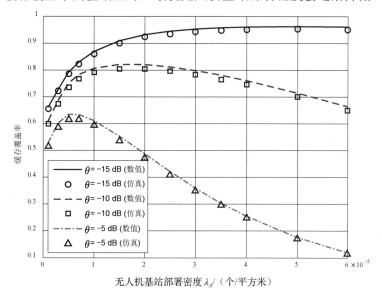

图 5-14　缓存覆盖率与无人机基站部署密度、缓存覆盖率阈值间的关系

　　图 5-13 和图 5-14 分别给出了缓存覆盖率随无人机基站高度、无人机基站部署密度的变化，图 5-15 联合分析了无人机基站高度和部署密度对缓存覆盖率的影响。当无人机基站部署在低空时，如高度为 100 m、200 m，缓存覆盖率随无人机基站部署密度的增加而先增加后降低，其原因是当无人机基站高度较低时，大部分无人机基站处于非视距链路，增加无人机基站部署密度有利于提高用户接入视距链路无人机基站以获得请求内容的概率，大大增强接收功率，从而提升缓存覆盖率；此后继续增加无人机基站部署密度会增加来自无人机基站的干扰，这些干扰无人机基站大部分处于非视距链路，因此缓存覆盖率会轻微地下降。相对地，当无人机基站高度较高时，如高度为 300 m，用户已经确定接入视距链路无人机基站，增加无人机基站部署密度对于接收功率影响较小，但会造成干扰无人机基站数目的增加，并且这些无人机基站大部分处于视距链路，总干扰会急剧上升，从而使缓存覆盖率快速下降。

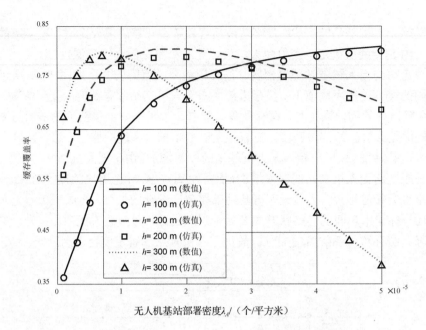

图 5-15   缓存覆盖率与无人机基站高度和部署密度的关系

图 5-16 给出了在不同人无人机基站部署密度下，缓存覆盖率随着缓存服务半径的变化。从该图可以看出，当无人机基站部署密度固定时，缓存覆盖率随着缓存半径的增加而先增加后降低，存在最优缓存服务半径。当缓存服务半径增加时，用户接入无人机基站的概率会增加，相对于地面基站而言，无人机基站能够利用视距链路来传输请求内容，增加接收功率，提高缓存覆盖率。当缓存半径继续增加时，标记用户与服务无人机基站间的距离增大，接收功率变小，缓存覆盖率也会相应减小，特别是针对缓存概率小的内容，在无人机基站部署密度小的场景下缓存覆盖率下降得更加明显。无人机基站部署密度越大，最优缓存服务半径越小。

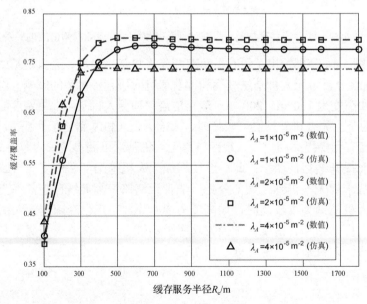

图 5-16   缓存覆盖率与无人机基站缓存服务半径、部署密度的关系

图 5-17 对比了概率缓存放置策略、最流行缓存放置策略与随机缓存策略的缓存覆盖率性能，分析了缓存覆盖率与内容流行度分布参数 γ、缓存容量间的关系。从该图可以看出，当缓存容量固定时，缓存覆盖率随着 γ 的增加而增加，主要原因是 γ 越大，内容流行度分布越不均匀，大部分用户的内容请求集中在少量流行度高的内容，这些内容主要属于前几个内容组，被大量无人机基站缓存，因此缓存覆盖率大。与此同时，随着缓存容量的增加，命中率也会增加，缓存覆盖率会大大提升。概率缓存放置策略的性能优于最流行缓存放置策略及随机缓存放置策略，当 γ 较小时，内容流行度分布均匀，概率缓存放置策略的性能接近于随机缓存放置策略，有助于实现缓存内容的多样性。当 γ 较大时，内容流行度分布不均匀，概率缓存放置策略的性能接近于最流行缓存放置策略，有利于提高缓存的命中率。

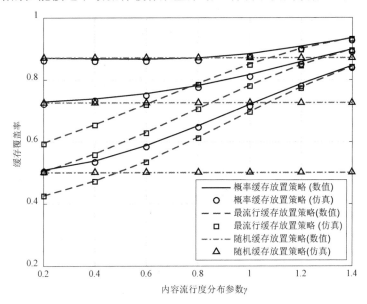

图 5-17　概率缓存放置策略、最流行缓存放置策略与随机缓存放置策略的缓存覆盖率对比

图 5-18 到图 5-20 是平均速率的仿真结果，仿真曲线与数值曲线吻合，表明了理论推导的正确性。平均速率与无人机基站部署密度、高度的关系如图 5-18 所示，曲线的趋势与无人机基站高度、部署密度有关。当无人机基站高度较低时，增加无人机基站部署密度有助于提高视距链路传输的概率，提升平均速率。继续增加无人机基站部署密度会加大干扰，造成速率性能的下降。当无人机基站高度较高时，服务无人机基站采用视距链路的概率较大，增加无人机基站部署密度只会不断增加干扰，造成速率的持续下降。

平均速率与无人机基站缓存服务半径、部署密度的关系如图 5-19 所示。从图中可以看出，所有曲线的趋势均相同，平均速率随着缓存服务半径的增加而先增加后降低，存在最优缓存服务半径。平均速率开始先增加的原因是标记用户接入无人机基站的概率增加，空-地的内容传输有利于提高平均速率。平均速率随后降低的原因是标记用户与服务无人机基站间的距离增加，用户的接收功率迅速下降，平均速率也会相应地下降。此外，增加无人机基站部署密度会导致无人机基站干扰功率的增加速率大于服务基站接收功率的增加速率，造成平均速率的下降。

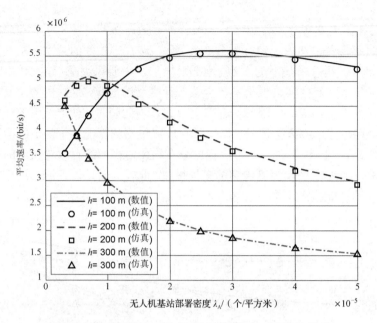

图 5-18   平均速率与无人机基站部署密度、高度的关系

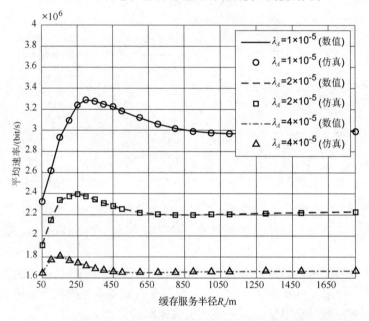

图 5-19   平均速率与无人机基站缓存服务半径、部署密度的关系

平均速率与内容流行度分布参数、缓存容量间的关系如图 5-20 所示。从该图可以看出，随着流行度分布参数 γ 的增大，越来越多的用户请求少量流行度高的内容，而大部分无人机基站缓存了流行度高的内容，利用视距链路传输请求内容能够获得较大的传输速率。与此同时，增加缓存容量有助于提高命中率，进一步提升平均速率。

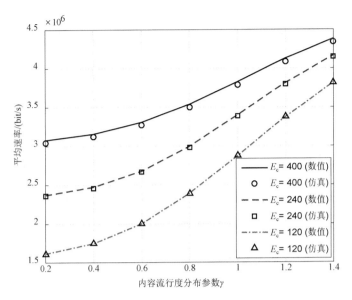

图 5-20　平均速率与内容流行度分布参数、缓存容量的关系

5.8 灾难救援场景的无人机通信网络缓存性能的理论研究

在灾难救援场景中，无人机基站代替被破坏的地面基站进行内容缓存，卸载地面基站的业务负载，尽可能地提供可靠内容传输。在灾难救援场景中，无人机通信网络的性能研究主要关注受灾区域内无人机基站的缓存性能，以卸载率和平均速率作为性能指标。

5.8.1　系统模型

1. 灾难救援场景的网络模型

假设地面基站位于地面无限二维空间内，位置 y_i 服从泊松过程 $\Phi_T=\{y_1,\ y_2,\ y_3\cdots\}$，部署密度为 λ_T。受灾难的影响，半径为 R_a 的圆形区域 G_n 内地面基站遭到破坏，破坏率为 ρ，因此地面基站在二维空间中呈现非均匀分布 $\tilde{\Phi}_T$，圆形区域 B 内部与外部的地面基站部署密度分别是 $(1-\rho)\lambda_T$ 和 λ_T。为了补偿 B 中受损地面基站，保证系统缓存覆盖率要求，在圆形区域 B 上空高度固定为 h 的有限三维空间内部署由无人机组成的无人机基站，有限空间称为目标区域 B_t，无人机基站位置 x_i 在有限目标区域内呈现二项式泊松分布 Φ_A，数目固定为 N_a。灾难救援场景的网络模型如图 5-20 所示，地面基站与无人机基站组成双层无人机辅助蜂窝网络，地面用户呈现泊松分布，考虑到灾难救援场景中 B 的中心区域对用户通信的影响最大，可以获得系统性能的下限，因此采用位于有限区域 B 中心的用户作为典型用户来分析系统性能。

2. 信道模型

灾难救援场景中的信道模型与无限空间的无人机辅助蜂窝网络场景的信道模型相同，εBS 表示具备 ε 类链路的无人机基站，包括 LBS 和 NBS。为了便于后续推导，将视距链路的概率转化为关于标记用户与无人机基站间欧氏距离 z 的函数，即：

$$P_{\text{LoS}}(z) = \cfrac{1}{1 + a\exp\left\{-b\left[\cfrac{180°}{\pi}\arctan\left(\cfrac{h}{\sqrt{z^2 - h^2}}\right) - a\right]\right\}} \tag{5-127}$$

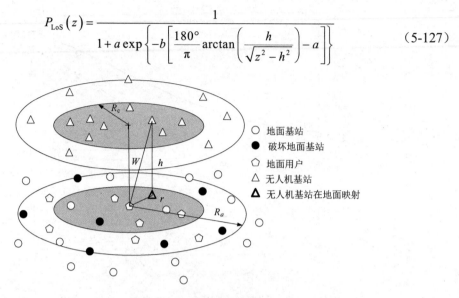

图 5-21　灾难救援场景的网络模型

5.8.2　缓存策略

1. 缓存放置策略

本节的缓存放置策略与热点覆盖场景中的缓存放置策略相似，N_a 个无人机基站配置相同缓存容量 E_c，采用分组概率缓存放置策略，将全部内容分成 E/E_c 个内容组，每个内容组都含有 E_c 个内容，分别对应的内容是 $G_n = \left\{f_{E_c(n-1)+1}, f_{E_c(n-1)+2}, \cdots, f_{E_c n}\right\}$，每个内容小组的请求概率为：

$$q_n = \sum_{i=E_c(n-1)+1}^{E_c n} s_i \tag{5-128}$$

N_a 个无人机基站按照缓存概率随机选择一个内容组进行缓存，缓存内容组 G_n 的概率表示为 $0 \leqslant p_n \leqslant 1$，且满足 $\sum_{n=1}^{E/E_c} p_n = 1$。

2. 内容传输策略

本节的内容传输策略与热点覆盖场景中的内容传输策略相同，采用基于缓存服务半径的面向内容传输策略。缓存服务半径满足 $0 \leqslant R_c \leqslant R_a$，缓存区域表示为 B_c。用户选择接入缓存区域内存储了请求内容的最强接收功率无人机基站。

无人机基站与地面基站采用相同的频谱。当用户请求内容属于内容组 G_n 且接入无人机基站 εBS 时，总干扰来自除了服务无人机基站的所有无人机基站及全部地面基站。考虑到白噪声的影响很小，因此只考虑干扰影响。SIR 为：

$$\text{SIR}_{\varepsilon,n} = \frac{P_A \eta_\varepsilon g_\varepsilon W_{\varepsilon,n}^{-\alpha_\varepsilon}}{I_A + I_T} \tag{5-129}$$

式中，服务无人机基站 εBS 与标记用户间的距离为 $W_{\varepsilon,n}$；衰落为 g_ε；I_A、I_T 分别表示来自无人机基站和地面基站的干扰。

5.8.3　卸载率与平均速率性能

1. 卸载率

在灾难救援场景中，卸载率是指用户请求内容能够在缓存区域内的无人机基站获得，且 SIR 大于规定阈值的概率。结合内容流行度分布并采用全概率公式，卸载率可表示为：

$$C = \sum_{n=1}^{E/E_c} q_n P\left(\mathrm{SIR}_n \geqslant \theta\right) = \sum_{n=1}^{E/E_c} q_n \left\{ A_{\mathrm{L},n} \underbrace{P\left[\mathrm{SIR}_{\mathrm{L},n} \geqslant \theta\right]}_{C_{\mathrm{L},n}} + A_{\mathrm{N},n} \underbrace{P\left[\mathrm{SIR}_{\mathrm{N},n} \geqslant \theta\right]}_{C_{\mathrm{N},n}} \right\} \quad (5\text{-}130)$$

式中，求和运算表示标记用户请求内容属于内容组且接入基站 LBS 和 NBS 的概率。

下面首先推导无人机基站与标记用户间距离分布；接着基于距离分布推导标记用户的接入概率以及服务距离分布；最后利用获得的结论，根据式（5-131）推导无人机基站层的卸载率与平均速率。

1）无人机基站与用户间距离分布

定义无人机基站 x_i 与标记用户间的欧氏距离为 $\{Z_i\} = \sqrt{R_i^2 + h^2}$，其中 R_i 是无人机基站映射到地面的点 x_i^* 与标记用户间的水平距离。由于无人机基站是独立同分布的，因此无人机基站的距离分布是相同的。下面利用累积分布函数推导概率分布函数，Z_i 的累积分布函数可以表示为：

$$F_{Z_i}(z) = P(Z_i \leqslant z) = P\left(R_i^2 + h^2 \leqslant z^2\right) = F_{R_i}\left(\sqrt{R_i^2 + h^2}\right) \overset{(1)}{=} \frac{\pi\left(\sqrt{R_i^2 + h^2}\right)^2}{\pi R_a^2} = \frac{z^2 - h^2}{R_a^2} \quad (5\text{-}131)$$

式中，推导过程(1)的依据是无人机基站在 B_t 内服从二项式泊松分布。对 $F_{Z_i}(z)$ 求关于 z 的导数，可以获得无人机基站与用户间距离的概率分布函数，即：

$$f_{Z_i}(z) = \begin{cases} \dfrac{2z}{R_a^2}, & h < z < \sqrt{R_i^2 + h^2} \\ 0, & \text{其他} \end{cases} \quad (5\text{-}132)$$

2）接入概率

根据采用的内容传输策略，用户选择接入缓存区域内存储请求内容的最强接收功率无人机基站。在已有的有限空间研究中，无人机基站的分布服从二项式泊松分布，如果不考虑概率 LoS 信道模型和概率 NLoS 信道模型，用户的接入等效于对无人机基站到标记用户的距离进行排序，选择最近的无人机基站作为服务基站。当无人机基站的空间对地面信道采用概率 LoS 信道模型和概率 NLoS 信道模型时，由于视距链路和非视距链路的路径损耗指数与额外路径损耗指数不同，用户接入不再等效于距离排序，最近的无人机基站不一定提供最强的接收功率。无人机基站的接入概率需要在缓存区域中综合考虑缓存状态及链路条件，具体如定理 5-6 所示。

定理 5-6： 在灾难救援场景中，用户请求内容属于内容组 G_n 且接入 LBS 或 NBS 的概率为：

$$A_{\mathrm{N},n} = N \int_h^{\sqrt{R_a^2 + h^2}} \left[(1 - p_n) + p_n \int_u^{\sqrt{R_a^2 + h^2}} f_{Z_i}(z) P_{\mathrm{N}}(z)\,\mathrm{d}z + p_n \int_{D_{\mathrm{NL}}(u)}^{\sqrt{R_a^2 + h^2}} f_{Z_i}(z) P_{\mathrm{L}}(z)\,\mathrm{d}z \right]^{N-1} \times p_n f_{Z_i}(u) P_{\mathrm{N}}(u)\,\mathrm{d}u$$

$$\qquad\qquad\qquad\qquad\qquad\qquad\qquad\qquad\qquad\qquad\qquad\qquad\qquad\qquad (5\text{-}133)$$

$$A_{\mathrm{L},n} = N \int_h^{\sqrt{R_a^2 + h^2}} \left[(1 - p_n) + p_n \int_u^{\sqrt{R_a^2 + h^2}} f_{Z_i}(z) P_{\mathrm{L}}(z)\,\mathrm{d}z + p_n \int_{D_{\mathrm{LN}}(u)}^{\sqrt{R_a^2 + h^2}} f_{Z_i}(z) P_{\mathrm{N}}(z)\,\mathrm{d}z \right]^{N-1} \times p_n f_{Z_i}(u) P_{\mathrm{L}}(u)\,\mathrm{d}u$$

式中，

$$D_{\text{LN}}(u) = \max\{d_{\text{LN}}(u), h\}$$

$$D_{\text{NL}}(u) = \min\left\{\sqrt{R_c^2 + h^2}, \ d_{\text{NL}}(u)\right\}$$

$$d_{\text{LN}}(u) = \left(\frac{\eta_{\text{N}}}{\eta_{\text{L}}}\right)^{\frac{1}{\alpha_{\text{N}}}} \times u^{\frac{\alpha_{\text{L}}}{\alpha_{\text{N}}}}$$

$$d_{\text{NL}}(u) = \left(\frac{\eta_{\text{L}}}{\eta_{\text{N}}}\right)^{\frac{1}{\alpha_{\text{L}}}} \times u^{\frac{\alpha_{\text{N}}}{\alpha_{\text{L}}}}$$

假设用户接入 εBS，服务距离为 u，$D_{\varepsilon\hat{\varepsilon}}(u)$ 表示缓存距离限制，即缓存请求内容的、与服务无人机基站处于不同链路状态的 $\hat{\varepsilon}\text{BS}$ 和标记用户间的最小欧氏距离限制。$d_{\varepsilon\hat{\varepsilon}}(u)$ 表示 $\hat{\varepsilon}\text{BS}$ 与标记用户间的最小欧氏距离，当 $\hat{\varepsilon}\text{BS}$ 的距离大于 $d_{\varepsilon\hat{\varepsilon}}(u)$ 时，标记用户从 $\hat{\varepsilon}\text{BS}$ 接收到的功率小于从 εBS 接收到的功率。

证明： 用户请求内容组 G_n 的内容并接入视距链路无人机的接入概率为 $A_{\text{L},n}$，假设任意无人机基站 x_0 与标记用户之间的距离为 u，当用户请求内容组 G_n 的内容时，则 x_0 接入无人机基站需要满足两个条件，分别是无人机基站 x_0 需要满足的条件和剩余 $N_a - 1$ 个无人机基站需要满足的条件。

条件 1：无人机基站 x_0 需要满足的条件。

x_0 是视距链路无人机基站，发生概率表示为 $P_{\text{L}}(u)$；x_0 位于缓存区域 B_t 内，标记用户与 x_0 间的距离 u 满足 $h \leqslant u \leqslant \sqrt{R_c^2 + h^2}$；无人机基站 x_0 缓存内容组 G_n，发生概率为 p_n。由于缓存状态与链路条件相互独立，因此 x_0 同时满足三个条件的概率表示为 $p_n P_{\text{L}}(u)$，$h \leqslant u \leqslant \sqrt{R_c^2 + h^2}$。

条件 2：剩余 $N_a - 1$ 个无人机基站需要满足的条件。

剩余的 $N_a - 1$ 个无人机基站是独立同分布的，统计特性相同，因此可以随机选择一个无人机基站进行分析。无人机基站属于以下三种情况之一：

（1）x_i 是视距链路无人机基站，发生概率表示为 $P_{\text{L}}(z)$；x_i 缓存内容组 G_n，发生概率为 p_n；x_i 与标记用户之间的距离 z 大于服务距离 u，即用户从 x_i 接收到的功率小于从 x_0 接收到的功率。x_i 同时满足三个条件的概率表示为 $p_n \int_u^{\sqrt{R_a^2 + h^2}} f_{Z_i}(z) P_{\text{L}}(z)\,\mathrm{d}z$。

（2）x_i 是非视距链路无人机基站，发生概率表示为 $P_{\text{L}}(z)$；x_i 缓存内容组 G_n，发生概率为 p_n；用户从 x_i 接收的功率小于从 x_0 接收到的功率 $P_A \eta_{\text{L}} u^{-\alpha_{\text{L}}} \geqslant P_A \eta_{\text{N}} Z_i^{-\alpha_{\text{N}}}$，则 x_i 与用户间的距离满足：

$$Z_i \geqslant \left(\frac{\eta_{\text{N}}}{\eta_{\text{L}}}\right)^{\frac{1}{\alpha_{\text{N}}}} \times u^{\frac{\alpha_{\text{L}}}{\alpha_{\text{N}}}}$$

令 $d_{\text{LN}}(u) = \left(\dfrac{\eta_{\text{N}}}{\eta_{\text{L}}}\right)^{\frac{1}{\alpha_{\text{N}}}} \times u^{\frac{\alpha_{\text{L}}}{\alpha_{\text{N}}}}$ 表示 NBS 与标记用户间的最小欧氏距离，当 NBS 的距离大于 $d_{\text{LN}}(u)$ 时，标记用户从 NBS 接收到的功率小于从 x_0 接收到的功率。考虑到无人机基站高度固定为 h，缓存内容组 G_n 的 NBS 与标记用户间的最小缓存距离限制设置为 $D_{\text{LN}}(u) = \max\{d_{\text{LN}}(u), h\}$，即缓存内容组 G_n 的 NBS 限制在以原点为圆心、以 $D_{\text{LN}}(u)$ 为半径的圆形区域外。x_i 同时满足三个条件的概率可表示为 $p_n \int_{D_{\text{LN}}(u)}^{\sqrt{R_a^2 + h^2}} f_{Z_i}(z) P_{\text{N}}(z)\,\mathrm{d}z$。

（3）x_i 未缓存内容组 G_n，发生概率为 $1-p_n$。

由于上述 3 种情况相互独立，并且剩余的 N_a-1 个无人机基站独立同分布，因此剩余 N_a-1 个无人机基站满足条件的概率可表示为：

$$\left[(1-p_n)+p_n\int_u^{\sqrt{R_c^2+h^2}}f_{Z_i}(z)P_{\mathrm{L}}(z)\mathrm{d}z+p_n\int_{l_{\mathrm{LN}}(u)}^{\sqrt{R_a^2+h^2}}f_{Z_i}(z)P_{\mathrm{N}}(z)\mathrm{d}z\right]^{N-1} \tag{5-134}$$

x_0 需要满足的条件与剩余 N_a-1 个无人机基站需要满足的条件相互独立，与此同时，从 N_a 个无人机基站中随机选择一个基站 x_0 有 N_a 种方式，基于服务距离 u 在目标区域内积分，可以得到 $A_{\mathrm{L},n}$ 的表达式，即：

$$A_{\mathrm{L},n}=N\int_h^{\sqrt{R_c^2+h^2}}\left[(1-p_n)+p_n\int_u^{\sqrt{R_a^2+h^2}}f_{Z_i}(z)P_{\mathrm{L}}(z)\mathrm{d}z+p_n\int_{l_{\mathrm{LN}}(u)}^{\sqrt{R_a^2+h^2}}f_{Z_i}(z)P_{\mathrm{N}}(z)\mathrm{d}z\right]^{N-1}f_{Z_i}(u)P_{\mathrm{L}}(u)\mathrm{d}u \tag{5-135}$$

$A_{\mathrm{N},n}$ 的推导方式与 $A_{\mathrm{L},n}$ 类似。需要注意的是，根据内容传输策略，服务无人机基站必须位于缓存区域内。当标记用户请求内容组 G_n 的内容且接入 NBS 时，如果 LBS 与标记用户间的最小欧氏距离满足 $d_{\mathrm{NL}}(u)=\left(\dfrac{\eta_{\mathrm{L}}}{\eta_{\mathrm{N}}}\right)^{\frac{1}{\alpha_{\mathrm{L}}}}\times u^{\frac{\alpha_{\mathrm{N}}}{\alpha_{\mathrm{L}}}}>\sqrt{R_c^2+h^2}$，则缓存内容组 G_n 的 LBS 统一限制在缓存区域外。缓存内容组 G_n 的 LBS 与标记用户的最小缓存距离限制设置为 $D_{\mathrm{NL}}(u)=\min\left\{\sqrt{R_c^2+h^2},\ d_{\mathrm{NL}}(u)\right\}$，即缓存内容组 G_n 的 LBS 限制在以原点为圆心、以 $D_{\mathrm{NL}}(u)$ 为半径的圆形区域外。

得证。

3）服务距离分布

现在在给定标记用户的链路条件下分析服务距离分布。无人机基站的服务距离分布有助于获得标记用户接收信号及干扰信号的特性，是最终推导卸载率与平均速率的重要因素。无人机基站服务距离概率分布函数取决于接入概率。$U_{\mathrm{L},n}$、$U_{\mathrm{N},n}$ 分别表示用户请求内容组 G_n 的内容且接入 LBS、NBS 的服务距离，利用累积分布函数推导概率分布函数，推导方式类似于 $A_{\mathrm{L},n}$ 的推导方式。

$$F_{U_{\mathrm{L},n}}(u)=P\left(U_{\mathrm{L},n}\leqslant u|\text{请求}G_n\text{的内容，接入LBS}\right)=\frac{P\left(U_{\mathrm{L},n}\leqslant u,\ \text{请求}G_n\text{的内容，接入LBS}\right)}{P\left(\text{请求}G_n\text{的内容，接入LBS}\right)}$$
$$=\frac{N_a}{A_{\mathrm{L},n}}\int_h^u\left[(1-p_n)+p_n\int_h^{\sqrt{R_a^2+h^2}}f_{Z_i}(z)P_{\mathrm{L}}(z)\mathrm{d}z+p_n\int_{l_{\mathrm{LN}}(u)}^{\sqrt{R_a^2+h^2}}f_{Z_i}(z)P_{\mathrm{N}}(z)\mathrm{d}z\right]^{N_a-1}p_nf_{Z_i}(\tau)P_{\mathrm{L}}(\tau)\mathrm{d}\tau \tag{5-136}$$

对 $F_{U_{\mathrm{L},n}}(u)$ 关于 u 求导可以获得概率分布函数 $f_{U_{\mathrm{L},n}}(u)$，$f_{U_{\mathrm{N},n}}(u)$ 的推导方式与 $f_{U_{\mathrm{L},n}}(u)$ 类似，具体为：

$$f_{U_{\mathrm{L},n}}(u)=\frac{N_a}{A_{\mathrm{L},n}}\left[(1-p_n)+p_n\int_h^{\sqrt{R_a^2+h^2}}f_{Z_i}(z)P_{\mathrm{L}}(z)\mathrm{d}z+p_n\int_{l_{\mathrm{LN}}(u)}^{\sqrt{R_a^2+h^2}}f_{Z_i}(z)P_{\mathrm{N}}(z)\mathrm{d}z\right]^{N_a-1}p_nf_{Z_i}(u)P_{\mathrm{L}}(u)$$

$$f_{U_{\mathrm{N},n}}(u)=\frac{N_a}{A_{\mathrm{N},n}}\left[(1-p_n)+p_n\int_h^{\sqrt{R_a^2+h^2}}f_{Z_i}(z)P_{\mathrm{N}}(z)\mathrm{d}z+p_n\int_{l_{\mathrm{NL}}(u)}^{\sqrt{R_a^2+h^2}}f_{Z_i}(z)P_{\mathrm{L}}(z)\mathrm{d}z\right]^{N_a-1}p_nf_{Z_i}(u)P_{\mathrm{N}}(u) \tag{5-137}$$

接下来基于无人机基站的接入概率与服务距离分布推导无人机基站的卸载率。

假设标记用户请求内容组 G_n 的内容，并接入距离用户 u 的无人机基站 $\varepsilon \mathrm{BS}$，则卸载率为：

$$C_{\varepsilon,n} = P\left[\mathrm{SIR}_{\varepsilon,n}(u) \geqslant \theta\right] = P\left(\frac{P_A \eta_\varepsilon u^{-\alpha_\varepsilon} g_\varepsilon}{I_A + I_T} \geqslant \theta\right)$$

$$\overset{(1)}{=} E_{I_A+I_T|\varepsilon,n}\left\{\sum_{k=0}^{m_\varepsilon-1} \frac{\left[m_\varepsilon \theta P_A^{-1}\eta_\varepsilon^{-1}u^{a_\varepsilon}(I_A+I_T)\right]^k}{k!}\exp\left[-m_\varepsilon\theta P_A^{-1}\eta_\varepsilon^{-1}u^{a_\varepsilon}(I_A+I_T)\right]\right\}$$

(5-138)

式中，$\varepsilon \in \{\mathrm{L,N}\}$；推导过程(1)的依据是无人机基站的小尺度衰落 g_ε 服从 Gamma 分布。令 $s_\varepsilon = m_\varepsilon\theta P_A^{-1}\eta_\varepsilon^{-1}u^{a_\varepsilon}$，上述推导可简化为：

$$C_{\varepsilon,n} = E_{I_A+I_T|\varepsilon,n}\left\{\sum_{k=0}^{m_\varepsilon-1}\frac{(-s_\varepsilon)^k(I_A+I_T)^k}{k!}\exp\left[-s_\varepsilon(I_A+I_T)\right]\right\} = \sum_{k=0}^{m_\varepsilon-1}\frac{(-s_\varepsilon)^k}{k!}\frac{\mathrm{d}^k}{\mathrm{d}s_\varepsilon^k}\exp\left[\mathcal{L}_{I_A}(s_\varepsilon)\mathcal{L}_{I_T}(s_\varepsilon)\right]$$

(5-139)

式中，$\mathcal{L}(\ )$ 表示拉普拉斯变换。下面依次推导无人机基站与地面基站干扰的拉普拉斯变换。

4）无人机基站干扰的拉普拉斯变换

造成干扰的剩余 N_a-1 个无人机基站是独立同分布的，因此可以随机选择其中一个无人机基站进行分析。根据缓存状态及链路条件，可以将造成干扰的无人机基站 x_i 分为以下四种情况：

（1）x_i 是视距链路无人机基站，缓存内容组 G_n，分布在以原点为圆心、以 $\sqrt{l_{\varepsilon\mathrm{L},n^+}^2(u)-h^2}$ 为半径的圆形区域外有限空间，标记为 L,n^+。根据视距链路传输或非视距链路传输的服务无人机基站类型，$l_{\varepsilon\mathrm{L},n^+}(u)$ 可分为 $l_{\mathrm{LL},n^+}(u)=u$、$l_{\mathrm{NL},n^+}(u)=D_{\mathrm{NL}}(u)$。

（2）x_i 是非视距链路无人机基站，缓存内容组 G_n，分布在以原点为圆心、以 $\sqrt{l_{\varepsilon\mathrm{N},n^+}^2(u)-h^2}$ 为半径的圆形区域外有限空间，标记为 N,n^+。根据视距链路传输或非视距链路传输的服务无人机基站类型，$l_{\varepsilon\mathrm{N},n^+}(u)$ 分别表示为 $l_{\mathrm{NN},n^+}(u)=u$、$l_{\mathrm{LN},n^+}(u)=D_{\mathrm{LN}}(u)$。

（3）x_i 是视距链路无人机基站，未缓存内容组 G_n，分布在整个目标区域内，标记为 L,n^-，根据视距链路传输或非视距链路传输的服务无人机基站类型，$l_{\varepsilon\mathrm{L},n^-}(u)$ 分别表示为 $l_{\mathrm{LL},n^-}(u)=h$、$l_{\mathrm{NL},n^-}(u)=h$。

（4）x_i 是非视距链路无人机基站，未缓存内容组 G_n，分布在整个目标区域内，标记为 N,n^-，根据视距链路传输或非视距链路传输的服务无人机基站类型，$l_{\varepsilon\mathrm{N},n^-}(u)$ 分别表示为 $l_{\mathrm{NN},n^-}(u)=h$、$l_{\mathrm{LN},n^-}(u)=h$。

根据上述的四种情况，利用全概率公式，无人机基站 x_i 干扰的拉普拉斯变换可表示为：

$$\mathcal{L}_{I_{x_i}}\left[s_\varepsilon, p_n, l_{\varepsilon\mathrm{L},n^+}(u), l_{\varepsilon\mathrm{N},n^+}(u), l_{\varepsilon\mathrm{L},n^-}(u), l_{\varepsilon\mathrm{N},n^-}(u)\right]$$

$$= p_{\mathrm{L},n^+}\mathcal{L}_{I_{\mathrm{L},n^+}}\left[s_\varepsilon, l_{\varepsilon\mathrm{L},n^+}(u)\right] + p_{\mathrm{N},n^+}\mathcal{L}_{I_{\mathrm{N},n^+}}\left[s_\varepsilon, l_{\varepsilon\mathrm{N},n^+}(u)\right] +$$

$$p_{\mathrm{L},n^-}\mathcal{L}_{I_{\mathrm{L},n^-}}\left[s_\varepsilon, l_{\varepsilon\mathrm{L},n^-}(u)\right] + p_{\mathrm{N},n^-}\mathcal{L}_{I_{\mathrm{N},n^-}}\left[s_\varepsilon, l_{\varepsilon\mathrm{N},n^-}(u)\right]$$

(5-140)

式中，p_{L,n^+}、p_{N,n^+}、p_{L,n^-}、p_{N,n^-} 分别表示造成干扰的无人机基站 x_i 分别属于四种情况的条件概率。p_{L,n^+} 的推导过程为：

$$p_{\mathrm{L},n^+} = P\left\{\mathrm{L},n^+ \mid \mathrm{L},n^+ \bigcup \mathrm{N},n^+ \bigcup \mathrm{L},n^- \bigcup \mathrm{N},n^-\right\}$$

$$= \frac{P\left\{\mathrm{L},n^+\right\}}{P\left\{\mathrm{L},n^+ \bigcup \mathrm{N},n^+ \bigcup \mathrm{L},n^- \bigcup \mathrm{N},n^-\right\}} \tag{5-141}$$

$$\overset{(1)}{=} \frac{p_n \int_{l_{\varepsilon\mathrm{L}}(u)}^{\sqrt{R_a^2+h^2}} f_{Z_i}(z) P_{\mathrm{L}}(z)\,\mathrm{d}z}{p_n \int_{l_{\varepsilon\mathrm{L}}(u)}^{\sqrt{R_a^2+h^2}} f_{Z_i}(z) P_{\mathrm{L}}(z)\,\mathrm{d}z + p_n \int_{l_{\varepsilon\mathrm{N}}(u)}^{\sqrt{R_a^2+h^2}} f_{Z_i}(z) P_{\mathrm{N}}(z)\,\mathrm{d}z}$$

式中，推导过程(1)采用的方法与接入概率的推导类似。同理可以获得 p_{N,n^+}、p_{L,n^-}、p_{N,n^-} 的表达式，即：

$$p_{\mathrm{N},n^+} = \frac{p_n \int_{l_{\varepsilon\mathrm{N}}(u)}^{\sqrt{R_a^2+h^2}} f_{Z_i}(z) P_{\mathrm{N}}(z)\,\mathrm{d}z}{p_n \int_{l_{\varepsilon\mathrm{L}}(u)}^{\sqrt{R_a^2+h^2}} f_{Z_i}(z) P_{\mathrm{L}}(z)\,\mathrm{d}z + p_n \int_{l_{\varepsilon\mathrm{N}}(u)}^{\sqrt{R_a^2+h^2}} f_{Z_i}(z) P_{\mathrm{N}}(z)\,\mathrm{d}z + (1-p_n)} \tag{5-142}$$

$$p_{\mathrm{L},n^-} = \frac{p_n \int_{h}^{\sqrt{R_a^2+h^2}} f_{Z_i}(z) P_{\mathrm{L}}(z)\,\mathrm{d}z}{p_n \int_{l_{\varepsilon\mathrm{L}}(u)}^{\sqrt{R_a^2+h^2}} f_{Z_i}(z) P_{\mathrm{L}}(z)\,\mathrm{d}z + p_n \int_{l_{\varepsilon\mathrm{N}}(u)}^{\sqrt{R_a^2+h^2}} f_{Z_i}(z) P_{\mathrm{N}}(z)\,\mathrm{d}z + (1-p_n)} \tag{5-143}$$

$$p_{\mathrm{N},n^-} = \frac{(1-p_n) \int_{h}^{\sqrt{R_a^2+h^2}} f_{Z_i}(z) P_{\mathrm{N}}(z)\,\mathrm{d}z}{p_n \int_{l_{\varepsilon\mathrm{L}}(u)}^{\sqrt{R_a^2+h^2}} f_{Z_i}(z) P_{\mathrm{L}}(z)\,\mathrm{d}z + p_n \int_{l_{\varepsilon\mathrm{N}}(u)}^{\sqrt{R_a^2+h^2}} f_{Z_i}(z) P_{\mathrm{N}}(z)\,\mathrm{d}z + (1-p_n)} \tag{5-144}$$

为了获得干扰的拉普拉斯变换，需要先推导造成干扰的无人机基站与标记用户间的距离分布特性。给定服务无人机基站 $\varepsilon\mathrm{BS}$，服务距离为 u，假设 x_i 是视距干扰无人机基站，缓存了内容组 G_n，x_i 与用户间的距离为 W_{L,n^+}，则 W_{L,n^+} 的条件概率密度函数可表示为：

$$f_{W_{\mathrm{L},n^+}\mid\varepsilon,n}(w) = \frac{f_{Z_i}(w) P_{\mathrm{L}}(w)}{\int_{\varepsilon\mathrm{L},n^+}^{\sqrt{R_a^2+h^2}} f_{Z_i}(z) P_{\mathrm{L}}(z)\,\mathrm{d}z} \tag{5-145}$$

$f_{W_{\mathrm{L},n^+}\mid\varepsilon,n}(w)$ 的推导方式与服务距离的概率分布函数推导方式类似，需要先推导累积分布函数，即：

$$F_{W_{\mathrm{L},n^+}\mid\varepsilon,n}(w\mid\mathrm{L},n^+) = \frac{P\left(W_{\mathrm{L},n^+} \geqslant w, \mathrm{L},n^+\right)}{P\left(\mathrm{L},n^+\right)} = \frac{p_n \int_{l_{\varepsilon\mathrm{L},n^+}(u)}^{w} f_{Z_i}(z)\,\mathrm{d}z}{p_n \int_{l_{\varepsilon\mathrm{L},n^+}(u)}^{\sqrt{R_a^2+h^2}} f_{Z_i}(z)\,\mathrm{d}z} \tag{5-146}$$

然后对 $F_{W_{\mathrm{L},n^+}\mid\varepsilon,n}(w\mid\mathrm{L},n^+)$ 关于 w 求导数，即可得到 $f_{W_{\mathrm{L},n^+}\mid\varepsilon,n}(w)$。同理可以获得 $f_{W_{\mathrm{N},n^+}\mid\varepsilon,n}(w)$、$f_{W_{\mathrm{L},n^-}\mid\varepsilon,n}(w)$、$f_{W_{\mathrm{N},n^-}\mid\varepsilon,n}(w)$ 的表达式，即：

$$f_{W_{\mathrm{N},n^+}\mid\varepsilon,n}(w) = \frac{f_{Z_i}(w) P_{\mathrm{N}}(w)}{\int_{\varepsilon\mathrm{N},n^+}^{\sqrt{R_a^2+h^2}} f_{Z_i}(z) P_{\mathrm{N}}(z)\,\mathrm{d}z} \tag{5-147}$$

$$f_{W_{\mathrm{L},n^-}\mid\varepsilon,n}(w) = \frac{f_{Z_i}(w) P_{\mathrm{L}}(w)}{\int_{h}^{\sqrt{R_a^2+h^2}} f_{Z_i}(z) P_{\mathrm{L}}(z)\,\mathrm{d}z} \tag{5-148}$$

$$f_{W_{\mathrm{N},n^-}|\varepsilon,n}(w)=\frac{f_{Z_i}(w)P_{\mathrm{N}}(w)}{\int_h^{\sqrt{R_a^2+h^2}}f_{Z_i}(z)P_{\mathrm{N}}(z)\mathrm{d}z} \tag{5-149}$$

现在利用造成干扰的无人机基站的距离分布分析无人机基站干扰的拉普拉斯变换，假设 x_i 是视距干扰无人机基站，缓存了内容组 G_n，则干扰 I_{L,n^+} 的拉普拉斯变换 $\mathcal{L}_{I_{\mathrm{L},n^+}}\left[s_\varepsilon,D_{\varepsilon\mathrm{L},n^+}(u)\right]$ 可以表示为：

$$
\begin{aligned}
\mathcal{L}_{I_{\mathrm{L},n^+}}\left[s_\varepsilon,D_{\varepsilon\mathrm{L},n^+}(u)\right]&=E_{W_{\mathrm{L},n^+},\ g_{\mathrm{L}}}\left[\exp\left(-s_\varepsilon P_A\eta_{\mathrm{L}}g_{\mathrm{L}}W_{\mathrm{L},n^+}^{-\alpha_{\mathrm{L}}}\right)\right]\\
&=E_{W_{\mathrm{L},n^+}}\left[\left(1+\frac{s_\varepsilon P_A\eta_{\mathrm{L}}W_{\mathrm{L},n^+}^{-\alpha_{\mathrm{L}}}}{m_{\mathrm{L}}}\right)^{m_{\mathrm{L}}}\right]=\int_{D_{\varepsilon\mathrm{L},n^+}(u)}^{\sqrt{R_a^2+h^2}}\left(1+\frac{s_\varepsilon P_A\eta_{\mathrm{L}}w^{-\alpha_{\mathrm{L}}}}{m_{\mathrm{L}}}\right)^{m_{\mathrm{L}}}f_{W_{\mathrm{L},n^+}|\varepsilon,n}(w)\mathrm{d}w
\end{aligned} \tag{5-150}
$$

同理可以获得 $\mathcal{L}_{I_{\mathrm{N},n^+}}\left[s_\varepsilon,D_{\varepsilon\mathrm{N},n^+}(u)\right]$、$\mathcal{L}_{I_{\mathrm{L},n^-}}\left[s_\varepsilon,D_{\varepsilon\mathrm{L},n^-}(u)\right]$、$\mathcal{L}_{I_{\mathrm{N},n^-}}\left[s_\varepsilon,D_{\varepsilon\mathrm{N},n^-}(u)\right]$ 的表达式，即：

$$\mathcal{L}_{I_{\mathrm{N},n^+}}\left[s_\varepsilon,D_{\varepsilon\mathrm{N},n^+}(u)\right]=\int_{D_{\varepsilon\mathrm{N},n^+}(u)}^{\sqrt{R_a^2+h^2}}\left(1+\frac{s_\varepsilon P_A\eta_{\mathrm{N}}w^{-\alpha_{\mathrm{N}}}}{m_{\mathrm{N}}}\right)^{-m_{\mathrm{N}}}f_{W_{\mathrm{N},n^+}|\varepsilon,n}(w)\mathrm{d}w$$

$$\mathcal{L}_{I_{\mathrm{L},n^-}}\left[s_\varepsilon,D_{\varepsilon\mathrm{L},n^-}(u)\right]=\int_h^{\sqrt{R_a^2+h^2}}\left(1+\frac{s_\varepsilon P_A\eta_{\mathrm{L}}w^{-\alpha_{\mathrm{L}}}}{m_{\mathrm{L}}}\right)^{-m_{\mathrm{L}}}f_{W_{\mathrm{L},n^-}|\varepsilon,n}(w)\mathrm{d}w \tag{5-151}$$

$$\mathcal{L}_{I_{\mathrm{N},n^-}}\left[s_\varepsilon,D_{\varepsilon\mathrm{N},n^-}(u)\right]=\int_h^{\sqrt{R_a^2+h^2}}\left(1+\frac{s_\varepsilon P_A\eta_{\mathrm{N}}w^{-\alpha_{\mathrm{N}}}}{m_{\mathrm{N}}}\right)^{-m_{\mathrm{N}}}f_{W_{\mathrm{N},n^-}|\varepsilon,n}(w)\mathrm{d}w$$

将式（5-151）代入式（5-140），可以获得无人机基站 x_i 干扰的拉普拉斯变换，由于剩下的 N_a-1 个无人机基站是独立同分布的，因此无人机基站总干扰的拉普拉斯变换为：

$$\mathcal{L}_{I_a}(s_\varepsilon)=\mathcal{L}_{I_a}^{N_a-1}\left[s_\varepsilon,p_n,D_{\varepsilon\mathrm{L},n^+}(u),D_{\varepsilon\mathrm{N},n^+}(u),D_{\varepsilon\mathrm{L},n^-}(u),D_{\varepsilon\mathrm{N},n^-}(u)\right] \tag{5-152}$$

5）地面基站干扰拉普拉斯变换

考虑到地面基站是非均匀分布的，地面基站干扰的拉普拉斯变换可以分成两部分，分别是受灾区域内地面基站的拉普拉斯变换与受灾区域外地面基站的拉普拉斯变换，即：

$$
\begin{aligned}
\mathcal{L}_{I_T}(s_\varepsilon)&=E_{\tilde{\Phi}_T g_{T,j}}\left[\exp\left(-s_\varepsilon\sum_{y_j\in\Phi_T}P_T\eta_T g_{T,j}U_j^{-\alpha}\right)\right]\\
&=E_{\tilde{\Phi}_T}\left\{\prod_{y_j\in\tilde{\Phi}_T}E_{g_{T,j}}\left[\exp\left(-s_\varepsilon P_T\eta_T g_{T,j}U_j^{-\alpha}\right)\right]\right\}\\
&\overset{(1)}{=}E_{\tilde{\Phi}_T}\left\{\prod_{x_{1,i}\in\tilde{\Phi}_T\backslash x_0}\frac{1}{s_\varepsilon P_T\eta_T U_j^{-\alpha}+1}\right\}\\
&\overset{(2)}{=}\exp\left[-2\pi\lambda_T(u)\int_0^\infty\left(1-\frac{1}{s_\varepsilon P_T\eta_T u^{-\alpha}+1}\right)u\mathrm{d}u\right]
\end{aligned} \tag{5-153}
$$

式中，推导过程(1)的依据是地面基站的衰落 $g_{T,j}$ 服从指数分布，即 $g_{T,j}\sim\exp(1)$；推导过程(2)利用的是泊松过程的生成函数。$\lambda_T(u)$ 是分段函数，即：

$$\lambda_T(u)=\begin{cases}\delta\lambda_D, & u<R_a\\ \lambda_D, & u\geqslant R_a\end{cases}$$

分别对上面两个分段进行积分，即可得到：

$$\mathcal{L}_{I_T}\left(s_\varepsilon\right)=\exp\left[-\frac{2\pi\lambda_D s_\varepsilon P_T\eta_T R_a^{2-\alpha}}{\alpha-2}\,{}_2F_1\left(1,\frac{\alpha-2}{\alpha};2-\frac{2}{\alpha};-s_\varepsilon P_T\eta_T R_a^{-\alpha}\right)-\right.$$
$$\left.\frac{2\pi s_\varepsilon\lambda_D R_a^2}{\alpha}\,{}_2F_1\left(1,\frac{2}{\alpha};1+\frac{2}{\alpha};-\frac{1}{s_\varepsilon P_T\eta_T R_a^{-\alpha}}\right)\right] \tag{5-154}$$

式中，${}_2F_1$ 是高斯超几何函数。将式（5-152）和式（5-154）代入式（5-139），即可获得无人机基站卸载率 $C_{\varepsilon,n}$。

2．平均速率

在灾难救援场景中，平均速率是指标记用户从无人机基站获得请求内容时的平均传输速率，利用香农公式可以获得平均速率。

定理 5-7：在灾难救援场景中，标记用户的平均速率为：

$$\bar{R}=\sum_{n=1}^{E/E_c}q_n\left(A_{L,n}\bar{R}_{L,n}+A_{N,n}\bar{R}_{N,n}\right)$$
$$\bar{R}_{\varepsilon,n}=\int_0^\infty\int_h^{\sqrt{R_c^2+h^2}}\sum_{k=0}^{m_\varepsilon-1}\frac{(-s_\varepsilon)^k}{k!}\frac{\mathrm{d}^k}{\mathrm{d}s_\varepsilon^k}\left[\mathcal{L}_{I_A}(s_\varepsilon)\mathcal{L}_{I_T}(s_\varepsilon)\right]f_{W_{\varepsilon,n}}(w)\mathrm{d}w\mathrm{d}\tau \tag{5-155}$$

式中，$\varepsilon\in\{L,N\}$；$s_\varepsilon=m_\varepsilon\left(\mathrm{e}^\tau-1\right)P_A^{-1}\eta_\varepsilon^{-1}w^{\alpha_\varepsilon}$。

证明：类似于卸载率的推导过程，针对标记用户接入无人机基站的不同链路状态，分别推导平均速率 $\bar{R}=\sum_{n=1}^{E/E_c}q_n\left(A_{L,n}\bar{R}_{L,n}+A_{N,n}\bar{R}_{N,n}\right)$。假设标记用户请求内容组 G_n 的内容，并接入 εBS，则用户的瞬时速率 $R_{\varepsilon,n}$ 可以利用香农公式获得，即 $R_{\varepsilon,n}=E\left[\log_2\left(1+\mathrm{SIR}\right)_{\varepsilon,n}\right]$，$R_{\varepsilon,n}$ 的均值推导采用正随机变量均值的计算方式，即 $E(X)=\int_0^\infty P(X\geqslant\gamma)\mathrm{d}\gamma$，具体如下：

$$\bar{R}_{\varepsilon,n}=\int_0^\infty\int_h^{\sqrt{R_c^2+h^2}}P\left\{\log_2\left[1+\mathrm{SIR}_{\varepsilon,n}(w)\right]\geqslant\tau\right\}f_{W_{\varepsilon,n}}(w)\mathrm{d}w\mathrm{d}\tau$$
$$=\int_0^\infty\int_h^{\sqrt{R_c^2+h^2}}P\left[\mathrm{SIR}_{\varepsilon,n}(w)\geqslant\mathrm{e}^\tau-1\right]f_{W_{\varepsilon,n}}(w)\mathrm{d}w\mathrm{d}\tau \tag{5-156}$$

令 $s_\varepsilon=m_\varepsilon\left(\mathrm{e}^\tau-1\right)P_A^{-1}\eta_\varepsilon^{-1}w^{\alpha_\varepsilon}$，上式可简化为：

$$\bar{R}_{\varepsilon,n}=\int_0^\infty\int_h^{\sqrt{R_c^2+h^2}}\sum_{k=0}^{m_\varepsilon-1}\frac{(-s_\varepsilon)^k}{k!}\frac{\mathrm{d}^k}{\mathrm{d}s_\varepsilon^k}\left[\mathcal{L}_{I_A}(s_\varepsilon)\mathcal{L}_{I_T}(s_\varepsilon)\right]f_{W_{\varepsilon,n}}(w)\mathrm{d}w\mathrm{d}\tau \tag{5-157}$$

式中，$\varepsilon\in\{L,N\}$。定理 5-7 得证。

5.8.4 性能仿真验证

本节利用蒙特卡洛方法仿真验证理论结果。仿真场景为双层缓存垂直异构蜂窝网络，包括无人机基站和地面基站，基站和用户均分布在半径为 200 km 的圆形区域内，均服从泊松点过程。灾难区域是半径为 5 km 的圆形区域，其中，地面基站的破坏率为 $\rho=0.6$，无人机基站采用二项点过程（Binomial Point Process，BPP）模型，无人机数目 $N_a=4000$，其余仿真参数与 5.7.4 节的仿真参数相同。本节在分析卸载率与平均速率的性能时，采用分支定界算法分别获得最大化卸载率与平均速率的最优缓存概率。本节通过性能仿真来讨论网络参数与内容流行度分布对性能的影响，网络参数包括无人机基站高度、无人机基站数目、缓存服务半径。在本节的仿真结果图中，曲线是通过理论计算获得的结果，离散点是通过蒙特卡洛仿真获得的结果。

图 5-22 到图 5-26 是卸载率的仿真结果，仿真曲线与数值曲线吻合，表明了理论推导的正确性。卸载率与无人机基站高度、卸载率阈值间的关系如图 5-22 所示。从图 5-22 的仿真结果可知，针对不同的卸载率阈值，卸载率的曲线形状比较相似，卸载率随着无人机基站高度的增加而先增大后减小，存在最大化卸载率的最优无人机基站高度。在无人机基站高度较低时，大部分无人机基站的空间对地面信道是非视距链路，路径损耗较大。随着无人机基站高度的增加，大部分无人机基站与标记用户间采用视距链路，用户接入视距链路无人机基站的概率增大，用户接收到的功率增大，卸载率随之上升。当无人机基站的高度继续增加时，请求内容几乎可以确定是由视距链路传输给标记用户的，用户与服务无人机基站间距离增大，且用户会受到大量视距链路无人机基站的干扰，最终使缓存覆盖率下降。最大化卸载率的最优无人机基站高度由卸载率阈值决定，阈值越大，最优的无人机基站高度越低。

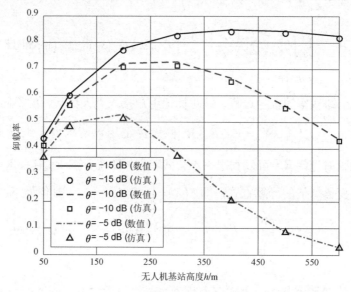

图 5-22   卸载率与无人机基站高度、卸载率阈值间的关系

卸载率与无人机基站数目、卸载率阈值间的关系如图 5-23 所示。当卸载率阈值固定时，卸载率随着无人机基站数目的增加而先增加后降低，存在最大化卸载率的最优无人机基站数目。无人机基站数目增加有助于用户接入视距链路无人机基站获取请求内容，提高卸载率。而无人机基站数目继续增加时，无人机基站总干扰急剧上升，卸载率性能下降。卸载率阈值越高，最优无人机基站数目越小。

卸载率与无人机基站数目、高度间的关系如图 5-24 所示。针对不同的无人机基站高度，卸载率均呈现先增加后降低的趋势，存在最优无人机基站数目，且高度越高，最优无人机基站数目越小。原因是增加无人机基站数目能够增加用户卸载到视距链路无人机基站以获得请求内容的概率，大大提高接收功率，提升卸载率性能。此后继续增加无人机基站数目会加剧无人机基站的干扰，卸载率会下降。相对地，在无人机基站的高度较高时，如 $h = 400$ m，用户已经确定接入视距链路无人机基站，增加无人机基站数目只会增加来自视距链路无人机基站的总干扰，因此卸载率在短暂增加后快速下降。这意味着，在灾难救援场景中增加低空无人机基站数目有利于提高无人机基站层的卸载率。

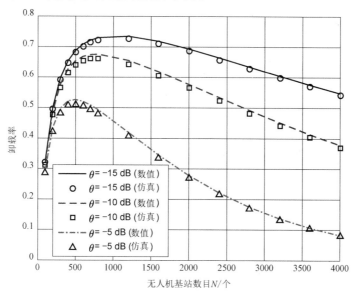

图 5-23　卸载率与无人机基站数目、卸载率阈值间的关系

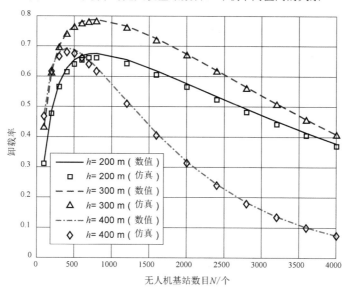

图 5-24　卸载率与无人机基站数目、高度间的关系

卸载率与缓存服务半径、无人机基站数目间的关系如图 5-25 所示。从图中可以看出，当无人机基站数目固定时，卸载率随着缓存服务半径的增加而增加。当缓存服务半径增加时，用户卸载到无人机基站的概率增加，相对于已被破坏的地面基站而言，无人机基站能够利用视距链路传输请求内容，增加接收功率，提高卸载率。此外，当缓存服务半径较小时，如 $R_c \leqslant 400\ \mathrm{m}$，增加无人机基站数目能够提高卸载率；当缓存服务半径较大时，如 $R_c \geqslant 500\ \mathrm{m}$，增加无人机基站数目会增加干扰，降低卸载率。

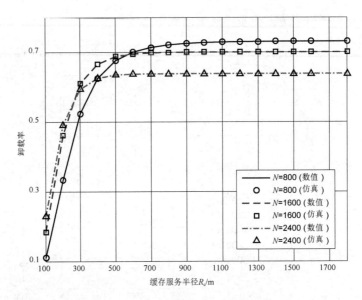

图 5-25　卸载率与缓存服务半径、无人机基站数目间的关系

　　卸载率与内容流行度分布参数、缓存容量间的关系如图 5-26 所示。由图可知，当缓存容量固定时，卸载率随着流行度分布参数 γ 的增加而增加。当 γ 增大，内容流行度分布集中，大量用户请求少量流行度高的内容，而这些内容主要属于前几个内容组，被大量无人机基站缓存，卸载率随之提升。与此同时，缓存容量增加有利于提高缓存命中率，提高卸载率。

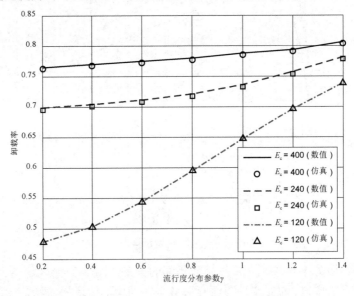

图 5-26　卸载率与内容流行度分布参数、缓存容量间的关系

　　图 5-27 到图 5-29 是平均速率的仿真结果，仿真曲线与数值曲线吻合，表明了理论推导的正确性。平均速率与无人机基站数目、高度间的关系如图 5-27 所示。当无人机基站的高度较低时，增加无人机基站数目能够短暂地提高平均速率，原因在于增加无人机基站数目有助于用户卸载到无人机基站中，视距链路传输能够提高平均速率。继续增加无人机基站数目则会加大干扰，造成平均速率的迅速下降。当无人机基站高度较高时，服务无人机基站较大

概率地会采用视距链路传输,增加无人机基站数目只会加剧干扰,造成平均速率的持续下降。

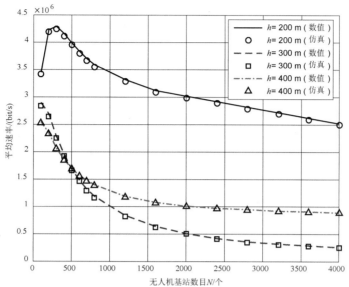

图 5-27　平均速率与无人机基站数目、高度间的关系

平均速率与缓存服务半径、无人机基站数目间的关系如图 5-28 所示。从图中可以看出,平均速率随着缓存半径的增加而增加,不同无人机基站数目曲线的趋势均相同。增加缓存服务半径能够增加灾难救援场景中用户卸载到无人机基站的概率,视距链路传输有利于提高平均速率。当继续增加缓存服务半径时,用户与服务无人机基站间的距离增加,阻碍了平均速率的继续增加,平均速率趋于稳定值。在缓存服务半径较小时,增加无人机基站数目有利于提高平均速率,而在缓存半径较大时,增加无人机基站数目会导致平均速率下降。

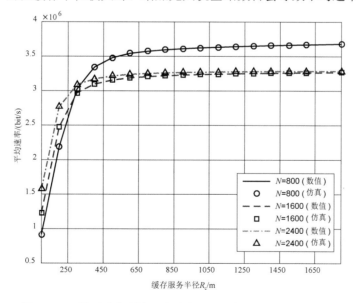

图 5-28　平均速率与缓存服务半径、无人机基站数目间的关系

　　平均速率与流行度分布参数、缓存容量间的关系如图 5-29 所示。随着流行度分布参数 γ 的增大，内容流行度分布变得不均匀，大量用户请求流行度高的内容，而这些内容被大部分无人机基站缓存，能够获得高缓存命中率高，利用视距链路传输请求内容有助于增加平均速率。扩大缓存容量可以通过提高缓存命中率进一步提升平均速率。

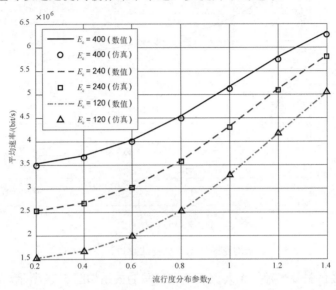

图 5-29　平均速率与流行度分布参数、缓存容量间的关系

5.9 本章小结

　　本章主要介绍无人机通信网络性能的理论研究。首先介绍了随机几何理论的基础知识、随机几何网络模型。然后从基本的单层无人机通信网络出发，使用随机几何理论进行建模并分析了单层无人机通信网络的覆盖率，并推导了在限定条件下的最优部署密度。接着考虑更复杂的情况，对热点覆盖场景和灾难救援场景下无人机基站和地面基站协作传输问题的覆盖率与频谱效率进行了分析，并给出了相关的计算公式。最后以热点覆盖场景与灾难救援场景为例，重点研究了无人机通信网络的缓存性能；在热点辅助场景中，研究了概率缓存放置策略与内容传输策略下的缓存覆盖率与平均速率，并分别以最大化缓存覆盖率与平均速率为目标进行了缓存概率优化；在灾难救援场景，研究了概率缓存放置策略与内容传输策略下的无人机基站卸载率与平均速率，并分别以最大化卸载率与平均速率为目标进行了缓存概率优化。

本章参考文献

　　[1] Stoyan D, Kendall W S, Mecke J. Stochastic geometry and its applications[M]. 2nd ed. New York: John Wiley & Sons Ltd., 1995.

　　[2] Gilbert E N. Random plane networks[J]. Journal of the Society for Industrial and Applied Mathematics, 1961, 9(4): 533-543.

[3] 滕颖蕾，宋梅，刘梦婷. 蜂窝异构网络基础理论及其关键技术[M]. 北京：北京邮电大学出版社，2016.

[4] Elsawy H, Hossain E, Haenggi M. Stochastic geometry for modeling, analysis, and design of multi-tier and cognitive cellular wireless networks: a survey [J]. IEEE Communications Surveys & Tutorials, 2013, 15(3): 996-1019.

[5] Wikipedia. Point: process operation [DB/OL]. [2022-03-15]. https://en.wikipedia.org/wiki/Poisson_point_process.

[6] Dhillon H S, Ganti R K, Andrews J G. Load-aware modeling and analysis of heterogeneous cellular networks[J]. IEEE Transactions on Wireless Communications, 2013, 12(4): 1666-1677.

[7] Rasmussen J G. Poisson processes[M]. Denmark: Department of Mathematics Aalborg University, 2011.

[8] Moltchanov D. Distance distributions in random networks[J]. Ad Hoc Networks, 2012, 10(6): 1146-1166.

[9] 张琪. 联合缓存与无线传输的理论性能分析及优化策略研究[D]. 北京：北京邮电大学，2018.

[10] Liu M, Teng Y, Song M. Performance analysis of coordinated multipoint joint transmission in ultra-dense networks with limited backhaul capacity[J]. IET Electronics Letters, 2015, 51(25): 2111-2113.

[11] Moller J. Random tessellations in $\mathcal{R}^d$ [J]. Advances in Applied Probability, 1989, 21(l): 37-73.

[12] Hug D, Last G, Weil W. A survey on contact distributions[J]. Lecture Notes in Physics, 2002, 600: 317-357.

[13] Zhou L, Yang Z, Zhou S, et al. Coverage probability analysis of UAV cellular networks in urban environments[C]. 2018 IEEE International Conference on Communications Workshops (ICC Workshops), Kansas, 2018.

[14] Abhayawardhana V S, Wassell I J, Crosby D, et al. Comparison of empirical propagation path loss models for fixed wireless access systems[C]. 2005 IEEE 61st Vehicular Technology Conference(VTC), Stockholm, 2005.

[15] Sun H, Wang X, Zhang Y et al. Performance analysis and cell association design for drone-assisted heterogeneous networks[J]. IEEE Transactions on Vehicular Technology, 2020, 69(11): 13741-13755.

[16] Jo H, Sang Y J, Xia P, et al. Heterogeneous cellular networks with flexible cell association: a comprehensive downlink SINR analysis[J]. IEEE Transactions on Wireless Communications, 2012, 11(10): 3484-3495.

[17] Sun Y, Ding Z, Dai X. A user-centric cooperative scheme for UAV-assisted wireless networks in malfunction areas[J]. IEEE Transactions on Communications, 2019, 67(12): 8786-8800.

[18] 范琮珊. 基于随机几何的蜂窝网络缓存性能研究[D]. 北京：北京邮电大学，2019.

第 2 篇

无人机-蜂窝融合通信网络篇

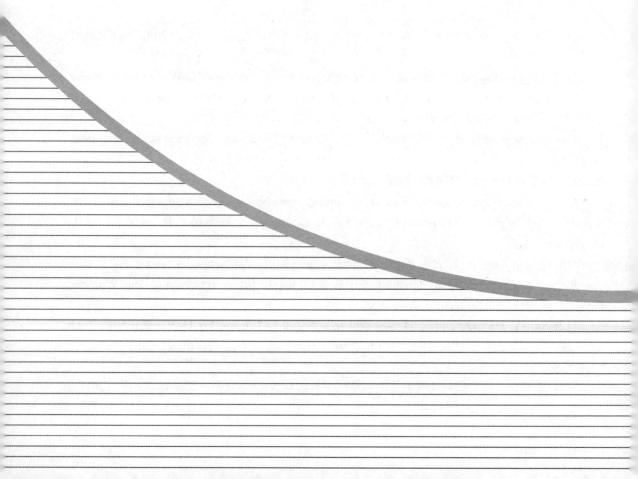

第 6 章
无人机通信网络的无线资源分配

6.1 引言

    随着无线通信技术的发展以及新兴通信应用的需求，无人机通信网络由于具有灵活的移动性、较低的成本和独特的空地视距（Line of Sight，LoS）链路等优势，已经成为一种高效的现有无线通信网络的补充。无人机可以广泛部署在搜救、监测、数据收集以及热点地区来辅助通信，不仅可以有效改善网络的吞吐，还可以改善网络的覆盖范围。无论在人流密集的场所，还是在偏远的地区，无人机通信网络都有着广泛的应用。

    信息的高效传输对无人机通信网络的性能起着至关重要的作用，在资源有限的无线通信中，要提高数据传输速率就必须合理地利用无线资源。无人机在执行任务时，其高移动性对无线资源的管理和分配提出了很高的要求，为满足不同类型业务的通信要求，需要采用更有效、灵活的资源分配方式。在对无人机通信网络问题建模时，所涉及的问题主要包括无线资源分配和飞行轨迹优化。对于无线通信系统而言，无线资源主要包括频域资源、时域资源、功率资源和空间资源等。因此在资源分配策略的问题上，往往需要面临多种资源联合优化的问题，多维资源耦合关系给问题的求解带来了很大的困难。另外，在无人机飞行轨迹方面，主要涉及无人机的移动性约束条件、无人机的飞行功耗或能耗模型。无人机移动性约束主要指无人机执行通信任务时最大或最小速度、最大加速度、最小转弯半径等约束条件。

    此外，5G 网络所提供的超高速率、超低时延和超高密度覆盖优势，使得未来的无人机产业发展与 5G 网络的结合成为必然。在无线通信技术层面，大规模天线阵列技术将为无人机提供更高的速率支持，通过先进的检测算法可以有效降低干扰。移动边缘计算技术为满足无人机的超低时延需求提供可能，通过将计算存储能力与业务服务能力下沉到网络边缘，可以为无人机带来更低的端到端时延，支持更加多样与复杂的业务需求。非正交多址接入（Non-Orthogonal Multiple Access，NOMA）技术是 5G 提升频谱效率的关键技术，可以为无人机带来更高的频谱效率和性能增益，为无人机发展提供更多可能。5G 技术与无人机的结合将为无人机产业带来更多可能，但同时也给无人机通信网络的无线资源分配带来了诸多极具挑战性的难题。

    本章首先对无线资源分配领域目前主流的优化目标与优化方法进行概述，然后依次研究无人机辅助异构蜂窝网络、无人机辅助 NOMA 系统、无人机辅助缓存蜂窝网络、无人机毫米波通信网络四种无人机通信网络及其涉及的无线资源分配问题。

6.2 无线资源分配研究概述

移动通信网络相关技术的研究为无人机辅助移动通信网络的发展奠定了良好的基础。本节将介绍与无人机通信密切相关的移动通信网络资源管理技术,为无人机辅助的移动通信网络的无线资源分配研究提供指导。

6.2.1 无线资源管理的优化目标

为了提高移动通信网络资源的利用效率,无线资源管理一直以来都是移动通信网络的重要研究方向之一。无线资源管理的基本思想是在一定约束条件下,通过合理的无线资源分配来优化移动通信网络的性能。移动通信网络性能的评价指标多种多样,本节将介绍常用的无线资源管理评价指标。

1. 系统吞吐量

不论传统的宏蜂窝网络还是新型的异构网络,提升系统吞吐量一直是移动通信网络的研究主题。吞吐量在实际的无线资源管理问题中有着不同的表现形式,可以是单个用户或网络的平均吞吐量、单个用户或多个用户瞬时速率、频谱效率(Spectral Efficiency,SE)等。

2. 网络能效(Energy Efficiency,EE)

网络能效常常被定义为网络吞吐量或覆盖范围与系统能耗之间的比例。值得注意的是,移动通信网络的能耗不仅包括信号传输的能耗,还包括设备运行的能耗,如维持系统运行的一些外围设备能耗、无线接入网的馈线传输能耗、大规模 MIMO 及毫米波设备的射频链路等模拟组件的能耗等。随着网络设备数量的增加,移动通信网络能耗将大幅增加,移动通信网络的能效优化变得更加重要。

3. 用户体验

随着 VR/AR、在线视频、在线游戏、智能交通、机器人、无人机等应用的快速发展,用户对网络服务质量的要求也更加多样化。需求不同的应用通常需要用不同的性能指标来衡量其服务质量。移动通信网络需要针对不同的用户需求调整无线资源配置,提升服务质量。例如,在线视频及游戏中的低时延、智能交通及远程医疗中的高可靠性、传感网中的低电量消耗等都对无线资源的分配提出了不同的需求。

4. 公平性及优先级

在移动通信网络中,用户间的公平或者某些用户的优先级保证也是非常重要的问题。在考虑公平性的无线资源管理中,需要保证所有用户都能公平地获得资源,而不仅仅考虑系统的平均性能。在无线资源分配中,常用的公平规则包括最大最小(Max-Min)公平、比例公平、加权比例公平等。考虑优先级保证的无线资源管理使得部分网络节点可以让用户优先使用某些无线资源。虽然保证优先级的优化目标看似与保证公平性的优化目标相悖,但很多时候优先级可以表现为一种加权的公平。公平和优先级都是在未来移动通信网络设计中不可缺少的部分。

6.2.2　无线资源管理的优化方法

本节介绍无线资源管理的常用优化方法。

1．凸优化方法

凸优化方法可以简单地描述为在可行集上对凸/凹函数最小化/最大化的方法。最优化理论在自动控制、信号处理、通信、网络及电子电路设计领域中都得到了广泛的应用。移动通信网络无线资源分配中的覆盖范围最大化、加权速率和最大化、能耗最小化及公平性等问题都可以建模成相应的优化问题，其中凸优化问题可以分为线性规划、二阶锥规划、半正定规划等标准的优化问题，并可以使用拉格朗日对偶方法、下降方法、内点法等凸优化方法进行求解。非凸问题也常常可以通过一些方法转化为凸问题。然而，未来移动通信网络规模巨大，再加上很多问题都具有非凸的特性，在一个合理的时间限制内寻找最优解是非常具有挑战性的任务，很多研究都采用较低复杂度的算法寻找次优解。

2．平均场方法

无线资源最优分配问题的求解需要网络的完全状态信息。随着网络的密集化，获取完全状态信息所需的反馈与信息交互在实际网络中将难以承受。为了解决这一问题，可以采用平均场方法将来自多个网络节点的影响近似为一个平均的影响。在网络节点数量较多时，可以通过平均场方法较为精确地将复杂的多对多交互问题转化为较为简单的一对多问题。

3．随机优化方法

移动通信系统中的优化问题常常包含由随机噪声及随机信道衰落造成的非确定性随机特征。这促使人们在相关问题中采用相应的随机优化方法。比较典型的场景是需要同时考虑排队论与信息论的随机队列优化问题，随机的业务到达和随机的信道衰落使得物理层传输与缓存队列管理之间出现耦合，增加了问题的复杂度。随机优化方法可以将这样难以处理的问题转化为较为容易的确定性优化问题，其中较为常用的方法包括 Lyapunov 偏移及 Bellman 方程。

4．图论

图论是将对象之间的关系用图的形式表现出来的方法，可以应用于多个对象之间相互作用的分析。在移动通信网中通常将网络节点抽象为图上的顶点，而图上的边则用于表达顶点之间的某种关系。根据所表达关系的不同，图上的边可以是加权的或者有向的。例如，在处理干扰管理问题时常常使用干扰图来表达网络节点之间的干扰关系。同时，一些无线资源管理问题也可以被建模成经典的图论问题进行求解。

5．博弈论

博弈论是研究多个个体之间相互影响的有效工具，通过对博弈中的激励机制和相互作用进行数学描述，可以对"玩家"的个体行为进行预测并给出其最优策略。博弈论最初在经济领域提出，并在政治、生物、法律等领域获得了成功的应用，在移动通信网络的无线资源管理问题中也有着广泛的应用，其中包括功率控制信道分配、干扰管理、用户分配等。

6. 机器学习

随着人工智能的快速发展，机器学习在移动通信网络中也得到了广泛的应用。在现有的基于机器学习的移动通信网络优化相关研究中，涉及的算法主要包括监督学习、无监督学习和强化学习。其中，监督学习利用大量的有标记数据来训练模型，以完成给定的分类或回归任务，在移动通信网络中通常首先利用监督学习来估计移动通信网络的用户、网络或环境的未来状态，然后对移动通信网络进行针对性的调优。无监督学习则利用无标记的数据来训练模型，通常用于分类或数据降维。强化学习与监督或无监督学习不同，其训练不依赖于给定的静态历史数据，而是通过与环境交互来动态收集训练样本，并根据收集到的样本来直接优化行为策略。现有的研究通常利用强化学习来解决控制类的移动通信网络优化问题，通常会将无线资源分配问题建模为马尔可夫决策过程（Markov Decision Process，MDP），利用强化学习分别学习最优的功率分配、信道选择和带宽分配等，以提升系统的容量、谱效与能效。

6.3 无人机辅助异构蜂窝网络的无线资源分配

6.3.1　无人机辅助异构蜂窝网络的特点与挑战

目前的无人机通信网络结构主要包括基于地面终端的直连链路、基于卫星链路、飞行自组织网以及基于蜂窝网络的无人机通信等。其中，出于成本考虑，基于蜂窝网络的无人机通信网络结构受到了广泛关注，越来越多的研究者开始考虑使用蜂窝网络来解决无人机通信网络的问题。得益于蜂窝网络在全球范围内的广泛覆盖，蜂窝网络基站的高速光纤回传以及高速发展的无线接入技术，不论高密度的 UAV 是否采用远距离操控都可以由蜂窝网络提供可靠的支撑。5G 网络将为无人机通信网络提供极低时延和极高速率的通信支持，这样的通信能力可以说是为 UAV 量身定制的。

得益于 UAV 的高度灵活性，采用无人机基站（UAV Base Station，UBS）可以为移动通信网络的动态部署带来巨大的便利，尤其是在需要较高弹性和灵活性的场景中。不同于应急通信车等地面临时基站，UBS 的部署不受地面道路和建筑物的影响，部署的自由度更高，且可以在短时间内释放多个 UBS，从而实现大量临时基站的快速部署，解决在交通堵塞、体育馆人员聚集等场景中的网络拥塞问题，以及在紧急情况下协助救援，避免人员及财产的损失。具有临时性、突发性及紧急性特点的网络应用场景将更加凸显 UBS 的应用价值。UBS 具有高海拔、高移动性、高视距（Line Of Sight，LoS）概率等特点，与传统移动通信网络的地面基站（Ground Base Station，GBS）有很大的不同，这在给移动通信网络设计带来机遇的同时也带来了挑战。

（1）高海拔。UBS 的天线高度将明显高于传统 GBS 的天线高度。根据 3GPP 的建议，城区宏基站（Urban Macro，UMa）的典型高度为 25 m，而城区小基站（Urban Micro，UMi）的典型高度仅为 10 m[1]。根据美国 FAA 的相关规定，小型民用 UAV 的飞行高度可达 122 m。在 3GPP 对无人机通信的相关研究中，UAV 的最大飞行高度更是高达 300 m[2]。不同于只需要考虑二维平面上用户覆盖的传统场景，当需要在 GBS 和 UAV 之间建立无线链路时，UAV 的飞行高度要求 GBS 能够在一个立体的三维空间内提供无线覆盖。为了给地面用户提供服务并避免邻区干扰，现有的蜂窝网络基站天线大多以机械或者电子的方式向下倾斜。虽然一些初期的场地测试结果表明利用下倾天线的副瓣信号也足以为飞行高度在 122 m 以下的 UAV 提供基础的通信服务。但是，随着 UAV 飞行高度的提升，GBS 对 UAV 的无线覆盖会相应地下降。为了满足 3GPP 标准中 300 m 的飞行高度，GBS 的天线需要进行相应的调整，以满足 UAV 监控等业务对高速无线连接的需求。

（2）高 LoS 概率。较高的飞行高度使得 UAV 空-地和地-空信道的电波传播特性，与地面通信系统地-地信道的电波传播特性存在显著的差异。具体而言，地-地信道容易受到阴影衰落和多径衰落的影响，而空-地和地-空信道通常以 LoS 链路为主。LoS 链路的时域及频域特性都较为平稳，使 UAV 与地面节点之间的信道性能变得更加可靠，有利于提高通信调度及资源管控的效率。另外，虽然高质量的信道给 UBS 扩大覆盖范围提供了条件，却也导致了 UBS 和 GBS 之间存在较为严重的干扰问题。例如，当 UBS 向 GBS 进行上行传输时，由于 LoS 链路的存在，邻区 GBS 依然可以接收到较强的信号，从而对同频的邻区 GBS 造成干扰；而邻区 GBS 的下行传输也会对 UBS 造成干扰。这一问题将严重限制 UBS 与 GBS 共存条件下的移动通信网络容量，因此，在无人机通信网络中需要采用干扰消除技术，以减轻 UBS 与 GBS 之间的干扰[3]。再者，质量较好的 LoS 链路也使得 UBS 更容易受到来自恶意节点的窃听和干扰，这使得安全性成为无人机通信网络中的一个关键问题。

（3）高移动性。与传统移动通信网络中部署在某个固定位置的 GBS 不同，UBS 可以在空中自由移动。虽然 UBS 的移动性可能导致前传链路和回传链路的频繁切换等问题，但其可控性也使得 UBS 可以根据通信需求有目的地控制其部署位置及飞行轨迹。根据通信目标的不同，UAV 的位置、高度、速度、朝向等都可以按需动态地改变。例如，当 UAV 作为蜂窝网络用户时，UAV 可以根据 GBS 的位置来设计相应的飞行轨迹，以保证在飞行过程中与地面节点的连接不会中断。当 UAV 作为无线基站时，它飞行过程中也可以根据其服务用户的位置使用在线或者离线优化的方式对飞行轨迹进行优化；反过来，还可以根据 UAV 的位置或飞行轨迹进行通信的调度以及资源的分配，从而进一步提升网络性能。

（4）尺寸、重量及能量限制。GBS 可以从电网中获得充足而稳定的能量供应，UBS 通常依靠自身供能，有限的能量供给极大地限制了 UBS 的续航时间和通信能力。与 GBS 相比，UBS 要更加严格地控制尺寸和重量，要使用更加紧凑且能效更高的硬件设备，以适应 UAV 有限的载荷能力。另外，除了传统的通信传输能耗，UAV 还需要消耗能量产生推进力以保持飞行。实际上，对于普通的 UAV 而言，飞行所需的能耗常常明显高于通信所需的能耗，因此，和只需要考虑通信相关能耗的 GBS 相比[4]，无人机通信网络对高能效设计有更加苛刻的需求。

6.3.2　UBS 前传链路和回传链路的联合优化

在无人机辅助异构蜂窝网络中，UBS 与 GBS 之间一个显著的不同，静态基站的回传链路可以依赖于光纤等更加可靠的有线链路，但 UBS 通常只能选择以无线回传的方式将用户数据回传到 GBS，再从 GBS 接入地面骨干网。根据回传资源分配方式的不同，无线回传可分为带外回传和带内回传。在缺乏额外回传频谱资源的情况下，可以使用带内回传方式动态地将一部分前传频谱资源分配给回传链路。此时，前传和回传谱频资源的划分方式将对系统性能产生极大的影响。带外回传方式需要与前传链路相独立的频谱资源为回传链路提供支撑。其中，毫米波（Millimeter-Wave，mmWave）是实现 UBS 带外回传链路的一种有效手段。这是因为毫米波波段内大量的频谱资源可以提供较大的回传链路容量，且空-地信道不易受到遮掩的特性规避了毫米波穿透力弱的问题。但毫米波波段容易受到雨衰影响，在传播环境不理想的情况下，其有效传播距离将受到很大的限制。

在带内回传及带外回传中，都需要根据前传链路和回传链路状态制定相应的资源管理方案，并需要动态调整部署位置对回传链路的状态进行优化。而 UBS 的部署位置还将影响其与地面用户之间的前传链路质量，对其无线服务的质量和范围造成影响。在用户数量较大且分布不均匀的场景中，需要对多个 UBS 的部署位置进行联合优化，从而实现负载均衡。

本节利用 UBS 的机动性，以用户公平性和负载的均衡性为考量，从前传链路和回传链路的联合优化入手，研究提高网络性能的多 UBS 联合部署技术。

1. 带外回传的 UBS 资源管理及部署

由于毫米波波段拥有较为丰富且尚未开发的频谱资源，因此其被认为是移动通信网络中实现无线回传的一个重要手段。但由于毫米波波段有较大的雨衰，使得 UBS 需要在不同的天气条件下自适应地调整部署位置和资源分配。

本节将重点讨论使用毫米波在 GBS 与 UBS 之间进行带外回传的 UBS 部署问题，为了避免 UBS 多跳网络的处理时延，假设 UBS 之间不直接进行通信。

1）问题建模

带外回传无人机辅助的异构蜂窝网络场景如图 6-1 所示[5]。考虑一个由 GBS、地面用户及多个 UBS 组成的无线网络系统，地面用户的无线接入由 UBS 提供，且各个 UBS 通过基于 GBS 的毫米波无线回传链路将地面用户与地面骨干网连接起来。$\mathcal{N}$ 和 $\mathcal{M}$ 分别表示 UBS 和地面用户的集合。地面用户的位置可表示为 $x^{\text{user}} = \left\{ x_j^{\text{user}} \in \mathbb{R}^2 \mid j \in \mathcal{M} \right\}$，UBS 在地面的投影为 $x^{\text{ubs}} = \left\{ x_i^{\text{ubs}} \in \mathbb{R}^2 \mid i \in \mathcal{N} \right\}$。从第 i 个 UBS 在地面的投影到第 j 个地面用户的距离为地面距离，即 $r_{i,j} = \left\| x_i^{\text{ubs}} - x_j^{\text{user}} \right\|_2$。假设 UBS 总是飞行在一个固定的高度 h；第 i 个 UBS 到第 j 个地面用户的距离为空间距离，即 $d_{i,j} = \sqrt{r_{i,j}^2 + h^2}$。另外，设 GBS 的位置为 $x^{\text{gbs}} \in \mathbb{R}^2$。由于 GBS 的天线高度相对于 UBS 的天线高度而言非常小，在此忽略 GBS 的天线高度。类似于地面用户，GBS 到第 i 个 UBS 的地面距离和空间距离分别为 $r_i^{\text{back}} = \left\| x_i^{\text{ubs}} - x^{\text{gbs}} \right\|_2$ 和 $d_i^{\text{back}} = \sqrt{\left(r_i^{\text{back}} \right)^2 + h^2}$。

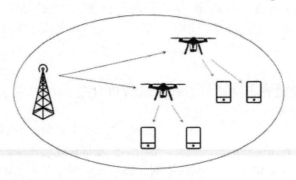

图 6-1   带外回传无人机辅助的异构蜂窝网络场景

2）路径损耗模型与频谱效率

对于前传链路，考虑到 UAV 的载荷能力有限，小型化基站的处理能力将难以支持毫米波自适应波束赋形技术所需的计算。假设 UBS 使用 Sub-6GHz 频段的单天线系统与地面用户进行通信。根据传播环境的不同，由 UBS 到地面用户的空–地信道可以被粗略地分为 LoS 链路和 NLoS 链路两种，本节使用两种不同的衰减系数 μ_{LoS} 和 μ_{NLoS} 来区别这两种链路。第 i 个 UBS 与第 j 个地面用户之间的 LoS 链路和 NLoS 链路的路径损耗可以分别写为：

$$L_{i,j}^{\mathrm{LoS}} = \left(\frac{4\pi f}{c}\right)^2 \left|d_{i,j}\right|^2 \mu_{\mathrm{LoS}}$$

$$L_{i,j}^{\mathrm{NLoS}} = \left(\frac{4\pi f}{c}\right)^2 \left|d_{i,j}\right|^2 \mu_{\mathrm{NLoS}}$$

式中，f 是前传链路的载波频率；c 是光速。

在实际场景中，很难获取准确的阻碍与遮挡信息。本节采用概率 LoS 信道模型对期望信道衰落进行建模。其中 LoS 信道的概率定义为 GBS 和 UBS 之间没有建筑物阻挡的概率。根据文献 [6]，LoS 信道的概率可以通过以下公式得出：

$$\mathrm{Pr}_{i,j}^{\mathrm{LoS}} = \frac{1}{1 + a\mathrm{e}^{\left[-b\left(\theta_{i,j} - a\right)\right]}}$$

式中，a 和 b 是两个由单位区域内建筑物占地比率、建筑物数量和建筑物高度的分布决定的常数[6]；$\theta_{i,j} = \dfrac{180°}{\pi}\arctan\left(\dfrac{h}{r_{i,j}}\right)$，表示第 j 个地面用户到第 i 个 UBS 之间的仰角。NLoS 信道的概率为 $\mathrm{Pr}_{i,j}^{\mathrm{NLoS}} = 1 - \mathrm{Pr}_{i,j}^{\mathrm{LoS}}$。第 i 个 UBS 到第 j 个地面用户的信号接收强度为：

$$S_{i,j} = \frac{P\big/\left(4\pi f/c\right)^2}{\left|d_{i,j}\right|^2 \mu_{i,j}} \tag{6-1}$$

式中，$\mu_{i,j} = \mathrm{Pr}_{i,j}^{\mathrm{LoS}}\mu_{\mathrm{LoS}} + \mathrm{Pr}_{i,j}^{\mathrm{NLoS}}\mu_{\mathrm{NLoS}}$；$P$ 是 UBS 的信号发射功率。

不同于 UBS 对载荷和能耗的限制，回传链路可以在 GBS 上搭载更加复杂的硬件设备。假设 GBS 上搭载有尺寸为 A^{t} 的大规模天线系统，并采用迫零波束赋形技术来对天线单元的发射进行协调。根据文献 [7-8]，假设天线阵列的规模足够大，迫零波束赋形增益可以近似地写为 $(A^{\mathrm{t}} - A^{\mathrm{g}} + 1)/A^{\mathrm{g}}$，其中 A^{g} 是波束赋形组的数量。由于 GBS 的天线具有一定的高度，可以假设 GBS 到 UBS 之间的链路以 LoS 链路为主。同时，考虑到毫米波容易受雨衰的影响，GBS 到 UBS 的等价接收信号功率为：

$$S_i^{\mathrm{back}} = \frac{A^{\mathrm{t}} - A^{\mathrm{g}} + 1}{A^{\mathrm{g}}} \frac{P^{\mathrm{back}}\big/\left(4\pi f^{\mathrm{back}}/c\right)^2}{\left|d_i^{\mathrm{back}}\right|^2 \mu_{\mathrm{LoS}} \cdot 10^{\gamma d_i^{\mathrm{back}}/10}} \tag{6-2}$$

式中，P^{back} 是 GBS 的发射功率；f^{back} 是回传链路的载波频率；γ 是毫米波传输过程中的衰减系数。当 $\gamma = 0$ 时，该公式退化成传统的自由空间信道模型；$\gamma \geqslant 0$ 表示不可忽略大气吸收和雨衰的影响。

3）优化问题

由于 $S_{i,j}$ 是在整个前传频带 F 上的接收功率，因此第 j 个地面用户的谱效率为：

$$E_{i,j} = \log\left(\frac{\beta_{i,j}S_{i,j}/F}{\beta_{i,j}I_{i,j}/F + \beta_{i,j}\sigma} + 1\right) = \log\left(\frac{S_{i,j}}{I_{i,j} + F\sigma} + 1\right)$$

式中，F 是前传链路的频宽；σ 是噪声功率频谱密度；$I_{i,j} = \sum\limits_{k \in N, k \neq i} S_{k,j}$ 是第 j 个地面用户接收到的干扰信号，这些干扰来自除第 i 个 UBS 以外的其他 UBS；第 j 个地面用户的速率 $R_{i,j} = \beta_{i,j} E_{i,j}$，其中 $\beta_{i,j}$ 是分配给第 j 个地面用户的时频资源总量。

应该注意到，在 UBS 部署问题建模中考虑地面用户公平性的效用函数是至关重要的。如果仅仅考虑系统的吞吐量，那么在地面用户分布不均匀的场景中则可能由单个 UBS 对地面用户密度较大区域进行覆盖，从而造成 UBS 的拥塞以及地面用户服务质量的下降。为了在地面用户中保证一定的公平性，需要减小服务质量较好的地面用户对系统收益的贡献，并在地面用户服务质量过差时对系统收益进行惩罚，从而使多个 UBS 对其负载进行均衡。为此，我们选择使用对数函数来计算实际的地面用户收益。当第 j 个地面用户由第 i 个 UBS 提供服务时，其效用函数可以写为 $\log\left(\beta_{i,j} E_{i,j}\right)$。

由于在 GBS 上采用了大规模天线系统，天线阵列的尺寸将远远超过 UBS 的数量，因此可以给每个 UBS 分配一个独立的波束赋形组。另外，由于采用了迫零波束赋形技术，所以假设各个波束赋形组之间不存在干扰。考虑到前传链路与回传链路的频谱分配是相互独立的，回传链路中的干扰可以忽略。回传链路的速率为：

$$R_i^{\text{back}} = B \log\left(1 + \frac{S_i^{\text{back}}}{\sigma B}\right)$$

式中，B 是回传链路的带宽。

假设任意一个地面用户都只由一个 UBS 为其提供服务，引入一组指示变量 $z = \{z_{i,j} \mid i \in \mathcal{N}, j \in \mathcal{M}\}$ 来表示 UBS 与地面用户之间的接入关系，$z_{i,j} = 1$ 表示第 j 个地面用户接入第 i 个 UBS；否则 $z_{i,j} = 0$。

至此，可以将整个优化问题写为如下形式：

$$\max_{z, x^{\text{ubs}}, \beta, m} \sum_{j \in \mathcal{M}} \sum_{i \in \mathcal{N}} z_{i,j} \log\left(\beta_{i,j} E_{i,j}\right) \tag{6-3a}$$

$$\text{s.t.} \quad \sum_{j \in \mathcal{M}} z_{i,j} \beta_{i,j} \leqslant F, \quad \forall i \in \mathcal{N} \tag{6-3b}$$

$$\sum_{j \in \mathcal{M}} z_{i,j} \beta_{i,j} E_{i,j} \leqslant R_i^{\text{back}}, \quad \forall i \in \mathcal{N} \tag{6-3c}$$

$$\sum_{i \in \mathcal{N}} z_{i,j} = 1, \quad \forall j \in \mathcal{M} \tag{6-3d}$$

$$z_{i,j} \in \{0,1\}, \quad \forall i \in \mathcal{N}, \forall j \in \mathcal{M} \tag{6-3e}$$

$$\sum_{j \in \mathcal{M}} z_{i,j} = m_i, \quad \forall i \in \mathcal{N} \tag{6-3f}$$

$$\sum_{i \in \mathcal{N}} m_i = M \tag{6-3g}$$

在该优化问题中，式（6-3b）要求分配给各个地面用户的时频资源总量不能超过该 UBS 的前传资源总量 F；式（6-3c）要求各个 UBS 的前传总速率不能超过其回传链路的承载能力；式（6-3d）和式（6-3e）则要求每个地面用户只能被分配给一个 UBS。

2. 带内回传的 UBS 资源管理及部署

带内回传无人机辅助的异构蜂窝网络场景如图 6-2 所示[9]。由于在带内回传中，前传和回传的工作频段相同，因此地面用户的接收机也能够接收 GBS 发射的无线信号，在此场景中允许 GBS 直接为地面用户提供服务。同样，在此场景中也不存在 UBS 之间的直接通信的链路。与带外回传不同，在带内回传中，前传和回传资源不再是两个固定的参数，而是根据 UBS 的具体位置进行调整的两个变量。带内回传中设计的变量是系统的总带宽 C，本节假设系统的总带宽为单位带宽，即 $C=1$。由于 GBS 到地面用户的信道为传统的地-地信道，因此与 GBS 到 UBS 的信道相比，地面用户到 GBS 之间存在较大的穿透损耗。

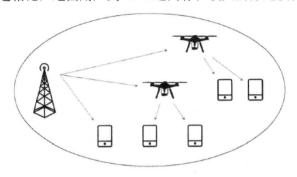

图 6-2　带内回传无人机辅助的异构蜂窝网络场景

类似于带外回传，带内回传的前传频谱效率可以定义为：

$$E_{i,j} = \log\left(\frac{S_{i,j}}{I_{i,j} + \sigma} + 1\right)$$

式中，σ 是噪声功率谱密度；$I_{i,j}$ 是地面用户接收到的干扰，干扰来自除服务基站之外的其他基站。本节假设系统运行在 Sub-6GHz 频段，考虑到 GBS 对无线发射设备的限制较为宽松，可以假设 GBS 上使用了大规模天线阵列，且同样采用了迫零波束赋形技术。考虑到地面用户的上行功率远小于 GBS 的发射功率，因此忽略地面用户对 UBS 的上行干扰。UBS 回传链路的频谱效率可以写为：

$$E_i^{\text{back}} = \log\left(\frac{S_i^{\text{back}}}{\sigma} + 1\right)$$

由于允许 GBS 直接为地面用户提供服务，因此需要给出地面用户到 GBS 的频谱效率。GBS 可以被看成一个特殊的 UBS，为其分配一个特殊的下标 0。设地面用户到 GBS 之间的穿透损耗为 μ_{gbs}，则地面用户到 GBS 之间的频谱效率为：

$$E_{0,j} = \log\left(\frac{S_{0,j}}{\sigma} + 1\right)$$

式中，

$$S_{0,j} = \frac{A^{\text{t}} - A^{\text{g}} + 1}{A^{\text{g}}} \frac{P^{\text{gbs}} / (4\pi f / c)^2}{\left|d_{0,j}\right|^2 \mu_{\text{gbs}}}$$

同样使用对数效用函数，带内回传的优化问题可以写为：

$$\max_{z,\beta,x,B,F} \sum_{i \in \mathcal{N}^0} \sum_{j \in \mathcal{M}} z_{i,j} \log\left(\beta_{i,j} E_{i,j}\right) \tag{6-4a}$$

$$\text{s.t.} \quad \sum_{j \in \mathcal{M}} \beta_{i,j} \leqslant F_i, \quad \forall i \in \mathcal{N}^0 \tag{6-4b}$$

$$\sum_{j \in \mathcal{M}} \beta_{i,j} E_{i,j} \leqslant B_i E_i^{\text{back}}, \quad \forall i \in \mathcal{N} \tag{6-4c}$$

$$F_i + B_i \leqslant 1, \quad \forall i \in \mathcal{N} \tag{6-4d}$$

$$F_0 \leqslant 1 \tag{6-4e}$$

$$\sum_{i \in \mathcal{N}^0} z_{i,j} = 1, \qquad \forall j \in \mathcal{M} \tag{6-4f}$$

$$z_{i,j} \in \{0,1\}, \qquad \forall i \in \mathcal{N}^0; j \in \mathcal{M} \tag{6-4g}$$

式中，$\mathcal{N}^0 = \mathcal{N} \cup 0$，表示包含 GBS 在内的所有基站的集合；$B = \{B_i | i \in \mathcal{N}\}$ 和 $F = \{F_i | i \in \mathcal{N}\}$ 分别是分配给 UBS 前传链路和回传链路资源。在该问题中，式（6-4b）表示分配给各个地面用户的前传资源总量不能超过分配给前传链路的总资源量；式（6-4c）要求第 i 个 UBS 的回传链路速率大于其地面用户的前传速率；式（6-4d）将各个 UBS 的总资源需求限制在一个单位带宽的范围内；式（6-4e）表示限制 GBS 直接服务地面用户时所需的资源不超过一个单位带宽；式（6-4f）和式（6-4g）要求每个地面用户只能由一个基站提供服务。

6.4 无人机辅助 NOMA 系统的无线资源分配

6.4.1　NOMA 的工作原理

传统移动通信网络通常都采用正交多址接入（Orthogonal Multiple Access，OMA）技术，即同一个时频域或者码域资源，只能被一个用户所使用，不允许多个用户同时占用同一个资源。但随着通信技术的逐渐发展，对大规模用户接入产生了更大的要求，NOMA 便应运而生。与 OMA 相比，NOMA 允许多个用户同时使用同一个时频资源，具有提高频谱效率、增强连接性、提供更高的小区边缘吞吐量以及减少传输时延等优势。NOMA 可以分为两类，即码域 NOMA 和功率域 NOMA。本节重点介绍功率域 NOMA。

NOMA 允许一个子信道的相同时频资源支持不同的用户，子信道传输使用正交频分复用技术（Orthogonal Frequency Division Multiple Access，OFDMA），因此子信道之间是正交的，互不干扰；但子信道内的多个用户共享同一子信道，不同用户间是非正交的，这样用户间就会存在干扰。基于此问题，在发送端对相同子信道上的不同用户采用功率复用发送，不同的用户按照相关的算法分配功率。由于每个用户的功率到达接收端的大小是不一样的，使用串行干扰删除（Successive Interference Cancelation，SIC）接收机逐级消除干扰，在接收信号中对用户依次判决，进行幅度恢复后，将该用户产生的多址干扰从接收信号中减去，再对剩下的用户进行判决，循环操作，直到消除所有的多址干扰为止[10]。

使用 NOMA 时首先要确定同一子信道上有哪些用户，即用户组。目前常用的分组方法有两种：一种方法是用户随机分组，即从候选用户中随机选择两个或者多个用户作为一组，这种方法没有考虑信道增益大小对分组的影响，可能会出现信道增益大的多个用户或者信道增益小的多个用户分在同一组，这样用户间的干扰大，接收端也不容易解码；另一种方法是基于信道增益分组，为了保证用户接入信道的公平性，假设同一子信道支持 2 个用户，那么信道增益最大和信道增益最小的用户分为一组，信道增益次大的用户和信道增益次小的用户分为一组，依次操作，直到分完候选用户为止。NOMA 系统如图 6-3 所示。

下面以单小区、两用户使用 NOMA 的场景为例进行说明。单小区下行链路有 2 个用户，收发设备都是单天线。基站以功率 P 向用户 1 和用户 2 分别发送相互独立的信号 x_1 和 x_2，分配给用户 1 和用户 2 的功率分别为 p_1 和 p_2，且 $p_1 + p_2 \leqslant P$。基站的功率分配遵循信道质量

好的用户分配的功率少、信道质量差的用户分配的功率多的原则。图 6-3 中，用户 1 距离基站近，用户 2 距离基站远，即 $d_1 < d_2$，那么用户 1 的信道质量 $|h_1|^2$ 和用户 2 的信道质量 $|h_2|^2$ 的关系是 $|h_1|^2 > |h_2|^2$，因此 $p_1 < p_2$。在这样的场景下，接收端先解码功率大的用户 2，再解码功率小的用户 1。解码后用户 1 和用户 2 的速率分别为：

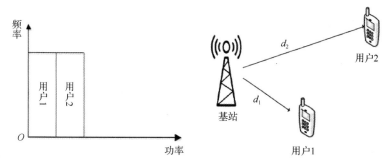

图 6-3　NOMA 系统

$$R_1^{\mathrm{NOMA}} = \log_2(1 + \frac{p_1 |h_1|^2}{N_0})$$

$$R_2^{\mathrm{NOMA}} = \log_2(1 + \frac{p_2 |h_2|^2}{p_1 |h_1|^2 + N_0})$$

(6-5)

在同样条件的 OFDMA 下，用户 1 和用户 2 的速率分别为：

$$R_1^{\mathrm{OMA}} = \partial \log_2(1 + \frac{p_1 |h_1|^2}{\partial N_0})$$

$$R_2^{\mathrm{OMA}} = (1 - \partial) \log_2\left[1 + \frac{p_2 |h_2|^2}{(1 - \partial) N_0}\right]$$

(6-6)

假设 OMA 和 NOMA 系统分配给 2 个用户的总带宽为 1（归一化带宽），总功率为 1 W，设 $|h_1|^2 / N_0 = 100\ \mathrm{Hz/W}$、$|h_2|^2 / N_0 = 1\ \mathrm{Hz/W}$。在 OMA 系统中，假设 2 个用户均分带宽和功率资源，NOMA 系统为用户 1 和用户 2 分配的功率分别是 0.3 W 和 0.7 W，根据上面的用户速率计算公式可得：

$$R_1^{\mathrm{NOMA}} = 4.9542\ \mathrm{bit/s}$$

$$R_1^{\mathrm{OMA}} = 3.3291\ \mathrm{bit/s}$$

$$R_2^{\mathrm{NOMA}} = 0.6215\ \mathrm{bit/s}$$

$$R_2^{\mathrm{OMA}} = 0.5\ \mathrm{bit/s}$$

显然，NOMA 系统在频率效率方面有较大的提升，解决了无线系统中频谱稀缺的问题。

在下行 NOMA 中，发送端采用功率复用技术，接收端采用 SIC 技术，用户的功率由基站决定，发送端为不同的用户分配不同的功率。由于用户与基站的距离一般不同，距离基站近的用户，也就是中心用户，分配到的功率少；距离基站远的用户，分配到的功率多。这种分配方法保证了用户接入信道的公平性，从而提高了系统的频谱效率。另外，NOMA 接收端在功率域上叠加多个用户，SIC 接收机可以依据不同的功率区分不同的用户。因此，NOMA 能充分利用功率域，与 OFDMA 相比，NOMA 具有更好的网络性能增益。在接收端，由于 NOMA 中的同一个子信道可支持多个用户，但由于用户间信道的非正交性，用户间存在干扰，为了在接收端正确地解码出用户信息，采用了 SIC 技术。SIC 技术的基本原理是采用逐级消除干扰策略，一般按照用户功率由高到低的顺序进行，先消去功率最大的信号干扰，直到解码出用户的信号为止。与 OFDMA 相比，NOMA 的接收机比较复杂，因此 NOMA 中的一个挑战是能否设计出复杂的 SIC 接收机。

6.4.2　无人机辅助 NOMA 系统的特点与挑战

由于无人机的飞行高度较高，因此具有较好的直射链路，这样可以使其所服务的地面用户形成 NOMA 用户组，方便 NOMA 的应用。但在这期间会产生一个新的问题，由于无人机拥有良好的机动性，以固定翼飞机为代表的无人机甚至可以大范围地飞行来执行某一任务，虽然无人机在空中飞行时有较少的阻挡以及衰减，具有良好的信道质量，但在实际的飞行中，在整个飞行路径上或许会遇到地面障碍物的遮挡，或者由于距离过于遥远导致没有较好的直射角度，此时的无人机对地面用户信道之间的质量就会存在不同的差异。使用 NOMA 的前提条件就是地面用户之间有着不同的信道增益差异，从而分配不同功率来实现资源复用。在无人机飞行期间，地面用户形成的 NOMA 用户组将随着无人机的运动不断变化，地面用户的信道将发生变化，此时的地面用户强弱角色也将发生改变。在这种情况下，地面用户调度、资源分配以及无人机飞行轨迹规划应该如何设计也成为一个复杂的问题。在使用 NOMA 时，由于 NOMA 的上/下行解码方式存在差异，此时对于地面用户上/下行的速率匹配问题应该如何解决，这也与整个系统的性能息息相关。

6.4.3　无人机辅助 NOMA 系统的无线资源联合优化

1. 系统模型

本节先给出双模式接入的无人机辅助 NOMA 系统模型（见图 6-4），再介绍其信道模型[11]。考虑一架无人机作为移动空中基站的情况，它可以为多个地面用户提供上/下行通信服务，其中无人机的飞行高度固定为 H，它以时间周期 $T = N\delta$ 在地面用户的上空盘旋飞行，其中 δ 足够小，可以认为无人机在这一期间与用户之间的信道不发生改变。

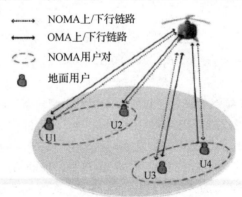

图 6-4　双模式接入的无人机辅助 NOMA 系统模型

在无人机飞行期间，无人机的二维飞行轨迹为 $q[n] = [x[n], y[n]]$，为了满足可以周期飞行的条件，还要满足以下条件：

$$\|\boldsymbol{q}[n+1]-\boldsymbol{q}[n]\| \leqslant S_{xy} \tag{6-7}$$

式中，S_{xy} 为最大水平方向的飞行速度（单位为 m/s）。

当无人机飞得足够高时，可以认为空地链路是由直射链路决定的，并且多普勒效应能被完美补偿，则用户 k 与无人机之间的上行/下行信道功率增益可以表示为：

$$h_{k,n} = \frac{\gamma_0}{H^2 + \|\boldsymbol{q}[n]-\boldsymbol{w}_k\|^2} \tag{6-8}$$

式中，γ_0 表示在参考距离 $d_0 = 1\,\text{m}$ 时信道功率增益（单位为 dB）。

假设用户具有多元化的业务特点，因此地面用户有多元化的业务速率需求。也就是说，地面用户不仅对平均速率有要求，还对瞬时速率有要求。为了解决这个问题，本节采用多种接入模式，系统带宽资源将分为两部分，一部分用于 OMA，满足各类地面用户对瞬时速率要求；另一部分用于 NOMA，满足各类地面用户对较高的平均速率的要求。资源分配模式如图 6-5 所示。

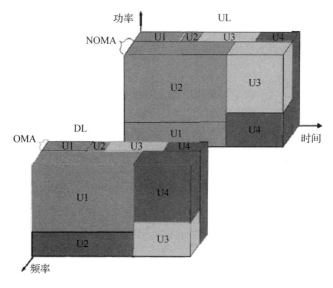

图 6-5 资源分配模式

地面用户在 OMA 模式下的上/下行速率可以表示为：

$$R_{k,n}^{\text{O},i} = B^{\text{O}} \log_2 \left(1 + \frac{P^{\text{O},i} h_{k,n}}{N_0 B^{\text{O}}} \right) \tag{6-9}$$

式中，B^{O} 为 OMA 模式的带宽（单位为 MHz），并且

$$B^{\text{O}} + B^{\text{NO}} = B \tag{6-10}$$

式中，B 为系统总带宽（单位为 MHz）；B^{NO} 为 NOMA 模式的带宽（单位为 MHz）；$P^{\text{O},i}$ 为 OMA 模式下的发射功率（单位为 W）；i 表示第 i 个地面用户的上/下行链路。

地面用户的瞬时速率要满足的条件可以表示为：

$$R_{k,n}^{\text{O},i} \geqslant r_{\min}, \qquad \forall k,n,i \tag{6-11}$$

式中，$r_{\min}$ 是地面用户对瞬时速率的最小要求（单位为 bit/s/Hz）。

NOMA 意味着多个地面用户可以使用相同的资源进行通信。如前文所述，本节使用功率域 NOMA，并且为了降低复杂性，本节仅考虑在同一资源块上有 2 个地面用户的情况。假设地面用户 1 和地面用户 2 使用相同的资源块与基站进行上/下行通信（上行链路和下行链路正交），接收端接收到的信号可以表示为：

$$r^i = \sum_j \sqrt{p_j^i h_j^i} s_j^i + n \tag{6-12}$$

式中，h_j^i 为第 j 个地面用户的上行/下行信道功率增益。

假设 $h_1^i \leqslant h_2^i$，此时地面用户 1 为弱用户、地面用户 2 为强用户，那么根据 NOMA 的原则[6-7]，地面用户 1 和地面用户 2 在 NOMA 模式下的上行速率可以分别表示为：

$$R_{1,\,w}^{\mathrm{NO,UL}} = 2B^{\mathrm{NO}} \log_2 \left(1 + \frac{P_w^{\mathrm{UL}} h_1}{N_0 B^{\mathrm{NO}}} \right) \tag{6-13}$$

$$R_{2,\,s}^{\mathrm{NO,UL}} = 2B^{\mathrm{NO}} \log_2 \left(1 + \frac{P_s^{\mathrm{UL}} h_2}{P_w^{\mathrm{UL}} h_1 + N_0 B^{\mathrm{NO}}} \right) \tag{6-14}$$

地面用户 1 和地面用户 2 在 NOMA 模式下的下行速率可以分别表示为：

$$R_{1,\,w}^{\mathrm{NO,DL}} = 2B^{\mathrm{NO}} \log_2 \left(1 + \frac{P_w^{\mathrm{DL}} h_1}{P_s^{\mathrm{DL}} h_1 + N_0 B^{\mathrm{NO}}} \right) \tag{6-15}$$

$$R_{2,\,s}^{\mathrm{NO,DL}} = 2B^{\mathrm{NO}} \log_2 \left(1 + \frac{P_w^{\mathrm{DL}} h_2}{N_0 B^{\mathrm{NO}}} \right) \tag{6-16}$$

式中，P_s^{DL}、P_w^{DL} 分别表示下行链路中强、弱用户的发射功率（单位为 W）；P_s^{UL}、P_w^{UL} 分别表示上行链路中强、弱用户的发射功率（单位为 W）。

出于简化，我们采用静态功率分配策略，在 $h_1^i \leqslant h_2^i$ 的情况下，根据 NOMA 的解码原则，功率分配需要满足条件 $P_s^{\mathrm{UL}} \geqslant P_w^{\mathrm{UL}}$ 且 $P_s^{\mathrm{DL}} \leqslant P_w^{\mathrm{DL}}$。这样就产生了一个问题，在 NOMA 模式下地面用户的上/下行速率不匹配，即强用户下行速率较高，但上行速率较低；弱用户则相反，上行速率较高，但下行速率较低。这对实现地面用户上/下行的瞬时速率平衡的目标，造成了一定困难。

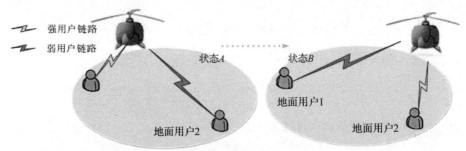

图 6-6 NOMA 模式下用户角色切换示意图

为了研究简便，本节暂且定义两种状态：

$$A = \left\{ \alpha_{m,n}, \forall m, n \right\} \in \mathbb{R}^{M \times N}$$

$$B = \left\{ \beta_{m,n}, \forall m, n \right\} \in \mathbb{R}^{M \times N}$$

在状态 A 下，$h_1^i \leqslant h_2^i$，在状态 B 下则相反，表示此时地面用户之间强用户和弱用户的角色状态。在 NOMA 模式下，地面用户的下行速率可以表示为：

$$R_{m,n,1}^{\mathrm{NO,DL}} = \alpha_{m,n} R_{1,\mathrm{w}}^{\mathrm{NO,DL}} + \beta_{m,n} R_{1,\mathrm{s}}^{\mathrm{NO,DL}} \tag{6-17}$$

$$R_{m,n,2}^{\mathrm{NO,DL}} = \alpha_{m,n} R_{2,\mathrm{s}}^{\mathrm{NO,DL}} + \beta_{m,n} R_{2,\mathrm{w}}^{\mathrm{NO,DL}} \tag{6-18}$$

在 NOMA 模式下，用户组的上行速率可以表示为：

$$
\begin{aligned}
R_{m,n}^{\mathrm{group,UL}} &= R_{m,n,1}^{\mathrm{NO,UL}} + R_{m,n,2}^{\mathrm{NO,UL}} \\
&= 2B^{\mathrm{NO}} \left[\alpha_{m,n} \log_2 \left(1 + \frac{P_{\mathrm{w}}^{\mathrm{UL}} h_{m,n,1} + P_{\mathrm{s}}^{\mathrm{UL}} h_{m,n,2}}{N_0 B^{\mathrm{NO}}} \right) + \beta_{m,n} \log_2 \left(1 + \frac{P_{\mathrm{s}}^{\mathrm{UL}} h_{m,n,1} + P_{\mathrm{w}}^{\mathrm{UL}} h_{m,n,2}}{N_0 B^{\mathrm{NO}}} \right) \right]
\end{aligned}
\tag{6-19}
$$

式中，α、β 表示用户组的状态，$\alpha, \beta \in \{0,1\}$，$\alpha + \beta = 1$；$m$ 为 NOMA 模式下用户组的序号。

2. 优化问题建模

本节的目标是最大化地面用户在 NOMA 模式下的平均速率，同时满足地面用户在 OMA 模式下对瞬时速率的要求。实际上，地面用户的速率由两部组成，即 OMA 模式下的瞬时速率和 NOMA 模式下的平均速率。如果将对瞬时速率的要求转化为优化问题中的限制条件，则最大化地面用户平均速率就可以转化为最大化 NOMA 模式下的平均速率。为了实现地面用户之间的公平性以及地面用户上/下行速率的平衡问题，本节中引入一个松弛变量 η，令 η 表示 NOMA 模式下地面用户的上/下行平均速率的最小值，即：

$$\eta = \min_{k,i} \frac{1}{N} \sum_{n=1}^{N} \varphi_{k,n}^{\mathrm{NO}} R_{k,n}^{\mathrm{NO},i} \tag{6-20}$$

式中，$\varphi_{k,n}^{\mathrm{NO}}$ 表示在 NOMA 模式下的地面用户调度。

本节中的优化变量包括地面用户调度、带宽分配、NOMA 模式下接收端的解码顺序，以及无人机飞行轨迹的设计。如前文所述，定义状态 A 和状态 B 来表示 NOMA 模式下用户组中用户强弱变化的两种状态，显然可以将优化问题表示为一个最大化平均速率最小值的问题。最初的数学优化问题 P0 可以建模为：

$$
\begin{aligned}
\mathrm{P0}: \quad & \max_{\eta, B^{\mathrm{O}}, B^{\mathrm{NO}}, \varphi^{\mathrm{O}}, \varphi^{\mathrm{NO}}, A, B, Q} \eta \\
\mathrm{s.t.} \quad & \mathrm{C1}: \frac{1}{N} \sum_{n=1}^{N} \varphi_{k,n}^{\mathrm{NO}} R_{k,n}^{\mathrm{NO},i} \geqslant \eta, \quad \forall k, i \\
& \mathrm{C2}: \varphi_{k,n}^{\mathrm{O}} R_{k,n}^{\mathrm{O},i} \geqslant r_{\min}, \quad \forall k, n, i \\
& \mathrm{C3}: \sum_{i=1}^{K} \varphi_{k,n}^{\mathrm{O}} = 1, \quad \forall n \\
& \mathrm{C4}: \sum_{i=1}^{K} \varphi_{k,n}^{\mathrm{NO}} = 1, \quad \forall n \\
& \mathrm{C5}: B_n^{\mathrm{O}} + B_n^{\mathrm{NO}} = B, \quad \forall n \\
& \mathrm{C6}: \alpha_{m,n} + \beta_{m,n} = 1, \alpha_{m,n}, \beta_{m,n} \in \{0,1\}, \quad \forall m, n \\
& \mathrm{C7}: \| q[n+1] - q[n] \| \leqslant S_{xy} \\
& \mathrm{C8}: q[N] = q[1]
\end{aligned}
\tag{6-21}
$$

在问题 P0 中，松弛变量 η 的引入是为了最大化地面用户上/下行平均速率的最小值，使上/下行平均速率满足场景的需求。C1 是对 NOMA 模式下地面用户的上/下行平均速率的约束；C2 是对 OMA 模式下地面用户瞬时速率的约束；C3 和 C4 是对 OMA 和 NOMA 模式下地面用户调度的约束，其中 $\varphi_{k,n}^{\mathrm{O}}$ 是 OMA 模式下的用户调度；C5 是对可利用带宽的约束；C6

要求 NOMA 模式下的用户组在任何时间只有一个解码顺序；C7 和 C8 是对无人机飞行轨迹的约束，要求无人机的飞行轨迹是一个闭环。

值得注意的是，优化问题 P0 是一个复杂的非凸问题，因为：

（1）可以证明优化问题 P0 相对于飞行轨迹 Q 来说是非凸的。

（2）第 k 个地面用户在 NOMA 模式下的上行速率 $R_{k,n}^{\mathrm{NO,UL}}$ 和下行速率 $R_{k,n}^{\mathrm{NO,DL}}$ 不仅受其自身信道状态信息（Channel State Information，CSI）的影响，还会受到 NOMA 模式下同一用户组中其他地面用户 CSI 的影响，该限制条件对于优化问题也是非凸的条件。

（3）通过观察整个优化问题，可以发现它是一个包含整数的优化问题，需要进行相应的处理。

3．优化问题求解

本节提出了一种有效的算法来解决优化问题 P0。对于 NOMA 模式，本将 K 个地面用户划分为 $M = K / 2$ 个用户组，每个用户组中有 2 个地面用户，并在无人机的飞行期间保持分组的固定。在本节中，地面用户首先以随机配对的方式组成 NOMA 模式下的用户组，由 2 个地面用户组成一个固定的用户组；然后松弛了参数 $\partial_{m,n}$ 和 $\beta_{m,n}$，以便它们可以从 0～1 取连续值；最后将优化问题 P0 转化为：

$$\text{P1：} \max_{\eta,B^{\mathrm{O}},B^{\mathrm{NO}},\varphi^{\mathrm{O}},\varphi^{\mathrm{NO}},A,B,Q} \eta$$

$$\text{s.t.} \quad \text{C1：} \quad \frac{1}{N}\sum_{n=1}^{N}\varphi_{m,n}^{\mathrm{NO}}R_{m,n}^{\mathrm{group,UL}} \geqslant 2\eta, \quad \forall m$$

$$\text{C2：} \quad \frac{1}{N}\sum_{n=1}^{N}\varphi_{m,n}^{\mathrm{NO}}R_{m,i,n}^{\mathrm{NO,DL}} \geqslant \eta$$

$$\text{C3：} \quad \varphi_{k,n}^{\mathrm{O}}R_{k,n}^{\mathrm{O,UL}} \geqslant r_{\min}, \quad \forall k,n$$

$$\text{C4：} \quad \varphi_{k,n}^{\mathrm{O}}R_{k,n}^{\mathrm{O,DL}} \geqslant r_{\min}$$

$$\text{C5：} \quad \sum_{i=1}^{K}\varphi_{k,n}^{\mathrm{O}} = 1, \quad \forall n \qquad (6\text{-}22)$$

$$\text{C6：} \quad \sum_{i=1}^{K}\varphi_{k,n}^{\mathrm{NO}} = 1, \quad \forall n$$

$$\text{C7：} \quad \alpha_{m,n} + \beta_{m,n} = 1$$

$$\text{C8：} \quad 0 \leqslant \alpha_{m,n}, \beta_{m,n} \leqslant 1$$

$$\text{C9：} \quad 0 \leqslant \theta_n \leqslant 1, \quad \forall n$$

$$\text{C10：} \quad \| q[n+1] - q[n] \| \leqslant S_{xy}$$

$$\text{C11：} \quad q[N] = q[1]$$

在转换优化问题 P0 的过程中，将式（6-21）中的 C1 分为式（6-22）中的 C1 和 C2。在式（6-22）中，C1 是对 NOMA 模式下同一用户组中的 2 个地面用户上行速率的约束，C2 对 NOMA 模式下同一用户组中的 2 个地面用户下行速率的约束，其中 $R_{m,n}^{\mathrm{group,UL}}$ 是 2 个地面用户总的上行速率，其定义见式（6-19）。式（6-22）的 C9 基于式（6-21）中的 C5，其中 θ 是分配给 OMA 模式的带宽比例，$B^{\mathrm{O}} = \theta B$ 和 $B^{\mathrm{NO}} = (1-\theta)B$。

为了解决这个复杂的多参数优化问题，本节首先将优化问题 P1 分解为地面用户调度、带宽分配、解码顺序和无人机飞行轨迹设计等几个子问题，然后通过迭代算法分别求解。迭代算法如图 6-7 所示。

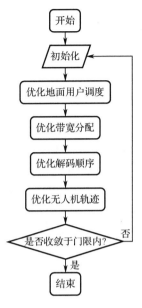

图 6-7　迭代算法结构

对于任何给定的带宽分配和无人机飞行轨迹 Q，优化问题 P1 可以简化为优化问题 P1.1。

$$\text{P1.1:} \quad \max_{\eta,\ \varphi^{\mathrm{O}},\ \varphi^{\mathrm{NO}}} \eta$$

$$\text{s.t.} \quad \text{C1:} \quad \frac{1}{N}\sum_{n=1}^{N}\varphi_{m,n}^{\mathrm{NO}}R_{m,n}^{\mathrm{group,UL}} \geqslant 2\eta, \quad \forall m$$

$$\text{C2:} \quad \frac{1}{N}\sum_{n=1}^{N}\varphi_{m,n}^{\mathrm{NO}}R_{m,n}^{\mathrm{NO,DL}} \geqslant \eta$$

$$\text{C3:} \quad \varphi_{k,n}^{\mathrm{O}}R_{k,n}^{\mathrm{O,UL}} \geqslant r_{\min}, \quad \forall k,n$$

$$\text{C4:} \quad \varphi_{k,n}^{\mathrm{O}}R_{k,n}^{\mathrm{O,DL}} \geqslant r_{\min}$$

$$\text{C5:} \quad \sum_{i=1}^{K}\varphi_{k,n}^{\mathrm{O}} = 1, \quad \forall n$$

$$\text{C6:} \quad \sum_{i=1}^{K}\varphi_{k,n}^{\mathrm{NO}} = 1, \quad \forall n$$

(6-23)

在优化问题 P1.1 中，首先以正交方式（如 TDMA）进行地面用户调度，然后将 $\varphi_{k,n}^{\mathrm{O}}$ 和 $\varphi_{k,n}^{\mathrm{NO}}$ 松弛为连续值，这可以理解为将一个时隙分成几个子时隙后再进行分配，这是一个标准的线性规划（Linear Program，LP）问题，可以通过现有的凸优化工具（如 CVX 工具箱）来解决。给定用户的 OMA/NOMA 调度和无人机飞行轨迹 Q，可以进一步优化 OMA/NOMA 模式下的带宽资源分配。本节中的功率是根据带宽分配的，即 $p_t^i/B = P^{\mathrm{O},i}/B^{\mathrm{O}} = P^{\mathrm{NO},i}/B^{\mathrm{NO}}$，其中 p_t^i 表示不同链路下的传输功率；$P^{\mathrm{NO},i} = p_s^i + p_w^i$。最后将优化问题 P1.1 转换为优化问题 P1.2。

$$P1.2: \quad \max_{\eta,\theta} \eta$$

s.t. $\quad$ C1: $\quad \dfrac{1}{N}\sum_{n=1}^{N}\varphi_{m,n}^{\mathrm{NO}}R_{m,n}^{\mathrm{group,UL}} \geqslant 2\eta, \qquad \forall m$

$\quad$ C2: $\quad \dfrac{1}{N}\sum_{n=1}^{N}\varphi_{m,n}^{\mathrm{NO}}R_{m,i,n}^{\mathrm{N,DL}} \geqslant \eta$ $\qquad$ (6-24)

$\quad$ C3: $\quad \varphi_{k,n}^{\mathrm{O}}R_{k,n}^{\mathrm{O,UL}} \geqslant r_{\min}, \qquad \forall k,n$

$\quad$ C4: $\quad \varphi_{k,n}^{\mathrm{O}}R_{k,n}^{\mathrm{O,DL}} \geqslant r_{\min}$

$\quad$ C5: $\quad 0 \leqslant \theta_n \leqslant 1, \qquad \forall n$

通过观察优化问题 P1.2，可以发现它也可以被看成标准 LP 问题。

在 NOMA 模式下，解码顺序是一个非常关键的问题。当无人机飞行时，同一个用户组中的两个地面用户的信道状态会发生变化，地面用户的角色也会变强或变弱。例如，在图 6-3 中，当无人机靠近用户组中的某个地面用户时，由于信道条件的差异，此时的地面用户是强用户；但当无人机逐渐远离该地面用户而靠近同一用户组中的另一个地面用户时，则该地面用户将转换为弱用户，同一用户组中两个地面用户的角色发生了切换，即在状态 A 和状态 B 之间切换。解码 NOMA 模式下不同用户组中地面用户的顺序问题也可以转换为标准 LP 优化问题，即优化问题 P1.3。

$$P1.3: \max_{\eta,A,B} \eta$$

s.t. $\quad$ C1: $\quad \dfrac{1}{N}\sum_{n=1}^{N}\varphi_{m,n}^{\mathrm{NO}}2B^{\mathrm{NO}}\left[\partial_{m,n}\log_2\left(1+\dfrac{p_{\mathrm{w}}^{\mathrm{UL}}h_{m,n,1}+p_{\mathrm{s}}^{\mathrm{UL}}h_{m,n,2}}{N_0B^{\mathrm{NO}}}\right)+\right.$

$\quad \left. \beta_{m,n}\log_2\left(1+\dfrac{p_{\mathrm{s}}^{\mathrm{UL}}h_{m,n,1}+p_{\mathrm{w}}^{\mathrm{UL}}h_{m,n,2}}{N_0B^{\mathrm{NO}}}\right)\right] \geqslant 2\eta, \qquad \forall m$ $\qquad$ (6-25)

$\quad$ C2: $\quad \dfrac{1}{N}\sum_{n=1}^{N}\varphi_{m,n}^{\mathrm{NO}}(\partial_{m,n}R_{m,n,j,\mathrm{w}}^{\mathrm{NO,DL}}+\beta_{m,n}R_{m,n,j,\mathrm{s}}^{\mathrm{NO,DL}}) \geqslant \eta, \qquad \forall m,j$

$\quad$ C3: $\quad \alpha_{m,n}+\beta_{m,n}=1, \qquad \forall m,n$

$\quad$ C4: $\quad 0 \leqslant \alpha_{m,n},\beta_{m,n} \leqslant 1$

当完成地面用户调度和带宽分配后，将继续优化无人机飞行轨迹。对于 NOMA 模式的上行链路，最大化地面用户平均速率的函数是一个关于飞行轨迹 Q 的非凸问题。因此，可以尝试优化 NOMA 模式下的每个用户组的上行平均速率。我们发现，式（6-22）中的约束 C1～C4 都是关于飞行轨迹 $q[n]$ 的非凸限制条件。为了解决这个问题，我们采用连续凸优化方法来实现飞行轨迹的优化。式（6-22）的约束 C1～C4 中速率表达式都是关于 $\|q[n]-w_k\|^2$ 的凸的限制条件，因此可以使用一阶泰勒级数展开式来作为优化问题 P0 的下界来实现近似。更具体地说，通过给定的结果 $q^r[n]$ 可以求得迭代后的第 $r+1$ 次的优化飞行路径 $q^{r+1}[n]$，继续迭代直到收敛于门限内为止。优化问题 P0 关于飞行轨迹优化的子问题可以转化为优化问题 P1.4。

$$\text{P1.4}: \quad \max_{\eta^b, Q} \eta^{\text{lb}}$$

$$\text{s.t.} \quad \text{C1}: \quad \frac{1}{N}\sum_{n=1}^{N} \varphi_{m,n}^{\text{NO}} R_{m,n}^{\text{group,UL,lb}} \geqslant 2\eta, \quad \forall m$$

$$\text{C2}: \quad \frac{1}{N}\sum_{n=1}^{N} \varphi_{m,n}^{\text{NO}} R_{m,i,n}^{\text{N,DL,lb}} \geqslant \eta \qquad (6\text{-}26)$$

$$\text{C3}: \quad \varphi_{k,n}^{\text{O}} R_{k,n}^{\text{O,UL,lb}} \geqslant r_{\min}, \quad \forall k,n$$

$$\text{C4}: \quad \varphi_{k,n}^{\text{O}} R_{k,n}^{\text{O,DL,lb}} \geqslant r_{\min}$$

$$\text{C5}: \quad \| q[n+1]-q[n] \| \leqslant S_{xy}$$

$$\text{C6}: \quad q[N] = q[1]$$

其中变量 $R_{m,n}^{\text{group,UL,lb}}$ 的表达式如下:

$$R_{m,n}^{\text{group,UL,lb}} = -2BJ_{m,n}^{\text{UL,1}}\left[\left(\left\|q[n]-w_{m,n,1}\right\|^2 - \left\|q^r[n]-w_{m,n,1}\right\|^2\right) + J_{m,n}^{\text{UL,2}}\left(\left\|q[n]-w_{m,n,2}\right\|^2 - \left\|q^r[n]-w_{m,n,2}\right\|^2\right)\right] + G_{m,n}^{\text{group,UL}}$$

在 $R_{m,n}^{\text{group,UL,lb}}$ 中涉及的变量 $J_{m,n}^{\text{UL},j}$ 的表达式如下:

$$J_{m,n}^{\text{UL},j} = \frac{\log_2 \text{e} \cdot \partial_{m,n} P_{\text{w}}^{\text{UL}} \gamma_0}{\left(N_0 B^{\text{NO}} + \dfrac{P_{\text{w}}^{\text{UL}}\gamma_0}{H^2 + \left\|q^r[n]-w_{m,n,1}\right\|^2} + \dfrac{P_{\text{s}}^{\text{UL}}\gamma_0}{H^2 + \left\|q^r[n]-w_{m,n,2}\right\|^2}\right)\left(H^2 + \left\|q^r[n]-w_{m,n,j}\right\|^2\right)^2}$$

变量 $G_{m,n}^{\text{group,UL}}$ 的表达式如下:

$$G_{m,n}^{\text{group,UL}} = 2B^{\text{NO}}\left[\partial_{m,n}\log_2\left(1 + \frac{P_{\text{w}}^{\text{UL}}\gamma_0/(N_0 B^{\text{NO}})}{H^2 + \left\|q^r[n]-w_{m,n,1}\right\|^2} + \frac{P_{\text{s}}^{\text{UL}}\gamma_0/(N_0 B^{\text{NO}})}{H^2 + \left\|q^r[n]-w_{m,n,2}\right\|^2}\right) + \right.$$

$$\left. \beta_{m,n}\log_2\left(1 + \frac{P_{\text{w}}^{\text{UL}}\gamma_0/(N_0 B^{\text{NO}})}{H^2 + \left\|q^r[n]-w_{m,n,1}\right\|^2} + \frac{P_{\text{s}}^{\text{UL}}\gamma_0/(N_0 B^{\text{NO}})}{H^2 + \left\|q^r[n]-w_{m,n,2}\right\|^2}\right)\right]$$

通过类似的推导得到 $R_{k,n}^{\text{O,UL,lb}}$ 和 $R_{k,n}^{\text{NO,UL,lb}}$。可以验证这是一个凸二次问题,通过 CVX 工具箱求解该问题,具体求解的算法过程如下所示。

算法 6-1:二维模型下交替迭代最大化平均 NOMA 平均速率的算法过程

输入:上/下行的总功率以及 NOMA 模式下的功率分配系数,对瞬时速率的要求,飞行时间 N 以及迭代收敛门限 ε。

输出:无人机飞行全程轨迹 Q,最终的用户调度结果 φ^{O}、φ^{NO},带宽分配结果 θ,整个过程中的解码顺序,以及最终用户在过程中的速率 R。

(1)初始化轨迹、解码顺序、用户调度。

(2)重复步骤(3)到步骤(8)直到满足 $|\eta_r - \eta_{r-1}| < \varepsilon$ 为止。

(3)求解优化问题 P1.1。

(4)求解优化问题 P1.2。

(5)求解优化问题 P1.3。

(6)将上述已求解变量代入优化问题 P1.4。

(7)记录此时松弛变量 η。

(8)更新迭代次数 $r = r+1$。

(9)输出结果。

4．性能仿真验证

本节的仿真基于一个大小为 1.5 km×1.5 km 的区域，该区域分布了若干地面用户，地面用户对瞬时速率和平均速率都有相应的要求。系统性能仿真的主要参数如表 6-1 所示。

表 6-1　系统性能仿真的主要参数

参　　数	数值
飞行高度 H	100 m
地面用户总数 K	6 个
最大速度 $S_{\max}$	50 m/s
飞行时间 N	90 s
上行功率 P_t^{UL}	0.1 W
下行功率 P_t^{DL}	0.5 W
带宽 B	1 MHz
单位距离信道增益 γ_0	-50 dB
NOMA 功率比	0.8:0.2

本节从系统效率的角度分析采用 NOMA 模式与 OMA 模式的双模式（DMMA）的优越性，并对比了 DMMA、OMA 和 NOMA 的性能。

DMMA 和 OMA 模式下地面用户的瞬时速率要求对平均频谱效率的影响如图 6-8 所示。文献［12］中的 NOMA 模式不能满足地面用户对瞬时速率要求，因此图 6-8 没有显示 NOMA 的性能。由图 6-8 可以看出，对于上行链路和下行链路，DMMA 的平均频谱效率比 OMA 高得多，平均频谱效率随着瞬时速率的增加而减小，因为在资源固定的情况下，较高的瞬时速率不仅会限制无人机的移动性，还需要更多的资源，从而会占用原本 NOMA 模式可以使用的资源，导致系统的平均频谱效率下降。从该图中也可以看到，地面用户的上/下行速率是基本相当的，其中的差异是由于在实际功率条件的差异性引起的。在实际生活中，作为用户端的移动设备，其发射功率有限，但作为基站端的设备，其发射功率要高于用户端的设备。

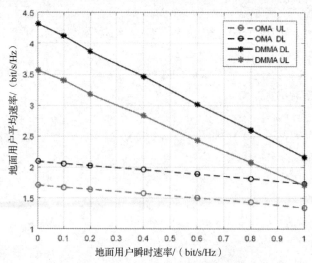

图 6-8　DMMA 和 OMA 模式下地面用户的瞬时速率要求对平均频谱效率的影响

6.5 无人机辅助缓存蜂窝网络及其资源分配

6.5.1　无人机辅助缓存蜂窝网络概述

在数据爆炸式增长的时代，用户对内容的需求不断增加，如何快速、有效、安全地传递内容，满足不同用户的需求，向用户提供更高的数据传输速率和更小的服务时延，是亟待解决的关键问题。为了解决这个问题，缓存技术引起了人们的极大关注，通过缓存不仅可以通过消除重复数据传输带来的网络流量拥塞，同时也能降低用户的服务时延，成为无人机辅助蜂窝网络发展的重要方向之一。缓存技术的应用是所有现代网络系统发挥高性能的重要因素之一，其基本思想是在网络中的不同位置将内容提前存储下来，以减轻网络的流量拥塞、提高用户的访问速度。因此，缓存技术被认为是可有效缓解网络流量压力、高效服务用户需求的关键技术之一。传统的缓存系统包括 Web 缓存、CDN 缓存等，随着新型网络架构的发展，缓存技术在信息中心网络（ICN）、蜂窝网络中得到了广泛应用。

文献［13］提出了具有缓存能力的小基站概念，通过部署缓存资源块，具备内容存储能力的小基站结合缓存策略可以使系统的吞吐量提高 500%，这体现了蜂窝网络缓存的巨大应用潜力。蜂窝网络缓存通过在网络中引入具有存储能力的单元，将用户所需的内容缓存在离用户更近的存储单元中，当用户再次进行请求时，可直接由存储单元传输给用户，而无须每次从离终端用户距离较远的核心网中获取，从而能够缓解网络流量拥塞、减小用户获取内容的时延。在目前蜂窝网络的体系架构中，可部署存储单元的主要位置有宏基站、小基站、用户设备等。蜂窝网络缓存将缓存部署在无线接入节点上，相较于核心网络中的路由节点，无线接入节点离终端用户更近，内容尤其是热点内容的分发效率更高。但值得注意的是，蜂窝网络的拓扑结构比较灵活，信道特征也具有较大的不确定性，给缓存系统的设计带来了一定的挑战性。

为了实现内容的有效存储与传播，提升缓存性能，需要设计合适的缓存策略机制。缓存策略机制是影响缓存系统性能的关键因素，因而成为缓存技术研究的重点内容之一。对缓存策略机制的研究内容主要包括缓存放置策略和缓存替换策略。缓存放置策略是指在哪些节点存储哪些内容的策略，缓存替换策略是指如何更新缓存内容。在具备缓存能力的网络中，用来设计并衡量缓存策略机制的性能指标通常可分为两类：基于缓存的指标和基于网络的指标。基于缓存的指标包括缓存命中率、缓存效率、缓存替换率、缓存时间等，通过判断策略是否能够存储所需内容来衡量缓存策略的有效性，通常基于单个节点来计算基于缓存的指标。基于网络的指标包括吞吐量、时延、跳数等，通过判断策略对系统性能的影响来衡量缓存策略的有效性，通常基于整个网络来计算基于网络的指标。

缓存放置策略是影响缓存系统性能的关键因素，根据缓存的位置、缓存决策方式等可以进行不同类别的划分，如图 6-9 所示。

在无人机辅助蜂窝网络中，对于具有高密度和高层建筑的区域，通过在地面基站部署缓存的方式，传统的蜂窝网络可能无法有效满足用户的高容量需求。得益于无人机的灵活部署方式和高度可操作性，在其作为空中接入点辅助蜂窝网络进行通信时，可以主动缓存一些流行度高的内容，并通过质量较好的通信链路直接分发给用户，从而缓解地面基站负载、降低用户获取内容的时延。具有缓存能力的无人机辅助缓存蜂窝网络架构如图 6-10 所示。在该网络中，无人机携带通信设备辅助蜂窝网络，为地面用户提供通信服务，同时利用携带的存储单元缓存一部分流行度高的内容，当地面用户内容请求来临时，通过下行链路将存储的内容副本发送给用户，若用户请求的内容未缓存，则无人机通过回程链路与地面基站进行连接，向核心网获取用户请求的内容，继而转发给用户。

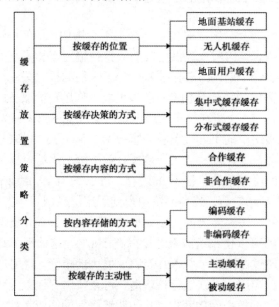

图 6-9　缓存放置策略的分类

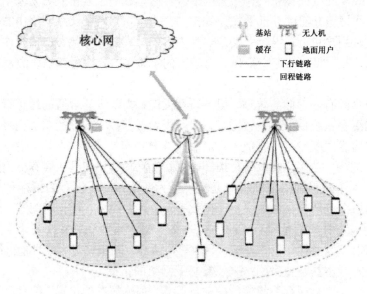

图 6-10　具有缓存能力的无人机辅助缓存蜂窝网络架构

基于传统蜂窝网络的缓存研究，在无人机辅助缓存蜂窝网络中，不仅可以在无人机上部署缓存，也可在地面基站和地面用户上设置缓存空间，实现多个节点同时缓存。无人机辅助缓存蜂窝网络中的缓存节点分类如图 6-11 所示。

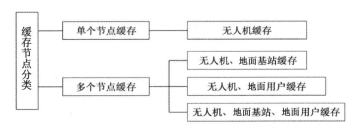

图 6-11　无人机辅助缓存蜂窝网络中的缓存节点分类

6.5.2　无人机辅助缓存蜂窝网络的资源分配

1. 系统模型

在无人机中设有缓存的无人机辅助缓存蜂窝网络系统模型如图 6-12 所示。在无人机辅助缓存蜂窝网络中，有一个地面基站 BS（这里的地面基站采用宏基站），用 b 表示，其覆盖范围为 r。为了缓解地面基站的流量负载，在其覆盖范围内均匀分布着 K 架无人机（UAV），用 $\mathcal{K}=\{1,2,\cdots,K\}$ 表示，无人机的飞行高度为 H。在地面基站和无人机的覆盖范围内，均匀分布着 N 个地面用户（UE），用 $\mathcal{N}=\{1,2,\cdots,N\}$ 表示。定义无人机的水平位置为 $\boldsymbol{w}_k=\left(\alpha_k,\beta_k\right)$，同样，地面用户和地面基站的位置分别表示为 $\boldsymbol{w}_n=\left(\alpha_n,\beta_n\right)$ 和 $\boldsymbol{w}_b=\left(\alpha_b,\beta_b\right)$。在内容传输的过程中，假设地面用户与无人机均处于固定不变的位置。无人机的悬停位置可通过文献［19］中的方法得到。在地面基站和无人机的重叠覆盖下，地面用户可接入其中任意一个接入点 i，$i\in\mathcal{K}\cup\{b\}$，由于地面基站覆盖率整个小区，因此无法接入无人机的地面用户至少可接入地面基站来获取服务。地面基站通过提供高速数据传输的光纤线路连接到核心网，核心网距离地面用户较远，主要包括各种功能性服务器，负责路由转发、内容提供等功能。为了满足无人机与核心网之间的数据传输需求，无人机与地面基站之间通过容量受限的无线回程链路进行连接，当无人机需要获取用户请求但自身未缓存的内容时，可通过无线回程链路与地面基站建立连接，继而向核心网请求内容[14]。

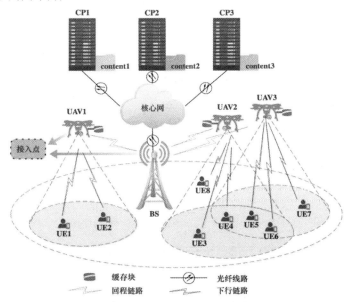

图 6-12　在无人机中设有缓存的无人机辅助缓存蜂窝网络系统模型

定义无人机与地面用户之间的通信频段为 W_K，地面基站与地面用户之间的通信频段为 W_B，无人机与地面基站之间的回程链路带宽为 W_E，为了减少干扰，各频段相互正交，地面基站和无人机间之间的回程链路、地面基站和地面用户间，以及无人机和地面用户之间的下行链路没有干扰。由于无人机部署在不同位置，为了提高频谱利用率，K 架无人机要重用频段 W_K，同一架无人机接入的地面用户之间没有干扰，但会受到来自其他无人机的同频干扰。

网络中有来自不同内容提供商 CP 的 M 个内容，用 $\mathcal{M} = \{1, 2, \cdots, M\}$ 表示。不失一般性，本节假设所有内容的大小相同，用 S 表示，此假设可以通过将具有各种大小的内容划分或组合为具有统一大小的内容数据包实现。

无人机辅助缓存蜂窝网络中的通信节点包括无人机与地面基站，涉及的通信链路有无人机与地面用户之间的下行链路、无人机与地面基站之间的回程链路，以及地面基站与地面用户之间的下行链路。由于无人机的飞行特性，其与地面的通信模型和地面基站是不同的，因此本节分别对无人机和地面基站的通信模型进行分析。

无人机与地面用户、地面基站之间的通信具有视距链路和非视距链路两种情况，因此本节使用概率 LoS 信道模型来模拟无人机地-空通信的平均路径损耗。通过选取不同的信道参数，概率 LoS 信道模型可以模拟不同地理环境、不同中心频率的地-空通信模型。下面以无人机与地面用户为例来分析通信模型，无人机与地面基站间的通信模型可采用同样的方法进行分析。

无人机与地面用户 n 之间的 LoS 链路和 NLoS 链路的路径损耗可表示为：

$$l_{k,n}^{\mathrm{LoS}} = 20\log\left(\frac{4\pi d_{k,n} f_G}{v}\right) + \eta^{\mathrm{LoS}} \tag{6-27}$$

$$l_{k,n}^{\mathrm{NLoS}} = 20\log\left(\frac{4\pi d_{k,n} f_G}{v}\right) + \eta^{NLoS} \tag{6-28}$$

式中，$d_{k,n} = \sqrt{|\boldsymbol{w}_k - \boldsymbol{w}_n|^2 + H^2} = \sqrt{(\alpha_k - \alpha_n)^2 + (\beta_k - \beta_n)^2 + H^2}$ 无人机 k 与用户 n 之间的距离；$20\log\left(\frac{4\pi d_{k,n} f_G}{v}\right)$ 为自由空间路径损耗；f_G 为载波频率；v 为光速；η^{LoS} 和 η^{NLoS} 分别为 LoS 链路和 NLoS 链路的路径损耗因子。由于阴影衰落、反射和衍射，NLoS 链路比 LoS 链路具有更大的路径损耗。

LoS 链路的概率取决于环境（如建筑物的密度和高度）以及无人机和地面用户之间的仰角，可表示为：

$$\Pr\left(l_{k,n}^{\mathrm{LoS}}\right) = \left\{1 + X\exp\left[-Y\left(\phi_{k,n} - X\right)\right]\right\}^{-1} \tag{6-29}$$

$$\Pr\left(l_{k,n}^{\mathrm{NLoS}}\right) = 1 - \Pr\left(l_{k,n}^{\mathrm{LoS}}\right) \tag{6-30}$$

式中，X 和 Y 是取决于地理环境（乡村、城镇、密集城镇等）的常参数；$\phi_{k,n} = \arcsin(H/d_{k,n})$ 是无人机 k 和地面用户 n 之间的仰角。因此，无人机 k 与地面用户 n 之间的平均路径损耗为：

$$\bar{l}_{k,n} = \Pr\left(l_{k,n}^{\mathrm{LoS}}\right) \times l_{k,n}^{\mathrm{LoS}} + \Pr\left(l_{k,n}^{\mathrm{NLoS}}\right) \times l_{k,n}^{\mathrm{NLoS}} \tag{6-31}$$

针对地面基站，根据 3GPP 标准，地面基站 b 与地面用户 n 之间的路径损耗为：

$$l_{b,n} = 128.1 + 37.6\lg\left(d_{b,n}\right) \tag{6-32}$$

其中，$d_{b,n} = \sqrt{|\boldsymbol{w}_b - \boldsymbol{w}_n|^2}$，表示地面基站 b 与地面用户 n 之间的距离。

因此，根据式（6-27）和式（6-28）表示的路径损耗，无人机与地面用户之间的信干扰比（Signal to Interference plus Noise Ratio，SINR）、无人机与地面基站之间的信噪比（Signal to Noise Ratio，SNR）以及地面基站与地面用户之间的信噪比可表示为：

$$\gamma_{k,n} = \frac{P_{UAV} 10^{-\bar{l}_{k,n}/10}}{\sum_{j \in \mathcal{K}, j \neq k} P_{UAV} 10^{-\bar{l}_{j,n}/10} + \sigma^2} \tag{6-33}$$

$$\gamma_{b,k} = \frac{P_{BS}}{10^{\bar{l}_{b,k}/10} \sigma^2} \tag{6-34}$$

$$\gamma_{b,n} = \frac{P_{BS}}{10^{l_{b,n}/10} \sigma^2} \tag{6-35}$$

式中，P_{UAV} 和 P_{BS} 分别为无人机和地面基站的发射功率；σ^2 为噪声功率。

定义用户内容请求指示 $c_{n,m} \in \{0,1\}$，当 $c_{n,m}=1$ 表示地面用户 n 请求内容 m；反之 $c_{n,m}=0$。不失一般性，地面用户可一次请求多个内容，用矩阵 c 表示地面用户的内容请求情况，地面用户的内容请求会受到用户组内容偏好的影响。研究表明，内容流行度服从 Zipf 分布[15]，即内容 m 被请求的概率为：

$$f_m = \frac{1/m^\xi}{\sum_{m \in \mathcal{M}} 1/m^\xi}$$

式中，$\xi \in [0, \infty)$ 为 Zipf 分布的参数，ξ 越大，流行的内容越集中。内容流行度表示大范围、全网内的内容请求分布，不区分地面用户特征；而在小区中，内容请求往往具有异构性，不同区域的地面用户往往具有不同的内容偏好。例如，有些地面用户喜欢体育、娱乐类视频，而另外一些地面用户则倾向于军事、政治类事件等。因此，本节利用更细粒度的用户偏好模型来模拟地面用户的内容请求情况。

设网络中有 A 个主题的内容属性，如体育、社会、娱乐等，用集合 $\mathcal{A} = \{\varepsilon_1, \varepsilon_2 \cdots, \varepsilon_A\}$ 表示；定义内容属性指示为 $g(m, \varepsilon_a)$，当 $g(m, \varepsilon_a)=1$ 时表明内容 m 具有主题 ε_a 的特征；反之 $g(m, \varepsilon_a)=0$。不同地面用户具有不同的主题偏好，地面用户 n 对主题 ε_a 的偏好可表示为：

$$\omega(n, \varepsilon_a) = I\left[X(\varepsilon_a); V_j\right] = \log \frac{p\left[X(\varepsilon_a) \mid V_j\right]}{p\left[X(\varepsilon_a)\right]} \tag{6-36}$$

式中，V_j 表示地面用户 n 的历史内容请求内容；$X(\varepsilon_a)$ 是所有内容中具有主题 ε_a 的内容的随机变量；$p\left[X(\varepsilon_a) \mid V_j\right]$ 表示所有内容中具有主题 ε_a 的内容的概率；$p\left[X(\varepsilon_a) \mid V_j\right]$ 是用户历史内容请求中具有主题 ε_a 的内容的概率。因此，地面用户 n 对内容 m 的偏好可表示为：

$$f_{n,m} = \frac{\sum_{a \in \mathcal{A}} g(m, \varepsilon_a) \omega(n, \varepsilon_a)}{\sqrt{\sum_{a \in \mathcal{A}} g^2(m, \varepsilon_a)} \sqrt{\sum_{a \in \mathcal{A}} \omega^2(n, \varepsilon_a)}} \tag{6-37}$$

式中，$0 \leqslant f_{n,m} \leqslant 1$；$g(m, \varepsilon_a)$ 和 $\omega(m, \varepsilon_a)$ 越接近，则表示地面用户 n 越喜欢内容 m，请求 m 的概率就越大。

2. 优化问题建模

在无人机辅助缓存蜂窝网络中，具有缓存能力的无人机可提前缓存网络中的部分内容，当地面用户再次请求相同的内容时，可以将本地缓存的内容副本传输给地面用户，而无须向核心网请求，从而降低地面用户内容获取时延、减少网络拥塞。

定义地面用户接入指示 $u_{i,n} \in \{0,1\}$，当 $u_{i,n}=1$ 表示地面用户 n 连接接入点 i；反之 $u_{i,n}=0$，用矩阵 $\boldsymbol{u}$ 表示用户的接入情况。接入点可以是无人机或者地面基站，即 $i \in \mathcal{K} \cup \{b\}$，地面用户至多可连接一个接入点，即 $\sum_{i \in \mathcal{K} \cup \{b\}} u_{i,n} \leqslant 1, n \in \mathcal{N}$。考虑到无人机的能量限制，无人机可用于通信的能量是有限的，每接入一个地面用户，无人机就需要消耗一定能量进行数据传输。为了保证地面用户的 QoS，本节假设无人机可接入的地面用户是有限的。不失一般性，假设每架无人机的限额都为 q_K，即 $\sum_{n \in \mathcal{N}} u_{k,n} \leqslant q_K, \forall k \in \mathcal{K}$，且 $q_K \leqslant N$。由于地面基站可获得持续的能量供给，因此，对于地面基站 b 来说，有 $q_k = N$。

定义无人机缓存指示 $x_{k,m} \in \{0,1\}$，当 $x_{k,m}=1$ 时，表示无人机 k 缓存内容 m；反之 $x_{k,m}=0$，用矩阵 $\boldsymbol{x}$ 表示无人机的缓存情况。考虑到无人机的负载限制，无人机可携带的缓存块是有限的，因此无人机的缓存空间是有限的。不失一般性，假设每架无人机的缓存容量都是相同的，用 Q_K 表示，则 $\sum_{m \in \mathcal{M}} x_{k,m} \leqslant Q_K, \forall k \in \mathcal{K}$ 且 $Q_K \leqslant M$。由于无人机的缓存空间有限，为了保证无人机内容缓存的多样性以服务不同种类的地面用户请求，本节假设内容至多可存储在固定数量的无人机上。不失一般性，假设所有内容的存储限额均为 ϕ_M，即 $\sum_{k \in \mathcal{K}} x_{k,m} \leqslant \phi_M, \forall m \in \mathcal{M}$，且 $\phi_M \leqslant K$，当 $\phi_M < K$ 时，表示内容至多可存储在 ϕ_M 架无人机上，若 $\phi_M = K$，则内容可存储在所有的无人机上。

当地面用户进行内容请求时，根据地面用户的接入情况和无人机缓存内容的不同，内容获取可分为从无人机获取、由无人机回程链路向地面基站获取、从地面基站获取三种情况。由于地面基站通过高容量光纤线路连接核心网，因此本节不考虑地面基站与核心网之间的传输时延。当地面用户接入无人机时，若地面用户请求的内容命中无人机缓存，则内容可由无人机通过下行链路直接由缓存发送给地面用户，内容获取时延就是下行链路的传输时延；若缓存未命中，则无人机首先需要通过回程链路与地面基站建立连接以向核心网请求内容，然后接收核心网传来的内容，最后通过下行链路传输给地面用户，内容获取时延包括回程链路的传输时延和下行链路的传输时延。当用户接入地面基站时，由于地面基站无缓存，地面用户请求的内容需由地面基站向核心网获取再通过下行链路传输给地面用户，内容获取时延为下行链路的传输时延。

根据上述分析可知，内容获取时延主要由两部分组成：下行链路的传输时延、回程链路的传输时延。根据地面用户接入情况和无人机缓存情况的不同，可确定地面用户从请求到接收内容所需的传输时延。接下来，我们分别对这两部分时延进行分析与建模。

假设下行链路的带宽是平均分配的，当地面用户 n 与接入点 i 进行通信时，速率可表示为：

$$R_{i,n} = W_{i,n} \log_2 \left(1 + \gamma_{i,n}\right) \tag{6-38}$$

式中，$W_{i,n}$ 为接入点 i 分配给用户 n 的频带资源；$\gamma_{i,n}$ 为接入点 i 与用户 n 之间的 SINR。因此，接入点 i 到地面用户 n 之间的下行链路的传输时延为：

$$D_{i,n}^{\text{down}} = \frac{S}{R_{i,n}}, \qquad \forall i \in \mathcal{K} \cup \{b\}; \ n \in \mathcal{N} \tag{6-39}$$

定义回程链路分配指示 $z_{k,n} \in \mathbb{R}^{K \times N}$，表示接入无人机 k 的地面用户 n 分配到的回程链路

带宽，满足 $\sum\limits_{k \in \mathcal{K}} \sum\limits_{n \in \mathcal{N}} z_{k,n} \leqslant W_E, \forall k \in \mathcal{K}, \forall n \in \mathcal{N}$，用矩阵 $\boldsymbol{z}$ 表示无人机的回程链路的带宽分配情况。当接入无人机的地面用户请求的内容未命中无人机缓存时，无人机需要通过回程链路接入地面基站向核心网获取请求的内容，无人机可用的回程链路的带宽是有限的，因此合理分配接入无人机的地面用户回程链路带宽资源也是提升系统性能、降低用户内容获取时延的关键之一。值得注意的是，接入无人机并且不需要向核心网获取内容的地面用户请求不会被分配回程链路带宽资源，即对于任意地面用户 n 满足 $n \in \left\{ n | \sum\limits_{m \in \mathcal{M}} u_{k,n} c_{n,m} \left(1 - x_{k,m}\right) = 0 \right\}$，有 $z_{k,n} = 0$。

当地面用户 n 接入无人机 k 时，地面基站 b 到无人机 k 之间的回程链路速率为：

$$B_{k,n} = z_{k,n} \log_2 \left(1 + \gamma_{b,k}\right) \tag{6-40}$$

式中，$\gamma_{b,k}$ 为地面基站 b 与无人机 k 之间的 SINR，可按照式（6-29）计算。因此，对于接入无人机 k 的地面用户 n，当其请求的内容未命中无人机缓存时，所需回程链路的传输时延为：

$$D_{k,n}^{\text{back}} = \frac{S}{B_{k,n}}, \qquad \forall k \in \mathcal{K}, n \in \mathcal{N} \tag{6-41}$$

根据上述分析，当地面用户 n 接入无人机 k 时，请求所需的所有内容时，所需要的全部时延为：

$$D_{k,n} = \sum_{m \in \mathcal{M}} u_{k,n} c_{n,m} \left[D_{k,n}^{\text{down}} + \left(1 - x_{k,m}\right) D_{k,n}^{\text{back}} \right] \tag{6-42}$$

当用户 n 接入基站 b 请求所需的所有内容时，所需的全部时延为：

$$D_{b,n} = \sum_{m \in \mathcal{M}} u_{b,n} c_{n,m} D_{b,n}^{\text{down}} \tag{6-43}$$

因此，小区内全网的地面用户的内容获取时延可表示为：

$$D = \sum_{i \in \mathcal{K} \cup \{b\}} \sum_{n \in \mathcal{N}} D_{i,n} \tag{6-44}$$

式中，$D_{i,n} = \begin{cases} D_{k,n} & i \in \mathcal{K} \\ D_{b,n} & i = b \end{cases}$。

以全网的地面用户的内容获取时延最小化为目标，构建地面用户接入、缓存放置以及回程链路带宽分配的联合优化问题 P1。

$$\text{P1:} \qquad \min_{\boldsymbol{u}, \boldsymbol{x}, \boldsymbol{z}} D \tag{6-45}$$

$$\text{s.t.} \quad \sum_{i \in \mathcal{K} \cup \{b\}} u_{i,n} \leqslant 1, \quad \forall n \in \mathcal{N} \tag{6-46}$$

$$\sum_{n \in \mathcal{N}} u_{k,n} \leqslant q_K, \quad \forall k \in \mathcal{K} \tag{6-47}$$

$$\sum_{m \in \mathcal{M}} x_{k,n} \leqslant Q_K, \quad \forall k \in \mathcal{K} \tag{6-48}$$

$$\sum_{k \in \mathcal{K}} x_{k,m} \leqslant \phi_M, \quad \forall m \in \mathcal{M} \tag{6-49}$$

$$\sum_{k \in \mathcal{K}} \sum_{n \in \mathcal{N}} z_{k,n} \leqslant W_E, \quad \forall k \in \mathcal{K}, \forall n \in \mathcal{N} \tag{6-50}$$

$$u_{i,n} \in \{0,1\}, \quad x_{k,m} \in \{0,1\}, \quad z_{k,n} \in \mathbb{R}, \qquad \forall i, \forall n, \forall k, \forall m \tag{6-51}$$

其中，式（6-46）表示地面用户至多只能接入一个接入点；式（6-47）表示无人机的接入限额；式（6-48）表示无人机的缓存空间限制；式（6-49）表示对每个内容存储次数的限制；式（6-50）表示对无人机回程链路带宽资源的限制；式（6-51）表示每个优化变量的取值范围。

3．优化问题求解

为了求解上述的联合优化问题 P1，本节提出了一种基于匹配理论和拉格朗日乘数法的地面用户接入、缓存放置、回程链路带宽分配的联合优化算法，如图 6-13 所示，实现了最小化全网地面用户内容获取时延的目标。

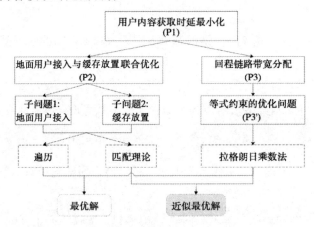

图 6-13   联合优化问题 P1 的求解算法

问题 P1 包括两个离散优化变量：地面用户接入和缓存放置，以及一个连续优化变量，即回程链路带宽分配。本节通过分离变量把联合优化问题 P1 分解成两个问题：地面用户接入和缓存放置联合优化（P2），以及回程链路带宽分配（P3）。针对 P2，本节利用三维匹配模型来模拟该子问题中接入点、地面用户、内容三者之间的关系，先根据匹配理论将 P2 继续分解为两个子问题：地面用户接入（子问题 1）和缓存放置（子问题 2），再通过二维匹配算法进行求解。针对 P3，本节先将不等式约束优化问题转化成等式约束的优化问题（P3′），再通过拉格朗日乘数法进行求解，得到回程链路带宽分配的最优解。地面用户接入、缓存放置和回程链路带宽分配联合优化算法如算法 6-2 所示。

基于上述分析，我们提出一种联合优化算法来解决地面用户接入、缓存放置和回程链路带宽分配联合优化问题 P1。该联合优化算法分为三个阶段：地面用户接入阶段、缓存放置阶段，以及回程链路带宽分配阶段，三个阶段不断迭代直至收敛。

算法 6-2：地面用户接入、缓存放置和回程链路带宽分配联合优化算法

输入：系统参数 K、N、M、c

输出：地面用户接入变量 u^*、缓存放置变量 x^*、回程链路带宽分配变量 z^*

1：迭代周期 $\tau=0$

2：初始化，接入点与用户随机接入 u^0、无人机随机缓存 x^0、回程链路带宽平均分配 z^0

3：while $\left| D^\tau - D^{\tau-1} \right| < \varepsilon$ do

4： $\tau=\tau+1$；

5：   阶段 1：地面用户接入

6:　　　在上一迭代周期得到 x^{r-1} 和 z^{r-1} 后，每个接入点和地面用户更新偏好值列表，并通过多对一地面地面用户接入二维匹配算法的交换配对过程，输出稳定的匹配结果 u^r

7:　　　阶段 2：缓存放置

在上一阶段得到 u^r 后，每架无人机缓存内容都更新其偏序列表，并通过多对多缓存放置二维匹配算法的时延接收过程，输出稳定匹配结果 x^r

8:　　　阶段 3：回程链路带宽分配

在前两个阶段得到 u^r 和 x^r 后，通过拉格朗日乘数法计算此时最优的回程链路带宽分配结果 z^r

9:　end while

在输入仿真参数后，首先初始化各个优化变量，通过随机接入、随机缓存和平均分配等方式得到初始化的地面用户接入、缓存放置和回程链路带宽分配情况，并作为迭代的初始值；接着在每一次迭代周期内，依次进行地面用户接入、缓存放置、回程链路带宽分配三个阶段，三个阶段不断迭代，直到全网用户内容获取时延不再降低为止，最后输出此时的地面用户接入、缓存放置和回程链路带宽分配情况。

4．性能仿真验证

本节将通过 MATLAB 仿真平台模拟无人机辅助缓存蜂窝网络环境和信道模型，并对 6.4 节提出的无人机缓存放置与无线资源分配联合优化算法性能进行分析与验证。本节的仿真场景是通信范围为 500 m 的蜂窝小区，在蜂窝小区的中心有一个地面基站 BS（采用宏基站），同时在地面基站周围部署 K 架具有缓存能力的无人机，在小区内随机均匀播撒 N 个地面用户。仿真参数如表 6-2 所示。

表 6-2　仿真参数

参　数	数　值
蜂窝小区半径 r	500 m
无人机高度 H	300 m
内容大小 S	100 Mbit
地面基站发射功率 P_{BS}	43 dBm
无人机发射功率 P_{UAV}	30 dBm
噪声功率谱密度 σ^2	−174 dBm/Hz
地面基站通信带宽 W_B	10 MHz
无人机通信带宽 W_K	20 MHz
回程链路带宽 W_E	20 MHz

为了验证地面用户接入、缓存放置和回程链路带宽分配联合优化机制的有效性，这里在 $K=3$、$M=100$、$q_k=N$、$\phi_M=2$ 的场景下模拟所提出的联合优化算法在地面用户接入、缓存放置和回程链路带宽分配等不同阶段的时延性能，并进行对比分析。

地面用户接入、缓存放置与回程链路带宽分配联合优化机制有效性分析如图 6-14 所示。图中的五条线分别表示无人机无缓存（$q_k=0$）、无人机缓存放置（$q_k=10$）、无人机缓存放置（$q_k=30$）、地面用户接入+缓存放置（$q_k=30$）、地面用户接入+缓存放置+回程链路带宽分配（$q_k=30$）等五种情况下的时延。从该图可以看出，随着地面用户数量的增加，时延均有所上升，这是因为网络中的回程链路带宽、缓存空间是有限的，随着地面用户数量的增大，每个地面用户得到的资源均有所下降。在用户数量 $N=120$ 时，与 $q_k=0$ 相比，当 $q_k=10$、$q_k=30$ 时，无人机缓存可分别降低地面用户约 25%、37.5%的时延。这表明内容缓存技术对于无人机辅助缓存蜂窝网络系统具有积极作用，通过在无人机上部署缓存，可以降低地面用户时延、提升系统性能。同时，通过进一步联合优化缓存放置和地面用户接入，可进一步降低约 28% 的时延，这说明地面用户接入与缓存放置是紧密耦合的，可以充分利用各自的增益进一步提升系统性能。最后，通过联合优化地面用户接入、缓存放置和回程链路带宽分配，用户时延进一步降低了约 11%，虽然降低的程度不如前两个阶段大，但也对系统性能产生了非常积极的影响。因此，从一开始的无缓存到无人机配备缓存，以及之后不同阶段的联合优化，不仅说明了内容缓存技术可提升无人机辅助缓存蜂窝网络的时延性能，更验证了地面用户接入、缓存放置和回程链路带宽联合优化机制的有效性，以及所提出算法的有效性。

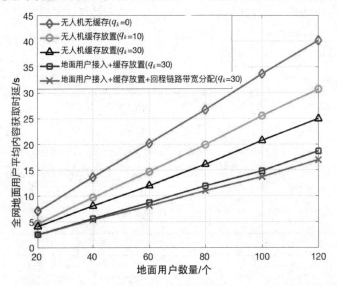

图 6-14　地面用户接入、缓存放置与回程链路带宽分配联合优化机制有效性分析

为了验证所提算法的有效性，本节采用以下算法进行性能比较：

（1）随机缓存与随机接入（Random Association and Random Caching，RARC）：每个地面用户都随机选择接入点进行连接，同时每架无人机都随机选择内容进行缓存，直到缓存空间已满为止，无人机回程链路带宽采用平均分配的方式。

（2）最大信噪比接入与最大流行度缓存（Max SINR Association and Most Popular Caching，MAMC）：每个地面用户选择信噪比最大的接入点进行连接[16]，无人机选择系统中内容流行度最高的内容进行缓存[17]，直到缓存空间已满为止，无人机回程链路带宽采用平均分配方式。

接下来将本节提出的算法与 RARC 算法和 MAMC 算法进行比较，分别模拟三种算法在不同系统参数下的性能，此时 $K=3$、$M=100$、$q_k=N$、$\phi_M=2$。不同缓存空间限额下三种算法的比较如图 6-15 所示。从该图可以看出，当无人机的缓存空间由 10 增加到 20 后，三种算法的时延性能均有所升高，这是因为缓存空间越大，可缓存的内容越多，无人机缓存命中用户请求的概率就越大，从而用户获取内容的时延就越小。值得注意的是，在 $q_k=10$ 时，本节提出的算法的时延比 MAMC 算法在 $q_k=20$ 时还小，并且随着用户数量的增加，两者的时延差距逐步增大，这表明本节提出的算法可以有效降低用户时延，并且在同等的时延水平下相对于 MAMC 算法可节省至少一半的缓存空间。

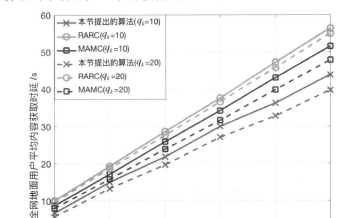

图 6-15　不同缓存空间限额下对比算法之间的时延性能比较

6.6 无人机毫米波通信波束赋形与资源分配

随着移动业务需求的激增以及物联网的发展，频谱资源紧张的问题日益严重。除了可以利用非正交多址接入技术提高频谱效率，另一个有效思路就是扩展带宽资源，往更高的频段迁移。毫米波频段具有大量未充分利用的频谱资源，能够有效解决频谱拥挤的问题，因此成为 5G 的关键技术之一[19]。另外，毫米波的波长短、天线尺寸小，可以将大规模天线集成到无人机上，从而可以利用波束赋形技术改善信号的传输质量。同时，无人机的移动性以及 LoS 链路也弥补了毫米波路径损耗严重的缺陷。因此，无人机毫米波通信技术具有广阔的发展前景，可以提高网络灵活性和增强网络覆盖能力。

6.6.1　无人机毫米波通信的特点与挑战

毫米波信道具有路径损耗大、信号绕射能力差、信号容易被遮挡等特点。特别是对于无人机毫米波通信场景，信号在传输过程中可能遭遇建筑物、山脉、甚至水面等散射体，产生反射、绕射和散射信号。与传统的地面毫米波通信相比，无人机毫米波通信具有以下特点。

（1）通信信道质量好：主要表现为 LoS 链路传输概率大、路径损耗指数小。由于无人机高度较高的关系，空-地毫米波通信存在 LoS 链路的概率显著高于地面通信，路径损耗指数也明显低于地面通信。另外，无人机还可以自适应地调整位置、与地面通信设备保持合适的高度和距离，从而建立起长期的 LoS 链路。

（2）非平稳信道快速变化：与地面静态基站不同，由于无人机的高动态性，其运动行为（如平移、旋转、振动等）会造成信道的快速变化。另外，无人机的飞行还会导致多普勒效应，无人机的自身结构和材料也会带来机身阴影问题。

（3）信道稀疏特性：毫米波散射是有限的，特别是对于具有一定高度的无人机通信平台，

LoS 链路是长期存在的，且强度明显高于其他多径成分。由于无人机的飞行高度通常较高，空中障碍物较少，无人机毫米波信道的多径成分较少，信道矩阵具有稀疏特性。这样就降低了信道协方差矩阵的秩数，有利于进行波束赋形。

无人机毫米波信道具有其独一无二的特性，精确的信道建模对于无人机毫米波系统的设计和性能评估具有重要意义。从波束赋形设计的角度来说，无人机毫米波波束对准通常要求高效的信道估计算法[20]。

6.6.2　波束赋形与资源分配设计

1. 系统模型

近年来，研究人员针对无人机毫米波的信道特性和建模进行了一些研究，但目前尚处于起步阶段[21]。一般来说，无人机信道模型大致可分为两大类，即确定信道模型和统计信道模型。确定信道模型通常是针对特定场景、基于广泛的测试数据建立起的信道模型。基于几何光学和一致性绕射理论的射线追踪（Ray-Tracing，RT）技术近年来在许多典型场景中得到广泛应用，主要对收发两端之间的每一条路径进行追踪、得到每条路径的时延、相位和功率等参数。统计信道模型的部分参数是采用统计分布的形式进行描述的，典型的无人机毫米波信道模型主要包括大尺度衰落、小尺度衰落和阻塞效应。Saleh-Valenzuela 信道模型是一种典型的统计信道模型，可以用来描述多径成分的时延扩展、幅度和相位。该信道模型已经被应用于 IEEE 802.15.3c 和 IEEE 802.11ad 标准化模型的构建。

对于毫米波大规模 MIMO 系统，信道可以建模为一条直射路径和多条散射路径的集合。假设无人机发送端和地面接收端均采用均匀线天线阵列，则信道状态矩阵 H 可表示为[22]：

$$H = \sqrt{N_U N_R} \sum_{l=1}^{L} \lambda_l \boldsymbol{a}\left(N_R, \theta_l^R\right) \boldsymbol{a}^H\left(N_U, \theta_l^U\right) \tag{6-52}$$

式中，N_U 为无人机发送端天线数；N_R 为接收端天线数；L 是总的散射路径的数量；λ_l 是第 l 条路径的复增益系数；$\boldsymbol{a}()$ 是由天线结构和转向角度决定的天线阵列导向向量；θ_l^R 和 θ_l^U 分别表示第 l 条路径的接收端的信号到达角（AoA）和发送端的信号离开角（AoD）。

在 MIMO 系统中，通常每根天线都要与一条独立的射频（Radio Frequency，RF）链路相连，以实现数字波束赋形。毫米波的大规模天线会导致 RF 链路的数目很大，功耗和成本非常高。虽然模拟波束赋形的结构较为简单，但仅支持单流传输而且移相器的幅度是不可调的，性能不如数字波束赋形。在此背景下，人们提出了混合波束赋形[23]并广泛用于毫米波 MIMO 系统中。与数字波束赋形相比，混合波束赋形所需的 RF 链路数目远小于天线数，可节约能耗和成本；与模拟波束赋形相比，混合波束赋形能支持多流传输，性能更好。混合波束赋形可以分解为一个低维的数字预编码和一个高维的模拟预编码。典型的混合波束赋形的结构可分为全连接型结构和部分连接型结构，如图 6-16 所示。图中，发送端发送 N_S 条数据流，RF 链路的数目为 N_{RF}，发送端天线数为 N_U，满足 $N_S \leqslant N_{RF} \leqslant N_U$。可以看到，全连接型结构中每一条 RF 链路通过相移器和所有的天线相连接，而部分连接型结构中的每一条 RF 链路只和天线的一个子阵列相连。两者相比较，部分连接型结构设计复杂度低，而且更节能，但全连接型结构可以实现更高的网络传输性能以及频谱效率。

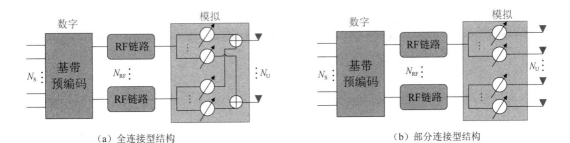

（a）全连接型结构　　　　　　　　　（b）部分连接型结构

图 6-16　混合波束赋形的结构

本节考虑一个无人机毫米波 NOMA 网络，其模型如图 6-17 所示。在这个网络中，无人机配有 N_U 根天线，服务 K 个单天线地面用户。为了减少功耗和成本，我们采用混合波束赋形技术使天线与 N_{RF} 条 RF 链路通过相移器相连接。为了保障地面用户服务质量需求，采用性能更好的全连接型结构。为了提高频谱利用率，我们将地面用户根据信道相关性分成 M 组（ $M = N_{RF}$ ），并在每一组内利用 NOMA 同时同频接收信号。每组中地面用户的数目是不固定的，对于第 m 组，地面用户数记作 K_m。无人机悬停在空中距离地面高度为 H 米，水平坐标记为 $W_u = (X_u, Y_u)$，第 m 个地面用户组的第 k 个地面用户位置表示为 $W_{m,k} = (X_{m,k}, Y_{m,k})$。

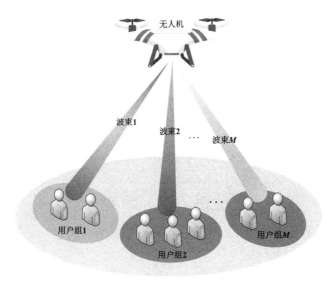

图 6-17　无人机毫米波 NOMA 网络模型

考虑到无人机高度较高，LoS 链路的强度远高于其他多径成分，因此将无人机与地面用户间的信道建模为概率 LoS 信道模型，即：

$$\boldsymbol{h}_{m,k} = \sqrt{N_U}\,\alpha_{m,k}\boldsymbol{f}\left(\phi_{m,k}\theta_{m,k}\right) \in \mathbb{C}^{N_U \times 1} \tag{6-53}$$

式中，$\alpha_{m,k}$ 是信道复数增益；$\boldsymbol{f}\left(\phi_{m,k}\theta_{m,k}\right)$ 为天线阵列导向向量；$\phi_{m,k}$ 和 $\theta_{m,k}$ 分别表示从无人机到地面用户的水平 AoD 和垂直 AoD。

在图 6-17 中，混合波束赋形设计可以分解为模拟波束赋形和数字波束赋形两部分。模拟预编码矩阵记为 $V_A \in \mathbb{C}^{N_U \times 1}$，数字预编码矩阵记为 $V_D \in \mathbb{C}^{M \times M}$，它们分别为 M 个预编码向量的集合，可以表示为

$$V_A = \left[\boldsymbol{a}_1, \boldsymbol{a}_2, \cdots, \boldsymbol{a}_M\right], \qquad V_D = \left[\boldsymbol{d}_1, \boldsymbol{d}_2, \cdots, \boldsymbol{d}_M\right] \tag{6-54}$$

因此，对于第 m 个用户组的第 k 个地面用户，接收到的信号可以表示为：

$$y_{m,k} = \boldsymbol{h}_{m,k}^{\mathrm{H}} \boldsymbol{V}_{\mathrm{A}} \sum_{i=1}^{M} \sum_{j=1}^{K_i} \boldsymbol{d}_i \sqrt{p_{i,j}} x_{i,j} + n_{m,k}$$

$$= \underbrace{\boldsymbol{h}_{m,k}^{\mathrm{H}} \boldsymbol{V}_{\mathrm{A}} \boldsymbol{d}_m \sqrt{p_{m,k}} x_{m,k}}_{\text{理想信号}} + \underbrace{\boldsymbol{h}_{m,k}^{\mathrm{H}} \boldsymbol{V}_{\mathrm{A}} \boldsymbol{d}_m \left[\sum_{j=1}^{k-1} \sqrt{p_{m,j}} x_{m,j} + \sum_{j=k+1}^{K_m} \sqrt{p_{m,j}} x_{m,j} \right]}_{\text{组内干扰}} + \quad (6\text{-}55)$$

$$\underbrace{\boldsymbol{h}_{m,k}^{\mathrm{H}} \boldsymbol{V}_{\mathrm{A}} \sum_{i \neq m} \sum_{j=1}^{k_i} \boldsymbol{d}_i \sqrt{p_{i,j}} x_{i,j}}_{\text{组间干扰}} + n_{m,k}$$

式中，$x_{i,j}$ 为发射信号，$E\{|x_{i,j}|^2\}=1$；$p_{i,j}$ 表示分配给每个地面用户信号的功率；$n_{i,j} \sim \mathcal{CN}(0,\sigma^2)$，表示加性高斯白噪声。由于用户组内采用 NOMA 模式，在接收端可以采用串行干扰消除技术消除一部分用户组内较强信号的干扰。假设 $|\boldsymbol{h}_{m,1}^{\mathrm{H}} \boldsymbol{V}_{\mathrm{A}} \boldsymbol{d}_m|^2 \geqslant |\boldsymbol{h}_{m,2}^{\mathrm{H}} \boldsymbol{V}_{\mathrm{A}} \boldsymbol{d}_m|^2 \geqslant \cdots \geqslant |\boldsymbol{h}_{m,K_m}^{\mathrm{H}} \boldsymbol{V}_{\mathrm{A}} \boldsymbol{d}_m|^2 (m=1,2,\cdots,M)$，则第 m 个用户组的第 k 个地面用户的速率为：

$$R_{m,k} = \log_2 \left[1 + \frac{p_{m,k} \left| \boldsymbol{h}_{m,k}^{\mathrm{H}} \boldsymbol{V}_{\mathrm{A}} \boldsymbol{d}_m \right|^2}{\left| \boldsymbol{h}_{m,k}^{\mathrm{H}} \boldsymbol{V}_{\mathrm{A}} \boldsymbol{d}_m \right|^2 \sum_{j=1}^{k-1} p_{m,j} + \sum_{i \neq m} \left| \boldsymbol{h}_{m,k}^{\mathrm{H}} \boldsymbol{V}_{\mathrm{A}} \boldsymbol{d}_i \right|^2 \sum_{j=1}^{K_i} p_{i,j} + \sigma^2} \right] \quad (6\text{-}56)$$

无人机的能耗通常是受限的，其能耗主要包括通信能耗、电路消耗、推动无人机运动和悬停的能耗（推动能耗）三部分。图 6-17 中的无人机是悬停的，推动能耗近似不变且远高于通信能耗，因此我们主要从通信设计的角度来节约能耗、提高能效，不考虑推动能耗的能效可以表示为：

$$\eta_{\mathrm{EE}} = \frac{\sum_{m=1}^{M} \sum_{k=1}^{K_m} R_{m,k}}{\sum_{m=1}^{M} \sum_{k=1}^{K_m} p_{m,k} + N_{\mathrm{RF}} P_{\mathrm{RF}} + P_{\mathrm{BB}}} \quad (6\text{-}57)$$

式中，P_{RF} 表示每条 RF 链路的能耗；P_{BB} 表示基带的能耗。

2. 优化问题建模与求解

本节以最大化无人机能效为目标，联合优化模拟波束赋形矩阵 $\boldsymbol{V}_{\mathrm{A}}$、数字波束赋形矩阵 $\boldsymbol{V}_{\mathrm{D}}$ 和功率资源分配集合 $\{p_{m,k}\}$，这一优化问题可以表示为：

$$\max_{\boldsymbol{V}_{\mathrm{A}}, \boldsymbol{V}_{\mathrm{D}}, \{p_{m,k}\}} \eta_{\mathrm{EE}}$$

$$\begin{aligned}
\text{s.t.} \quad & R_{m,k} \geqslant R_{\min}, && \forall m,k \\
& \left| \boldsymbol{V}_{\mathrm{A}}(i,j) \right| = \frac{1}{\sqrt{N_{\mathrm{U}}}}, && \forall i,j \\
& \left\| \boldsymbol{V}_{\mathrm{A}} \boldsymbol{d}_m \right\|_2 = 1, && \forall m \\
& p_{m,k} \geqslant 0, && \forall m,k \\
& \sum_{m=1}^{M} \sum_{k=1}^{K_m} p_{m,k} \leqslant P_{\max}
\end{aligned} \quad (6\text{-}58)$$

式中，$R_{\min}$ 是每个地面用户的最低速率要求；$P_{\max}$ 是无人机可发射的最大总功率。然而，这一优化是非凸的，不能直接求解，因此把这一联合优化问题分解成几个步骤进行求解，首先对地面用户进行分组，其次对模拟波束赋形和数字波束赋形进行设计，最后实现最优的功率资源分配。

1）对地面用户进行分组

由于网络中采用混合波束赋形和 NOMA 模式，所以需要将网络中的 K 个地面用户分为 M 组。为了实现简单且有效的分组，我们采用基于信道相关性的分组方式。首先，为每个地面用户组选一个用户簇头，然后根据信道的相关情况为剩余地面用户选择合适的组。地面用户的信道相关因子计算表达式为：

$$\rho_{i,j} = \frac{\left|\boldsymbol{h}_i^{\mathrm{H}}\boldsymbol{h}_j\right|}{\|\boldsymbol{h}_i\|_2\|\boldsymbol{h}_j\|_2}$$

基于信道相关性的用户簇头选择算法可以概括如下：

算法 6-3　基于信道相关性的用户簇头选择算法

输入：K、M、ρ_0、$\boldsymbol{h}_k, k=1,2,\cdots,K$

输出：用户簇头集合 $\mathcal{U}$

1: $\mathcal{H}=\|\boldsymbol{h}_1\|_2、\|\boldsymbol{h}_1\|_2、\cdots、\|\boldsymbol{h}_K\|_2;[\sim,\Theta]=\mathrm{sort}\left(\mathcal{H},\ \mathrm{descend}\right)$

2: $\mathcal{U}=\Theta(1),\ \mathcal{U}^{\mathrm{C}}=\Theta/\mathcal{U},\ \Lambda=\mathcal{U}$

3: $C_{\mathrm{idx}}=2$

4: while $C_{\mathrm{idx}}\leqslant M$ do

5: if $\Lambda=\varnothing$ then

6:　　while $\Lambda=\varnothing$ do

7:　　　　$\rho_0=\rho_0+\Delta\rho_0:$

8:　　　　$\Lambda=\left\{j\in\mathcal{U}^{\mathrm{C}}\middle|\rho_{i,j}<\rho_0,\forall i\in\mathcal{U}\right\}$

9:　　end while

10: end if

11: $\Lambda=\left\{j\in\mathcal{U}^{\mathrm{C}}\middle|\rho_{i,j}<\rho_0,\forall i\in\mathcal{U}\right\}$

12: $\mathcal{U}=\mathcal{U}\bigcup\Lambda(1),\ \mathcal{U}^{\mathrm{C}}=\Theta/\mathcal{U}$

13: $C_{\mathrm{idx}}=C_{\mathrm{idx}}+1$

14: end while

15: return $\mathcal{U}$

得到用户簇头集合 $\mathcal{U}$ 之后，可以根据剩余地面用户与各用户簇头的信道相关因子为地面用户选择最合适的分组。对于任一普通地面用户 k，为了得到最大的增益，将为其选择信道相关因子最大的组 m_k^*，即：

$$m_k^* = \arg\max_{m\in\{1,2,\cdots,M\}}\frac{\left|\boldsymbol{h}_k^{\mathrm{H}}\boldsymbol{h}_{u(m)}\right|}{\|\boldsymbol{h}_k\|_2\|\boldsymbol{h}_{u(m)}\|_2} \tag{6-59}$$

2）混合波束赋形设计

在地面用户分组的基础上，可以进行混合波束赋形设计。由于每个用户组内的地面用户

信道相关性较强，因此采用一种简单的模拟波束赋形设计，即在每个用户组内最大化用户簇头的模拟波束赋形增益 $\left|h_{u(m)}^{\mathrm{H}}a_m\right|^2$。考虑到硬件成本和实际应用，相移器应该是离散相位的，则第 m 个用户组的模拟波束赋形向量表达式为：

$$a_m(i) = \frac{1}{\sqrt{N_{\mathrm{U}}}}\exp\left(\mathrm{j}\frac{2\pi\hat{i}}{2^b}\right), \qquad i = 1, 2, \cdots, N_{\mathrm{U}} \tag{6-60}$$

式中，

$$\hat{l} = \arg\min_{l\in\{0,1,\cdots 2^b-1\}}\left|\mathrm{angle}\left[h_{u(m)}(i)\right] - 2\pi l/2^b\right|$$

对于数字波束赋形设计，可以采用基于干扰迫零的方法来管理组间干扰。假设每个用户组的第 1 个地面用户的信道强度最大，根据用户组内信道强度最大的地面用户来设计数字波束赋形矩阵，计算过程如下：

$$\bar{h}_{m,k}^{\mathrm{H}} = h_{m,k}^{\mathrm{H}}V_{\mathrm{A}}, \quad k = 1, 2, \cdots, K \tag{6-61}$$

$$H = \left[h_{1,1}, h_{2,1}, \cdots, h_{M,1}\right] \tag{6-62}$$

$$V_{\mathrm{D}} = \bar{H}\left(\bar{H}^{\mathrm{H}}\bar{H}\right)^{-1} = \left[\bar{d}_1, \bar{d}_2, \cdots, \bar{d}_M\right] \tag{6-63}$$

3）最优功率分配

最后进行功率分配，从而实现最大化网络能效的目标。根据式（6-58）所示的优化问题，功率分配问题可以表示为：

$$\max_{V_{\mathrm{A}}, V_{\mathrm{D}}, \{p_{m,k}\}} \eta_{\mathrm{EE}} = \frac{\displaystyle\sum_{m=1}^{M}\sum_{k=1}^{K_m}R_{m,k}}{\displaystyle\sum_{m=1}^{M}\sum_{k=1}^{K_m}p_{m,k} + N_{\mathrm{RF}}P_{\mathrm{RF}} + P_{\mathrm{BB}}}$$

$$\begin{aligned}\mathrm{s.t.} \quad & R_{m,k} \geqslant R_{\min}, \qquad \forall m, k \\ & p_{m,k} \geqslant 0, \qquad \forall m, k \\ & \sum_{m=1}^{M}\sum_{k=1}^{K_m}p_{m,k} \leqslant P_{\max}\end{aligned} \tag{6-64}$$

显然，式（6-64）所示的优化问题是非凸优化问题，无法直接求解，需要通过求解一系列带参减法形式的子问题得到最优解。式（6-64）可以等效为：

$$\max_{\{p_{m,k}\}}\sum_{m=1}^{M}\sum_{k=1}^{K_m}R_{m,k} - \lambda^{(r)}\left(\sum_{m=1}^{M}\sum_{k=1}^{K_m}p_{m,k} + P_0\right) \tag{6-65}$$

式中，$P_0 = N_{\mathrm{RF}}P_{\mathrm{RF}} + P_{\mathrm{BB}}$；$\lambda^{(r)}$ 是一个非负参数，随着迭代次数 r 更新，$\lambda^{(0)} = 0$。$\lambda^{(r)}$ 的更新迭代公式为：

$$\lambda^{(r)} = \frac{\displaystyle\sum_{m=1}^{M}\sum_{k=1}^{K_m}R_{m,k}^{(r)}}{\displaystyle\sum_{m=1}^{M}\sum_{k=1}^{K_m}p_{m,k}^{(r)} + P_0} \tag{6-66}$$

由于每次迭代中的速率表达式 $R_{m,k}^{(r)}$ 都不是一个凹函数，也不能直接得到最优的功率分配解。但是可以将它写成两个凹函数相减的形式，并对第二项（减数）做一阶泰勒展开。由于一阶泰勒展开式是凹函数的下界，因此可以将泰勒展开式代替原第二项代入优化目标函数

［见式（6-51）］中求解新的凸优化问题，进而可以采用迭代优化算法不断更新 $\lambda^{(r)}$，并在每次更新过程中求解一个近似的凸优化问题，最终得到功率分配的次优解。

3．性能仿真验证

为了验证上述最大化能效方案的性能，本节进一步在 MATLAB 中进行了仿真实验。假设网络中地面用户随机分布在 $100 \times 100\ \mathrm{m}^2$ 的区域内，无人机服务 6 个地面用户，$N_{RF}=3$，即地面用户被分成 3 个用户组。每个用户组的实验数据都是基于 10000 次随机生成的地面用户位置的平均结果。最大化能效和最大化传输速率方案的性能比较如图 6-18 所示，从仿真结果可以看出，最大化传输速率方案的速率随功率几乎成线性增长，而能效则是先上升后急剧下降。最大化能效方案的传输速率随功率增大的上升速率逐渐变缓最终趋于饱和，能效也呈现类似的趋势。仿真结果验证了最大化能效方案的可行性和节能性能，另外也反映了这一方案是牺牲一定的速率来保障网络能效的。因此，要根据地面用户服务质量的需求采用合适的发射功率，在保证网络传输性能的同时尽可能节约无人机的能量。

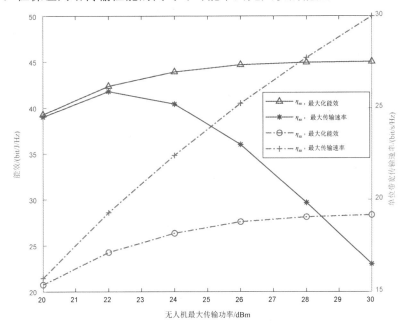

图 6-18 最大化能效和最大化传输速率方案的性能比较（$K = 6$，$R_{\min} = 0.5\ \mathrm{bit/s/Hz}$）

6.7 本章小结

本章重点介绍了无人机辅助异构蜂窝网络、无人机辅助 NOMA 系统、无人机辅助缓存蜂窝网络、无人机毫米波通信系统等无人机辅助通信场景。针对不同的场景，对频谱效率、能效、传输速率、吞吐量等问题进行了建模分析，同时设计了不同的资源分配方案以及无人机飞行轨迹优化策略。

本章参考文献

[1] 3GPP. Study on channel model for frequencies from 0.5 to 100 GHz[R]. TR 38.901. 3rd Generation Partnership Project, 2017.

[2] 3GPP. Enhanced LTE support for aerial vehicles [R]. TR 36.777. 3rd Generation Partnership Project, 2017.

[3] Mei W, Wu Q, Zhang R. Cellular-connected UAV: uplink association, power control and interference coordination[J]. IEEE Transactions on Wireless Communications, 2019, 18(11): 5380-5393.

[4] Hasan Z, Boostanimehr H, Bhargava V K. Green cellular networks: a survey, some research issues and challenges[J]. IEEE Communications Surveys & Tutorials, 2011, 13(4): 524-540.

[5] Qiu C, Wei Z, Yuan X, et al. Multiple UAV-mounted base station placement and user association with joint fronthaul and backhaul optimization[J]. IEEE Transactions on Communications, 2020,68(9):5864-5877.

[6] Al-Hourani A, Kandeepan S, Lardner S. Optimal LAP altitude for maximum coverage[J]. IEEE Wireless Communications Letters, 2014, 3(6): 569-572.

[7] Wang N, Hossain E, Bhargava V K. Joint Downlink cell association and bandwidth allocation for wireless backhauling in two-tier HetNets with large-scale antenna arrays[J]. IEEE Transactions on Wireless Communications, 2016, 15(5):3251-3268.

[8] Bethanabhotla D, Bursalioglu O Y, Papadopoulos H C, et al. User association and load balancing for cellular massive MIMO[C]. 2014 Information Theory and Applications Workshop (ITA). San Diego, 2014.

[9] Qiu C, Wei Z, Feng Z, et al. Joint resource allocation, placement and user association of multiple UAV-mounted base stations with in-band wireless backhaul[J]. IEEE Wireless Communications Letters, 2019, 8(6):1575-1578.

[10] 布夏飞. 无人机网络下的多维资源分配研究[D]. 西安：西安电子科技大学，2020.

[11] 郝勇. 无人机辅助的非正交多址系统的联合上下行优化研究[D]. 哈尔滨：哈尔滨工业大学，2020.

[12] Wu Q, Zhang R. Common throughput maximization in UAV-enabled OFDMA systems with delay consideration[J]. IEEE Transactions on Communications, 2018, 66(12):6614-6627.

[13] Niesen U, Shah D, Wornell G. Caching in wireless networks[C]. 2009 IEEE International Symposium on Information Theory. Seoul, 2009.

[14] Chen C, Zhang T, Liu Y, et al. Joint User association and caching placement for cache-enabled UAVs in cellular networks[C]. IEEE INFOCOM 2019 - IEEE Conference on Computer Communications Workshops (INFOCOM WKSHPS). Paris, 2019.

[15] Fan H, Zhang T, Loo J, et al. Caching deployment algorithm based on user preference in device-to-device networks[C]. GLOBECOM 2017 - 2017 IEEE Global Communications Conference. Singapore, 2017.

[16] Sesia S, Toufik I, Baker M. LTE: the UMTS long term evolution[M]. NewYork: Wiley,2009.

[17] Yang C, Yao Y , Chen Z, et al. Analysis on cache-enabled wireless heterogeneous networks[J]. IEEE Transactions on Wireless Communications, 2016, 15(1): 131-145.

[18] Roh W, Seol J Y, Park J, et al. Millimeter-wave beamforming as an enabling technology for 5G cellular communications: theoretical feasibility and prototype results [J]. IEEE Communications Magazine, 2014, 52(2):106-113.

[19] Zhao J W, Jia W M. Efficient channel tracking strategy for mmwave UAV communications [J]. Electronics Letters, 2018, 54(21): 1218-1220.

[20] 程乐乐，朱秋明，陆智俊，等. 无人机毫米波信道建模及统计特性研究[J]. 信号处理，2019, 35(8):1385-1391.

[21] Alkhateeb A, Ayach O E, Leus G, et al. Channel estimation and hybrid precoding for millimeter wave cellular systems [J]. IEEE Journal of Selected Topics in Signal Processing, 2014, 8(5): 831-846.

[22] Liang L, Xu W, Dong X D. Low-complexity hybrid precoding in massive multiuser MIMO systems [J]. IEEE Wireless Communications Letters, 2014,3(6): 653-656.

[23] Pang X W, Tang J, Zhao N, et al. Energy-efficient design for mmWave-enabled NOMA-UAV networks [J]. 中国科学：信息科学（英文版），2021, 64(4):14.

第 7 章
无人机空地协作中继通信

7.1 引言

中继通信是无人机在无线通信领域的一个重要应用，尤其适用于应急无线通信网络[1]。在遭遇地震、洪水等自然灾害的地区，灾区的光缆、基站、道路等基础设施被损毁，应急通信车也往往不能在第一时间到达受灾现场。在这种情形下，无人机可以快速被部署，作为信息传输的中继节点，将救援任务等信息传输到指挥中心。这种无人机辅助通信可以保障应急通信要求，是一种较为理想的应急方案。

中继通信的概念很早就被提出了。一般的中继通信建模包括源节点、中继节点和目标节点三个部分。系统中的中继平台可以选择卫星，但卫星通信存在成本高、传输时延大、容易受到干扰等问题，没有得到广泛的应用。近年来，无人机发展迅速，作为中继通信节点较卫星有非常显著的优点，如机动性高、便于控制、能够灵活调整部署位置，并且有良好的信道增益，可以满足多种类型用户的无线通信需求。利用无人机作为中继节点实现空地协作通信在民事和军事方面均得到了广泛的研究。根据中继节点转发方式的不同，中继节点对信息的处理主要分为放大转发与解码转发两种。

在放大转发中继模式下，中继节点接收到信息后，仅对信息进行放大处理，然后直接转发给目标节点。放大转发中继模式的传输流程如图 7-1 所示。

放大转发中继模式对设备要求较低且处理时间短，但中继节点接收到的信息中既包含了源节点要传输的有用信息，也包含了在传输过程中引入的噪声，在进行放大处理时，不可避免地会对噪声也进行同比例的放大。因此，放大转发中继模式更适合部署在噪声受限的场景中。

在解码转发中继模式中，中继节点先对接收到的信号进行重新编码，然后转发一个新的信号，这样就避免了对噪声进行放大带来的影响，提高了通信系统的性能。与此同时，解码转发中继模式与放大转发中继模式相比较复杂，对设备要求高且处理时间长。解码转发中继模式的传输流程如图 7-2 所示。

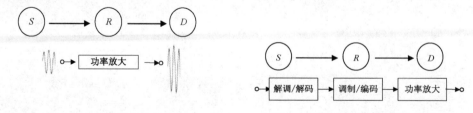

图 7-1　放大转发中继模式的传输流程　　　　　图 7-2　解码转发中继模式的传输流程

目前，对于无人机中继通信的研究工作主要包括无人机中继悬停位置的最优部署、无人机飞行轨迹规划、无人机中继系统的功率分配优化等，目的是提高通信传输的可靠性、增大系统吞吐量。无人机中继通信已经从单无人机中继通信发展到多无人机中继通信，其中多架无人机作为中继节点有两种典型用法，即形成多跳单链路中继系统或双跳多链路中继系统。

在多跳单链路中继系统中，从信源到信宿只有一条中继链路，这条中继链路上有多个中继节点，每个中继节点均会对信息进行一次处理，所以经过多跳后，信息被转发多次才能传输到信宿。多跳单链路中继系统如图 7-3 所示，图中 S 和 D 分别表示信源和信宿，R 表示无人机中继节点，g 表示传输过程中信道对信号的影响。多跳单链路中继系统适用于通信双方距离较远的场景，如无线传感器网络等。

在多架无人机组成的双跳多链路中继系统中，从信源到信宿含有多条中继链路，每条中继链路上只有一个中继节点。双跳多链路中继系统如图 7-4 所示，图中符号的含义与多跳单系统相同。假定有 N 个中继节点，那么就形成了 N 条独立的中继链路，每一条中继链路的工作原理与双跳单中继系统相同。信源 S 在第 1 个时隙广播要传输的信息，N 个中继节点对接收到信息进行处理，按顺序在指定时隙将其转发到信宿，以避免这些信息在信宿 D 发生干扰。

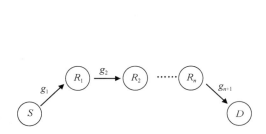

图 7-3　多跳单链路中继系统

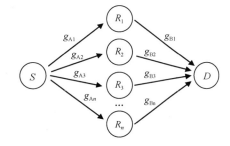

图 7-4　双跳多链路中继系统示意图

除了以上两种中继系统，还可以在每一跳中设置不同数量的无人机，或者在信源到信宿之间的不同中继链路中设置不同的跳数。中继的设置具有很大的灵活性，但由于中继链路设置的不同，可能会导致较高的网络开销和复杂的控制与同步问题，不太适用于远程控制的无人机空中通信。

本章首先对无人机空地协作中继通信的研究现状进行总结；然后介绍远程应急无人机中继系统，并给出部署优化方法、理论性能分析和仿真验证结果；接着介绍低时延高可靠无人机中继系统；最后讨论无人机中继系统的飞行轨迹优化。

7.2　无人机空地协作中继通信的研究现状

在无线通信系统中，中继通信技术可以提高系统的吞吐量、可靠性和覆盖范围。然而，传统地面通信设施受到移动能力的约束，因此中继节点往往只能部署在固定的位置。近年来，伴随着通信设备小型化的发展趋势，使用无人机搭载通信设备作为移动中继变得越来越便捷。

与传统的固定位置中继节点相比，基于无人机的移动中继节点具备诸多优势，如基于无人机的移动中继节点可以按需部署、具有更低的成本且其部署更加灵活方便，因此也更适合应对军事行动、灾害救援等突发事件。此外，无人机灵活移动的特点也为提高系统性能带来了新的设计方向。通过现场信道环境选择最优的中继位置，能够得到更好的通信性能。尤其是当中继通信过程允许时延时，无人机还可以先靠近源节点获取数据，然后靠近目标节点转发数据。这种便捷移动的特点使无人机能够通过改变位置来获得更好的传输条件。

当无人机悬停在某个位置实现中继通信时，可以根据无人机与源节点、目标节点之间的信道条件选择合适的中继位置，达到最优的通信性能[2]。与无人机悬停并固定位置中继相比，部署无人机作为移动中继节点时可以使用固定翼无人机，并且能够灵活地满足多种任务需求。另外，由于无人机在飞行过程中空地信道会发生改变，在某些情形下利用这种信道变化可以带来更高的通信性能增益，如文献［3］研究了一种具有时延的无人机中继场景。在这种情况下，无人机可以在与源节点信道状况较好的位置接收数据，然后飞行到与目标节点之间信道状况较好的位置再转发数据。尽管这会带来传输时延，但通过无人机携带信息移动，极大地减少了无线信号的传输距离。综上所述，根据中继通信任务来合理地规划无人机的飞行轨迹，为改善无人机中继系统性能带来了新的方向。

在无人机中继通信中，一个重要的研究内容就是无人机位置的优化，利用无人机之间的 LoS 链路，能够在实际场景中最大化系统的吞吐量。在多无人机中继通信中，协同优化无人机的飞行轨迹和发射功率，能够显著改善系统的端到端吞吐量[4]。通过使用无人机作为中继节点，可以将无线传感器网络部署在人类无法到达的地区。无人机与地面之间的通信会受到路径传输损耗以及无人机自身能量受限的约束，通过合理优化系统的协作中继传输，能够在保证通信误码率的情况下减少能耗，从而延长通信系统的工作时间[5]。对于无人机全双工中继通信，多天线波束赋形能够为中继通信带来额外增益，可通过联合优化波束赋形和功率来提高传输速率[6]。在信道状况较好时，提高信号发射功率可以优化性能增益，因此功率分配也是无人机中继通信的重要研究内容之一。无人机中继通信在衰落信道下的中断概率也可以用联合优化功率和无人机飞行轨迹的方式进行改善。值得注意的是，良好的空地信道也增加了无人机中继通信的信息泄露风险，其通信安全性也需受到更多的关注。使用无人机携带缓存内容进行数据中继，通过合理设计无人机的飞行轨迹，可以极大地改善系统信息传输的安全性[7]。

在复杂环境中使用无人机作为移动中继节点时，通过合理设计无人机的飞行轨迹，可以避开障碍物的遮挡，有效改善系统的中断概率及误码率。在多架无人机构成的复杂异构中继系统中，通过合理优化无人机的功率分配，可以均衡网络载荷、提高系统容量[8]。对于微型无人机中继通信来说，一方面无人机的移动需要消耗能量，另一方面进行信息传输也需要消耗能量。微型无人机自身所能携带的能量有限，通过合理设计无人机的飞行轨迹，可以节约无人机移动消耗的以及信息传输消耗的能量。此外，在无人机中继通信中，能效也是一个重要的系统性能衡量指标，它表明了系统在消耗单位能量所能提供的通信能力。通过合理优化系统发射功率的分配，可以有效提高能效[9]。在复杂电磁环境下，通过动态频率选择的方式优化无人机中继的工作频率，可以有效避开干扰，提高中继传输链路的安全性和可靠性[10]。在使用微/小型无人机的中继系统中，通过动态计算无人机中继节点的优先级，根据优先级实现动态的带宽分配，可以在复杂电磁环境中提高系统吞吐量，降低时延[11]。在使用无人机作为中继节点的广播通信系统中，通过优化无人机的飞行轨迹，可以有效降低中断概率，为其服务的每一个用户提供可靠的通信服务。可以看出，在各种无人机中继通信应用中，通过联合优化无人机的飞行轨迹和各种通信资源，能够显著改善中继通信的性能[12]。

综上所述，与传统地面无线中继系统相比，基于无人机的中继系统为优化设计带来了全新的挑战。一方面，由于无人机飞行在一定的高度，具有更好的 LoS 链路；另一方面，由于无人机自身的机动性，为系统性能的优化带来了新的维度，无人机的位置、飞行高度、速度、前进方向等可以动态地改变，以获得更好的通信性能。

7.3 远程应急无人机中继系统

无人机在通信领域有许多重要的应用，其中，作为移动中继节点辅助通信可以显著提高服务质量。得益于电子和机械行业的快速发展，无人机的价格越来越低，功能也越来越强大。在许多民事和军事应用中，为了获得更大的效益，都将多架无人机作为一个群体应用[13]。例如，当灾区地处偏远时，可以通过多架无人机将通信信号传输到外部的应急通信车或地面基站，建立灾区与外部的通信桥梁。考虑到不同中继链路的传播环境不同，对信号造成的衰落也不同，多无人机中断系统悬停位置的部署与中继通信方式协同优化是系统性能提升的关键。本节将结合放大转发与解码转发两种中继模式，对多无人机中继系统悬停位置的部署问题进行研究，以提升多无人机中继系统的通信质量。远程应急多无人机中继系统悬停位置的优化方案如图 7-5 所示[2]。

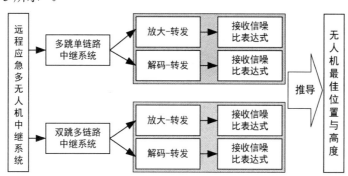

图 7-5　远程应急多无人机中继系统悬停位置的优化方案

7.3.1　无人机信道模型

本节研究两种典型的多无人机中继系统，即多跳单链路中继系统与双跳多链路中继系统，其原理如图 7-6 所示。

图 7-6（a）所示为多跳单链路中继系统的原理图，为实现距离为 d 的信源 A 和信宿 B 间的通信，在它们之间部署了 $N-1$ 架无人机（$N \geqslant 3$），其中第 1 架无人机到信源 A 的距离为 d_1，第 2 架无人机到信源 A 的距离为 d_2，最后一架无人机到信源 A 的距离为 d_{N-1}；相邻两架无人机的距离为 $d_n - d_{n-1}$（$n = 2, 3, \cdots, N-1$）。可以用反证法证明，当无人机悬停的高度相同时，性能最优；如果高度不同，则相邻无人机之间会有垂直方向的距离，根据几何理论可知，它们之间的距离为垂直距离和水平距离平方和的平方根，大于水平距离，因而会造成较大的功率损耗。还需注意，只有当不同无人机的传播环境不同时，自适应高度才会有较好的性能。

因此本节假设所有无人机的传播环境均相同，无人机悬停高度为 h。假设每一跳的传输时延为 T，则整个传输过程需要 NT。图 7-6（b）所示双跳多链路中继系统的原理图，图中信源 A 与信宿 B 之间距离仍为 d，由 $N-1$ 架无人机形成 $N-1$ 条双跳中继链路辅助信息的传输，其中每架无人机飞行高度为 h_n，距离信源 A 的水平距离为 d_n（$n=1,2,\cdots,N-1$）。假设信源在第一跳广播要传输的信息，然后 $N-1$ 架无人机按顺序在不同时隙将接收到的信息转发到信宿 B，以避免信息在信宿 B 发生干扰，因此信息的传输时延为 NT。

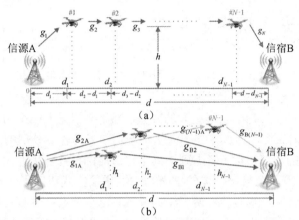

图 7-6   多跳单链路中继系统与双跳多链路中继系统的原理

在无线通信中，空–空信道质量一般优于空–地信道。空–空信道的路径损耗可以用自由空间信道模型来描述；而在空–地信道中，由于地面附近会有障碍物的遮挡，会造成信号的散射和衰落，还存在很严重的路径损耗，情况更为复杂。

1. 空–空信道

空–空信道的路径损耗的 dB 值和真实值分别表示为：

$$L_{\mathrm{AA}}(r)=\alpha_1 10\lg r+\eta_1 \tag{7-1}$$

$$U(r)=10\frac{L_{\mathrm{AA}}(r)}{10}=\beta_1 r^{\alpha_1} \tag{7-2}$$

式中，α_1 是路径损耗指数；r 是两个节点之间的距离；η_1 是距参考点 1 m 处的路径损耗。上述的路径损耗适用于图 7-6 中无人机之间的通信信道。在自由空间传播中，根据 Friis 方程，有：

$$\alpha_1=2, \qquad \eta_1=10\lg\left(\frac{4\pi f}{c}\right)^2 \tag{7-3}$$

式中，f 为载波频率；$c=3\times10^8$ m/s。

2. 空–地信道

空–地信道的路径损耗的 dB 值和真实值分别可以表示为：

$$L_{\mathrm{AG}}(r)=\alpha_2 10\lg r+\eta_2 \tag{7-4}$$

$$V(r)=10\frac{L_{\mathrm{AG}}(r)}{10}=\beta_2 r^{\alpha_2} \tag{7-5}$$

式中，α_2、r 和 η_2 分别表示路径损耗指数、通信距离和距参考点 1 m 处的路径损耗。上述的路径损耗适用于图 7-6（b）中信源 A 到第 1 架无人机之间的信道和最后一架无人机到信宿 B 之间的信道。

目前，最具代表性的无人机信道路径损耗模型包括以下三种，如表 7-1 所示。本节将以模型 A 为例展开研究，分析放大转发和解码转发两类中继模式下无人机中继系统的最优部署策略。

表 7-1　三种无人机信道路径损耗模型

分　类	模型 A	模型 B	模型 C
信道衰减参数	$\alpha_1=2.05$ $\alpha_2=2.32$ $\beta_1=\left(\dfrac{4\pi f}{c}\right)^2$ $\beta_2=\left(\dfrac{4\pi f}{c}\right)^2$	$\alpha_1=2$ $\alpha_2=2$ $\beta_1=\left(\dfrac{4\pi f}{c}\right)^2$ $\beta_2=10^{\frac{B}{10}+\frac{A}{10+10a'e^{-b'(\theta-a')}}}$	$\alpha_1=2$ $\alpha_2=3.9-0.9\lg h$ $\beta_1=\left(\dfrac{4\pi f}{c}\right)^2$ $\beta_2=10^{-0.85}h^{2.05}$
文献出处	参考文献 [14]	参考文献 [15]	参考文献 [16]

7.3.2　多中继接收信噪比

端到端信噪比是表示通信质量的一项重要指标，根据放大转发和解码转发两类中继模式的基本工作原理，本节将推导远程应急无人机中继系统的信源到信宿的接收信噪比。

1．多跳单链路中继通信+放大转发

在多跳单链路中继系统中，第一跳和最后一跳为空−地信道，其信噪比为：

$$\gamma_i = \frac{P_i|g_i|^2}{W_iU(r_i)}, \qquad i=1\text{或}N \tag{7-6}$$

其他无人机参与信息转发的信道均为空−空信道，第 i 跳的信噪比为：

$$\gamma_i = \frac{P_i|g_i|^2}{W_iV(r_i)}, \qquad i=2,\cdots,N-1 \tag{7-7}$$

式中，P_i 表示第 i 跳的传输功率，所以 P_1 是信源的传输功率，P_2 是第 1 架无人机的传输功率，P_N 是第 $N-1$ 架无人机的传输功率。W_i 表示第 i 跳的噪声功率，所以 W_1 是第 1 架无人机的噪声功率，W_{N-1} 是第 $N-1$ 架无人机的噪声功率，W_N 是信宿的噪声功率；r_i 是第 i 跳的通信距离，$r_1=\sqrt{h^2+d_1^2}$，$r_i=d_i-d_{i-1}(i=2,\cdots,N-1)$，$r_N=\sqrt{h^2+(d-d_{N-1})^2}$；根据 Nakagami-$m$ 衰落模型，g_i 为第 i 跳的衰落系数。

对于放大转发中继模式，多跳单链路中继系统中信宿接收信号的信噪比可以表示为：

$$\gamma_{ee1} = \left[\prod_{i=1}^{N}\left(1+\frac{1}{\gamma_i}\right)-1\right]^{-1} \tag{7-8}$$

2．多跳单链路中继通信+解码转发

对于解码转发中继模式，多跳单链路中继系统中信宿地面基站接收信号的信噪比可以表示为：

$$\gamma_{ee2} = \min\{\gamma_1,\gamma_2,\cdots,\gamma_N\}, \qquad i=1,2,\cdots,N \tag{7-9}$$

式中，γ_i 是第 i 跳的接收信噪比，具体见式（7-6）和式（7-7）。

3. 双跳多链路中继通信+放大转发

对于双跳多链路中继系统，本节采用选择性合并的方法计算整体的信噪比。其他合并方法，如最大比值合并和等增益合并等均方法需要更多的信道信息，同时还会产生较大的网络开销，在具有多跳和多节点的中继系统中的应用并不理想。

在放大转发中继模式下，双跳多链路中继系统中信宿地面基站接收信号的信噪比为最大链路的信噪比，可以表示为：

$$\chi_{ee1} = \max_n \left\{ \frac{\gamma_{nA}\gamma_{Bn}}{\gamma_{nA}+\gamma_{Bn}+1} \right\} \tag{7-10}$$

式中，γ_{nA} 和 γ_{Bn} 分别为上行阶段和下行阶段的信噪比，即：

$$\gamma_{nA} = \frac{P_{nA}|g_{nA}|^2}{W_n V(r_{nA})}, \qquad \gamma_{Bn} = \frac{P_n|g_{Bn}|^2}{W_B V(r_{Bn})} \tag{7-11}$$

式中，P_A 和 P_n 分别是信源和第 n 架无人机中继的传输功率；g_{nA} 是信源和第 n 架无人机中继之间的衰落系数；g_{Bn} 是第 n 架无人机中继与信宿之间的衰落系数，满足 Nakagami-m 分布；W_n 和 W_B 分别是第 n 架无人机和信宿的噪声功率；$\gamma_{nA} = \sqrt{h_n^2+d_n^2}$ 是信源与第 n 架无人机之间的通信距离，$\gamma_{Bn} = \sqrt{h_n^2+(d-d_n)^2}$ 是第 n 架无人机与信宿之间的通信距离。

4. 双跳多链路中继通信+解码转发

对于解码转发中继模式，双跳多链路中继系统中信宿地面基站接收信号的信噪比可以表示为：

$$\chi_{ee2} = \max_n \{\min\{\gamma_{nA},\gamma_{Bn}\}\} \tag{7-12}$$

7.3.3 最优部署位置与飞行高度

本节以接收信噪比最大为目标，分析在典型信道模型 A 的路径损耗下，最优化放大转发和解码转发这两种中继模式下无人机的部署位置与飞行高度。

1. 多跳单链路中继通信+放大转发

首先在放大转发中继模式下分析多跳单链路中继系统的性能。最大化信噪比如式（7-8）所示，相当于最小化 $\prod_{i=1}^{N}\left(1+\dfrac{1}{\gamma_i}\right)$，因此根据每一跳的接收信噪比表达式，需要最小化式（7-13）。

$$H_{ee1} = (h,d_1,\cdots,d_{N-1})$$

$$= \left(1+\frac{W_1\beta_2(h^2+d_1^2)^{\frac{\alpha_2}{2}}}{P_1|g_1|^2}\right) \times \left(1+\frac{W_N\beta_2(h^2+(d-d_{N-1})^2)^{\frac{\alpha_2}{2}}}{P_N|g_N|^2}\right) \times \prod_{i=2}^{N-1}\left(1+\frac{W_i\beta_1(d_i-d_{i-1})^{\alpha_1}}{P_i|g_i|^2}\right) \tag{7-13}$$

可以证明，式（7-13）是一个凸函数，将其对 h 和 $d_1,\cdots,d_{N-1}$ 求导并令导数为零，可以求得无人机的最优飞行高度和悬停位置。但如此得到的最优解是瞬时信道衰落系数 $g_1,g_2,\cdots,g_N$ 的函数，而衰落系数是随时间变化的，因此最优飞行高度和悬停位置也会随时间变化。考虑到无人机的加速和减速会消耗大量的能量，信道状态信息的获取也较为困难，

因此实时调整无人机的悬停位置并不符合实际情况。已知瞬时信道衰落系数的平均值 $\Omega=E\{|g_i|^2\}$，可以求得式（7-13）的平均值为：

$$
\begin{aligned}
J_{ee1} &= (h, d_1, \cdots, d_{N-1}) \\
&= \left(1 + \frac{W_1\beta_2(h^2+d_1^2)^{\frac{\alpha_2}{2}}}{P_1\Omega}\right) \times \left(1 + \frac{W_N\beta_2(h^2+(d-d_{N-1})^2)^{\frac{\alpha_2}{2}}}{P_N\Omega}\right) \times \prod_{i=2}^{N-1}\left(1 + \frac{W_i\beta_1(d_i-d_{i-1})^{\alpha_1}}{P_i\Omega}\right)
\end{aligned}
\quad (7\text{-}14)
$$

式（7-14）是关于无人机的飞行高度和相对距离的函数，将其对 h 求导可得到：

$$
\frac{\partial J_{ee1}}{\partial h} = \left[\frac{\dfrac{W_1\beta_2\left(h^2+d_1^2\right)^{\frac{\alpha_2}{2}-1}\alpha_2 h}{P_1\Omega}}{1+\dfrac{W_1\beta_2\left(h^2+d_1^2\right)^{\frac{\alpha_2}{2}}}{P_1\Omega}} + \frac{\dfrac{W_N\beta_2\left[h^2+(d-d_{N-1})^2\right]^{\frac{\alpha_2}{2}-1}\alpha_2 h}{P_N\Omega}}{1+\dfrac{W_1\beta_2\left[h^2+(d-d_{N-1})^2\right]^{\frac{\alpha_2}{2}}}{P_N\Omega}}\right] J_{ee1} \quad (7\text{-}15)
$$

可以看出，只有当 $h=0$ 时，式（7-15）的值才等于 0，即最优飞行高度 $h=0$。在实际情况中，考虑到安全问题和山体或建筑物的遮挡，需将 h 设置得尽量小，满足 $h \geqslant h_{\min}$ 即可。

同样地，将式（7-14）对 $d_1, \cdots, d_{N-1}$ 求导并令导数为零，最优距离需要满足式（7-16），通过求解 $N-1$ 个非线性方程可得到无人机的最优部署位置。

$$
\frac{\dfrac{W_1\beta_2\left(\hat{h}^2+\hat{d}_1^2\right)^{\frac{\alpha_2}{2}-1}\alpha_2\hat{d}_1}{P_1\Omega}}{1+\dfrac{W_1\beta_2\left(\hat{h}^2+\hat{d}_1^2\right)^{\frac{\alpha_2}{2}}}{P_1\Omega}} = \frac{\dfrac{W_2\beta_1\alpha_1\left(\hat{d}_2-\hat{d}_1\right)^{\alpha_1-1}}{P_2\Omega}}{1+\dfrac{W_2\beta_1\left(\hat{d}_2-\hat{d}_1\right)^{\alpha_1}}{P_2\Omega}} = \cdots = \frac{\dfrac{W_N\beta_2\left[\hat{h}^2+(d-\hat{d}_{N-1})^2\right]^{\frac{\alpha_2}{2}-1}\alpha_2(d-\hat{d}_{N-1})}{P_1\Omega}}{1+\dfrac{W_N\beta_2\left[\hat{h}^2+(d-\hat{d}_{N-1})^2\right]^{\frac{\alpha_2}{2}}}{P_N\Omega}}
$$

$$(7\text{-}16)$$

上述问题的一个特例是所有节点的发射功率和噪声功率均相同，此时该问题可以求解为：

$$
\hat{d}_1 = d - \hat{d}_{N-1} = \hat{b}
$$

$$
\hat{d}_2 - \hat{d}_1 = \cdots = \hat{d}_{N-1} - \hat{d}_{N-2} = \hat{a} = \frac{d-2\hat{b}}{N-2}
$$

$$(7\text{-}17)$$

式中，$\hat{b}$ 满足：

$$
\frac{\dfrac{W\beta_2\left(\hat{h}^2+\hat{b}^2\right)^{\frac{\alpha_2}{2}-1}\alpha_2\hat{b}}{P\Omega}}{1+\dfrac{W\beta_2\left(\hat{h}^2+\hat{b}^2\right)^{\frac{\alpha_2}{2}}}{P\Omega}} = \frac{\dfrac{W\beta_1\alpha_1\left(\dfrac{d-2\hat{b}}{N-2}\right)^{\alpha_1-1}}{P\Omega}}{1+\dfrac{W\beta_1\left(\dfrac{d-2\hat{b}}{N-2}\right)^{\alpha_1}}{P\Omega}}, \qquad 0 < \hat{b} < \frac{d}{2} \quad (7\text{-}18)
$$

2．多跳单链路中继通信+解码转发

接下来在对解码转发中继模式下对多跳单链路中继系统的性能进行分析。最大化端到端信噪比 γ_{ee2}，即最小化目标函数：

$$J_{ee2}\left(h,d_1,\cdots,d_{N-1}\right)=\max\left\{\frac{W_1\beta_2\left(h^2+d_1^2\right)^{\frac{\alpha_2}{2}}}{P_1\Omega},\frac{W_2\beta_1\left(d_2-d_1\right)^{\alpha_1}}{P_2\Omega},\cdots,\frac{W_N\beta_2\left[h^2+\left(d-d_{N-1}\right)^2\right]^{\frac{\alpha_2}{2}}}{P_N\Omega}\right\}$$

$$(7\text{-}19)$$

式（7-19）中每一项关于 h 和 $d_1,\cdots,d_{N-1}$ 的二阶导数都大于 0，说明函数关于其中的每个变量都是凸的。与放大转发中继模式，最优飞行高度 $\hat{h}=h_{\min}$，最优距离需要满足：

$$\frac{W_1\beta_2\left(\hat{h}^2+\hat{d}_1^2\right)^{\frac{\alpha_2}{2}}}{P_1\Omega}=\frac{W_2\beta_1\left(\hat{d}_2-\hat{d}_1\right)^{\alpha_1}}{P_2\Omega}=\cdots=\frac{W_N\beta_2\left[\hat{h}^2+\left(d-\hat{d}_{N-1}\right)^2\right]^{\frac{\alpha_2}{2}}}{P_N\Omega}$$

$$(7\text{-}20)$$

考虑所有节点的发射功率和噪声功率比值均相同的特殊情况，即 $\dfrac{P_i}{W_i}=\dfrac{P}{W}$ 时，结合式（7-17）可知，$\hat{b}$ 满足：

$$\beta_2\left(\hat{h}^2+\hat{b}^2\right)^{\frac{\alpha_2}{2}}=\beta_1\left(\frac{d-2\hat{b}}{N-2}\right)^{\alpha_1}$$

$$(7\text{-}21)$$

一般情况下，需要求解 $N-1$ 个方程得到 $N-1$ 架无人机的最优部署位置。特殊情况下，求解一个方程即可。

3. 双跳多链路中继通信+放大转发

在双跳多链路中继系统中，每架无人机都是独立的，对于不同的链路，无人机的悬停高度和其与信源的距离可以分别进行优化设计。由式（7-10）可得：

$$\chi_{ee1}=\max_n\left\{\frac{\gamma_{nA}\gamma_{Bn}}{\gamma_{nA}+\gamma_{Bn}+1}\right\}=\max_n\left\{\frac{1}{\left(1+1/\gamma_{nA}\right)\left(1+1/\gamma_{Bn}\right)-1}\right\}$$

$$(7\text{-}22)$$

因此，最大化端到端信噪比问题可以转化为最小化以下目标函数：

$$K_{ee1}(h_n,d_n)=\left(1+\frac{W_n\beta_2\left(h_n^2+d_n^2\right)^{\frac{\alpha_2}{2}}}{P_A\Omega}\right)\times\left(1+\frac{W_B\beta_2\left[h_n^2+\left(d-d_n\right)^2\right]^{\frac{\alpha_2}{2}}}{P_n\Omega}\right)$$

$$(7\text{-}23)$$

式中，$n=1,2,\cdots,N-1$。通过计算式（7-23）关于 h_n 和 d_n 的一阶导数并令导数为零，可以求得最优飞行高度 $\hat{h}_n=0$，但在实际情况下需满足 $h\geqslant h_{\min}$，所以 $\hat{h}_n=h_{\min}$。

推导出的最优相对距离满足式（7-24），求解此非线性方程即可得出最优部署位置。

$$\frac{\dfrac{W_n\beta_2\left(\hat{h}_n^2+\hat{d}_n^2\right)^{\frac{\alpha_2}{2}-1}\alpha_2\hat{d}_n}{P_A\Omega}}{\left(1+\dfrac{W_n\beta_2\left(\hat{h}_n^2+\hat{d}_n^2\right)^{\frac{\alpha_2}{2}}}{P_A\Omega}\right)}=\frac{\dfrac{W_B\beta_2\left[\hat{h}_n^2+\left(d-\hat{d}_n\right)^2\right]^{\frac{\alpha_2}{2}-1}}{P_n\Omega}\dfrac{W_n\beta_2\left(\hat{h}_n^2+\hat{d}_n^2\right)^{\frac{\alpha_2}{2}-1}\alpha_2(d-\hat{d}_n)}{P_n\Omega}}{1+\dfrac{W_B\beta_2\left[\hat{h}_n^2+\left(d-\hat{d}_n\right)^2\right]^{\frac{\alpha_2}{2}}}{P_n\Omega}}$$

$$(7\text{-}24)$$

此问题的特例是 $\dfrac{P_A}{W_n}=\dfrac{P_n}{W_B}=\dfrac{P}{W}$ 的情况，这时的最优距离 $\hat{d}_n=\dfrac{d}{2}$。

4．双跳多链路中继通信+解码转发

由式（7-12）可以类似地推导出最优的飞行高度为 $\hat{h}_n=h_{\min}$，最优距离满足：

$$\frac{W_n\beta_2\left(\hat{h}_n{}^2+\hat{d}_n{}^2\right)^{\frac{\alpha_2}{2}}}{P_A\Omega}==\frac{W_B\beta_2\left[\hat{h}_n{}^2+\left(d-\hat{d}_n\right)^2\right]^{\frac{\alpha_2}{2}}}{P_n\Omega} \tag{7-25}$$

当 $\dfrac{P_A}{W_n}=\dfrac{P_n}{W_B}=\dfrac{P}{W}$ 时，最优距离为 $\hat{d}_n=\dfrac{d}{2}$。

7.3.4　性能理论分析

无人机中继系统的性能可以从不同的角度去描述，如端到端信噪比、中断概率和误码率等。7.3.3 节中根据端到端的信噪比对无人机部署位置与飞行高度进行了优化，本节将介绍无人机中继系统的中断概率以及误码率，分别从链路信道质量和接收信号质量两方面考察无人机中继系统的性能。中断概率即瞬时信噪比低于其门限值的概率，在无线通信中，当信道质量无法保证时衰落就会过大，导致端到端的瞬时信噪比小于信噪比门限值时，通信发生中断。误码率即信息传输错误的概率，误码率越大，系统的可靠性就越低。下面从不同的中继节点部署和中继模式对系统性能进行研究。

1．多跳单链路中继通信+放大转发

可以用接收信噪比倒数的特征函数来评估放大转发中继模式下多跳单链路中继系统的性能，中断概率可以表示为[18]：

$$P_O=P_r\left(\gamma_t\leqslant\gamma_{th}\right)=P_r\left(X\geqslant\frac{1}{\gamma_{th}}\right)=\frac{1}{2}+\int_0^{\frac{\pi}{2}}\mathrm{Re}\left\{\frac{\mathrm{e}^{-\mathrm{j}\tan\theta/\gamma_{th}}\Phi(\tan\theta)}{\mathrm{j}\pi\tan\theta}\right\}\sec^2\theta\mathrm{d}\theta \tag{7-26}$$

式中，γ_{th} 为一个信噪比阈值，如果信噪比低于该阈值，则认为系统处于中断状态；$X=1/\gamma_t$；$\mathrm{Re}\{\}$ 表示复数的实部；$\Phi()$ 是特征函数，$\Phi(w)=M(s)|_{s=-\mathrm{j}w}$，$M()$ 表示矩生成函数，即：

$$M(s)=\prod_{i=1}^N\left[\frac{2}{\Gamma(m)}\left(\frac{m\hat{c}s}{\Gamma_i}\right)K_m\left(2\sqrt{\frac{m\hat{c}s}{\Gamma_i}}\right)\right] \tag{7-27}$$

式中，$K_m()$ 是第二类 m 阶贝塞尔函数；$\hat{c}=\dfrac{\sum\limits_{i=1}^N\dfrac{1}{\Gamma_i}}{\prod\limits_{i=1}^N\left(1+\dfrac{1}{\Gamma_i}\right)-1}$ 是一个常数；$\Gamma_i=\dfrac{P_i\Omega}{W_iU(r_i)}(i=1$ 或 $N)$

或者 $\Gamma_i=\dfrac{P_i\Omega}{W_iV(r_i)}(i=2,\cdots,N-1)$ 是第 i 跳的平均信噪比。7.3.3 节已经推导出了无人机的最优

悬停高度和相对距离，r_i 可以由此计算得出。

此时，系统的误码率为[17]：

$$\overline{P}_e=E\left[Q\left(a\sqrt{\gamma_t}\right)\right]=\frac{1}{2}-\frac{1}{\pi}\int_0^{\frac{\pi}{2}}\frac{M(\tan\theta)\sin\left(2\sqrt{\tan\theta}\right)}{\tan\theta}\sec^2\theta\mathrm{d}\theta \tag{7-28}$$

式中，$Q()$ 为 Q 函数，即标准正态分布的右尾函数；a 的大小与调制类型有关，对于二进制相移键控（BPSK）来说，$a=\sqrt{2}$。

2. 多跳单链路中继通信+解码转发

在放大转发中继模式下，多跳单链路中继系统的中断概率定义为 $P_{\mathrm{O}}(\gamma_{\mathrm{th}})=P_{\mathrm{r}}\{\gamma_{\mathrm{ee2}}<\gamma_{\mathrm{th}}\}$，由端到端信噪比计算公式（7-9），可以推出：

$$
\begin{aligned}
P_{\mathrm{r}}\{\gamma_{\mathrm{ee2}}<\gamma_{\mathrm{th}}\} &= P_{\mathrm{r}}\{\min\{\gamma_1,\gamma_2,\cdots\gamma_N\}<\gamma_{\mathrm{th}}\} \\
&= 1-P_{\mathrm{r}}\{\min\{\gamma_1,\gamma_2,\cdots\gamma_N\}>\gamma_{\mathrm{th}}\} \\
&= 1-\prod_{i=1}^{N}P_{\mathrm{r}}\{\gamma_i>\gamma_{\mathrm{th}}\} \\
&= 1-\prod_{i=1}^{N}\left[1-P_{\mathrm{r}}\{\gamma_i<\gamma_{\mathrm{th}}\}\right]
\end{aligned}
\tag{7-29}
$$

式中，第三个等式利用了链路信噪比的独立性，$P_{\mathrm{r}}\{\gamma_i<\gamma_{\mathrm{th}}\}$ 可以视为第 i 跳的中断概率。由此可知，在解码转发过程中，整体中断概率取决于每一跳的信噪比。整体的中断概率既可以通过 $P_{\mathrm{r}}\{\gamma_{\mathrm{ee2}}<\gamma_{\mathrm{th}}\}$ 中的 γ_{ee2} 间接求得，也可直接通过 $P_{\mathrm{r}}\{\gamma_i<\gamma_{\mathrm{th}}\}$ 中的信噪比 γ_i 求得，这两种方法是等价的。具体来说，只要其中任何一跳发生了中断，整个链路都将发生中断，这样传输过程中的中断便会体现在整体中断中。中断概率和误码率可以由下式计算得出[18]：

$$
P_{\mathrm{O}}(\gamma_{\mathrm{th}})=1-\prod_{i=1}^{N}\left(1-\frac{\gamma(m,m\gamma_{\mathrm{th}}/\varGamma_i)}{\varGamma(m)}\right)
\tag{7-30}
$$

$$
\overline{P}_{\mathrm{e}}=\int_0^{\infty}\frac{\mathrm{e}^{-x}}{\sqrt{x}}\left[1-\prod_{i=1}^{N}\left(1-\frac{\gamma(m,mx/\varGamma_i)}{\varGamma(m)}\right)\right]\mathrm{d}x
\tag{7-31}
$$

式中，$\varGamma()$ 是 Gamma 函数；$\gamma(\ ,\ )$ 是不完全伽马函数，其他符号与放大转发中继模式下的计算公式相同。

3. 双跳多链路中继通信

在双跳多链路中继系统中，由于利用选择性合并，系统的中断概率和误码率可以分别表示为：

$$
P_{\mathrm{O}}=F^{N-1}(\gamma_{\mathrm{th}})
\tag{7-32}
$$

$$
\overline{P}_{\mathrm{e}}=\frac{1}{\sqrt{4\pi}}\int_0^{\infty}F^{N-1}(x)\frac{\mathrm{e}^{-x}}{\sqrt{x}}\,\mathrm{d}x
\tag{7-33}
$$

结合文献［19］中的分析，可以分别表示出放大转发和解码转发时 $F(x)$ 的不同表达式。对于放大转发：

$$
\begin{aligned}
F(x)=1-&\frac{2m^m(m-1)!\,\mathrm{e}^{-\frac{m}{\varGamma_1}x-\frac{m}{\varGamma_2}x}}{\varGamma_2^m\varGamma(m)\varGamma(m)}\sum_{i_1=0}^{m-1}\sum_{i_2=0}^{i_1}\sum_{i_3=0}^{m-1}\times\frac{\binom{i_1}{i_2}\binom{m-1}{i_3}}{i_1!}\left(\frac{m}{\varGamma_2}\right)^{\frac{i_2-i_3-1}{2}}\left(\frac{m}{\varGamma_1}\right)^{\frac{2i_1-i_2+i_3+1}{2}}\times \\
&x^{\frac{2i_1+2m-i_2-i_3-1}{2}}\times(x+1)^{\frac{i_2+i_3+1}{2}}K_{i_2-i_3-1}\left(2\sqrt{\frac{m^2x(1+x)}{\varGamma_1\varGamma_2}}\right)
\end{aligned}
\tag{7-34}
$$

对于解码转发：

$$F(x) = 1 - \left(1 - \frac{\gamma(m, mx / \Gamma_1)}{\Gamma(m)}\right)\left(1 - \frac{\gamma(m, mx / \Gamma_2)}{\Gamma(m)}\right) \tag{7-35}$$

式中，

$$\Gamma_1 = \frac{P\Omega}{WU\left(\sqrt{h_n^2 + d_n^2}\right)}, \qquad \Gamma_2 = \frac{P\Omega}{WU\left(\sqrt{h_n^2 + (d - d_n)^2}\right)} \tag{7-36}$$

式中，h_n 和 d_n 可根据 7.3.3 节的最优飞行高度和距离计算公式得出。

7.3.5　性能仿真验证

本节以信道模型 A 为例进行仿真实验，分析在远程应急无人机中继系统中采用放大转发或解码转发中继模式时，最优部署参数、中断概率与误码率的变化，得出不同场景要求下的最优策略。设置传输功率 $P = 10$ dBm、噪声功率 $W = -100$ dBm、Nakagami-m 的参数 $m = 1$、瞬时信道衰落系数平均值 $\Omega = 1$、$f = 2$ GHz。多跳单链路中继系统和双跳多链路中继系统的最优飞行高度均为允许的最小安全飞行高度，在特殊条件下，双跳多链路中继系统设置的最优距离始终为 $d / 2$，因此仅对多跳单链路中继系统的最优距离进行仿真分析。设定实际情况下的 $h_{\min} = 50$ m，最优距离可以利用最优的 a 和 b 结合式（7-17）计算得出。

信道模型 A 的多跳单链路的最优的 a、b 与 d 的关系如图 7-7 所示。由该图可知，当 N 固定时，a 和 b 的最优值随 d 线性增加，这是因为当覆盖更远的区域时，无人机的数目固定，节点之间的距离会增加。此外，在相同的信道条件下，解码转发中继模式中的 $\hat{a}$ 比放大转发中继模式中的 $\hat{a}$ 小，解码转发中继模式中的 $\hat{b}$ 比放大转发中继模式中的 $\hat{b}$ 大。这意味着在多跳单链路中继中，解码转发中继模式的无人机最优间隔更小，信源（或信宿）与无人机之间的距离更大。因此，放大转发中继模式可能更适合地面与无人机之间距离较长的大型受灾地区。此外，还可以看出，当 N 增加时，节点之间的间距减小，放大转发中继模式和解码转发中继模式之间的差异也将减小。

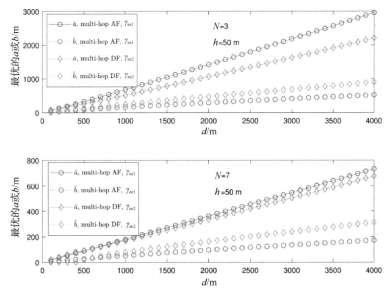

图 7-7　信道模型 A 的多跳单链路的最优的 a、b 与 d 的关系

　　信道模型 A 的中断概率、误码率与 d 的关系如图 7-8 和图 7-9 所示,这里采用理论计算得出的最优距离,比较了多跳单链路中继系统和双跳多链路中继系统的中断概率和误码率,可以得出以下几个重要结论。

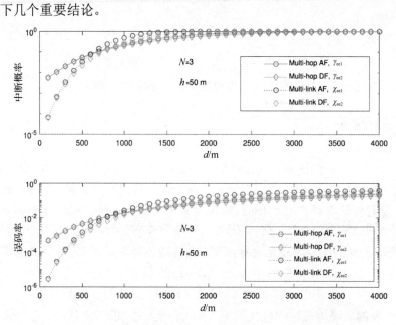

图 7-8　信道模型 A 的中断概率、误码率与 d 的关系($N=3$)

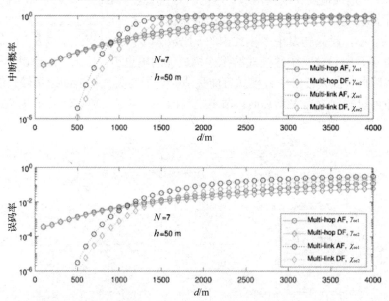

图 7-9　信道模型 A 的中断概率、误码率与 d 的关系($N=7$)

　　首先,在不同数量的无人机和多种传输模式的情况下,中断概率和误码率均会随着通信双方距离的增加而增大。这是因为当无人机的数量固定时,传输距离增大意味着每一跳均产生了更多的路径损耗,导致系统性能的下降。

　　其次,当 d 较大时,多跳单链路中继系统的性能优于双跳多链路中继系统;而当 d 较小时则相反。例如,在图 7-8 中,当 $d<1000$ m 时,双跳多链路中继系统的中断概率和误码率

都低于多跳单链路中继系统；随着 d 的增大，多跳单链路中继系统的性能优于双跳多链路中继系统，这表明当使用多架无人机进行长距离通信时，多跳单链路中继系统的性能较优，而在进行短距离通信时双跳多链路中继系统是一种较好的选择。仿真结果对不同情况下的阈值距离进行了量化，以获得最优的部署设计。

第三，在大多数情况下，放大转发中继模式在多跳单链路中继系统和双跳多链路中继系统中的情况下均优于解码转发中继模式。考虑到解码转发中继模式的实现更为复杂，因此在系统性能要求的优先级高于复杂性要求的应用场景中，优先选择放大转发中继模式。

按照相同的思路，可以对信道模型 B 和 C 中的无人机最优部署进行研究。需要注意的是，无人机的最优飞行高度为 0 只是信道模型 A 中的结果，在信道模型 B 和 C 下，无人机的最优飞行高度将不再为 0。

7.4 低时延高可靠的无人机中继系统

随着第五代（5G）移动通信网络的普及和智能移动终端的快速发展，人们对通信质量提出了越来越高的要求。国际电信联盟为 5G 定义了三大应用场景，即增强移动宽带（enhanced Mobile Broadband，eMBB）、低时延高可靠通信（Ultra-Reliable Low Latency Communication，URLLC）和海量机器类通信（massive Machine Type Communication，mMTC）[20]。其中，低时延高可靠通信是 5G 移动通信网络的主要应用场景，也是实现关键任务（如物联网、车联网和远程医疗）的重要保障[21]。这些应用场景对端到端时延及传输系统可靠性有非常严格的要求，例如在智能交通系统中，必须保证毫秒级的时延和近乎为零的错误概率，否则很有可能造成交通事故。如何设计超可靠低时延的传输系统，是目前亟待解决的问题。

对于低时延高可靠的传输，3GPP 提出以下要求：在传输时延为 1 ms 或者更小的情况下，传输 32 B 的数据包的成功概率达到 99.999% 甚至更高。但在移动通信系统中存在诸多因素制约着传输速率和可靠性的提高，如功耗、多径传播引起的衰落和多普勒频移等。通信双方之间的通信质量会受到传输距离、传输环境和无线信道衰落等因素的影响。在某些应用场景中，直射链路不能满足要求，如果引入无人机作为中继节点，形成双跳传输链路，则可以显著提高通信系统性能。尤其在远距离通信或者通信双方受到高山、高楼等障碍物的遮挡时，更有利于实现低时延高可靠的传输。本节将建立相应的系统模型，对低时延高可靠的无人机中继系统进行介绍和分析。

7.4.1　系统模型

低时延高可靠无人机中继系统如图 7-10 所示。该图模拟了一个由基站、接收终端与无人机组成的中继系统，基站作为源节点，将信息传输到目标节点，即接收终端。由于高楼大厦或其他自然环境的阻碍，直射传输不能满足通信要求，因此需要在空中部署无人机作为移动中继节点，构建另外的通信链路实现两者之间的信息传输。其中，源节点与目标节点的位置固定，两者之间距离为 D。假定无人机距离地面的飞行高度为 h，无人机距离源节点的水平位置为 x，则无人机距离目标节点的水平距离为 $D-x$。传输过程可分为两个阶段，即上行传输（由源节点至无人机）与下行传输（由无人机至目标节点）。第一阶段的传输路径长

度为 $\sqrt{h^2 + x^2}$ ，第二阶段的传输路径长度为 $\sqrt{h^2 + (D-x)^2}$ 。无人机作为移动中继节点，其部署位置将直接影响系统的质量。本节将对无人机的部署位置进行优化，以实现低时延高可靠的传输。

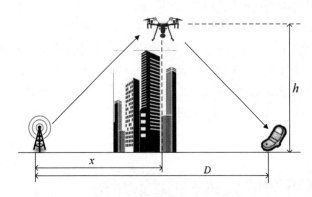

图 7-10　低时延高可靠无人机中继系统

在信息传输过程中，能否建立 LoS 链路传输对通信质量有很大影响。LoS 链路存在的概率可以表示为[22]：

$$P_i(\text{LoS}) = \frac{1}{1 + a \exp\left[-b(\theta_i - a)\right]} \tag{7-37}$$

式中，$i=1$ 表示上行传输阶段，$i=2$ 表示下行传输阶段；a 和 b 为常数，针对不同的场景（如郊区、城市、密集城市、高层城市）采用不同的参数值；θ_i 为无人机与水平地面的夹角。

通信双方的路径损耗可以表示为：

$$\text{PL}^\xi = \underbrace{20\log d + 20\log f + 20\log\left(\frac{4\pi}{c}\right)}_{\text{PL}^\xi_{\text{FSPL}}} + \eta^\xi \tag{7-38}$$

式中，$\xi = 1$ 表示 LoS 链路通信，$\xi = 0$ 表示 NLoS 链路通信；$\text{PL}^\xi_{\text{FSPL}}$ 表示自由空间传播的路径损耗；η^ξ 表示传输过程中阴影衰落所带来的损耗，服从正态分布，本节中用其均值表示，即分别用 η^1 和 η^0 表示 LoS 链路和 NLoS 链路的平均额外损耗。用 α_i^ξ 表示大尺度信道增益，则：

$$-10\lg\alpha_i^\xi = 20\lg r_i + 20\lg\frac{4\pi f}{c} + \eta^\xi \tag{7-39}$$

式中，r_i 表示节点间的传输距离；f 表示载波频率；$c = 3\times10^8 \text{ m/s}$ 。

对于小尺度衰落，常用的衰落模型是 Nakagami-m 衰落模型，该模型的适应性更为广泛。m 为衰落参数，m 越小，信道条件越差；m 越大，信道条件越好。考虑到小尺度信道增益是随时间变化的，要保证通信系统的最优性能，无人机的位置也要随着时间变化，这会消耗大量的能量，对于资源有限的无人机来说是不切实际的。本节采用信道衰落的平均值 G 表示小尺度信道衰落对信息传输产生的影响，从而得到无人机的次优部署位置。

综上所述，在上行传输阶段和下行传输阶段，接收信号的信噪比可以表示为：

$$\gamma_i^\xi = \frac{P_i \alpha_i^\xi G}{N_0 W} \tag{7-40}$$

式中，P_i 代表源节点和无人机的传输功率；N_0 为单边噪声功率谱密度；W 为传输带宽。

假设将 b_t 比特的信息从源节点传输至目标节点，传输时间为 D_t，由文献［23］可知，在满足准静态平坦信道衰落的条件下，传输速率可以表示为：

$$R_i^\xi \approx \frac{W}{\ln 2}\left[\ln\left(1+\gamma_i^\xi\right) - \sqrt{\frac{V_i^\xi}{D_t W}} f_Q^{-1}\left(\varepsilon_i^\xi\right)\right] \tag{7-41}$$

式中，$V_i^\xi = 1 - \dfrac{1}{\left(1+\gamma_i^\xi\right)^2}$；$f_Q^{-1}(\cdot)$ 是 Q 函数的逆函数，即 $f_Q(x) = \displaystyle\int_x^{+\infty} \frac{1}{\sqrt{2\pi}}\exp\left(-\frac{1}{2}t^2\right)\mathrm{d}t$。

将 $b_t = D_t R$ 代入式（7-41），则可以得到端到端误码率：

$$\varepsilon_i^\xi = f_Q\left(\sqrt{\frac{D_t W}{V_i^\xi}}\left[\ln\left(1+\gamma_i^\xi\right) - \frac{b_t \ln 2}{D_t W}\right]\right) \tag{7-42}$$

7.4.2　无人机悬停部署设计

在图 7-10 所示的系统中，不同的无人机悬停位置可以建立不同的通信链路，通信性能也随之不同。本节将对无人机悬停位置进行优化，保证系统低时延传输的可靠性，即保证系统的误码率。在中继节点中，信息转发主要有解码转发和放大转发两种中继模式，下面以解码转发为例展开分析。

在解码转发中继模式下，误码率的计算由两部分组成，将上行链路的误码率记为 ε_1，下行链路的误码率记为 ε_2，可以计算出整体的误码率，即：

$$\varepsilon_{\mathrm{DF}} = \varepsilon_1 + \left(1 - \varepsilon_1\right)\varepsilon_2 \tag{7-43}$$

考虑到每段信息传输中 LoS 链路的概率，端到端的误码率 ε_1 和 ε_2 可以分别表示为：

$$\varepsilon_1 = \varepsilon_1^1 P_1\left(\mathrm{LoS}\right) + \varepsilon_1^0\left[1 - P_1\left(\mathrm{LoS}\right)\right] \tag{7-44}$$

$$\varepsilon_2 = \varepsilon_2^1 P_2\left(\mathrm{LoS}\right) + \varepsilon_2^0\left[1 - P_2\left(\mathrm{LoS}\right)\right] \tag{7-45}$$

式中，ε_i^ξ 为某一具体情景下误码率的瞬时值，可由式（7-40）和式（7-42）计算得出。

为了保证低时延的信息传输，假设最大传输时延为 $D_{\max}$。通过优化无人机的悬停位置，即改变系统模型中 h 和 x 值，使通信系统的误码率最小。具体的优化目标方程可以表示为：

$$\min_{h,x}\ \varepsilon_{\mathrm{DF}}$$

$$\begin{aligned}
\text{s.t.}\quad & D_{t1} = D_{t2} = \frac{D_t}{2} \\
& D_t \leqslant D_{\max} \\
& 0 \leqslant W \leqslant W_{\mathrm{c}} \\
& h_{\min} < h < h_{\max}
\end{aligned} \tag{7-46}$$

式中，D_{t1} 为上行链路的传输时间，D_{t2} 为下行链路的传输时间，在解码转发中继模式中，本节假设两者相等，即 $D_{t1} = D_{t2}$；W_{c} 表示信道相干带宽。

式（7-46）是非凸的，不能直接求解。可以将优化目标方程拆分成两个子问题，然后采用交替迭代的方法求解，直至算法收敛。具体而言，先给定 x 的初始值，研究 x 确定时无人机的最优飞行高度 h，再将此时的 h 作为定值，研究 h 确定时无人机与源节点的最优水平距离，这样迭代数次，不断优化便可以得到最终的无人机最优部署位置。迭代过程可以分为两部分，　一部分是在无人飞行高度 h 确定时，无人机在水平方向上的最优位置求解；另一部分是在无人机距源节点水平距离 x 确定时，无人机在垂直方向上最优飞行高度的求解。

首先，进行第一部分的分析。ε_{DF} 关于 x 的一阶导数与二阶导数均较为复杂，无法直接判断其凹凸性。将仿真模拟和理论分析结合，可以得出，ε_{DF} 关于 x 的变化曲线存在唯一的一个最小点，即存在唯一的 x，使得传输过程的误码率最小、可靠性最高。可以通过求解 ε_{DF} 的导数为 0 时所对应自变量的值来确定最优的 x。

由式（7-43）可知，ε_{DF} 关于 x 的一阶导数为：

$$\frac{\partial \varepsilon_{DF}}{\partial x} = (1-\varepsilon_1)\frac{\partial \varepsilon_2}{\partial x} + (1-\varepsilon_2)\frac{\partial \varepsilon_1}{\partial x} \tag{7-47}$$

由式（7-44）和式（7-45）可推导出上行链路和下行链路的误码率关于 x 的导数为：

$$\frac{\partial \varepsilon_1}{\partial x} = \frac{\partial \varepsilon_1^1}{\partial x}P_1(\text{LoS}) + \frac{\partial \varepsilon_1^0}{\partial x}\left[1-P_1(\text{LoS})\right] + \left(\varepsilon_1^1 - \varepsilon_1^0\right)\frac{\partial P_1(\text{LoS})}{\partial x} \tag{7-48}$$

$$\frac{\partial \varepsilon_2}{\partial x} = \frac{\partial \varepsilon_2^1}{\partial x}P_2(\text{LoS}) + \frac{\partial \varepsilon_2^0}{\partial x}\left[1-P_2(\text{LoS})\right] + \left(\varepsilon_2^1 - \varepsilon_2^0\right)\frac{\partial P_2(\text{LoS})}{\partial x} \tag{7-49}$$

下面采用链式求导计算 $\dfrac{\partial \varepsilon_i^\xi}{\partial x}$。为了表述方便，做以下简化：

$$Q_i^\xi(x) = \sqrt{\frac{D_i W}{V_i^\xi}}\left[\ln\left(1+\gamma_i^\xi\right) - \frac{b_t \ln 2}{D_i W}\right], \qquad M^\xi = 20\lg\frac{4\pi f}{c} + \eta^\xi$$

则有

$$\frac{\partial \varepsilon_1^\xi}{\partial x} = \frac{\partial \varepsilon_1^\xi}{\partial Q_i^\xi} \times \frac{\partial Q_i^\xi}{\partial \gamma_1^\xi} \times \frac{\partial \gamma_1^\xi}{\partial x} = \frac{-1}{\sqrt{2\pi}} \times \exp\left(-\frac{Q_1^{\xi 2}(x)}{2}\right) \times$$

$$\sqrt{D_{t1}W}\frac{1 - \dfrac{\ln\left(1+\gamma_1^\xi\right) - \dfrac{b_t \ln 2}{D_{t1}W}}{\left(1+\gamma_1^\xi\right)^2 - 1}}{\sqrt{\left(1+\gamma_1^\xi\right)^2 - 1}} \times \frac{P_1 G}{N_0 W}10^{-\frac{M^\varepsilon}{10}}\frac{-2x}{\left(h^2+x^2\right)^2} \tag{7-50}$$

$$\frac{\partial \varepsilon_2^\xi}{\partial x} = \frac{\partial \varepsilon_2^\xi}{\partial Q_2^\xi} \times \frac{\partial Q_2^\xi}{\partial \gamma_2^\xi} \times \frac{\partial \gamma_2^\xi}{\partial x} = \frac{-1}{\sqrt{2\pi}} \times \exp\left(-\frac{Q_2^{\xi 2}(x)}{2}\right) \times$$

$$\sqrt{D_{t2}W}\frac{1 - \dfrac{\ln\left(1+\gamma_2^\xi\right) - \dfrac{b_t \ln 2}{D_{t2}W}}{\left(1+\gamma_2^\xi\right)^2 - 1}}{\sqrt{\left(1+\gamma_2^\xi\right)^2 - 1}} \times \frac{P_2 G}{N_0 W}10^{-\frac{M^\varepsilon}{10}}\frac{2(D-x)}{\left(h^2+(D-x)^2\right)^2} \tag{7-51}$$

在式（7-48）和式（7-49）中，LoS 链路的概率关于 x 的导数可以表示为：

$$\frac{\partial P_1(\text{LoS})}{\partial x} = \frac{\partial P_1(\text{LoS})}{\partial \theta_1} \times \frac{\partial \theta_1}{\partial x} = \frac{ab\exp\left[-b(\theta_1-a)\right]}{\left\{1+a\exp\left[-b(\theta_1-a)\right]\right\}^2} \times \frac{180}{\pi} \times \frac{-h}{h^2+x^2} \tag{7-52}$$

$$\frac{\partial P_2(\text{LoS})}{\partial x} = \frac{\partial P_2(\text{LoS})}{\partial \theta_2} \times \frac{\partial \theta_2}{\partial x} = \frac{ab\exp\left[-b(\theta_2-a)\right]}{\left\{1+a\exp\left[-b(\theta_2-a)\right]\right\}^2} \times \frac{180}{\pi} \times \frac{h}{h^2+(D-x)^2} \tag{7-53}$$

在式（7-48）到式（7-53）的基础上，式（7-47）可以表达为一个关于 x 的函数，将其值设置为零,可以通过二分法求得此时最优的 x 值。

优化目标方程的一个特例是源节点和无人机的发射功率相同。此时,考虑 $x=D/2$ 的特殊情况,可以发现满足下列等式:

$$\gamma_1^1=\gamma_2^1, \quad \gamma_1^0=\gamma_2^0, \quad Q_1^1=Q_2^1, \quad Q_1^0=Q_2^0$$

进而可推导出:

$$\varepsilon_1^1=\varepsilon_2^1, \quad \varepsilon_1^0=\varepsilon_2^0$$

代入式(7-44)和式(7-45),可得 $\varepsilon_1=\varepsilon_2$。还可以推导出:

$$\frac{\partial \varepsilon_1^1}{\partial x}=-\frac{\partial \varepsilon_2^1}{\partial x}, \quad \frac{\partial \varepsilon_1^0}{\partial x}=-\frac{\partial \varepsilon_2^0}{\partial x}, \quad \frac{\partial P_1(\mathrm{LoS})}{\partial x}=-\frac{\partial P_2(\mathrm{LoS})}{\partial x}$$

将以上等式代入式(7-48)和式(7-49),则有:

$$\frac{\partial \varepsilon_1}{\partial x}=-\frac{\partial \varepsilon_2}{\partial x}$$

所以在式(7-47)中,$\left.\dfrac{\partial \varepsilon_{\mathrm{DF}}}{\partial x}\right|_{x=\frac{D}{2}}=0$,即当 $P_1=P_2$ 时,无人机与源节点的最优水平距离 $\dfrac{\partial \varepsilon_{\mathrm{DF}}}{\partial h}=0$。

同样,通过求解误码率关于无人机悬停高度 h 的导数,并令导数为零,利用二分法可以求得 x 确定时无人机最优的悬停高度 $\hat{h}$。采用交替迭代的方法可确定无人机最优的悬停位置,具体的求解方案如图 7-11 所示,其中为了避免初始值选取带来的问题,在迭代过程中引入了 r_h 和 r_x 为两个随机量。

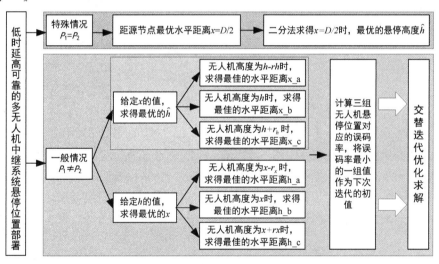

图 7-11　采用交替迭代方法确定无人机最优的悬停位置

7.4.3　性能仿真验证

假设通信双方的距离为 1000 m,对低延时高可靠的无人机中继系统中的无人机悬停位置和误码率进行仿真,在特殊情况($P_1=P_2$)下,结果如图 7-12 所示。由图 7-12(a)可知,当 $P_1=P_2$ 时,对于任意的悬停高度,最优的 $x=D/2$,与理论推导一致。结合图 7-12(b)可以发现,随着 h 的增大,系统误码率先减小后增大,并且最低的误码率满足低时延高可靠的传输要求。

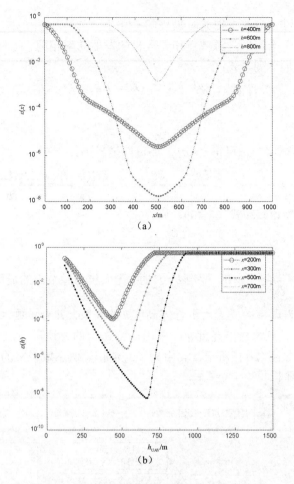

图 7-12　无人机悬停位置和误码率的仿真结果

为了更加直观地体现算法求解的有效性，本节在 $P_1=P_2$ 的情况下绘制了中继系统误码率随无人机位置变化的三维图像，如图 7-13 所示，图中水平面的两个坐标分别表示源节点与无人机之间的水平距离 x，以及无人机的飞行高度 h，竖坐标为低时延高可靠无人机中继系统的误码率，在水平面上画出了误码率的等高线。由仿真的三维图像可知，穷尽搜索算法和本节算法求得的最优部署基本一致。

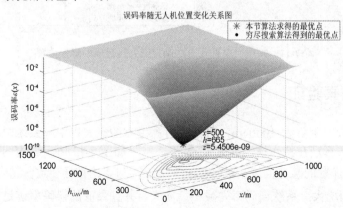

图 7-13　误码率随无人机位置变化的三维图像

接下来分析放大转发中继模式下的低时延高可靠无人机中继系统,此时的端到端信噪比为:

$$\gamma = \frac{\gamma_1\gamma_2}{\gamma_1+\gamma_2+1} \tag{7-54}$$

式中, γ_1 和 γ_2 分别表示上行链路与下行链路的信噪比。

考虑到 LoS 链路的概率,将信道的状态分为四种,如表 7-2 所示。其中,信噪比 γ 的下标表示是否为视距传播,下标为 1 表示视距传播,下标为 0 表示非视距传播。

表 7-2　放大转发条件下的四种信道状态

信道状态	上行链路	下行链路	P_{Sk}	端到端信噪比
S1	LoS	LoS	$P_1(\text{LoS})\times P_2(\text{LoS})$	$\gamma_{S1}=\dfrac{\gamma_1^1\gamma_2^1}{\gamma_1^1+\gamma_2^1+1}$
S2	LoS	NLoS	$P_1(\text{LoS})\times P_2(\text{NLoS})$	$\gamma_{S2}=\dfrac{\gamma_1^1\gamma_2^0}{\gamma_1^1+\gamma_2^0+1}$
S3	NLoS	NLoS	$P_1(\text{NLoS})\times P_2(\text{LoS})$	$\gamma_{S3}=\dfrac{\gamma_1^0\gamma_2^1}{\gamma_1^0+\gamma_2^1+1}$
S4	NLoS	NLoS	$P_1(\text{NLoS})\times P_2(\text{NLoS})$	$\gamma_{S4}=\dfrac{\gamma_1^0\gamma_2^0}{\gamma_1^0+\gamma_2^0+1}$

低时延高可靠无人机中继系统的误码率为:

$$\varepsilon_{\text{AF}} = \sum_{k=1}^{4} \varepsilon_k(\gamma_{Sk})P_{Sk} \tag{7-55}$$

式中, ε_k 可由式(7-42)求得,将对应信噪比的值代入该公式即可。按照上述与解码转发中继模式类似的思路,可以对放大转发中继模式下无人机悬停位置部署设计进行分析,并通过仿真验证结果。

7.5 无人机中继系统的飞行轨迹优化

基于良好的空地信道和灵活部署的特点,无人机可以作为移动中继节点为地面上孤立的节点建立通信链路。在传统地面通信系统中,通信设施通常部署在固定的位置。无人机作为飞行通信平台,利用其灵活移动的特点可以为通信系统带来更高的性能增益。根据前面几节的分析可知,通过调整位置,无人机可以靠近目标位置减少路径损耗,获得更好的信道增益。前面几节主要考虑了无人机位置对通信性能的影响,但部署无人机作为移动中继节点能够更加充分利用无人机的特点,为通信系统带来更多的性能增益。例如,通过改变无人机的位置,能够使无人机在接收信息时靠近源节点,在转发信息时靠近目标节点,这样可以明显缩短通信距离,获得更好的性能增益。这种情况下,根据无人机中继的任务需求,合理规划无人机的飞行轨迹是一个重要的研究方向。此外,无人机飞行轨迹也可以与功率、时间、频率等资源进行联合优化,获得更好的通信性能。

本节以图 7-14 所示的无人机中继系统的坐标系为例,介绍无人机飞行轨迹和信号发射功率的联合优化方法[24]。由于解码转发(DF)中继方式需要在无人机上对接收到的信号进行解调和解码,并且在重新编码、调制之后发送到目标节点,这会引入一定的系统设计复杂度。此外，解码转发中继模式会带来一定的时延。而放大转发（AF）中继方式仅仅把接收到的信号以一定的增益放大后直接发送到目标节点，因此放大转发中继模式能够显著降低无人机中继系统的复杂度。尽管在相同的发射功率下，解码转发中继模式往往能带来更高的传输速率，但从设备复杂度和信息处理时延的角度出发，本节使用放大转发中继模式。

7.5.1 系统模型

无人机中继系统的坐标系如图 7-14 所示，地面节点 S 和 D 位于固定的位置，S 和 D 之间的距离为 L。由于地形、建筑物的遮挡以及 S 和 D 之间的距离较远，地面节点 S 和 D 之间无法建立直射链路，因此需要一架无人机来为其提供一个两跳的中继链路。由于无人机部署在空中，可通过设置合适的飞行高度来避免无线信号被障碍物遮挡，因此基于无人机的空地通信系统非常容易获得 LoS 链路。在图 7-14 建立在笛卡儿坐标系上，S 和 D 的坐标分别表示为（0,0,0）和（L,0,0）。为便于分析，忽略无人机起降过程中的高度变化，假设无人机在中继通信过程中位于固定的飞行高度 h，且无人机处于移动中继状态，即无人机的位置根据时刻 t 变化，无人机的坐标可以表示为（$x(t)$,$y(t)$,h）。本节考虑一段时间 T 内整个中继系统的吞吐量最大化，因此 $0 \leqslant t \leqslant T$。

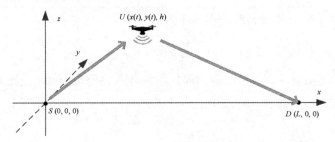

图 7-14　无人机中继系统的坐标系

值得注意的是，在实际应用中，通常需要由地面控制中心派出无人机执行相应的中继任务。本节假设地面控制中心已知节点 S 和 D 的位置以及 S 用于通信的能量。由地面控制中心完成相应的功率和无人机飞行轨迹优化后，再根据优化结果派出无人机执行相应的中继任务。在无人机进行中继通信的时间内，S 和 D 的位置保持不变。

为便于分析，将时间 T 分为 N 个相等的时隙。每个时隙足够小，这样无人机的位置在每个时隙均可以认为是固定的，因此需要选取较大的 N 值来获取较高的设计精度，然而，较大的 N 值在后续的系统设计中会带来更高的复杂度，因此 N 值的选取需要在设计精度和计算复杂度之间折中。在这样的假设下，无人机的位置在 N 个时隙可以表示为 $\{x[n],y[n],h\}_{n=1}^{N}$。

如果无人机的最大飞行速度为 V，则无人机在每个时隙飞过的最大距离可以表示为 VT/N，即无人机的飞行轨迹需要满足以下约束条件：

$$\{x[n+1]-x[n]\}^{2}+\{y[n+1]-y[n]\}^{2} \leqslant \left(\frac{VT}{N}\right)^{2}, \quad n=1,\cdots,N-1 \quad (7\text{-}56)$$

在本节的两跳中断系统中，无人机以放大转发中继模式从 S 向 D 转发信号（即数据），即在每个时隙内，S 在第一跳向无人机发送信号，无人机在第二跳内将接收到的信号以一定的增益放大后转发给 D。

在第 n 个时隙内，无人机接收到的第一跳信号可以表示为：

$$y_u[n] = \sqrt{p_s[n]h_{su}[n]} x_s[n] + z_1[n] \tag{7-57}$$

式中，$p_s[n]$ 为节点 S 的信号发射功率；$x_s[n]$ 为节点 S 发送的信号。从信息论的角度来看，为了最大化信道容量，$x_s[n]$ 服从循环对称复高斯分布，即 $x_s[n] \sim \mathcal{CN}(0,1)$；$z_1[n]$ 为接收端（目标节点）处的高斯噪声，$z_1[n] \sim \mathcal{CN}(0, N_1)$。

由于无人机能够在空中建立与地面的通信链路，因此通常认为无人机与地面节点之间不存在遮挡，即存在直射链路，其路径损耗系数为 2，因此节点 S 和无人机之间的信道系数可以表示为：

$$h_{su}[n] = \frac{\beta_0}{x^2[n] + y^2[n] + h^2} = \beta_0 d_{su}^{-2}[n] \tag{7-58}$$

式中，β_0 为链路在距离为 1 m 时的参考信道系数；$d_{su}[n] = \sqrt{x^2[n] + y^2[n] + h^2}$ 为 S 和无人机之间的链路距离。

在第二跳，无人机将接收到的信号以增益 $G[n]$ 放大，即 $x_u[n] = G[n]y_u[n]$，然后转发给 D，其放大增益 $G[n]$ 可以表示为：

$$G[n] = \sqrt{\frac{p_u[n]}{p_{su}[n] + N_1}} \tag{7-59}$$

式中，$p_u[n]$ 为无人机的发射功率。

在第二跳，目标节点 D 的接收信号可以表示为：

$$\begin{aligned} y_d[n] &= \sqrt{h_{ud}[n]} x_u[n] + z_2[n] \\ &= G[n]\sqrt{h_{ud}[n]p_s[n]h_{su}[n]} x_s[n] + G[n]\sqrt{h_{ud}[n]}z_1[n] + z_2[n] \end{aligned} \tag{7-60}$$

式中，$z_2[n]$ 是目标节点 D 观测到的高斯白噪声，服从 $z_2[n] \sim \mathcal{CN}(0, N_2)$；$h_{ud}[n]$ 为无人机与目标节点 D 之间的信道系数，可以表示为：

$$h_{ud}[n] = \frac{\beta_0}{(x[n]-L)^2 + y^2[n] + h^2} = \beta_0 d_{ud}^{-2}[n] \tag{7-61}$$

式中，$d_{ud}[n] = \sqrt{(x[n]-L)^2 + y^2[n] + h^2}$，表示无人机和目标节点 D 之间的距离。

由于无人机在转发之前仅对接收到的信号进行了放大，在此过程中无人机观测到的噪声也被放大了，因此在目标节点 D 处，接收信号的等效信噪比可以根据式（7-59）和式（7-60）得到，即：

$$\gamma[n] = \frac{p_s[n]p_u[n]h_{su}[n]h_{ud}[n]}{p_s[n]h_{su}[n]N_2 + p_u[n]h_{ud}[n]N_1 + N_1 N_2} \tag{7-62}$$

S 到目标节点 D 之间的传输速率可以表示为：

$$R[n] = \frac{1}{2}\log_2\{1 + \gamma[n]\} \tag{7-63}$$

7.5.2 轨迹与功率联合优化

本节的目标是联合优化无人机飞行轨迹和功率分配，使中继系统在时间 T 内的总吞吐量最大，优化问题可以表示为：

$$P1: \quad \max_{\{p_s[n],p_u[n],x[n],y[n]\}_{n=1}^N} \sum_{n=1}^N R[n]$$

$$\text{s.t.} \quad \sum_{n=1}^N p_s[n] \leqslant N\overline{p}_s$$

$$\sum_{n=1}^N p_u[n] \leqslant N\overline{p}_u \qquad\qquad (7\text{-}64)$$

$$p_s[n] \geqslant 0, \qquad n=1,\cdots,N$$

$$p_u[n] \geqslant 0, \qquad n=1,\cdots,N$$

$$\left(x[n+1]-x[n]\right)^2 + \left(y[n+1]-y[n]\right)^2 \leqslant \left(\frac{VT}{N}\right)^2, \qquad n=1,\cdots,N-1$$

式中，$\overline{p}_s$ 和 $\overline{p}_u$ 为源节点 S 和无人机的最大平均发射功率。

1. 固定飞行轨迹，优化功率分配

对于给定的无人机飞行轨迹 $\{x[n],y[n]\}_{n=1}^N$，源节点和中继节点（无人机）的功率分配子问题可以表示为：

$$P1.1: \quad \max_{\{p_s[n],p_u[n]\}_{n=1}^N} \sum_{n=1}^N R[n]$$

$$\text{s.t.} \quad \sum_{n=1}^N p_s[n] \leqslant N\overline{p}_s$$

$$\sum_{n=1}^N p_u[n] \leqslant N\overline{p}_u \qquad\qquad (7\text{-}65)$$

$$p_s[n] \geqslant 0, \qquad n=1,\cdots,N$$

$$p_u[n] \geqslant 0, \qquad n=1,\cdots,N$$

上述子问题 P1.1 的目标函数仍然是非凸函数，其最优值难以求解。因此本节采用迭代算法，求取最大吞吐量的下界。求解的基本思路是在每次迭代过程中，求解凸优化问题来优化最大吞吐量的下界。

等效信噪比的倒数 $1/\gamma_{l+1}[n]$ 是关于 $\{p_{s,l+1}[n],p_{u,l+1}[n]\}$ 的凸函数。令 $\{p_{s,l}[n],p_{u,l}[n]\}_{n=1}^N$ 为第 l 次迭代中源节点 S 和无人机的发射功率；$\{p_{s,l+1}[n],p_{u,l+1}[n]\}_{n=1}^N$ 为第 $l+1$ 次迭代中源节点 S 和无人机的发射功率。每个时隙的传输速率都是关于 $1/\gamma_{l+1}[n]$ 的凸函数，对其做一阶泰勒级数展开，可得：

$$R_{l+1}[n] \geqslant R_l[n] - \frac{\gamma_l^2[n]\log_2 e}{2(\gamma_l[n]+1)}\left(\frac{1}{\gamma_{l+1}[n]} - \frac{1}{\gamma_l[n]}\right) = R_{\text{LB},l+1}[n], \qquad n=1,\cdots,N \qquad (7\text{-}66)$$

式（7-66）给出了每个时隙可达传输速率的下界，且该下界关于迭代次数 l 为增函数。因此，可以在每一次迭代中通过求解下面的凸优化问题（P1.2），来最大化可达传输速率的下界。

$$P1.2: \quad \max_{\{p_{s,l+1}[n],p_{u,l+1}[n]\}_{n=1}^N} \sum_{n=1}^N R_{\text{LB},l+1}[n]$$

$$\text{s.t.} \quad \sum_{n=1}^N p_{s,l+1}[n] \leqslant N\overline{p}_s$$

$$\sum_{n=1}^N p_{u,l+1}[n] \leqslant N\overline{p}_u \qquad\qquad (7\text{-}67)$$

$$p_{s,l+1}[n] \geqslant 0, \qquad n=1,\cdots,N$$

$$p_{u,l+1}[n] \geqslant 0, \qquad n=1,\cdots,N$$

2．固定功率分配，优化飞行轨迹

对于给定的功率分配方案 $\{p_s[n], p_u[n]\}_{n=1}^{N}$，无人机的飞行轨迹规划问题可以总结为：

$$\text{P1.3:} \qquad \max_{\{x[n],y[n]\}_{n=1}^{N}} \sum_{n=1}^{N} R[n] \tag{7-68}$$

$$\text{s.t.} \quad (x[n+1]-x[n])^2 + (y[n+1]-y[n])^2 \leqslant \left(\frac{VT}{N}\right)^2, \qquad n=1,\cdots,N-1$$

问题 P1.3 的目标函数仍然不是凸函数，因此也可以通过设计合适的迭代算法来优化最大吞吐量的下界。令 $\{x_l[n], y_l[n]\}_{n=1}^{N}$ 为第 l 次迭代得到的无人机飞行轨迹，$\{x_{l+1}[n], y_{l+1}[n]\}_{n=1}^{N}$ 为第 $l+1$ 次迭代得到的无人机飞行轨迹。令 $\lambda_1[n]=1/h_{su}[n]$ 且 $\lambda_2[n]=1/h_{ud}[n]$，容易验证 $\gamma[n]$ 是关于 $\{\lambda_1[n], \lambda_2[n]\}$ 的凸函数。将 $\gamma[n]$ 进行一阶泰勒级数展开，则有：

$$\gamma_{l+1}[n] \geqslant \gamma_l[n] - D_{1,l}[n]\big[\lambda_{1,l+1}[n]-\lambda_{1,l}[n]\big] - D_{2,l}[n]\big[\lambda_{2,l+1}[n]-\lambda_{2,l}[n]\big]$$
$$= \gamma_{\text{LB},l+1}[n], \qquad n=1,\cdots N \tag{7-69}$$

式中，

$$D_{1,l}[n] = \frac{p_s[n]p_u[n]\big[p_u[n]N_1 + N_1 N_2 \lambda_{2,l}[n]\big]}{\big[p_s[n]N_2\lambda_{2,l}[n] + p_u[n]N_1\lambda_{1,l}[n] + N_1 N_2 \lambda_{1,l}[n]\lambda_{2,l}[n]\big]^2} > 0 \tag{7-70}$$

$$D_{2,l}[n] = \frac{p_s[n]p_u[n]\big[p_s[n]N_1 + N_1 N_2 \lambda_{1,l}[n]\big]}{\big[p_s[n]N_2\lambda_{2,l}[n] + p_u[n]N_1\lambda_{1,l}[n] + N_1 N_2 \lambda_{1,l}[n]\lambda_{2,l}[n]\big]^2} > 0 \tag{7-71}$$

容易验证，$\lambda_1[n]$ 和 $\lambda_2[n]$ 均是关于 $\{x[n], y[n]\}$ 的凸函数。因此 $\gamma_{l+1}[n]$ 的下界 $\gamma_{\text{LB},l+1}[n]$ 是关于 $\{x_{l+1}[n], y_{l+1}[n]\}$ 的凹函数。因此在每个时隙的最大传输速率下界可以表示为 $\log_2(1+\gamma_{\text{LB}}[n])/2$，根据保凸运算准则，这是一个凹函数。本节的无人机飞行轨迹规划问题可以通过在每次迭代中求解凸优化问题（P1.4）得到优化解。

$$\text{P1.4:} \qquad \max_{\{x_{l+1}[n],y_{l+1}[n]\}_{n=1}^{N}} \sum_{n=1}^{N} \log_2\big\{1+\gamma_{\text{LB},l+1}[n]\big\} \tag{7-72}$$

$$\text{s.t.} \quad \{x_{l+1}[n+1]-x_{l+1}[n]\}^2 + \{y_{l+1}[n+1]-y_{l+1}[n]\}^2 \leqslant \left(\frac{VT}{N}\right)^2, \qquad n=1,2,\cdots,N-1$$

3．迭代优化算法

根据前文分析结果可知，通过分别求解凸优化问题 P1.2 和 P1.4 可以得到优化的功率分配和无人机飞行轨迹。根据块坐标下降法，可以通过交替优化功率分配和无人机飞行轨迹，得到联合优化的迭代算法，具体迭代过程如算法 7.1 所示。

本节提出的迭代算法都是关于迭代次数的增函数，其优化结果是 P1 的最优解下界，而其上界是 P1 的最优解，因此本节所提出的迭代算法均是收敛的。另外，由于算法 7-1 在每次迭代中仅需要求解凸优化问题，其计算复杂度较低。

算法 7-1：无人机功率和飞行轨迹交替优化算法

1. 初始化满足约束条件的源节点和中继节点的功率分配方案和无人机飞行轨迹 $\{p_s[n], p_u[n], x[n], y[n]\}_{n=1}^{N}$

2. 重复以下步骤

3.　固定无人机的飞行轨迹,通过优化功率分配来提高最大吞吐量的下界
4.　固定功率分配方案,通过优化无人机飞行轨迹来提高最大吞吐量的下界
5. 直到算法收敛或达到预先设定的最大迭代次数为止
6. 输出最终的源节点和中继节点的功率分配方案和无人机的飞行轨迹 $\{p_s[n], p_u[n], x[n], y[n]\}_{n=1}^{N}$

7.5.3　性能仿真验证

在本节的仿真实验中,假设 S 和 D 之间的距离 $L = 2000$ m,即 S 和 D 的坐标分别为 $(0, 0, 0)$ 和 $(2000, 0, 0)$。无人机的飞行高度固定为 $h = 100$ m。假设无人机和地面节点 S、D 之间的通信链路载波频率 $f_c = 5$ GHz、带宽 $B_0 = 20$ MHz。无人机观测到的高斯白噪声与目标节点 D 具有相同的功率谱密度,即-169 dBm。无人机的最大飞行速度设定为 50 m/s。本节假设无人机飞行的初始位置和最终位置固定,这种情况一般受到无人机起飞和降落位置的约束。此外在执行多任务的无人机平台上,还会受到无人机前一个任务结束位置和后一个任务开始位置的约束。在本节的仿真实验中,考虑两种无人机的任务开始位置和结束位置。一种是无人机在 100 s 的时间内从源节点 S 的上空飞到目标节点 D 的上空,即 $(x[1], y[1], h) = (0, 0, 100)$,$(x[N], y[N], h) = (2000, 0, 100)$,记为 Case 1;另一种是 $(x[1], y[1], h) = (0, 500, 100)$,$(x[N], y[N], h) = (2000, 500, 100)$,记为 Case 2。

不同最大平均发射功率下功率分配和飞行轨迹优化结果如图 7-15 所示。图 7-15(a)和(b)分别给出了最大平均发射功率为 $\bar{p} = 1$ mW 时的功率分配结果和无人机飞行轨迹;图 7-15(c)和(d)分别给出了最大平均发射功率为 $\bar{p} = 100$ mW 时的功率分配结果和无人机飞行轨迹。

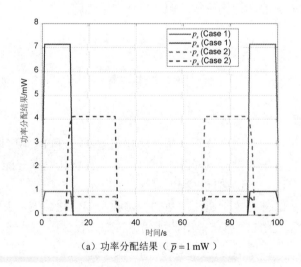

(a)功率分配结果($\bar{p} = 1$ mW)

图 7-15　不同最大平均发射功率下功率分配和飞行轨迹优化结果

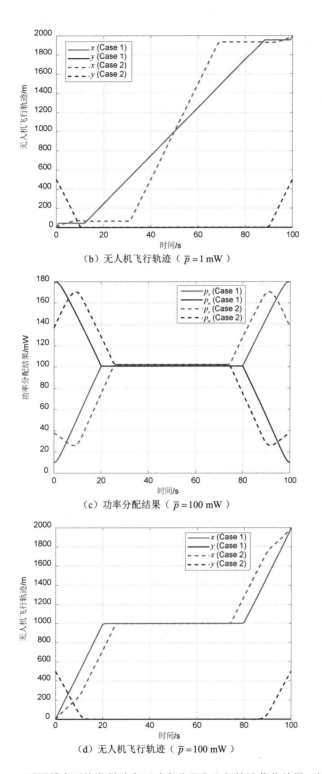

（b）无人机飞行轨迹（$\bar{p}=1\,\mathrm{mW}$）

（c）功率分配结果（$\bar{p}=100\,\mathrm{mW}$）

（d）无人机飞行轨迹（$\bar{p}=100\,\mathrm{mW}$）

图 7-15　不同最大平均发射功率下功率分配和飞行轨迹优化结果（续）

在源节点 S 和无人机的最大平均发射功率为 1 mW 时，从图 7-15（a）和（b）可以看出，Case 1 中的无人机首先飞到位置（44, 0, 100），悬停 12 s 后匀速直线飞行到位置（1956, 0, 100），再悬停 12 s 后匀速直线飞行到达终点（目标节点 D）。在功率分配方面，源节点 S 和无人机几乎将所有的发射功率分配给了这两次悬停的 12 s。由于链路距离的不同,在位置(44, 0, 100),源节点 S 的发射功率约为 7 mW,而无人机发射功率约为 1 mW;在位置(1956, 0, 100),源节点 S 的发射功率约为 1 mW,而无人机发射功率约为 7 mW。这是因为,经过功率分配和无人机飞行轨迹的交替优化,在这两个位置系统的传输速率达到了最大,因此几乎所有的能量都用于在这两个位置的通信。在 Case 2 中,无人机也尽可能将最多的时间悬停在 (44, 0, 100) 和 (1956, 0, 100) 这两个位置,并且将全部的发射功率集中无人机悬停的两个时段,但由于无人机任务开始位置和结束位置的约束,从图 7-15 (a) 可以看出功率分配所处的时间相比 Case 1 发生了偏移。

在源节点 S 和无人机的最大平均发射功率为 100 mW 时,从图 7-15 (c) 和 (d) 可以看出,在 Case 1 中无人机先以最大速度 50 m/s 飞行到位置 (1000, 0, 100),悬停 60 s 后再以最大飞行速度到达终点。在无人机从源节点 S 上空飞行到位置 (1000, 0, 100) 的 20 s 内,无人机的发射功率逐渐下降,而源节点 S 的发射功率逐渐增加,这是由源节点 S 到无人机以及无人机到目标节点 D 的链路距离变化引起的。在无人机悬停的 60 s 内,无人机到源节点 S 和目标节点 D 的链路距离相等,因此信号发射功率都是 100 mW。在无人机从 (1000, 0, 100) 飞行到目标节点 D 上空的 20 s 内,无人机的发射功率逐渐下降而源节点 S 的发射功率逐渐增加,这也是由源节点 S 到无人机以及无人机到目标节点 D 的链路距离变化引起的。在 Case 2 中,由于无人机任务开始位置和结束位置的约束,无人机悬停于等效信道状态最优位置 (1000, 0, 100) 的时间相比 Case 1 较短,且由于无人机任务开始位置和结束位置到源节点 S 和目标节点 D 之间的距离相差较小,因此在靠近这两个位置时,源节点 S 和无人机分配到的功率差距比 Case 1 中小。

经过功率分配和无人机飞行轨迹优化后的无人机中继系统吞吐量如图 7-16 所示。在仿真实验中,无人机和源节点 S 以恒定的功率发送信号且无人机飞行速度固定为 20 m/s,在 100 s 的时间里做匀速直线飞行、从 $(x[1], y[1], h) = (0, 0, 100)$ 飞到 $(x[N], y[N], h) = (2000, 0, 100)$ 的方案称为方案 1,在 100 秒的时间里做匀速直线飞行、从 $(x[1], y[1], h) = (0, 500, 100)$ 飞到 $(x[N], y[N], h) = (2000, 500, 100)$ 的方案称为方案 2。从图 7-16 中可以看出,在不同的源节点 S 与无人机的最大平均发射功率下,源节点 S 和无人机功率分配与无人机飞行轨迹在系统吞吐量方面均有显著增益,而且最大平均发射功率越大,带来的系统吞吐量增益越显著。在方案 2 中,由于无人机的开始位置和结束位置处的等效信道状态比方案 1 差,因此其吞吐量比方案 1 低。

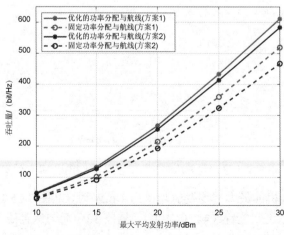

图 7-16　经过功率分配和无人机飞行轨迹优化后的无人机中继系统吞吐量

7.6 本章小结

　　无人机中继通信是无人机通信与网络的重要组成部分，通过多架无人机可以实现远程中继通信传输。本章从无人机空地协作中继通信的特点与挑战出发，论述了远程应急无人机中继系统和低时延高可靠的无人机中继系统的原理和方法，并设计了无人机中继系统的功率分配和飞行轨迹联合优化优化方案。

本章参考文献

　　[1] Zhao N, Lu W, Sheng M, et al. UAV-assisted emergency networks in disasters[J]. IEEE Wireless Communications, 2019, 26(1): 45-51.

　　[2] Chen Y, Zhao N, Ding Z, et al. Multiple UAVs as relays: multi-hop single link versus multiple dual-hop links[J]. IEEE Transactions on Wireless Communications, 2018, 17(9): 6348-6359.

　　[3] Zeng Y, Zhang R, Lim TJ. Throughput maximization for UAV-enabled mobile relaying systems[J]. IEEE Transactions on Communications, 2016, 64(12):4983-4996.

　　[4] Zhang G, Yan H, Zeng Y, et al. Trajectory optimization and power allocation for multi-hop UAV relaying communications[J]. IEEE Access, 2018(6):48566-48576.

　　[5] Li K, Ni W, Wang X, et al. Energy-efficient cooperative relaying for unmanned aerial vehicles[J]. IEEE Transactions on Mobile Computing, 2015, 15(6): 1377-1386.

　　[6] Song Q, Zheng F C, Zeng Y, et al. Joint beamforming and power allocation for UAV-enabled full-duplex relay[J]. IEEE Transactions on Vehicular Technology, 2018, 68(2): 1657-1671.

　　[7] Cheng F, Gui G, Zhao N, et al. UAV relaying assisted secure transmission with caching[J]. IEEE Transactions on Communications, 2019 67(5):3140-3153.

　　[8] 杨婷婷，宋绯，孙有铭，等．面向异构无人机中继网络的负载均衡：一种分层博弈方法[J]．通信技术，2018, 51(11):97-104.

　　[9] 严晓琴，邢灵芝，颜俊，等. 能效最优准则下的无人机中继系统的功率分配算法[J]. 数据采集与处理，2018, 33(6):1058-1067.

　　[10] 刘宏伟，罗卫兵，李德梅，等．微小型无人机通信中继的动态频率选择算法优化[J]．科学技术与工程，2015, 15(34):210-220.

　　[11] 郑垚睿，罗卫兵，刘宏伟．微小型无人机通信中继的动态优先级带宽分配[J]．飞航导弹，2015(5):77-79.

　　[12] 李冬霞，李春鸣，赵文强，等．无人机中继广播通信系统航迹优化方法[J]．西安电子科技大学学报，2018, v.45(03):149-154,186.

　　[13] Shakhatreh H, Khreishah A, Chakareski J, et al. On the continuous coverage problem for a swarm of UAVs[C]. the IEEE 37th Sarnoff Symposium, 2016.

[14] Ahmed N, Kanhere S S, Jha S. On the importance of link characterization for aerial wireless sensor networks[J]. IEEE Communications Magazine, 2016, 54(5): 52-57.

[15] Al-Hourani A, Kandeepan S, Lardner S. Optimal LAP altitude for maximum coverage[J]. IEEE Wireless Communications Letters, 2014, 3(6): 569-572.

[16] Amorim R, Nguyen H, Mogensen P, et al. Radio channel modeling for UAV communication over cellular networks[J]. IEEE Wireless Communications Letters, 2017, 6(4): 514-517.

[17] Beaulieu N C, Farhadi G, Chen Y. A precise approximation for performance evaluation of amplify-and-forward multihop relaying systems[J]. IEEE Transactions on Wireless Communications, 2011, 10(12): 3985-3989.

[18] Lee I, Kim J, Kim D. Outage performance of heterogeneous MIMO relaying in OSTBC transmission over spatially correlated Nakagami fading channels[J]. IEEE Communications Letters, 2011, 15(3): 284-286.

[19] Bletsas A, Shin H, Win M Z. Outage optimality of opportunistic amplify-and-forward relaying[J]. IEEE Communications Letters, 2007, 11(3): 261-263.

[20] Shafi M et al. 5G: a tutorial overview of standards, trials, challenges, deployment, and practice[J]. IEEE Journal on Selected Areas in Communications, 2017, 5(6): 1201-1221.

[21] She C, Liu C, Quek T Q S, et al. Ultra-reliable and low-latency communications in unmanned aerial vehicle communication systems[J]. IEEE Transactions on Communications, 2019, 67(5): 3768-3781.

[22] Al-Hourani A, Kandeepan S, Jamalipour A, Modeling air-to-ground path loss for low altitude platforms in urban environments[C]. IEEE Global Communications Conference, Austin, TX, 2014.

[23] Pan C, Ren H, Deng Y, et al. Joint blocklength and location optimization for URLLC-enabled UAV relay systems[J]. IEEE Communications Letters, 2019, 23(3): 498-501.

[24] Jiang X, Wu Z, Yin Z, et al. Power and trajectory optimization for UAV-enabled amplify-and-forward relay networks[J]. IEEE Access, 2018, 6: 48688-48696.

第 8 章
无人机通信网络的安全传输

8.1 引言

随着无人机技术的发展，无人机通信网络备受关注。不同于传统的地面通信系统，由于无人机空地信道的遮挡较少，可视为理想的视距（Line of Sight，LoS）信道且具有较高的信道增益；同时，由于无人机具有高移动性、可灵活部署等优点，极大地拓展了无人机通信网络的覆盖范围。因此，无人机必将在未来的无线通信网络中扮演至关重要的角色[1-2]。

无人机通信是无人机顺利执行任务的重要保障，与传统的地面通信网络类似，无人机通信网络不可避免地会传输用户的某些隐私信息。如何保证无人机将收集到的信息通过高质量的视距信道安全可靠地发送到目的端，已成为无人机通信网络的一大难题[3]。由于无线信道的开放性和高质量空地 LoS 信道的存在，无人机传输的信息更容易被地面窃听者监听，严重威胁用户的信息隐私。在一些场合（如战争、灾难等）中，一旦无人机传输的保密信息被不法分子窃取，将会带来严重的后果，这使得无人机通信网络的安全问题亟待解决。传统通信加密算法通常使用共享密钥，这些复杂的密钥在管理和分发时存在明显的时延，同时对计算能力的要求较高，一般不适合用于无人机通信网络。

近些年来，将无线信道的本质特征转化为提高通信保密性的方法——物理层安全技术，得到了国内外的广泛关注[3-7]。从香农信息论出发，物理层安全技术利用信道的多径、互易性、空间唯一性等特征在底层提高无线通信系统的安全性，为无线通信保密设计提供了一种新的思路。物理层安全技术的主要研究方向分为：一是由 Shannon 和 Maurer 引导的基于密钥的物理层安全[4,6]，具体是将密钥与信道特性相结合，根据合法用户的信道来随机地确定密钥，使其安全性大大提升；二是在 Wyner 窃听信道模型[5]的基础上，不使用密钥而考虑波束赋形或添加人工噪声的方法，强行使合法用户的信道始终优于窃听者，从而限制非法接收者获得的信息量。无密钥下的安全容量可以表示为 $C = \max[I(X;Y) - I(X;Z)]$，其中 X 为信道输入，Y 和 Z 分别为合法信道和窃听信道的输出，即安全容量为合法信道容量与窃听信道容量之差。安全容量给出了保密传输的最大可达速率，只要合法信道的质量优于窃听信道的质量，则源节点和目标节点之间就能够以非零的速率进行机密信息的交换。上述两种主要研究方向从香农信息论出发，以无线信道特征为根本，改变了在无线通信安全问题上一味地增加密钥复杂度的窘境，而且物理层安全方案的提出也打消了因计算机技术的发展而导致密钥被窃听者破译的顾虑。目前，物理层安全技术已经逐步应用于无人机通信领域[7]。

隐蔽通信是一种更高层次的安全需求，不同于传统密码学和现代信息隐藏技术，隐蔽通信的任务是隐藏无线通信的存在，从而减少看守者（非授权用户）在无线网络中发现或检测到该通信行为的概率[8-11]。隐蔽通信利用信道以及发射功率等的不确定性干扰窃听者的检测概率，令窃听者的错误检测概率尽可能大，进而实现安全传输。这种隐藏信息的行为会使得窃听端无法察觉信息的传输，并不会暴露信息发送端的位置，在很大程度上提升了信息传输的安全性和隐蔽性[8-9]。传统上，这种低检测概率通信主要依赖于扩频通信，通过将原始信号的频谱扩展到一个更宽的频带上，信号的功率谱密度可以降低到与背景噪声相接近的水平，极大降低了通信过程被检测到的概率。此外，扩频通信还有较强的抗干扰能力，因此在无线通信系统中得到了广泛的应用。但鲜有研究针对扩频通信的隐蔽性进行理论分析，仅知道通信被检测到的概率随着信号发射功率的增加而提高。直到 2013 年，Bash B A 等人从信息论的角度对隐蔽通信进行了深入研究，总结了其应遵循的基本规律，并称之为平方根定律[10]。平方根定律指出，在加性高斯白噪声信道中，n 次信道复用能够隐蔽传输的信息量不超过 $O(\sqrt{n})$，即 $O(\sqrt{n})$ 比特的信息可以在译码错误概率任意小且检测错误概率趋近于 1 的条件下，实现隐蔽传输。最近无人机隐蔽通信也越来越受到学者的关注[11]。无人机对通信隐蔽性的影响具有两面性：一方面，利用无人机的移动性可以削弱看守者接收到的信号质量；另一方面，高质量的空地 LoS 信道也会提高看守者的检测性能。通过联合无人机飞行轨迹设计与通信资源分配，充分利用无人机的高移动性和可灵活部署的特点，取其利去其弊，可实现空地隐蔽通信。

　　本章主要研究无人机通信网络中的安全问题，首先讨论基于人工噪声的无人机通信网络的安全传输，然后将非正交多址接入（NOMA）技术与无人机通信相结合，探讨基于 NOMA 的无人机通信网络的安全传输；最后，针对无人机中继系统，分别讨论安全传输方案和隐蔽通信方法。

8.2　基于人工噪声的无人机通信网络的安全传输

　　由于无线信道的开放性和广播性，在无线信道中传输的信息暴露于窃听者和攻击者，引发无线通信安全问题。在无人机辅助的无线通信网络中，空地信道的质量高且以 LoS 链路传输为主，优质的信道条件同样给潜在的攻击者提供了绝佳的条件，因此无人机通信网络中的安全问题更加严重。

　　近年来，随着无线通信物理层的深入研究，物理层安全技术成为保障通信网络安全的新手段。根据信息论的研究结果，保密容量随着信源-目标节点信道质量与信源-窃听节点信道质量之差的增大而增大。受此启发，物理层安全技术常用的思想就是利用无线资源恶化窃听节点，抑制窃听节点可获取的信息量。人工噪声就是其中一种高效的安全增强手段，由 Negi R 和 Goel S 在文献 [12] 中首次提出。通过在发射信号中叠加适当的人工噪声，可以有效降低窃听节点接收到的信号质量，以实现对窃听的强干扰，提高用户的保密通信速率。当发送端无法获得窃听节点处的精确信道状态信息（CSI）时，常采用人工噪声的方法来增强安全性。如果发送端能够获得目标节点和窃听节点的精确 CSI，则可以利用预编码技术和波束赋形技术，将发射信号对准到对窃听节点不利的维度来降低其窃听到的信息量。然而在实际中，由于信道估计和反馈误差，发送端常常无法得到窃听节点的精确 CSI。因此，人工噪声方法在未知窃听节点 CSI 的条件下被广泛应用，该方法以牺牲一部分发射功率作为代价，人为地增大合法接收节点和窃听节点之间的信道差异，更重要的是，即便合法接收节点信道质量差于窃听节点信道，利用该方法仍可进行安全传输。接下来举例论述人工噪声在无人机通信网络中的应用。

8.2.1　系统模型

无人机（UAV）和非正交多址接入（Non-Orthogonal Multiple Access，NOMA）技术的结合将是在未来无线网络中实现大规模连接的一种解决方案。考虑一架无人机辅助的 NOMA 无线携能通信（Simultaneous Wireless Information and Power Transfer，SWIPT）网络，如图 8-1 所示。

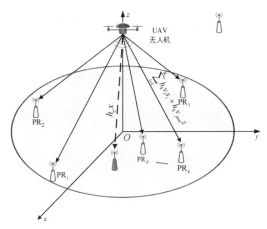

图 8-1　无人机辅助的 SWIPT-NOMA 网络（存在 K 个无源接节点和一个潜在的窃听节点）

图 8-1 中，无人机配备 M 个天线将无线能量和信息同时传输给地面 K 个单天线无源接收节点（Passive Receivers，PR）。假设这些无源接收节点均为能量受限的，它们利用功率分割技术将接收到的信号分为两部分，一部分用于能量收集，另一部分用于信息解码。第 k 个无源接收点 PR_k（其中 $k \in \mathcal{K} \triangleq \{1,2,\cdots,K\}$）位于固定位置 $(x_k, y_k, 0)$，无人机在固定高度 $(0,0,H)$ 悬停。通常，空-地链路由视距（LoS）链路和非视距（NloS）链路共同决定，因此无人机与 PR_k 间 LoS 和 NloS 链路的路径损失可以表示为：

$$\mathrm{PL}_{\mathrm{LoS}} = \eta_{\mathrm{LoS}} d_{u,k}^{-2}$$
$$\mathrm{PL}_{\mathrm{NLoS}} = \eta_{\mathrm{NLoS}} d_{u,k}^{-2}$$

式中，$d_{u,k}$ 表示无人机到地面 PR_k 的距离；η_{LoS} 和 η_{NLoS} 分别是 LoS 链路和 NLoS 链路的衰减系数。以 LoS 链路为主的空地链路的概率为：

$$P_{u,k}^{\mathrm{LoS}} = \frac{1}{1 + a_0 \exp\left[-b_0\left(\theta_k - a_0\right)\right]}$$

式中，a_0 和 b_0 是环境常数；$\theta_k = \arctan\left(\dfrac{H}{\sqrt{x_k^2 + y_k^2}}\right)$，表示 PR_k 到无人机的仰角。此外，NLoS 链路的概率可以表示为：

$$P_{u,k}^{\mathrm{NLoS}} = 1 - P_{u,k}^{\mathrm{LoS}}$$

因此，兼顾 LoS 和 NLoS 链路的空地链路的路径损耗可以表示为：

$$\varLambda_{u,k} = \mathrm{PL}_{\mathrm{LoS}} \times P_{u,k}^{\mathrm{LoS}} + \mathrm{PL}_{\mathrm{NLoS}} \times P_{u,k}^{\mathrm{NLoS}}$$

无人机到 PR_k 的信道系数向量可以表示为：

$$\boldsymbol{h}_k = \Lambda_{u,k}\left(\sqrt{\frac{\kappa}{\kappa+1}}\hat{\boldsymbol{g}}_{\mathrm{L}} + \sqrt{\frac{1}{\kappa+1}}\hat{\boldsymbol{g}}_{\mathrm{R}}\right) \in \mathbb{C}^{1\times M}$$

式中，$\hat{\boldsymbol{g}}_{\mathrm{L}} \in \mathbb{C}^{1\times M}$ 为 LoS 信道的组成部分，满足 $\|\hat{\boldsymbol{g}}_{\mathrm{L}}\|=1$；$\hat{\boldsymbol{g}}_{\mathrm{R}} \sim \mathcal{CN}(0,\boldsymbol{I})$，表示小尺度瑞利衰落向量；$\kappa>0$，表示莱斯衰落因子。设 PR_k 按其与无人机间的距离排序，无人机与无源接收点之间的信道增益应满足 $0 < \|\boldsymbol{h}_1\|^2 \leqslant \cdots \leqslant \|\boldsymbol{h}_K\|^2$。

假设无源接收节点在被能量信号唤醒之前总是处于休眠状态，因此每个通信时段 T 可分为两个阶段，即 τT 和 $(1-\tau)T$，其中 $0<\tau<1$，表示时间比例。在第一阶段，无人机以恒定的功率 P_S 向地面无源接收节点发射无线能量信号，以唤醒它们。因此，PR_k 接收到的信号可以表示为：

$$y_k = \boldsymbol{h}_k \boldsymbol{w} u + n_k, \qquad k \in \mathcal{K}$$

式中，$\boldsymbol{w} \in \mathbb{C}^{M\times 1}$ 表示预编码向量，满足 $\|\boldsymbol{w}\|^2 = P_S$；$u$ 为功率为 1 的随机信号，满足 $|u|^2=1$；$\boldsymbol{h}_k \in \mathbb{C}^{1\times M}$ 为无人机和 PR_k 之间的信道向量；$n_k \sim \mathcal{CN}(0,\sigma^2)$ 为 PR_k 处均值为 0、方差为 σ^2 的高斯白噪声。因此，PR_k 接收信号功率可以表示为 $P_{1k} = |\boldsymbol{h}_k \boldsymbol{w}|^2 + \sigma^2$，$k \in \mathcal{K}$。

8.2.2　安全传输方案设计

为了进行快速充电，应在满足功率约束的情况下，使 PR_k 的接收信号功率尽可能高。为了平衡无源接收节点之间的充电速度，提出了一个最大-最小公平优化问题如下：

$$\mathrm{P1:} \quad \max_{\boldsymbol{w}} \min_{k} P_{1k} \qquad \mathrm{s.t.} \qquad \|\boldsymbol{w}\|^2 = P_S \tag{8-1}$$

式中，P_S 为无人机的总发射功率。由于第一阶段的时间限制在 τT（$0<\tau<1$），因此 PR_k 在第一阶段收集到的能量可以表示为 $E_k = e(P_{1k})\sigma T$。$e(\cdot)$ 表示非线性能量收集模型，具体表达式为：

$$e(P_{\mathrm{r}}) = \frac{\dfrac{M_0}{1+\exp\left[-a(P_{\mathrm{r}}-b)\right]} - \dfrac{M_0}{1+\exp(ab)}}{1 - \dfrac{1}{1+\exp(ab)}} \tag{8-2}$$

式中，M_0 表示充电电路处于饱和状态时各 PR_k 的最大收集功率；P_{r} 为 PR_k 的接收功率；参数 a 和 b 是常数，取决于实际的电路规格，如电阻、电容及二极管导通电压等具体数值。接下来定义 $\overline{P}_1 = \min_{k} P_{1k}$。设 PR_k 收集的能量需要满足最小工作能量 $E_{\min}$，即满足：

$$e(\overline{P}_1)\tau T - C_1 \tau T \geqslant E_{\min} \Rightarrow \tau \geqslant \frac{E_{\min}}{\left[e(\overline{P}_1) - C_1\right]T}$$

式中，C_1 表示第一阶段各 PR_k 的电路功耗。

第一阶段的快速充电，可以唤醒所有的无源接收节点。第二阶段为 SWIPT 阶段，此时无人机向无源接收节点同时发送能量信号和 NOMA 信息，其中包含人工噪声，从而对潜在窃听节点进行干扰。因此，无人机的发射信号可以表示为：

$$\boldsymbol{x} = \sum_{i=1}^{K} \boldsymbol{v}_i s_i + \boldsymbol{v}_{\mathrm{jam}} z$$

式中，$\boldsymbol{v}_i \in \mathbb{C}^{M\times 1}$ 表示 PR_i 的预编码向量，满足 $\|\boldsymbol{v}_i\|^2 = P_i$，$i \in \mathcal{K}$；$s_i$ 为发送给 PR_i 的随机信号，满足 $|s_i|^2=1$；$\boldsymbol{v}_{\mathrm{jam}} \in \mathbb{C}^{M\times 1}$ 为人工噪声的预编码向量，满足 $\|\boldsymbol{v}_{\mathrm{jam}}\|^2 = P_{\mathrm{jam}}$；$z$ 为人工噪声信号，

满足 $|z|^2 = 1$。PR_k 接收到的信号可以表示为：

$$y_k = \boldsymbol{h}_k \left(\sum_{i=1}^K \boldsymbol{v}_i s_i + \boldsymbol{v}_{\text{jam}} z \right) + n_k, \qquad k \in \mathcal{K}$$

在第二阶段，PR_k 采用功率分割技术将接收到的信号分成两部分，一部分用于能量收集，另一部分用于信息解码。设功率分割系数为 α，满足 $0 < \alpha < 1$。PR_k 接收功率可以表示为：

$$P_\text{r}^{[k]} = \sum_{i=1}^K |\boldsymbol{h}_k \boldsymbol{v}_i|^2 + |\boldsymbol{h}_k \boldsymbol{v}_{\text{jam}}|^2 + \sigma^2$$

用于能量收集的信号功率可以表示为：

$$P_k^{\text{EH}} = \alpha_k P_\text{r}^{[k]} = \alpha_k \left(\sum_{i=1}^K |\boldsymbol{h}_k \boldsymbol{v}_i|^2 + |\boldsymbol{h}_k \boldsymbol{v}_{\text{jam}}|^2 + \sigma^2 \right)$$

在第二阶段中，PR_k 收集到的能量为：

$$\hat{E}_k = e\left[\alpha_k P_\text{r}^{[k]} \right](1 - \tau)T$$

此外，PR_k 用于解码的信号可以表示为：

$$y_k' = \sqrt{1 - \alpha_k} \left[\boldsymbol{h}_k \left(\sum_{i=1}^K \boldsymbol{v}_i s_i + \boldsymbol{v}_{\text{jam}} z \right) + n_k \right] + c_k$$

式中，$c_k \sim \mathcal{CN}\left(0, \delta^2\right)$ 表示 PR_k 的电路噪声。PR_k 用于解码的信号功率可以表示为：

$$P_k^{\text{ID}} = (1 - \alpha_k)P_\text{r}^{[k]} + \delta^2 = (1 - \alpha_k)\left[\sum_{i=1}^K |\boldsymbol{h}_k \boldsymbol{v}_i|^2 + |\boldsymbol{h}_k \boldsymbol{v}_{\text{jam}}|^2 + \sigma^2 \right] + \delta^2 \tag{8-4}$$

为了保障通信安全，无人机将 NOMA 信息与人工噪声叠加在一起发射，从而干扰潜在的窃听行为。为了消除人工噪声在合法无源接收节点所产生的干扰，可以先通过波束赋形使人工噪声的功率在各合法无源接收节点处最大，然后利用串行干扰消除（Successive Interference Cancellation，SIC）将人工噪声完全消除，即各无源接收节点处的解码条件为：

$$\begin{cases} \max\limits_{m=2,\cdots,K} |\boldsymbol{h}_1 \boldsymbol{v}_m|^2 \leqslant |\boldsymbol{h}_1 \boldsymbol{v}_1|^2 \leqslant |\boldsymbol{h}_1 \boldsymbol{v}_{\text{jam}}|^2 \\ \qquad\qquad \cdots \\ \max\limits_{m=k+1,\cdots,K} |\boldsymbol{h}_k \boldsymbol{v}_m|^2 \leqslant |\boldsymbol{h}_k \boldsymbol{v}_k|^2 \leqslant |\boldsymbol{h}_k \boldsymbol{v}_{k-1}|^2 \leqslant \cdots \leqslant |\boldsymbol{h}_k \boldsymbol{v}_1|^2 \leqslant |\boldsymbol{h}_k \boldsymbol{v}_{\text{jam}}|^2 \\ \qquad\qquad \cdots \\ |\boldsymbol{h}_K \boldsymbol{v}_K|^2 \leqslant \cdots \leqslant |\boldsymbol{h}_K \boldsymbol{v}_1|^2 \leqslant |\boldsymbol{h}_K \boldsymbol{v}_{\text{jam}}|^2 \end{cases} \tag{8-5}$$

在满足式（8-5）的条件下，人工噪声在 SIC 的第一步被完全消除，既不影响合法通信又能够破坏潜在的窃听行为。

PR_k 的 SINR 可以表示为：

$$\text{SINR}_k^k = \frac{(1 - \alpha_k)|\boldsymbol{h}_k \boldsymbol{v}_k|^2}{(1 - \alpha_k)\left(\sum\limits_{m=k+1}^K |\boldsymbol{h}_k \boldsymbol{v}_m|^2 + |\boldsymbol{h}_k \boldsymbol{v}_{\text{jam}}|^2 + \sigma^2 \right) + \delta^2} \Rightarrow \text{SINR}_k^k = \frac{(1 - \alpha_k)|\boldsymbol{h}_k \boldsymbol{v}_k|^2}{(1 - \alpha_k)\left(\sum\limits_{m=k+1}^K |\boldsymbol{h}_k \boldsymbol{v}_m|^2 + \sigma^2 \right) + \delta^2}$$

$$\tag{8-6}$$

特别地，对于 PR_K，其 SINR 可以表示为：

$$\text{SINR}_K^K = \frac{(1 - \alpha_k)|\boldsymbol{h}_K \boldsymbol{v}_K|^2}{(1 - \alpha_k)\sigma^2 + \delta^2} \tag{8-7}$$

PR_k 的可达速率为：

$$R_{ak} = \log_2\left(1 + \min_{l\in\{k,k+1,\cdots,K\}} \mathrm{SINR}_l^k\right) \tag{8-8}$$

式中，

$$\mathrm{SINR}_l^k = \frac{(1-\alpha_k)\left|\boldsymbol{h}_l\boldsymbol{v}_k\right|^2}{(1-\alpha_k)\left(\sum_{m=k+1}^{K}\left|\boldsymbol{h}_l\boldsymbol{v}_m\right|^2+\sigma^2\right)+\delta^2}, \quad 1\leqslant k\leqslant K-1;\ l\in\{k,k+1,\cdots,K\} \tag{8-9}$$

人工噪声的可达 SINR 可以表示为：

$$\mathrm{SINR}_{ajam} = \min_{k\in\mathcal{K}} \mathrm{SINR}_k^{jam}$$

式中，

$$\mathrm{SINR}_k^{jam} = \frac{(1-\alpha_k)\left|\boldsymbol{h}_k\boldsymbol{v}_{jam}\right|^2}{(1-\alpha_k)\left(\sum_{m=1}^{K}\left|\boldsymbol{h}_k\boldsymbol{v}_m\right|^2+\sigma^2\right)+\delta^2}, \quad k\in\mathcal{K} \tag{8-10}$$

此外，潜在窃听节点处的 SINR 为：

$$\mathrm{SINR}_e^k = \frac{\left|\boldsymbol{h}_e\boldsymbol{v}_k\right|^2}{\sum_{m=1,m\neq k}^{K}\left|\boldsymbol{h}_e\boldsymbol{v}_m\right|^2+\left|\boldsymbol{h}_e\boldsymbol{v}_{jam}\right|^2+\sigma^2} \tag{8-11}$$

式中，$\boldsymbol{h}_e$ 为无人机与窃听节点之间的信道向量。因此，PR_k 的保密速率为：

$$R_{sk} = \left[R_{ak} - \log_2\left(1+\mathrm{SINR}_e^k\right)\right]^+ \tag{8-12}$$

在第二阶段，每个无源接收节点利用 SIC 技术消除干扰，实现多用户信号分离。以 PR_k 为例，首先 PR_k 对人工噪声进行解码、重构后将其消除。然后重复上述步骤，逐渐将 PR_1 到 PR_{k-1} 的信息全部消除。最后，PR_k 解码自己所需的信息。因此，在解码自己的信息之前，PR_k 需要 k 级 SIC。假设每一级 SIC 的功耗为 P_d。$\hat{C}^{[k]}$ 表示在第二阶段中 PR_k 的功耗，那么 $\hat{C}^{[k]}=kP_d+C_{II}$，其中 C_{II} 为第二阶段各无源接收节点处的电路功耗。因此，PR_k 处收集的能量应该满足：

$$E_k - C_I\tau T + \hat{E}_k - \hat{C}^{[k]}(1-\tau)T \geqslant 0, \quad k\in\mathcal{K}$$

综上所述，优化目标是在通信时段 T 内使无源接收节点在两个阶段的吞吐量最大化，优化问题如下：

$$\begin{aligned}
\mathrm{P2:}\quad & \max_{\boldsymbol{v}_1,\boldsymbol{v}_2,\cdots,\boldsymbol{v}_K,\boldsymbol{v}_{jam},\ \alpha_1,\alpha_2,\cdots,\alpha_K,\tau} \sum_{i=1}^{K} R_{ai}(1-\tau)T \\
\mathrm{s.t.}\quad & 0 < \frac{E_{min}}{\left[e(\overline{P}_I)-C_I\right]T} \leqslant \tau < 1 \\
& \min_{l\in\{k,k+1,\cdots,K\}} \mathrm{SINR}_l^k \geqslant r_k^{min}, \quad k\in\mathcal{K} \\
& \min_{k\in\mathcal{K}} \mathrm{SINR}_k^{jam} \geqslant r_{jam} \\
& E_k - C_I\tau T + \hat{E}_k - \hat{C}^{[k]}(1-\tau)T \geqslant 0 \\
& \sum_{i=1}^{K}\left\|\boldsymbol{v}_i\right\|^2 + \left\|\boldsymbol{v}_{jam}\right\|^2 = P_S \\
& \max_{m\in\mathcal{K}}\left\|\boldsymbol{v}_m\right\|^2 \leqslant \left\|\boldsymbol{v}_{jam}\right\|^2 \\
& \max_{m=k+1,\cdots,K}\left|\boldsymbol{h}_k\boldsymbol{v}_m\right|^2 \leqslant \left|\boldsymbol{h}_k\boldsymbol{v}_k\right|^2 \leqslant \left|\boldsymbol{h}_k\boldsymbol{v}_{k-1}\right|^2 \leqslant \cdots \leqslant \left|\boldsymbol{h}_k\boldsymbol{v}_1\right|^2 \leqslant \left|\boldsymbol{h}_k\boldsymbol{v}_{jam}\right|^2
\end{aligned} \tag{8-13}$$

式中，$r_k^{\min}$ 和 r_{jam} 分别表示 PR_k 和人工噪声的 SINR 需求；$\bar{P}_1$ 是 P1 的解。优化问题 P1 是非凸优化问题，很难直接求解，因此需要先通过连续凸优化将其近似为凸问题，详细过程可以参照文献［13］，然后采用 CVX 工具箱高效求解[14]。

8.2.3　性能仿真验证

在本节的仿真实验中，无人机位于（0 m，0 m，5 m)，三个无源接收点位于（5 m，0 m，0 m）、（−3 m，1 m，0 m）和（1 m，−2 m，0 m），窃听节点位于（2 m，1 m，0 m)。这里给出窃听节点位置的坐标仅用于安全性能分析，在实际中合法用户无须获得窃听节点的 CSI。仿真实验参数如表 8-1 所示。

表 8-1　仿真实验的参数设置

参 数 名 称	参 数 值
无人机悬停高度	$H = 5\text{ m}$
无人机发射天线数	$M = 4$ 个
通信时间段	$T = 20\text{ s}$
信道衰减因子	$\eta_{\text{LoS}} = 3\text{ dB}$、$\eta_{\text{NLoS}} = 23\text{ dB}$
莱斯因子	$\kappa = 5$
环境常量	$a_0 = 0.136$、$b_0 = 11.95$
噪声功率	$\sigma^2 = -110\text{ dBm}$
电路噪声功率	$\delta^2 = -90\text{ dBm}$
各无源接收点处最小工作能量	$E_{\min} = 10\text{ mJ}$
功耗	$C_{\text{I}} = 1\text{ mW}$、$C_{\text{II}} = 1.1\text{ mW}$、$P_d = 0.1\text{ mW}$

在一个通信时段内无源接收节点（PR）收集的能量状态如图 8-2 所示。图 8-2（a）到（d）对应无源接收节点处四种不同的接收功率条件下，各无源接收节点处收集到的能量随时间的变化情况。从仿真结果可以看出，在这四种情况中，无源接收节点的收集的能量先增大后减小，这与本方案中两阶段相对应。第一阶段是无线能量传输阶段，无人机以恒定的发射功率 P_S 发射无线能量信号，地面上的无源接收节点被唤醒，接着继续充电，直到达到最小工作能量 $E_{\min}$ 为止。无源接收节点收集的能量随着时间逐渐上涨，达到设定的最小工作能量 $E_{\min} = 10\text{ mJ}$。第二阶段是 SWIPT 阶段，此时无人机向无源接收节点同时发送能量信号和 NOMA 信息，其中包含较大的人工噪声，无源接收节点采用功率分割技术，将收到的信号分为两部分，一部分继续为节点充电，另一部分送到 SIC 接收机，消除人工噪声，逐步恢复出有用的信息。无源接收节点储存的能量将在第二阶段逐渐减少，在第二阶段结束时剩余能量不小于零。

图 8-3 比较了在不同 P_S 的情况下无源接收节点的保密速率和窃听速率，其中 $r_k^{\min} = r_{\text{jam}} = 1$。从图 8-3 可以看出，各无源接收节点的数据传输速率随功率增大略有上升，而窃听速率的变化不大，进而各无源接收节点的保密速率随着发射功率的增大而增加，总的保密速率也逐渐提升。尽管各无源接收节点保密速率的提升并不大，但窃听速率均降至小于 1 bit/s/Hz，这表明人工噪声可以显著地抑制窃听。值得注意的是，PR_1 的窃听速率在三个用户（PR_1、PR_2、PR_3）中是最大的，这是因为 PR_1 到无人机的距离最远，信道质量最差，故无人机发送端分

配给 PR_1 的信号功率最高，因此窃听节点最容易获取到发送给 PR_1 的信息。

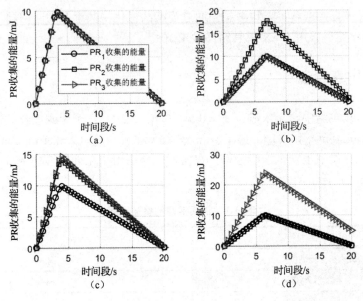

图 8-2 在一个通信时间段内无源接收节点的能量状态比较

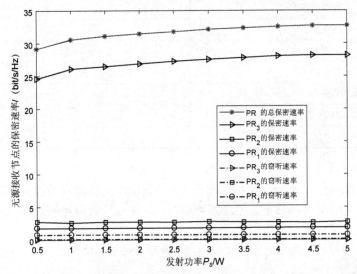

图 8-3 在不同 P_S 的情况下无源接收节点的保密速率和窃听速率比较

为了进一步分析 PR_1 的安全性能，图 8-4 中给出了不同 r_{jam} 的情况下 PR_1 的保密速率和窃听速率随发射功率的变化情况。从结果中可以看出，随着 r_{jam} 的增大，PR_1 的窃听速率逐渐降低，而 PR_1 的保密速率逐渐增大。由此可以得出结论，r_{jam} 可调整人工噪声在发射功率中所占的比重，r_{jam} 越大，人工噪声功率越大，对潜在窃听的干扰就越强。

图 8-5 中比较了不同 P_S 的情况下各无源接收节点的吞吐量及总吞吐量。从结果中可以看出，随着发射功率 P_S 的增大，各无源接收节点的保密速率逐渐上升，时间分割系数 τ 逐渐下降，从而各无源接收节点的吞吐量均逐渐增大，总吞吐量也逐渐增大。

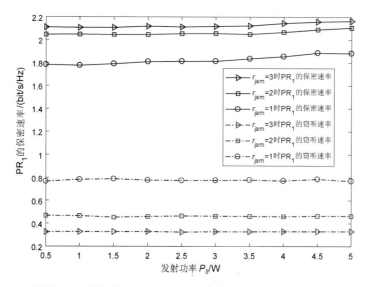

图 8-4   不同 r_{jam} 的情况下 PR_1 的保密速率和窃听速率随发射功率的变化情况

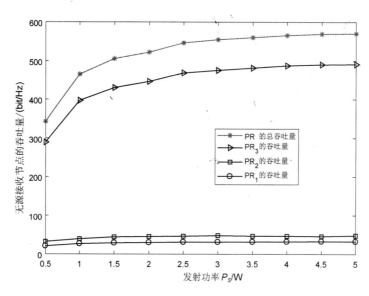

图 8-5   各无源接收节点吞吐量随 P_S 的变化情况

为了进一步证明本节所提方案的有效性，考虑包含 5 个无源接收节点的无人机辅助 SWIPT-NOMA 网络。假设无人机位于（0 m, 0 m, 5 m），五个无源接收节点位于（5m, 0 m, 0 m）、（−4m, 0 m, 0 m）、（−3 m, 1 m, 0 m)、（3 m, 0 m, 0 m）和（1 m, −2 m, 0 m）。各无源接收节点能量状态随时间的变化情况如图 8-6 所示，该图在不同发射功率 P_S 条件下，对比了各无源接收节点在时间段 T 内的能量状态变化。从仿真结果中可以看出，对于不同的 P_S（$P_S = 1$ W 和 $P_S = 5$ W），各无源接收节点处的能量均在第一阶段先增加到 E_{min}，然后在第二阶段逐渐下降。这与图 8-2 中三个无源接收节点的仿真结果类似。此外，增加 P_S 可以加快第一阶段的充电速度，从而为第二阶段进行 SWIPT 预留更多的时间。

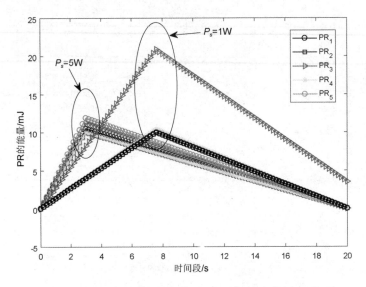

图 8-6　各无源接收节点能量状态随时间的变化情况

8.3 基于 NOMA 的无人机通信网络的安全传输

基于 NOMA 的无人机通信网络正在成为未来无线通信网络中颇具前景的技术。然而，由于无人机通信网络中的 LoS 信道和 NOMA 弱用户的高发射功率策略，其安全性仍然是一个巨大的挑战。本节提出了一种具有圆形轨迹的 NOMA-UAV 网络功率分配方案，该方案可在保证特定用户安全性的同时最大化普通用户的传输速率总和[15]。为了实现该目标，本节从无人机到安全用户距离的三种情况来考虑。具体而言，在每个时隙中无论安全用户所处位置如何，均分配最低的发射功率以保证其安全性；将剩余功率以 NOMA 规则分配给普通用户以使其总传输速率最大化。由于问题的非凸性，本节分析了它的单调性，并给出了三种情况的闭式解。为了进一步提高安全用户的传输速率，本节还推导了其正确解码下限值的上限，并分析了安全解码阈值与普通用户总传输速率之间的线性关系。

8.3.1　系统模型

考虑一个 NOMA-UAV 网络基站为多个单天线地面用户服务的情形，具有圆形轨迹的 NOMA-UAV 网络的架构如图 8-7 所示。为了简单起见，将普通用户的序号定义为 $i \in \{1, 2, \cdots, K\}$，$U_i$ 表示第 i 个用户，U_s 表示安全用户，U_e 表示单天线窃听节点。空中的基站是具有单个天线的固定翼无人机（UAV）。图 8-7 所示的网络架构简单，可确保有效的空气动力学性能。

假设无人机的轨迹是半径为 r_{UAV} 的圆形。为了充分利用频谱资源，在无人机和地面用户之间应用 NOMA 传输数据，无人机的发射功率分配给合法用户，以提高普通用户的总传输速率，并保证安全用户 U_s 的安全性。在具有圆形轨迹的 NOMA-UAV 网络中，U_i 接收到的信号可以表示为：

$$y_i = h_i \sum_{j=1}^{K} x_j + h_i x_s + n_i \tag{8-14}$$

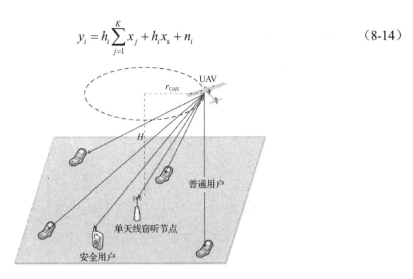

图 8-7　具有圆形轨迹的 NOMA-UAV 网络的架构

式中，$n_i \sim \mathcal{CN}(0,\sigma^2)$，表示 U_i 的加性高斯白噪声（AWGN）；x_j 表示发给 U_j 的消息；x_s 表示传递到 U_s 的安全信息；h_i（$i \in \mathcal{U} \triangleq \{s\} \cup \{1,\cdots,K\}$）表示从无人机到 U_i 的莱斯衰落信道系数，可表示为：

$$h_i = \sqrt{\frac{\rho_0}{d_i^2}} \left(\sqrt{\frac{K_0}{1+K_0}} + \sqrt{\frac{1}{1+K_0}} g_i \right) \tag{8-15}$$

式中，ρ_0 是 1 m 距离处的参考功率增益；d_i 是无人机和 U_i 之间的距离；K_0 是 LoS 与多径功率之比的莱斯因子；$g_i \sim \mathcal{CN}(0,1)$ 表示散射分量。假设无人机以 T 为周期、在半径为 r_{UAV} 的圆形轨迹水平飞行。将 T 划分为 N 个时隙，当 N 足够大时，d_i 在每个时隙中可以看成是固定的。

根据 NOMA 可知，每个合法的无源接收节点均首先采用 SIC 来消除距离更长的大功率信号，然后对其自身信息解码。将 p_i 和 p_s 分别定义为分配给 U_i 和 U_s 的发射功率。在特定的时段内，假设 $d_1 \geqslant d_2 \geqslant \cdots \geqslant d_K$，根据从无人机到普通用户 U_i 的距离，有 $p_1 \geqslant p_2 \geqslant \cdots \geqslant p_K$。在无人机飞行过程中，当 d_s 增加时，分配给 U_s 的 p_s 更高，从而增加了被窃听的风险。为了解决该问题，设置 $p_K \geqslant p_s$ 来保证 U_s 的安全性。在 U_j 处 x_i 的 SINR 可以表示为：

$$\begin{cases} R_j^{[i]} = \log \left(1 + \dfrac{p_i}{\sum\limits_{h=i+1}^{K} p_h + p_s + \dfrac{\sigma^2}{|h_j|^2}} \right), & 1 \leqslant \mathrm{i} \leqslant j \leqslant K,\ i \neq K \\[6mm] R_K^{[K]} - \log \left(1 + \dfrac{p_K}{p_s + \dfrac{\sigma^2}{|h_K|^2}} \right) \\[6mm] R_s^{[i]} = \log \left(1 + \dfrac{p_i}{\sum\limits_{h=i+1}^{K} p_h + p_s + \dfrac{\sigma^2}{|h_s|^2}} \right) \end{cases} \tag{8-16}$$

要理想地解码并消除 x_i ，应保证：

$$R_i = \min\left\{R_j^{[i]}, R_s^{[i]}\right\}, \qquad j = i, i+1, \cdots, K \tag{8-17}$$

式中， R_i 表示 U_i 的传输速率。具体而言，传输速率 U_s 可以表示为：

$$R_s = R_s^{[s]} = \log_2\left(1 + \frac{|h_s|^2}{\sigma^2}p_s\right) \tag{8-18}$$

另一方面，对 U_s 的窃听率可以表示为：

$$R_e = \log_2\left(1 + \frac{|h_e|^2 p_s}{|h_e|^2 \sum\limits_{h=1}^{K} p_h + \sigma^2}\right) \tag{8-19}$$

式中， h_e 表示从无人机到窃听节点的莱斯信道衰落系数，窃听信道状态信息仅用于分析窃听速率。因此， U_s 的保密速率可以定义为：

$$R_{\text{sec}} = \left[R_s - R_e\right]^+ \tag{8-20}$$

式中， $[]^+$ 表示当 $R_s < R_e$ 时， R_{sec} 为 0；否则 R_{sec} 等于 $R_s - R_e$ 。

8.3.2　NOMA-UAV 网络的安全功率分配方案

为了保证在无人机飞行期间 U_s 的安全性，要求无人机对 U_s 的发射功率最小，使 x_s 隐藏在其他合法用户的信号中，以防止被窃听。本节提出的 NOMA-UAV 网络的安全功率分配方案在保护 U_s 安全性的同时，能够最大化普通用户总传输速率。普通用户的序号会根据每个时隙中分配的发射功率而不断变化，各用户的发射功率应满足：

$$p_1 \geqslant p_2 \geqslant \cdots \geqslant p_K \geqslant p_s > 0 \tag{8-21}$$

因此，优化问题可以表示为：

$$\max_{p_s, p_1, p_2, \cdots, p_K} \sum_{i=1}^{K} R_i$$

$$\text{s.t.} \quad R_i = \min\left\{R_j^{[i]}, R_s^{[i]}\right\}, \qquad j = i, i+1, \cdots, K$$

$$R_i \geqslant r, \quad i = 1, 2, \cdots, K$$

$$R_s = R_s^{[s]} \geqslant r_s \tag{8-22}$$

$$p_1 \geqslant p_2 \geqslant \cdots \geqslant p_K \geqslant p_s > 0$$

$$\sum_{i=1}^{K} p_i + p_s = P_S$$

式中， r 表示普通用户的解码阈值； r_s 代表 U_s 的解码阈值； P_S 是无人机的总发射功率。当无人机接近 U_s 时可以实现 $r = r_s$ ，因此假设 $r_s \leqslant r$ 。当无人机远离 U_s 时，应将 r_s 设置得尽可能大以接近 r 。

本节将在 d_s 为最大值、最小值和中间值的三种情况下计算式（8-22）的最优闭式解。

（1） d_s 为最大值。在安全用户 U_s 是距无人机最远的用户时，有 $d_s \geqslant d_1 \geqslant d_2 \geqslant \cdots \geqslant d_K$ ，此时用户的信道增益需要满足：

$$|h_s|^2 \leqslant |h_1|^2 \leqslant |h_2|^2 \leqslant \cdots \leqslant |h_K|^2 \tag{8-23}$$

根据式（8-16）和式（8-23）可知：

$$R_{\rm s}^{[i]} \leqslant R_{j}^{[i]}, \qquad 1 \leqslant i \leqslant j \leqslant K \tag{8-24}$$

因此根据式（8-17），可知 $R_i = R_{\rm s}^{[i]}$。为了简单起见，首先引入一个辅助变量 α_i：

$$\alpha_i = |h_i|^2 / \sigma^2 \tag{8-25}$$

为了简化推导，引入了另一个辅助变量 q_i：

$$q_i = \begin{cases} \sum_{j=i}^{K} p_j + p_{\rm s}, & i \in \{1,2,\cdots,K\} \\ p_{\rm s}, & i \in \{s\} \end{cases} \tag{8-26}$$

式（8-22）中的限制条件可以转化为：

$$q_1 - q_2 \geqslant q_2 - q_3 \geqslant \cdots \geqslant q_K - q_{\rm s} \geqslant q_{\rm s} \geqslant 0$$

另外，定义 $f_i(q_i)$ 为：

$$f_i(q_i) = \begin{cases} \log_2[\alpha_{\rm s} q_i + 1], & i \in \{1,2,\cdots,K\} \\ -\log_2[\alpha_{\rm s} q_i + 1], & i \in \{s\} \end{cases} \tag{8-27}$$

因此式（8-22）中的限制条件可以转化为：

$$\begin{aligned} q_{i+1} &\leqslant \eta q_i - \beta_i, & i \in \{1,2,\cdots,K-1\} \\ q_{\rm s} &\leqslant \eta q_K - \beta_{\rm s}, & i \in \{K\} \\ q_{\rm s} &\geqslant \frac{2^{r_{\rm s}}-1}{\alpha_{\rm s}}, & i \in \{s\} \end{aligned} \tag{8-28}$$

式中，β_i 和 η 的定义为：

$$\eta = 2^{-r}, \qquad \beta_i = (2^{-r}-1)/\alpha_i, \qquad i \in \mathcal{U} \tag{8-29}$$

因此式（8-22）可以改写为：

$$\begin{aligned} &\max_{q_{\rm s},q_1} f_1(q_1) + f_{\rm s}(q_{\rm s}) \\ {\rm s.t.} \quad & q_{i+1} \leqslant \eta q_i - \beta_i, \quad i=1,2,\cdots,K-1 \\ & q_{\rm s} \leqslant \eta q_K - \beta_K \\ & q_{\rm s} \geqslant \frac{2^{r_{\rm s}}-1}{\alpha_{\rm s}} \\ & q_1 - q_2 \geqslant q_2 - q_3 \geqslant \cdots \geqslant q_K - q_{\rm s} \geqslant q_{\rm s} \geqslant 0 \\ & q_1 = P_{\rm S} \end{aligned} \tag{8-30}$$

式（8-30）是非凸的。为了在保证 $U_{\rm s}$ 安全性的同时使普通用户获得的总传输速率最大，通过分析其单调性，可知 $f_1(q_1)$ 是单调递增的，同时 $f_{\rm s}(q_{\rm s})$ 也是单调递减的。根据 q_1 的定义，其值恒定为 $P_{\rm S}$。因此，可以通过选择 $q_{\rm s}$ 的最低边界来获得最优解。要获得最小的 $q_{\rm s}$ 值，应放宽与 $r_{\rm s}$ 和 r 相关的约束，其闭式解可以表示为：

$$\hat{q}_i = \begin{cases} (2^{r_{\rm s}}-1)/\alpha_{\rm s}, & i \neq 1,2,\cdots,K \\ P_{\rm S}, & i=1 \\ \eta \hat{q}_{i-1} - \beta_{\rm s}, & i=2,\cdots,K \end{cases} \tag{8-31}$$

因此，式（8-22）的闭式解为：

$$\hat{p}_i = \begin{cases} \hat{q}_{\rm s}, & i \neq 1,2,\cdots,K \\ (1-\eta)\hat{q}_{i-1} + \beta_{\rm s}, & i=1,2,\cdots,K-1 \\ \hat{q}_K - \hat{q}_{\rm s}, & i=K \end{cases} \tag{8-32}$$

（2）d_s 为最小值。当安全用户 U_s 是最接近无人机的用户时，有 $d_1 \geqslant d_2 \geqslant \cdots \geqslant d_K \geqslant d_s$。此时，合法用户的信道增益需要满足：

$$|h_1|^2 \leqslant |h_2|^2 \leqslant \cdots \leqslant |h_K|^2 \leqslant |h_s|^2 \tag{8-33}$$

结合式（8-16），可以得出：

$$R_i^{[i]} \leqslant R_j^{[i]} \leqslant R_s^{[i]}, \qquad 1 \leqslant i \leqslant j \leqslant K \tag{8-34}$$

此时，根据式（8-17）可以总结出 $R_i = R_i^{[i]}$。另外，还可以得出：

$$0 < \alpha_1 \leqslant \alpha_2 \leqslant \cdots \leqslant \alpha_K \leqslant \alpha_s \tag{8-35}$$

与 d_s 最大的情况类似，q_i 的约束可以表示为：

$$\begin{cases} q_{i+1} \leqslant \eta q_i - \beta_i, & i = 1, 2, \cdots, K-1 \\ q_s \leqslant \eta q_K - \beta_K, & i = K \\ q_s \geqslant \dfrac{2^{r_s} - 1}{\alpha_s}, & i \neq 1, 2, \cdots, K-1, K \end{cases} \tag{8-36}$$

另外，β_i 和 η 的定义与式（8-29）相同。为了进一步简化推导，定义 $n_i(q_i)$ 为：

$$n_i(q_i) = \begin{cases} \log_2(\alpha_1 q_1 + 1), & i = 1 \\ \log_2\left(\dfrac{\alpha_i q_i + 1}{\alpha_{i-1} q_i + 1}\right), & i = 2, \cdots, K \\ -\log_2(\alpha_K q_s + 1), & i \neq 1, 2, \cdots, K \end{cases} \tag{8-37}$$

因此，式（8-22）可以改写成：

$$\begin{aligned} \max_{q_s, q_1, q_2, \cdots, q_K} \quad & \sum_{i=1}^{K} n_i(q_i) + n_s(q_s) \\ \text{s.t.} \quad & q_{i+1} \leqslant \eta q_i - \beta_i, \qquad i = 1, 2, \cdots, K-1 \\ & q_s \leqslant \eta q_K - \beta_K \\ & q_s \geqslant \frac{2^{r_s} - 1}{\alpha_s} \\ & q_1 - q_2 \geqslant q_2 - q_3 \geqslant \cdots \geqslant q_K - q_s \geqslant q_s \geqslant 0 \\ & q_1 = P_s \end{aligned} \tag{8-38}$$

根据式（8-37）可知，式（8-38）中的目标函数是非凸函数，但仍可以分析式（8-38）中目标函数的单调性，得出的闭式解为：

$$\hat{p}_i = \begin{cases} \hat{q}_s, & i \neq 1, \cdots, K-1, K \\ (1-\eta)\hat{q}_i + \beta_i, & i = 1, \cdots, K-1 \\ \hat{q}_K - \hat{q}_s, & i = K \end{cases} \tag{8-39}$$

（3）d_s 为中间值。在这种情况下，安全用户 U_s 到无人机的距离既不是最大的，也不是最小的，有 $d_1 \geqslant \cdots \geqslant d_m \geqslant d_s \geqslant d_{m+1} \geqslant \cdots \geqslant d_K$。因此，用户的信道增益需要满足：

$$|h_1|^2 \leqslant \cdots \leqslant |h_m|^2 \leqslant |h_s|^2 \leqslant |h_m|^2 \leqslant \cdots \leqslant |h_K|^2 \tag{8-40}$$

结合式（8-16）可以得到：

$$\begin{cases} R_i^{[i]} \leqslant R_j^{[i]} \leqslant R_s^{[i]}, & 1 \leqslant i \leqslant j \leqslant m \\ R_s^{[i]} \leqslant R_j^{[i]}, & m+1 \leqslant i \leqslant j \leqslant K \end{cases} \tag{8-41}$$

根据式（8-17）可知，当 $d_i < d_s$ 时，$R_i = R_i^{[i]}$；当 $d_i > d_s$ 时，$R_i = R_s^{[i]}$。因此可得：

$$0 < \alpha_1 \leqslant \cdots \leqslant \alpha_m \leqslant \alpha_s \leqslant \alpha_{m+1} \leqslant \cdots \leqslant \alpha_K \tag{8-42}$$

与 d_s 为最大值和 d_s 为最小值的情况相似，在 d_s 为中间值时也可以将发射功率的关系表示为：

$$\begin{cases} q_{i+1} \leqslant \eta q_i - \beta_i, & i = 1, \cdots, m \\ q_{i+1} \leqslant \eta q_i - \beta_s, & i = m+1, \cdots, K-1 \\ q_s \leqslant \eta q_K - \beta_s, & i = K \\ q_s \geqslant \dfrac{2^{r_s} - 1}{\alpha_s}, & i \neq 1, \cdots, m, m+1, \cdots, K-1, K \end{cases} \tag{8-43}$$

式中，β_i 和 η 的定义与式（8-29）相同。同样，为了进一步简化 $\sum\limits_{i=1}^{K} R_i$ 的推导，将 $m_i(q_i)$ 定义为：

$$m_i(q_i) = \begin{cases} \log_2(\alpha_1 q_1 + 1), & i = 1 \\ \log_2\left(\dfrac{\alpha_i q_i + 1}{\alpha_{i-1} q_i + 1}\right), & i = 2, \cdots, m \\ \log_2\left(\dfrac{\alpha_s q_i + 1}{\alpha_{i-1} q_i + 1}\right), & i = m+1 \\ 0, & i = m+2, \cdots, K \\ -\log_2(\alpha_s q_s + 1), & i \neq 1, 2, \cdots, m, m+1, m+2, \cdots, K \end{cases} \tag{8-44}$$

因此，式（8-22）可以改写成：

$$\begin{aligned} \max_{q_s, q_1, \cdots, q_K} & \sum_{i=1}^{K} m_i(q_i) + m_s(q_s) \\ \text{s.t.} \quad & q_{i+1} \leqslant \eta q_i - \beta_s, \quad i = m+1, \cdots, K-1 \\ & q_s \leqslant \eta q_K - \beta_s, \quad i = K \\ & q_s \geqslant \frac{1 - 2^{r_s}}{\alpha_s}, \quad i \neq 1, \cdots, K \\ & q_1 - q_2 \geqslant q_2 - q_3 \geqslant \cdots \geqslant q_K - q_s \geqslant q_s > 0 \\ & q_1 = P_S \end{aligned} \tag{8-45}$$

类似地，可以得到式（8-45）的解，即：

$$\hat{p}_i = \begin{cases} \hat{q}_s, & i \neq 1, \cdots, K \\ (1-\eta)\hat{q}_i + \beta_i, & i = 1, \cdots, m \\ (1-\eta)\hat{q}_i + \beta_s, & i = m+1, \cdots, K-1 \\ \hat{q}_K - \hat{q}_s, & i = K \end{cases} \tag{8-46}$$

8.3.3　性能仿真验证

本节在一个边长为 560 m 的正方形 NOMA-UAV 网络上进行仿真实验，该网络内随机部署了 4 个普通用户、1 个安全用户和 1 个窃听节点，它们都配备了单天线。无人机的飞行高度 $H = 80$ m，在半径 $r_{UAV} = 200$ m 的圆形轨迹上飞行，莱斯衰落信道的参数为 $\sigma^2 = 10^{-11}$ mW、$\rho_0 = -30$ 和 $K_0 = 5$。

普通用户的平均总传输速率（简称速率）、安全用户的平均速率、平均窃听速率、平均保密速率的比较如图 8-8 所示。该图在安全用户距无人机最远时，对本节提出的算法（本节算法）和传统 NOMA 算法（传统算法）中普通用户的平均总速率、安全用户的平均速率、平均窃听速率和平均保密速率进行了比较，设定普通用户的速率阈值为 $r_{\mathrm{th}} = 3.5 \ \mathrm{bit/s/Hz}$。从仿真结果可以看出，由于本节算法通过功率分配保证了 U_{s} 的安全性，因此普通用户的平均总速率比传统算法中的普通用户的平均总速率低。但传统算法中的平均窃听速率接近于 U_{s} 平均速率，这将使平均保密速率趋近于零。相反，在本节算法中，尽管 U_{s} 的平均速率比传统算法低，但由于其平均窃听速率接近于零，这使其平均保密速率接近于平均速率，因此本节算法可以保证安全用户在整个飞行周期中的安全传输。

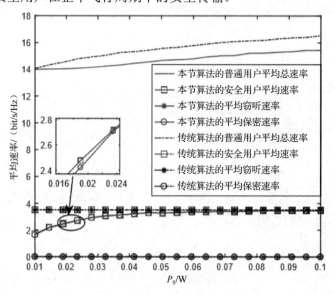

图 8-8　普通用户的平均总速率、安全用户的平均速率、平均窃听速率、平均保密速率的比较

　　本节算法与传统算法在不同时隙中的窃听速率比较如图 8-9 所示。假定 $P_{\mathrm{S}} = 10 \ \mathrm{mW}$、普通用户的速率阈值为 $r_{\mathrm{th}} = 3.5 \ \mathrm{bit/s/Hz}$。从该图可以看出，本节算法中的窃听速率一直都接近于 0，而在传统算法中，当无人机远离安全用户时，其窃听速率接近于安全用户的速率，因此保密速率接近于 0。

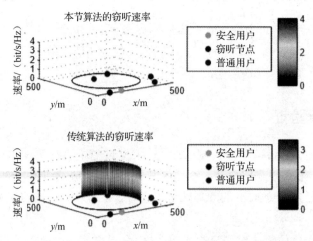

图 8-9　本节算法与传统算法在不同时隙中的窃听速率比较

安全用户距离无人机最远、最近以及处于中间位置时，普通用户的平均总速率和与保密速率的 r_s 的关系如图 8-10 所示。普通用户的速率阈值分别设置为 $r_{th} = 3$ bit/s/Hz、$r_{th} = 3.5$ bit/s/Hz、$r_{th} = 4$ bit/s/Hz，设定 P_S=50 mW。从该图可以看出，普通用户的平均总速率随着 r_s 的减小而减小，直到 $r_s = r_{th}$ 或 P_S 不足为止。此外，由于安全用户离无人机更远时会占用更多资源，因此会造成普通用户的平均总速率降低得更多一些。

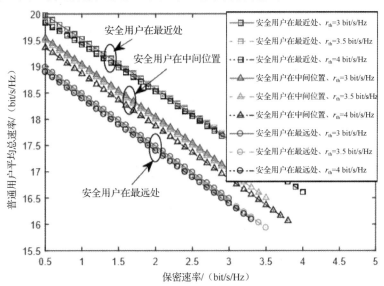

图 8-10　安全用户在不同位置时普通用户的平均总速率和与保密速率的关系

8.4 无人机中继系统的安全传输

在通信网络中，当源节点和目标节点之间距离很远时，可以利用无人机充当空中移动中继节点来转发信息。相比于传统的地面中继，无人机作为中继节点时具有移动性和 LoS 链路传输等优点，可以实现更高的吞吐率。例如，当无人机充当中继节点时，可以先飞到源节点附近来接收信息，然后飞到目标节点附近来发送信息。但也正是因为无人机具有良好的 LoS 链路传输能力，使无人机中继系统更容易被窃听。因此，确保无人机中继系统的安全传输显得至关重要。本节将联合使用缓存技术和无人机的飞行轨迹及时间调度优化算法来提高无人机中继系统的保密性。

8.4.1　系统模型

假设有一群用户距离基站很远，由于基站和用户间距离很远以及用户之间存在遮挡，基站和用户之间没有直接的通信链路，因此可以利用移动性高的无人机来充当空中移动中继节点将来自基站的信息转发给用户。假设所有用户需要的文件都来自一个数据库 $\mathcal{F}$，这个数据库里的每一个文件的大小都是受限的，适合存储能力有限的用户缓存。假设无人机具有一个容量足够大的存储器，而每个用户的存储能力只能缓存一个文件。在传输非高峰期，用户可以提前缓存一些受欢迎（流行度高）的文件。在传输高峰期时，如果用户需要的文件已经存在于本地存储器中，则用户就可以直接获得所需的文件。此时，地面用户可以分为四大类，每类用户的集合为 C_l（$l=1, 2, 3, 4$）。假设第 i 个用户需要尺寸为 W_i 的文件 f_i。第 1 类里用户和第 2 类用户都没有缓存自己需要的文件，而缓存了对方类里的用户需要的文件。例如，第 1 类的用户 i_1 缓存了第 2 类里的用户 i_2 需要的文件 f_{i2}，第 2 类的用户 i_2 缓存了第 1 类里的用户 i_1 需要的文件 f_{i1}。假设网络中存在一个窃听节点，它距离用户很近但离基站很远，为了提高网络传输的保密性，无人机可以广播文件 f_{i1} 和 f_{i2} 给用户 i_1 和用户 i_2。由于用户 i_1 和用户 i_2 已经知道了它们不需要的文件的信息，因此可以从广播的文件里得到各自所需的文件。而窃听节点由于缺乏先验知识，将无法分解出文件，从而保障了网络传输的保密性。第 3 类的用户 i_3 没有缓存任何文件，当它们在不同的时隙从无人机上获取需要的文件时，很容易被窃听，因此可以优化无人机的飞行轨迹来提高这类用户的保密性。第 4 类的用户 i_4 需要的文件正好是它们已经缓存的文件，因此它们可以不受窃听节点的影响直接从本地缓存中获取所需的文件。同时，第 4 类的用户 i_4 还可以减轻传输高峰期时的回程链路压力，避免网络拥挤。基于缓存的无人机中继系统的安全传输如图 8-11 所示。

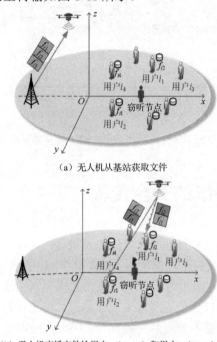

（a）无人机从基站获取文件

（b）无人机广播文件给用户 i_1（$i_1 \in c_1$）和用户 i_2（$i_2 \in c_2$）

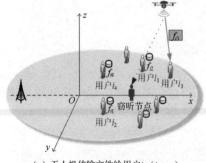

（c）无人机传输文件给用户 i_3（$i_3 \in c_3$）

图 8-11　基于缓存的无人机中继系统的安全传输

假设在笛卡儿直角坐标系中，基站的位置坐标是 $w_b = (x_b, y_b)$，窃听者的位置坐标是 $w_e = (x_e, y_e)$，以及第 i 个用户的位置坐标是 $w_i(x_i, y_i)$，$i \in \mathcal{C}_1 \cup \mathcal{C}_2 \cup \mathcal{C}_3 \cup \mathcal{C}_4$。无人机可以通过配备的光学摄像机或合成孔径雷达探测到窃听节点的位置[16]。由于无人机和地面窃听节点之间是通过 LoS 链路传输信息的，因此无人机可以获得与窃听节点的信道状态信息（CSI）。假设无人机的飞行高度和飞行周期分别固定为 H 和 T。不难发现，飞行周期 T 越长，无人机就有更多的时间飞近每一个地面用户，从而获得更好的信道质量，网络可以获得更高的吞吐率。但是，飞行周期越长，能耗也就越大，每个用户也需要等待更长的时间获得下一周期的服务，也就是说用户的接入时延更大。因此，需要合理地选择时间周期 T 的值来权衡网络吞吐率、接入时延和能耗。飞行周期 T 被划分为 N 个相等的小时隙，也就是说，$T = N\tau$，其中 τ 足够小，从而保证无人机的位置在每一个时隙是几乎不变的。无人机在第 n 个时隙的水平位置为 $q_n = (x[n], y[n])$，$n = 1, 2, \cdots, N$。假设无人机的最大飞行速度为 V_{max}，无人机的飞行初始水平位置固定为 $q_0(x_0, y_0)$，由此可获得无人机飞行轨迹的约束，即：

$$x[1] = x[N] = x_0, \qquad y[1] = y[N] = y_0 \qquad (8\text{-}47)$$

$$\left(x[n+1] - x[n]\right)^2 + \left(y[n+1] - y[n]\right)^2 \leqslant \left(V_{max} T / N\right)^2 \qquad (8\text{-}48)$$

无人机需要先从基站获取各个用户需要的文件，然后发送给各个用户，因此需要将 N 个时隙分为两个部分。假设无人机从第 1 个时隙到第 N_1 个时隙在基站附近飞行以便从基站获取文件，剩下的时隙用于无人机向用户发送文件。由于干扰，无人机不能在向用户 i_1 与用户 i_2 广播文件的同时，也向用户 i_3 发送文件。相反地，无人机可以通过时分多址（TDMA）服务第一类和第二类的用户，以及没有缓存的用户 i_3。为了方便陈述，定义了一些二进制变量 $\alpha_b[n]$ 和 $\alpha_i[n]$ 来反映无人机的时间调度。如果 $\alpha_b[n] = 1$，则无人机在第 n 个时隙正从基站获取内容；否则 $\alpha_b[n] = 0$。因此，可以得到 $\alpha_b[n] = 1(n = 1, 2, \cdots, N_1)$、$\alpha_b[n] = 0(n = N_1 + 1, \cdots, N)$。此外，由于第四类的用户 i_4 可以直接从本地存储器获得需要的内容，因此对于所有的时隙，都有 $\alpha_{i4}[n] = 0$。如果 $\alpha_{i1}[n] = \alpha_{i2}[n] = 1$，则无人机在第 n 个时隙广播文件 f_{i1} 和文件 f_{i2} 给用户 i_1 和用户 i_2，否则 $\alpha_{i1}[n] = \alpha_{i2}[n] = 0$。类似地，如果 $\alpha_{i3}[n] = 1$，则无人机在第 n 个时隙将文件 f_{i3} 发送给用户 i_3。于是，产生以下的约束条件：

$$\alpha_{i1}[n] = \alpha_{i2}[n] \in \{0, 1\}, \qquad \alpha_{i3}[n] \in \{0, 1\}, \qquad \forall n \qquad (8\text{-}49)$$

$$\alpha_b[n] + \alpha_{i2}[n] + \alpha_{i3}[n] \leqslant 1, \qquad \forall n,\ i_2 \in \mathcal{C}_2,\ i_3 \in \mathcal{C}_3 \qquad (8\text{-}50)$$

假设无人机与基站之间、无人机与用户之间，以及无人机与窃听节点之间的信道主要是 LoS 信道，则无人机的移动性可以弥补多普勒影响，因此可以采用自由空间信道模型。当 $\alpha_b[n] = 1$ 时，无人机在第 n 个时隙的瞬时接收速率可以表示为：

$$r_{u,b}[n] = \log_2\left(1 + \frac{P_1 \rho_0}{\sigma^2\left(H^2 + \left(x[n] - x_b\right)^2 + \left(y[n] - y_b\right)^2\right)}\right) \qquad (8\text{-}51)$$

式中，P_1 是基站的发射功率；σ^2 是噪声功率；ρ_0 是单位距离的参考信道功率。

定义 z_{i1} 和 z_{i2} 分别为传输文件 f_{i1} 和 f_{i2} 的单位功率下的信号，ρ_2 是无人机发射功率。当 $\alpha_{i1}[n] = \alpha_{i2}[n] = 1$ 时，无人机广播信号 $\sqrt{\theta_{i1} P_2} z_{i1} + \sqrt{\theta_{i2} P_2} z_{i2}$ 给用户 i_1 和用户 i_2。θ_{il}（$l = 1, 2$）表示了无人机分配给文件 f_{il} 的功率比例，$0 < \theta_{il} < 1$，$\theta_{i1} + \theta_{i2} = 1$。由于用户 i_l 知道提前缓存的文件 f_{il}，所以可以利用类似正交多址接入（OMA）中的连续干扰取消的方法消除来自文件 f_{il}

的干扰，因此用户 i_l 在第 n 个时隙的瞬时速率可以表示为：

$$r_{\mathrm{u},i_l}[n] = \log_2\left\{1 + \frac{\theta_{il}P_2\rho_0}{\sigma^2\left[H^2 + \left(x[n]-x_{i_l}\right)^2 + \left(y[n]-y_{i_l}\right)^2\right]}\right\}, \quad \forall l = 1,2; \ i_l \in \mathcal{C}_l \quad (8\text{-}52)$$

当 $\alpha_{i3}[n] = 1$ 时，用户 i_3 在第 n 个时隙的瞬时速率为：

$$r_{\mathrm{u},i_3}[n] = \log_2\left\{1 + \frac{P_2\rho_0}{\sigma^2\left[H^2 + \left(x[n]-x_{i_3}\right)^2 + \left(y[n]-y_{i_3}\right)^2\right]}\right\}, \quad i_3 \in \mathcal{C}_3 \quad (8\text{-}53)$$

此外，当窃听节点想要窃听用户 i_l，$l = (1,2)$ 时，在第 n 个时隙窃听节点的瞬时窃听速率为：

$$r_{\mathrm{u},ei_l}[n] = \log_2\left(1 + \frac{\dfrac{\theta_{il}P_2\rho_0}{\left[H^2 + \left(x[n]-x_e\right)^2 + \left(y[n]-y_e\right)^2\right]}}{\dfrac{\theta_{ij}P_2\rho_0}{\left[H^2 + \left(x[n]-x_e\right)^2 + \left(y[n]-y_e\right)^2\right]} + \sigma^2}\right), \quad i_l \in \mathcal{C}_l; l、j = 1,2; j \neq l \quad (8\text{-}54)$$

式中，$\dfrac{\theta_{il}P_2\rho_0}{\left[H^2 + \left(x[n]-x_e\right)^2 + \left(y[n]-y_e\right)^2\right]}$ 是来自文件 f_{il} 的干扰。由于窃听节点不知道文件 f_{il}，

所以当窃听节点试图窃听用户 i_l 时，就会收到文件 f_{il} 的干扰。当窃听节点想要窃听用户 i_3 的信息时，在第 n 个时隙的瞬时窃听速率为：

$$r_{\mathrm{u},ei_3}[n] = \log_2\left(1 + \frac{P_2\rho_0}{\sigma^2\left[H^2 + \left(x[n]-x_e\right)^2 + \left(y[n]-y_e\right)^2\right]}\right), \quad i_3 \in \mathcal{C}_3 \quad (8\text{-}55)$$

因此，无人机从基站获取文件的平均速率为

$$R_{\mathrm{u}} = \frac{1}{N}\sum_{n=1}^{N}\alpha_{\mathrm{b}}[n]r_{\mathrm{u,b}}[n] \quad (8\text{-}56)$$

无人机服务第 i_l 个用户的平均速率为：

$$R^{[i_l]} = \frac{1}{N}\sum_{n=1}^{N}\alpha_{i_l}[n]r_{\mathrm{u},i_l}[n], \quad \forall i_l \in \mathcal{C}_1 \cup \mathcal{C}_2 \cup \mathcal{C}_3 \quad (8\text{-}57)$$

无人机服务第 i_l 个用户的平均保密速率为

$$R_{\mathrm{s}}^{[i_l]} = \frac{1}{N}\sum_{n=1}^{N}\left[\alpha_{i_l}[n]\left(r_{\mathrm{u},i_l}[n] - r_{\mathrm{u},ei_l}[n]\right)\right]^+, \quad \forall i_l \in \mathcal{C}_1 \cup \mathcal{C}_2 \cup \mathcal{C}_3 \quad (8\text{-}58)$$

式中，$[x]^+ \triangleq \max(x, 0)$。

8.4.2　无人机中继系统保密速率优化方案

本节基于缓存用户的保密速率约束，通过优化无人机的飞行轨迹和时间调度，最大化没有缓存用户的最小保密速率。定义 $A = \{\alpha_k[n], \forall n, \forall k = \mathrm{b}, i_1, \cdots, i_4, \forall i_l \in \mathcal{C}_l\}$，$x = \{x[n], \forall n\}$，$y = \{y[n], \forall n\}$，则本节的优化问题可以构建为：

$$\text{P1:} \quad \max_{A,x,y}\phi_3 \quad (8\text{-}59a)$$

$$\text{s.t.}\quad R_{\text{s}}^{[i_3]} \geqslant \phi_3, \quad i_3 \in \mathcal{C}_3 \tag{8-59b}$$

$$R_{\text{s}}^{[i_l]} \geqslant \eta, \quad i_l \in \mathcal{C}_l, \quad l = 1, 2 \tag{8-59c}$$

$$R^{[i_l]} \geqslant \beta^{[i_l]}, \quad i_l \in \mathcal{C}_l, \quad l = 1, 2, 3 \tag{8-59d}$$

$$R_{\text{u}} \geqslant \gamma \tag{8-59e}$$

$$\alpha_{\text{b}}[m] = 1, \quad \forall m = 1, \cdots, N_1; \quad \alpha_{\text{b}}[n] = 1, \quad n = N_1 + 1, \cdots, N \tag{8-59f}$$

$$\alpha_{i_1}[n] = \alpha_{i_2}[n] = \{0, 1\}, \quad \alpha_{i_3}[n] = \{0, 1\}, \quad \forall n \tag{8-59g}$$

$$\alpha_{\text{b}}[n] + \alpha_{i_2}[n] + \alpha_{i_3}[n] \leqslant 1, \quad \forall n \tag{8-59h}$$

$$x[1] = x[N] = x_0, \quad y[1] = y[N] = y_0 \tag{8-59i}$$

$$(x[n+1] - x[n])^2 + (y[n+1] - y[n])^2 \leqslant d_{\varsigma}^2, \quad n = 1, 2, \cdots, N-1 \tag{8-59j}$$

尽管窃听节点在窃听用户 i_1 和用户 i_2 时受到了缓存技术的干扰，但为了最大化用户 i_3 的最小保密速率，会将更多的资源分配给用户 i_3，这将会导致用户 i_1 和用户 i_2 的速率降低。因此，为了保障用户 i_1 和用户 i_2 的保密速率，增加约束条件，即式（8-59c），其中 η 代表用户 i_1 和用户 i_2 的保密速率门限。此外，$\beta^{[i_l]}$ 是用户 i_l 的平均速率门限，满足 $\beta^{[i_l]} \geqslant \dfrac{W_{i_l}}{BT}$，其中 B 是信道带宽，单位为 Hz。此外，本节还添加了无人机从基站获取文件的平均速率的约束，即式（8-59e），其中 $\gamma \geqslant \dfrac{\sum\limits_{i_1 \in \mathcal{C}_1} W_{i_1} + \sum\limits_{i_2 \in \mathcal{C}_2} W_{i_2} + \sum\limits_{i_3 \in \mathcal{C}_3} W_{i_3}}{BT}$。

由于优化目标和约束条件都是非凸的，所以优化问题 P1 也是非凸的。此外，由于式（8-58）中存在 $[]^+$，所以 $R_{\text{s}}^{[i]}$ 在 0 点处不是光滑的。此外，由于时间调度是二进制的，所以约束条件（8-59f）到（8-59h）是整数约束。优化问题 P1 很难直接求解，本节采用一个有效的迭代算法来求解优化问题 P1。

首先，可以根据推论 8-1，将优化问题 P1 的目标方程变成光滑的。

推论 8-1： 优化问题 P1 可以转化成下列优化问题 P1′，并且 P1 和 P1′ 具有相同的解。

$$\text{P1′:} \quad \max_{A, x, y} \phi_3 \tag{8-60a}$$

$$\text{s.t.}\quad \frac{1}{N} \sum_{n=1}^{N} \alpha_{i_3}[n] \left(r_{\text{u}, i_3}[n] - r_{\text{u}, ei_3}[n] \right) \geqslant \phi_3, \quad i_3 \in \mathcal{C}_3 \tag{8-60b}$$

$$\frac{1}{N} \sum_{n=1}^{N} \alpha_{i_l}[n] \left(r_{\text{u}, i_l}[n] - r_{\text{u}, ei_l}[n] \right) \geqslant \eta, \quad i_l \in \mathcal{C}_l, \quad l = 1, 2 \tag{8-60c}$$

$$\frac{1}{N} \sum_{n=1}^{N} \alpha_{i_l}[n] r_{\text{u}, i_l}[n] \geqslant \beta^{[i_l]}, \quad i_l \in \mathcal{C}_l, \quad l = 1, 2, 3 \tag{8-60d}$$

$$\text{式}（8\text{-}59\text{e}）\sim \text{式}（8\text{-}59\text{j}） \tag{8-60e}$$

证明： 如果用户 i_3 的保密速率在第 n 个时隙小于 0，则为了最大化没有缓存用户的最小平均保密速率，$\alpha_{i_3}[n]$ 将等于 0，因此在任意一个时隙，用户 i_3 优化的保密速率一定大于或等于 0。此外，由于窃听节点窃听用户 i_1 和 i_2 时有缓存文件的干扰，$r_{\text{u}, i_l}[n]$ 一定大于或等于 $r_{\text{u}, ei_l}[n]$（$l = 1, 2$），因此 P1 和 P1′ 有相同的解。

根据推论 8-1 可以知道 P1 和 P1′，接下来为了方便求解优化问题，我们将式（8-59h）的整数约束放松为连续的约束，则 P1′ 可以进一步转化为 P1″：

$$\text{P1}'': \qquad \max_{A,x,y}\phi_3 \qquad\qquad (8\text{-}61\text{a})$$

$$\text{s.t.}\qquad \frac{1}{N}\sum_{n=1}^{N}\alpha_{i_3}[n]\left(r_{\mathrm{u},i_3}[n]-r_{\mathrm{u},ei_3}[n]\right)\geqslant\phi_3,\qquad i_3\in\mathcal{C}_3 \qquad (8\text{-}61\text{b})$$

$$0\leqslant\alpha_{i_1}[n]=\alpha_{i_2}[n]\leqslant1,\qquad 0\leqslant\alpha_{i_3}[n]\leqslant1,\qquad\forall n \qquad (8\text{-}61\text{c})$$

$$式(8\text{-}60\text{c})\sim式(8\text{-}60\text{f}) \qquad\qquad (8\text{-}61\text{d})$$

$$式(8\text{-}59\text{g})、式(8\text{-}59\text{i})、式(8\text{-}59\text{j}) \qquad\qquad (8\text{-}61\text{e})$$

尽管如此，P1″ 也不是凸优化问题，直接求解该优化问题很困难。为了方便求解优化问题，我们先将 P1″ 分解成两个优化子问题（SP11 和 SP12），然后不断交替迭代优化这两个优化子问题，直到收敛为止。

1. 时间调度优化子问题

对于任意给定的无人机飞行轨迹，时间调度优化子问题 SP11 可以表达为：

$$\text{SP11}: \qquad \max_{A}\phi_3 \qquad\qquad (8\text{-}62\text{a})$$

$$\text{s.t.}\qquad \frac{1}{N}\sum_{n=1}^{N}\alpha_{i_3}[n]\left(r_{\mathrm{u},i_3}[n]-r_{\mathrm{u},ei_3}[n]\right)\geqslant\phi_3,\quad i_3\in\mathcal{C}_3 \qquad (8\text{-}62\text{b})$$

$$\frac{1}{N}\sum_{n=1}^{N}\alpha_{i_l}[n]\left(r_{\mathrm{u},i_l}[n]-r_{\mathrm{u},ei_l}[n]\right)\geqslant\eta,\qquad i_l\in\mathcal{C}_l,\ \ l=1,2 \qquad (8\text{-}62\text{c})$$

$$\frac{1}{N}\sum_{n=1}^{N}\alpha_{i_l}[n]r_{\mathrm{u},i_l}[n]\geqslant\beta^{[i_l]},\qquad i_l\in\mathcal{C}_l,\ \ l=1,2,3 \qquad (8\text{-}62\text{d})$$

$$\frac{1}{N}\sum_{n=1}^{N}\alpha_{\mathrm{b}}[n]r_{\mathrm{u,b}}[n]\geqslant\gamma \qquad\qquad (8\text{-}62\text{e})$$

$$\alpha_{\mathrm{b}}[m]=1,\qquad\forall m=1,\cdots,N_1,\qquad\alpha_{\mathrm{b}}[n]=\ \ n=N_1+1,\cdots,N \qquad (8\text{-}62\text{f})$$

$$0\leqslant\alpha_{i_1}[n]=\alpha_{i_2}[n]\leqslant1,\qquad 0\leqslant\alpha_{i_3}[n]\leqslant1,\qquad\forall n \qquad (8\text{-}62\text{g})$$

$$\alpha_{\mathrm{b}}[n]+\alpha_{i_2}[n]+\alpha_{i_3}[n]\leq1,\ \forall n \qquad\qquad (8\text{-}62\text{h})$$

可以发现 SP11 是一个标准的线性规划问题，因此可以使用标准的凸优化工具（如 CVX 工具箱）来求解。

2. 无人机飞行轨迹优化子问题

对于任意给定的时间调度，无人机飞行轨迹优化子问题 SP12 可以表达为：

$$\text{SP12}: \qquad \max_{x,y}\phi_3 \qquad\qquad (8\text{-}63\text{a})$$

$$\text{s.t.}\qquad \frac{1}{N}\sum_{n=1}^{N}\alpha_{i_3}[n]\left(r_{\mathrm{u},i_3}[n]-r_{\mathrm{u},ei_3}[n]\right)\geqslant\phi_3,\quad i_3\in\mathcal{C}_3 \qquad (8\text{-}63\text{b})$$

$$\frac{1}{N}\sum_{n=1}^{N}\alpha_{i_l}[n]\left(r_{\mathrm{u},i_l}[n]-r_{\mathrm{u},ei_l}[n]\right)\geqslant\eta,\quad i_l\in\mathcal{C}_l,\ r=1,2 \qquad (8\text{-}63\text{c})$$

$$\frac{1}{N}\sum_{n=1}^{N}\alpha_{i_l}[n]r_{\mathrm{u},i_l}[n]\geqslant\beta^{[i_l]},\quad i_l\in\mathcal{C}_l,\ \ l=1,2,3 \qquad (8\text{-}63\text{d})$$

$$\frac{1}{N}\sum_{n=1}^{N}\alpha_{\mathrm{b}}[n]r_{\mathrm{u,b}}[n]\geqslant\gamma \qquad\qquad (8\text{-}63\text{e})$$

$$x[1]=x[N]=x_0,\qquad y[1]=y[N]=y_0 \qquad\qquad (8\text{-}63\text{f})$$

$$\left(x[n+1]-x[n]\right)^2+\left(y[n+1]-y[n]\right)^2\leqslant d_\xi^2, \qquad n=1,2,\cdots,N-1 \tag{8-63g}$$

由于式（8-63b）、式（8-63c）、式（8-63d）和式（8-63e）关于 x 和 y 是非凸的，优化子问题 SP12 很难求解，因此本节利用连续凸优化技术将优化子问题 SP12 转化为凸优化问题，即：

$$\max_{x,y,S}\phi_3 \tag{8-64a}$$

$$\text{s.t.}\quad \frac{1}{N}\sum_{n=1}^{N}\alpha_{i_3}[n]\left[\breve{r}_{\mathrm{u},i_3}[n]-\log_2\left(1+\frac{P_2\rho_0}{\sigma^2\left(H^2+S_{xe}[n]+S_{ye}[n]\right)}\right)\right]\geqslant\phi_3 \tag{8-64b}$$

$$\frac{1}{N}\sum_{n=1}^{N}\alpha_{i_l}[n]\left(\breve{r}_{\mathrm{u},i_l}[n]-\hat{r}_{\mathrm{u,e}}[n]+\breve{r}_{\mathrm{e}i_l}[n]\right)\geqslant\eta,\ i_l\in\mathcal{C}_l,\ l=1,\ 2 \tag{8-64c}$$

$$\frac{1}{N}\sum_{n=1}^{N}\alpha_{i_l}[n]\breve{r}_{\mathrm{u},i_l}[n]\geqslant\beta^{[i_l]},i_l\in\mathcal{C}_l,l=1,2,3 \tag{8-64d}$$

$$\frac{1}{N}\sum_{n=1}^{N}\alpha_{\mathrm{b}}[n]\breve{r}_{\mathrm{u,b}}[n]\geqslant\gamma \tag{8-64e}$$

$$x[1]=x[N]=x_0,\qquad y[1]=y[N]=y_0 \tag{8-64f}$$

$$S_{xe}[n]\leqslant 2\left(x^r[n]-x_\mathrm{e}\right)\left(x[n]-x^r[n]\right)+\left(x^r[n]-x_\mathrm{e}\right)^2,\forall n \tag{8-64g}$$

$$S_{ye}[n]\leqslant 2\left(y^r[n]-y_\mathrm{e}\right)\left(y[n]-y^r[n]\right)+\left(y^r[n]-y_\mathrm{e}\right)^2,\forall n \tag{8-64h}$$

$$\left(x[n+1]-x[n]\right)^2+\left(y[n+1]-y[n]\right)^2\leqslant d_\xi^2,\ n=1,2,\cdots,N-1 \tag{8-64i}$$

详细过程可以参照文献［17］。由于优化问题（8-64）是凸的，因此可以使用标准的凸优化工具（如 CVX 工具箱）进行求解。

3. 迭代算法

本节使用一种迭代算法，在每一次迭代中交替优化子问题 SP11 和 SP12，直到收敛为止。整个迭代算法总结如下：

步骤 1：令 $r=0$，初始化无人机的飞行轨迹 x^r 和 y^r。

步骤 2：基于给定的无人机飞行轨迹 x^r 和 y^r，求解凸优化子问题 SP11，得到边缘用户调度的优化解 A^{r+1}。

步骤 3：基于步骤 2 得到的边缘用户调度 A^{r+1}，求解凸优化子问题 SP12，得到无人机飞行轨迹的优化解 x^{r+1} 和 y^{r+1}。

步骤 4：更新 $r=r+1$。

步骤 5：重复步骤 2～4，直到优化目标方程的增量小于 0.001 时，迭代结束。

由于在每次迭代中，只需要求解一个标准的线性优化问题和一个凸优化问题，因此在最坏的情况下也只有多项式复杂度。此外，算法是收敛的。

8.4.4　性能仿真验证

本节将通过仿真实验来验证无人机中继系统的安全传输。首先，考虑 4 个典型的用户，也就是令 $\mathcal{C}_1=\{1\}$、$\mathcal{C}_2=\{2\}$、$\mathcal{C}_3=\{3\}$ 和 $\mathcal{C}_4=\{4\}$。设置基站和用户的水平位置分别为 $w_\mathrm{b}(-1000\,\mathrm{m},0\,\mathrm{m})$、$w_1(500\,\mathrm{m},500\,\mathrm{m})$、$w_2(-500\,\mathrm{m},500\,\mathrm{m})$、$w_3(1000\,\mathrm{m},0\,\mathrm{m})$ 和 $w_4(0\,\mathrm{m},0\,\mathrm{m})$。假设所有的文件大小都相同，为 150 Mbit，也就是 $W_i=150\,\mathrm{Mbit}$，$\forall i$。假设

$\gamma = 3$ bit/s/Hz、$\eta = 0.75$ bit/s/Hz、$\beta = 1$ bit/s/Hz。假设无人机从基站获取内容的时间占据整个周期的一半,也就是,$N_{1\xi} = 0.5N_{\xi}$。除非特别的说明,其他的仿真实验参数设置如表8-2所示。

表格 8-2   仿真实验参数设置

参 数 名 称	参 数 值
无人机的飞行高度	$H = 100$ m
无人机的最大速度	$V_{max} = 50$ m/s
地面基站的发射功率	$P_1 = 0.1$ W
无人机的发射功率	$P_2 = 0.1$ W
噪声功率	$\sigma^2 = -110$ dBm
参考的单位距离处的信道功率	$\rho_0 = -60$ dB
功率分配系数	$\theta_1 = \theta_2 = 0.5$

在窃听节点位置为 $w_e(500 \text{ m}, 0 \text{ m})$ 时不同方案不同周期下的无人机飞行轨迹优化如图8-12所示。为了比较,以椭圆轨迹(方案1)和直线轨迹(方案2)作为基准,方案3是通过求解优化问题得到的飞行轨迹。在方案1和方案2中,基于给定的无人机飞行轨迹对时间调度进行优化。设置 $T=200$ s、$N=200$,在方案3中,设置 $T > (2L/V_{max})= 80$ s 来保证无人机飞行轨迹的收敛。从结果来看,在所提出的方案中,无人机可以飞近每个用户从而获得更好的性能。此外,T 越大,性能越好。

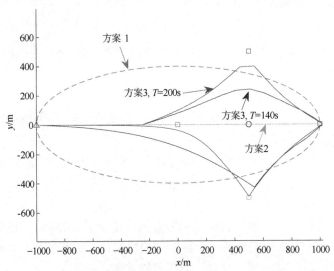

图 8-12   在窃听节点位置为 $w_e(500 \text{ m}, 0 \text{ m})$ 时不同方案不同周期下的无人机飞行轨迹优化

根据图 8-12 所示的飞行轨迹,图 8-13 和图 8-14 分别比较了窃听节点的水平位置为 $w_e(500 \text{ m}, 0 \text{ m})$ 和 $w_e(700 \text{ m}, 0 \text{ m})$ 时不同方案下不同周期下的第 2 个用户和第 3 个用户的保密速率,假设时间间隙为 2 s。从图 8-13 所示的仿真结果可以看出,在优化了无人机的时间调度和飞行轨迹的方案中,用户 3 的保密速率明显高于没有进行飞行轨迹优化的方案 1,并且随着周期的增加而有所增加。此外,用户 2 的保密速率在三种方案下差不多且不随着周期

的增加而增加，这是因为用户 2 的保密速率是通过缓存技术来保障的。

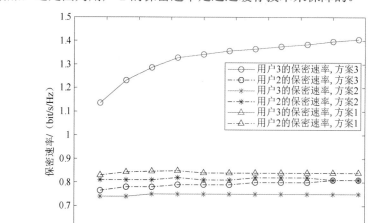

图 8-13　窃听节点的水平位置为 w_e(500 m, 0 m) 时不同方案、不同周期下用户 2 和用户 3 的保密速率

在图 8-14 中，窃听节点的位置为 w_e(700 m, 0 m)，此时窃听者的位置离用户 1 和用户 2 更远，而离用户 3 更近。从仿真结果可以看出，通过优化无人机飞行轨迹可以使用户 3 的保密速率得到保障。而在没有优化飞行轨迹的方案 1 和方案 2 中，用户 3 的保密速率很低，甚至比用户 2 的保密速率低很多。用户 2 由于利用缓存技术来保障其保密速率，所以用户 2 的保密速率基本不随着周期的增加而增加。

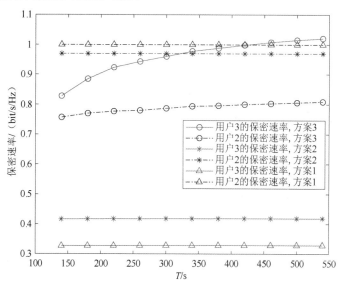

图 8-14　窃听节点的水平位置为 w_e(700 m, 0 m) 时不同方案、不同周期下用户 2 和用户 3 的保密速率

图 8-15 比较了在 T=200 s、N=200 和 w_e = (500 m, 0 m) 时，不同时隙数 N_1 下的保密速率。从仿真结果可以看到，用户 3 的保密速率随着 N_1 的增加而减小，这是因为 N_1 越大，分配给用户 3 的时间将越少。对于用户 1 和用户 2 而言，这两个用户的保密速率是通过缓存技

术保障的，因此基本不随 N_1 的变化而变化。另外，N_1 不能设置得太小，否则将不能满足式（8-59d）。因此，可以得出结论：在满足约束问题可解的情况下，N_1 的值越小越好。

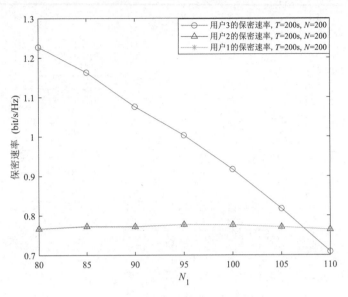

图 8-15   不同时隙 N_1 下不同用户的保密速率

<h1>8.5 无人机中继辅助隐蔽通信</h1>

随着无线通信在人类日常生活中的重要性的提升，由无线信道的开放性导致的安全问题引起了广泛的关注。无线通信的广播特性不受固定通信链路的限制，但会导致信息泄露。目前，无线通信普遍采用网络层加密算法或物理层安全的方式实现安全传输。然而，上述两种方式仅能从防止窃听节点解调出正确信息的层面来对用户进行保护。当窃听节点的计算能力或解调技术提升时，用户的关键信息仍然暴露在风险之中。隐蔽通信从防止发送端的合法信息被窃听节点检测到的角度提出了保护用户信息安全的方法，即当窃听节点无法判断发送端是否发射信号时，就不会对其进行破译。目前，无人机隐蔽通信也开始受到广大学者的重视。

8.5.1   无人机中继通信信道及有限包长传输速率

无人机与地面用户间的信道以很高的概率符合 LoS 信道，但偶尔也会存在瑞利衰落。对信道模型的准确构建不仅可以增加隐蔽通信的安全性，同时也可以提升合法用户的通信质量。本节考虑有限字长的无线通信，其传输速率以及信道容量较无限字长无线通信有较大的不同。

1. 无人机空地信道及其建模

无人机具有多功能、高移动、易部署和低成本等优势，可以作为空中移动中继节点来辅助隐蔽通信，如在高密度用户通信场景下，可以部署无人机作为临时基站或者中继节点来辅助无线通信，增加用户容量。此外，无人机也可以作为具有高移动性的终端用户，在环境监测等场景中采集数据。无人机可以悬停或盘旋在空中，与地面用户间的信道容易产生直射链路而无须折射或散射，信道条件质量高、衰减小。因此，通过无人机辅助，可以有效提升接收端的信噪比，进而实现高质量通信。本章考虑同时包含大尺度衰落和小尺度衰落的无线信道。

大尺度衰落分为视距（Line of Sight，LoS）损耗或非视距（Non-Line of Sight，NLoS）损耗。当大尺度衰落的无线信道为 LoS 信道时，小尺度衰落采用莱斯衰落模型；当大尺度衰落的无线信道为 NLoS 信道时，小尺度衰落采用瑞利衰落模型。据此，无人机中继辅助的空地信道可表示为如下形式：

$$g = ah = \begin{cases} \sqrt{\lambda_0} d^{\xi_{\mathrm{L}}} \left[\sqrt{\dfrac{K_0}{1+K_0}} \hat{h} + \sqrt{\dfrac{1}{1+K_0}} \tilde{h} \right], & \text{LoS信道} \\ \sqrt{\eta \lambda_0} d^{\xi_{\mathrm{N}}} \tilde{h}, & \text{NLoS信道} \end{cases} \qquad (8\text{-}65)$$

式中，$\hat{h}$ 表示 LoS 信道系数向量，$\| \hat{h} \| = 1$，其维数与发送端天线数目相关；$\tilde{h} \sim \mathcal{CN}(0,1)$ 表示 NLoS 信道瑞利衰落，服从均值为 0、方差为 1 的复高斯分布；ξ_{L} 和 ξ_{N} 分别表示 LoS 信道和 NLoS 信道的衰落系数；λ_0 表示 LoS 信道在 1 m 处的参考衰落值；η 表示 NLoS 信道的衰落附加系数；d 表示通信双方的距离。

空地信道为视距信道的概率 p_{LoS} 和非视距信道的概率 p_{NLoS} 可表示为：

$$\begin{cases} p_{\mathrm{LoS}} = \dfrac{1}{1 + \alpha \exp\left[-\beta(\theta - \alpha) \right]} \\ p_{\mathrm{NLoS}} = 1 - p_{\mathrm{LoS}} \end{cases} \qquad (8\text{-}66)$$

式中，α 和 β 是环境相关参数；θ 是接收端到发送端的仰角。

2. 有限字长数据传输速率建模

由于有限字长无线信号传输的特殊性，传统的香农信道容量模型已经不再适用。近年来，研究人员针对物联网中有限字长短包通信数据传输信道容量建模进行了一些研究。当数据传输为有限包长时，应考虑接收端的解调误码率。因此，不同于香农公式，发送端的传输速率可表示为：

$$R = \log_2\left(1 + \gamma\right) - \sqrt{\frac{\gamma(\gamma + 2)}{n(1+\gamma)^2}} \frac{Q^{-1}(\delta)}{\ln 2} \qquad (8\text{-}67)$$

式中，δ 表示最大允许的解调误码率；$Q^{-1}()$ 表示 Q 函数的逆函数；γ 表示接收端信噪比；n 代表包长度。

8.5.2　无人机有限字长隐蔽通信设计

在物联网中，需要保证越来越多的终端用户的信息安全。本节通过设计有限字长下的无人机中继隐蔽通信资源分配方案，以实现信源端的信息安全[18]。具体方法是：利用多天线波束赋形技术和无人机中继高斯信号调制技术，以确保窃听节点无法探测到信源端的信号传输。

1. 隐蔽通信的检测原理

隐蔽通信是通过引入干扰信号或环境噪声来隐藏用户信息的，其示意图如图 8-16 所示。

通常情况下，窃听节点（窃听者）利用仪器测量其接收信号功率，当其检测到的功率大于预设阈值时，则认为发送端（发送者）发射了信号，否则判定发送端处于静止状态。在隐蔽通信中，信号的发送端利用人工噪声或环境噪声等在窃听者处引入了不确定性，使其无法判断发送端是否有信号发射的行为，从而造成错误检测。错误检测分为两种，即虚警和漏检。其中，虚警是指发送端没有发送信号而窃听节点根据其接收到信号功率强度判断发送端发送信号；漏检是指发送端发送信号而窃听节点接收到的信号功率小于阈值而判断为发送端处于静止状态。因此，发送端为保证隐蔽通信的顺利进行，需采用合理的资源分配方案并利用人工或环境噪声等方式将不确定性引入窃听节点的接收到的信号，使窃听节点的虚警概率 P_{FA} 和漏检概率 P_{MD} 大于预定门限值 $1-\epsilon$。

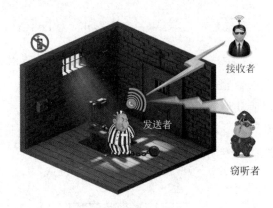

图 8-16　隐蔽通信示意图

2．隐蔽通信波束赋形及高斯信号调制设计

考虑一架无人机中继辅助隐蔽通信网络，其模型如图 8-17 所示。发送端配有 M 根天线并采取隐藏策略，其与无人机中继和窃听节点间无直射路径，导致小尺度衰落（瑞利衰落），与接收端在单天线无人机中继辅助下进行隐蔽通信，以防止被窃听节点发现。为了保证传输速率的最大化，发送端采用最大速率传输策略对其天线预编码阵列进行设计。此外，为保证传输的安全性，无人机采用高斯信号处理策略，使其解码转发的信号服从复高斯分布。发送端与无人机分别对其空域进行管制，它们与窃听节点的距离不得小于 r_{amin} 和 r_{umin}。

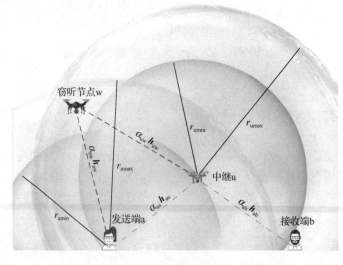

图 8-17　无人机中继辅助隐蔽通信网络模型图

考虑到无人机并无遮挡，窃听节点和无人机之间的 LoS 信道强度远高于其他多径成分，因此将窃听节点和无人机之间的信道建模为概率 LoS 信道，可表示为：

$$\boldsymbol{g}_{\mathrm{uw}} = \sqrt{\lambda_0} d_{\mathrm{uw}}^{\xi_{\mathrm{L}}} \boldsymbol{h}_{\mathrm{uw}} \tag{8-68}$$

式中，$\|\boldsymbol{h}_{\mathrm{uw}}\|^2 = 1$。其他各用户间信道服从式（8-65）。

发送端的隐蔽通信分为两个阶段。第一阶段，发送端利用波束赋形技术实现与无人机的最大速率传输，发送端的预编码向量可以表示为：

$$\boldsymbol{u} = \frac{\boldsymbol{h}_{\mathrm{au}}^{\mathrm{H}}}{\|\boldsymbol{h}_{\mathrm{au}}\|} \tag{8-69}$$

式中，$\boldsymbol{h}_{\mathrm{au}} \in \mathbb{C}^{1 \times M}$，表示发送端与无人机之间的小尺度衰落，且 $h_{\mathrm{au}i} \sim \mathcal{CN}(0,1)$；整体信道系数为 $\boldsymbol{g}_{\mathrm{au}} = \alpha_{\mathrm{au}} \boldsymbol{h}_{\mathrm{au}}$。窃听节点与发送端之间的小尺度信道和窃听节点与无人机之间的小尺度信道类似。当发送端以功率 P_{a} 发射信号 $x[k]$ 时，其传输速率可表示为：

$$R_{\mathrm{au}} = \log_2(1 + \gamma_{\mathrm{au}}) - \sqrt{\frac{\gamma_{\mathrm{au}}(\gamma_{\mathrm{au}} + 2)}{n_1(1 + \gamma_{\mathrm{au}})^2}} \frac{Q^{-1}(\delta)}{\ln 2} \tag{8-70}$$

式中，$\gamma_{\mathrm{au}} = \dfrac{P_{\mathrm{a}} \alpha_{\mathrm{au}}^2 \|\boldsymbol{h}_{\mathrm{au}}\|^2}{\sigma_{\mathrm{au}}^2}$，表示发送端与无人机之间的信噪比；$Q^{-1}()$ 表示 Q 函数的逆函数。

假设窃听节点采取最优检测门限值进行检测，其在对第一阶段进行检测时，将最优检测门限 Γ_{aw}^* 设置为：

$$\Gamma_{\mathrm{aw}}^* = \frac{(a_{\mathrm{aw}}^2 P_{\mathrm{a}} + \sigma_{\mathrm{w}}^2)\sigma_{\mathrm{w}}^2}{a_{\mathrm{aw}}^2 P_{\mathrm{a}}} \ln \frac{a_{\mathrm{aw}}^2 P_{\mathrm{a}} + \sigma_{\mathrm{w}}^2}{\sigma_{\mathrm{w}}^2} \tag{8-71}$$

此时可保证第一阶段错误检测概率为：

$$p_{\mathrm{e}_1} = 1 - \mathcal{V}_{\mathrm{T}}(P_{0\mathrm{a}}, P_{1\mathrm{a}}) \geqslant 1 - \sqrt{\frac{1}{2}\mathcal{D}(P_{0\mathrm{a}} \| P_{1\mathrm{a}})} \geqslant 1 - \epsilon_1$$

式中，$\mathcal{D}(P_{0\mathrm{a}} \| P_{1\mathrm{a}})$ 为相关熵，可以表示为：

$$\mathcal{D}(P_{0\mathrm{a}} \| P_{1\mathrm{a}}) = n_1 \left[\ln \frac{\alpha_{\mathrm{aw}}^2 P_{\mathrm{a}} + \sigma_{\mathrm{w}}^2}{\sigma_{\mathrm{w}}^2} - \frac{\alpha_{\mathrm{aw}}^2 P_{\mathrm{a}}}{\alpha_{\mathrm{aw}}^2 P_{\mathrm{a}} + \sigma_{\mathrm{w}}^2} \right] \tag{8-72}$$

在第二阶段中，无人机对第一阶段接收到的发送端信息进行解码转发，并对要发送给接收端的信号进行高斯化信号处理，即无人机发送的信号幅度大小服从 $\zeta x_{\mathrm{u}}[t] \sim \mathcal{CN}(0, P)$。此外，无人机与接收端之间信道增益满足式（8-65），记为 $\boldsymbol{g}_{\mathrm{ub}} = \alpha_{\mathrm{ub}} \boldsymbol{h}_{\mathrm{ub}}$。接收端与无人机之间的传输速率为：

$$R_{\mathrm{ub}} = \log_2(1 + \gamma_{\mathrm{ub}}) - \sqrt{\frac{\gamma_{\mathrm{ub}}(\gamma_{\mathrm{ub}} + 2)}{n_2(1 + \gamma_{\mathrm{ub}})^2}} \frac{Q^{-1}(\delta)}{\ln 2} \tag{8-73}$$

式中，$\gamma_{\mathrm{ub}} = \dfrac{\zeta^2 \alpha_{\mathrm{ub}}^2 |\boldsymbol{h}_{\mathrm{ub}}|^2}{\sigma_{\mathrm{ub}}^2}$，表示无人机与接收端之间的信噪比。

窃听节点在第二阶段仍采用最优检测法则进行检测。将第二阶段的最优检测门限设置为：

$$\Gamma_{\mathrm{uw}}^* = \frac{(\alpha_{\mathrm{uw}}^2 P_{\mathrm{a}} + \sigma_{\mathrm{w}}^2)\sigma_{\mathrm{w}}^2}{\alpha_{\mathrm{uw}}^2 P} \ln \frac{\alpha_{\mathrm{uw}}^2 P + \sigma_{\mathrm{w}}^2}{\sigma_{\mathrm{w}}^2} \tag{8-74}$$

此时可保证第二阶段的错误检测概率为：

$$p_{e_2} = 1 - \mathcal{V}_{\mathrm{T}}\left(P_{0\mathrm{u}}, P_{1\mathrm{u}}\right) \geqslant 1 - \sqrt{\frac{1}{2}\mathcal{D}\left(P_{0\mathrm{u}} \parallel P_{1\mathrm{u}}\right)} \geqslant 1 - \epsilon_2$$

式中，$\mathcal{D}\left(P_{0\mathrm{u}} \parallel P_{1\mathrm{u}}\right)$ 表示无人机保持静态和发送信号时窃听节点接收到的信息相关熵，可以表示为：

$$\mathcal{D}\left(P_{0\mathrm{u}} \parallel P_{1\mathrm{u}}\right) = n_2 \left[\ln \frac{\alpha_{\mathrm{uw}}^2 P + \sigma_{\mathrm{w}}^2}{\sigma_{\mathrm{w}}^2} - \frac{\alpha_{\mathrm{uw}}^2 P}{\alpha_{\mathrm{uw}}^2 P_{\mathrm{a}} + \sigma_{\mathrm{w}}^2} \right] \tag{8-75}$$

发送端和无人机需要保证窃听节点在两个阶段的联合检测错误概率为：

$$p_{e_1} p_{e_2} \geqslant \left(1 - \epsilon_1\right)\left(1 - \epsilon_2\right) \geqslant 1 - \epsilon \tag{8-76}$$

由于窃听节点的检测位置对发送端和无人机的检测结果均有影响，因此本节对窃听节点的检测位置进行联合优化，该优化问题可以表示为：

$$\begin{aligned} \max_{W} \mathcal{D}\left(Q_0 \parallel Q_1\right) &= \mathcal{D}\left(P_{0\mathrm{a}} \parallel P_{1\mathrm{a}}\right) + \mathcal{D}\left(P_{0\mathrm{u}} \parallel P_{1\mathrm{u}}\right) \\ \text{s.t.} \quad r_{\mathrm{a\,min}} &\leqslant d_{\mathrm{aw}} \\ r_{\mathrm{umin}} &\leqslant d_{\mathrm{uw}} \end{aligned} \tag{8-77}$$

利用余弦定理将窃听节点与发送端、中继间的距离 d_{aw} 和 d_{uw} 联系起来，即：

$$d_{\mathrm{uw}}^2 = x^2 + d_{\mathrm{au}}^2 - 2x d_{\mathrm{au}} \cos\theta$$

式中，$x = d_{\mathrm{aw}}$、$\theta = \angle\mathrm{wau}$。通过单调性分析可得出窃听节点在可悬停检测的区域内保证最小化错误的检测概率的最优位置为 $W^* = \left(r_{\mathrm{amin}}\cos\theta_{\mathrm{anun}}, 0, r_{\mathrm{amin}}\sin\theta_{\mathrm{anun}}\right)$。窃听节点可悬停检测的区域如图 8-18 所示。

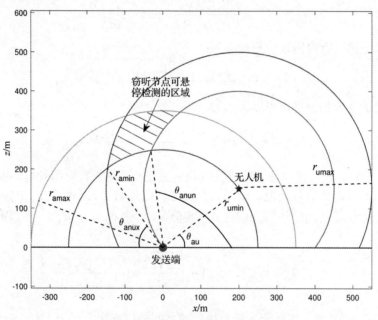

图 8-18　窃听节点可悬浮检测的区域

本节考虑最恶劣的情况，即窃听节点在其最优位置进行检测，如何通过合理分配功率和时延等参数来最大化有效传输比特 $\eta = \min\left(\eta_{\mathrm{au}}, \eta_{\mathrm{ub}}\right) = \min\left[n_1 R_{\mathrm{au}}\left(1-\delta\right), n_2 R_{\mathrm{ub}}\left(1-\delta\right)\right]$。因此优化问题可以表示为：

$$\max_{P_a, n_1, P, n_2} \eta$$
$$\text{s.t.} \quad P_a \leqslant P_{a\max}$$
$$P \leqslant P_{\max} \tag{8-78}$$
$$p_{e_1} p_{e_2} \geqslant 1 - \epsilon$$
$$n_1 + n_2 \leqslant N$$

通过分析 η_{au} 和 η_{ub} 来对优化的各参数的单调性，可知要最大化有限传输比特值，需要采取的资源分配策略为：

$$P_a^* = \min\{P_{a\max}, \mathcal{D}_{(P_{0a}\|P_{1a})}^{-1}(2\epsilon_1^2)\}$$
$$n_1^* = N_1$$
$$P^* = \min\{P_{\max}, \mathcal{D}_{(P_{0u}\|P_{1u})}^{-1}(2\epsilon_2^2)\} \tag{8-79}$$
$$n_2^* = N_2$$

式 中， $\mathcal{D}_{(P_{0a}\|P_{1a})}^{-1}(2\epsilon_1^2)$ 是 $\mathcal{D}(P_{0a}\|P_{1a}) = 2\epsilon_1^2$ 的解； $\mathcal{D}_{(P_{0u}\|P_{1u})}^{-1}(2\epsilon_2^2)$ 是 $\mathcal{D}(P_{0u}\|P_{1u}) = 2\epsilon_2^2$ 的解； $N_1 + N_2 = N$。 ϵ_1、 ϵ_2、 N_1 和 N_2 可通过枚举法得到。

8.5.3　性能仿真验证

为了验证上述方案的性能，本节在 MATLAB 上进行仿真实验。假设无人机中继辅助隐蔽通信中各用户的位置分别为接收端 b(400,0,0)、发送端 a(400,0,0)、无人机 u(200,0,150)，单位为 m。发送端和无人机的空域管控半径分别为 $r_{a\min} = r_{u\min} = 250$ m。各环境相关参数分别设置为 $\alpha = 4.88$、 $\beta = 0.429$、窃听节点的噪声功率方差 $\sigma_w^2 = -90$ dBm、无人机的噪声功率方差 $\sigma_u^2 = -110$ dBm、接收端的噪声功率方差 $\sigma_b^2 = -70$ dBm、发送端天线数 $M = 8$。LoS 与 NLoS 信道的参数分别为 $K_0 = 5$、 $\lambda_0 = -40$ dB、 $\eta = -10$ dB、 $\xi_L = 1$ 和 $\xi_N = -1.5$。在保证隐蔽通信的前提下，本节针对最大化传输速率 R_{au} 和有效传输比特数 η_{au} 来验证所提出的方案，仿真结果如图 8-19 所示。

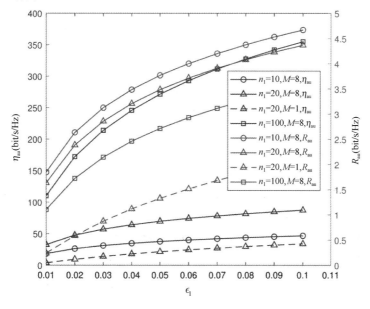

图 8-19　仿真结果

从图 8-19 可以看出，R_{au} 和 η_{au} 随着隐蔽通信允许的被发现概率 ϵ_1 的增加而增加。此外，随着传输字节长度 n_1 的增加，发送端可取得的最大传输速率将变小，这是因为在传输字节长度增加时，其隐蔽性难以得到保证，需要靠降低发射功率来维持隐蔽性，所以传输速率会降低。尽管 R_{au} 降低了，但总的有效传输字节长度却增加了，因此可以看出，采用最大化传输字节长度隐蔽通信方案并以此得出的发射功率可以实现更好的通信性能并保证隐蔽性。本节的仿真结果验证了最大化传输字节隐蔽通信方案的可行性和安全性。

8.6 本章小结

无人机空地信道可近似为 LoS 信道，虽然 LoS 信道能够有效提升通信质量，但同时也极易被恶意窃听并受到攻击。因此，本章针对无人机通信网络的安全传输进行了分析。本章首先给出了基于人工噪声的无人机通信网络的安全传输；然后针对非正交多址接入（NOMA）技术，研究了基于 NOMA 的无人机通信网络的安全传输；接着借助缓存与轨迹优化实现了无人机中继系统的安全传输；最后介绍了无人机中继辅助隐蔽通信的原理与工作机制。

本章参考文献

[1] Naqvi S A R, Hassan S A, Pervaiz H, et al. Drone-aided communication as a key enabler for 5G and resilient public safety networks[J]. IEEE Communications Magazine, 2018, 56(1): 36-42

[2] 陈新颖，盛敏，李博，等. 面向 6G 的无人机通信综述[J]. 电子与信息学报，2022, 44(3): 781-789.

[3] Gupta L, Jain R, Vaszkun G. Survey of important issues in UAV communication networks[J]. IEEE Communications Surveys & Tutorials, 2016, 18(2):1123-1152.

[4] Shannon C E. Communication theory of secrecy systems[J]. Bell Labs Technical Journal, 1949, 28(4): 656-715.

[5] Wyner A D. The wire-tap channel[J]. Bell Labs Technical Journal, 1975, 54(8): 1355-1387.

[6] Maurer U M. Secret key agreement by public discussion from common information[J]. IEEE transactions on information theory, 1993, 39(3): 733-742.

[7] Sun X, Ng D, Ding Z, et al. Physical layer security in UAV systems: challenges and opportunities[J]. IEEE Wireless Communications, 2019, 26(5):40-47.

[8] Bash B A, Goeckel D, Towsley D, et al. Hiding information in noise: fundamental limits of covert wireless communication[J]. IEEE Communications Magazine, 2015, 53(12):26-31.

[9] Yan S, Zhou X, Hu J, et al. Low probability of detection communication: opportunities and challenges[J]. IEEE Wireless Communications, 2019, 26(5):19-25.

[10] Bash B A, Goeckel D, Towsley D. Limits of reliable communication with low probability of detection on AWGN channels[J]. IEEE Journal on Selected Areas in Communications, 2013, 31(9):1921-1930.

[11] Jiang X, Chen X, Tang J, et al. Covert communication in UAV-assisted air-ground networks[J]. IEEE Wireless Communications, 2021, PP(99):2-9.

[12] Negi R, Goel S. Secret communication using artificial noise[C]. IEEE Vehicular Technology Conference, 2005.

[13] Wang W, Tang J, Zhao N, et al. Joint precoding optimization for secure SWIPT in UAV-aided NOMA networks[J]. IEEE Transactions on Communications, 2020, 68(8):5028-5040.

[14] Grant M. CVX: MATLAB software for disciplined convex programming[J/OL]. [2022-12-30].http://cvxr.com/cvx/citing/.

[15] Chen X, Yang Z, Zhao N, et al. Secure transmission via power allocation in NOMA-UAV networks with circular trajectory[J]. IEEE Transactions on Vehicular Technology, 2020, 69(9): 10033-10045.

[16] Caris M, et al. mm-Wave SAR demonstrator as a test bed for advanced solutions in microwave imaging[J]. IEEE Aerospace and Electronic Systems Magazine, 2014, 29(7): 8-15.

[17] Cheng F, Gui G, Zhao N, et al. UAV relaying assisted secure transmission with caching[J]. IEEE Transactions on Communications, 2019, 67(5): 3140-3153.

[18] Chen X, Sheng M, Zhao N, et al. UAV-relayed covert communication towards a flying warden[J]. IEEE Transactions on Communications, 2021, 69(11): 7659-7672.

第 9 章
无人机的无线能量传输和无线携能通信

9.1 引言

当前大规模物联网应用（如智能社区、智慧城市、智能电网，以及远程维护和监测系统等）要求接入数量巨大的无线设备。大多数物联网节点是依靠电池供电的，而且更换电池既不方便又会污染环境，从而导致能量受限问题。这一问题促成了无线能量传输（Wireless Power Transfer，WPT）技术的诞生。WPT 技术的核心思想[1]是利用专用的功率发射器，以射频信号为载体进行能量传输。接收端通过无线链路接收射频能量，将射频能量转化为电能并存储在电池中，为后续的通信及其他操作供能，从而延长物联网节点的寿命。此外，将WPT 技术和无线信息传输（Wireless Information Transfer，WIT）技术相结合，便产生了无线携能通信（Simultaneous Wireless Information and Power Transfer，SWIPT）。SWIPT 利用无线射频信号可以在传输信息的同时传输能量的特性，在解决物联网节点能量受限的同时还可以提供无线通信服务。

节点能量受限和应用环境复杂是物联网（Internet of Things，IoT）面临的两个主要挑战，尤其是物联网设备分布在灾区的情况下。无人机辅助 SWIPT 技术是可以解决上述挑战的一项有前途的技术。本章首先介绍无人机的 WPT 技术。接着针对受灾地区三大场景（密集分布、广域分布和紧急分布），构建了基于无人机的 SWIPT 网络的应急通信框架。具体地，为了给密集区域中的物联网设备提供能量，本章给出了无人机辅助 WPT 网络的设计方法，其中无人机可以充当无线充电器为地面的物联网设备输送能量。最后分别讨论单无人机和多无人机辅助的 SWIPT 网络的设计方法，给出了无人机飞行轨迹和资源分配方案，为位于广域分布区域中的物联网设备提供 WPT 与信息传输服务。

9.2 WPT 和 SWIPT 技术概述

9.2.1 WPT 技术的基本原理

WPT 技术通过电磁场将能量从发送端传输到接收端，并根据接收端的服务质量需求和无线传输信道的特性对发射的射频信号进行调整和控制，以克服物联网节点从自然环境中（如风能、太阳能等）采集能量的不规则性和不可预见性等缺点。

WPT 技术的硬件框架如图 9-1 所示，包括发送端、接收端及两者之间的空中接口。在发送端，能量源输出的直流电流通过功率发射器放大，并利用电波发送到接收端。发射功率经由空中无线信道传播，接收端利用接收天线接收射频信号。接收端主要由匹配电路和整流器组成。射频信号所携带的交流电流经由匹配电路和整流器转化成直流电流的形式，并存储到内置的电池中，用于驱动负载。

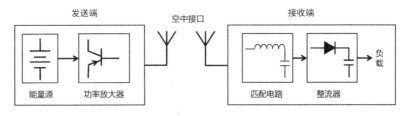

图 9-1　WPT 技术的硬件框架

在接收端，输出功率与输入功率的关系可用能量收集模型表示。当前被广泛应用的能量收集模型包括线性模型和非线性模型。在线性模型中，整流电路（整流器）输出的直流功率可以表示为[2]：

$$P_{\text{h}}^{\text{L}}(P_{\text{r}}) = \eta P_{\text{r}} \tag{9-1}$$

其中，P_{r} 代表接收的射频功率；η 表示射频信号中交流能量转化成直流能量的效率，其具体数值因实际整流电路所用元器件的参数不同而不同。在实际应用中，受到电容等元器件属性的影响，电路输入/输出功率之间通常存在非线性关系。为了更好地描述能量收集电路中能量转化关系，Shkovska 等人提出了一个非线性模型[1]，如下所示：

$$P_{\text{h}}^{\text{NL}}(P_{\text{r}}) = \frac{P_{\text{Lim}}\text{e}^{ab} - P_{\text{Lim}}\text{e}^{-a(P_{\text{r}}-b)}}{\text{e}^{ab}\left[1 + \text{e}^{-a(P_{\text{r}}-b)}\right]} \tag{9-2}$$

其中，$P_{\text{h}}^{\text{NL}}(P_{\text{r}})$ 表示经过非线性变换后输出的直流功率；P_{Lim} 表示采集电路的饱和功率，即整流电路输出的最大功率；a 和 b 为固定常量参数，其数值主要受元器件属性（如电阻阻值、电容容值和二极管反向截止电压）的影响。

9.2.2　SWIPT 技术的基本原理

SWIPT 技术是由 Varshne[3]首次提出的，其原理是将通信技术和远距离无线输电技术交叉融合在一起，使得物联网节点能够同步进行信息提取和能量收集。基于 SWIPT 的下行通信系统如图 9-2 所示。

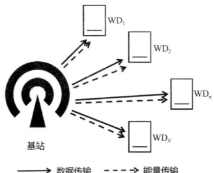

图 9-2　基于 SWIPT 的下行通信系统

在基于 SWIPT 的下行通信系统中，由于信息解调与能量收集电路的工作原理不同，接收端需要分别配置信息解调装置和能量收集装置。此外，射频信号一旦用于能量收集，就不能用于信息解码。因此，设计高效的接收机架构可以使得信息解调装置和能量收集装置之间功率分割达到均衡。图 9-3 给出了当前 SWIPT 接收机架构的主要设计方案，该方案分别从天线、功率、时间等不同域分离接收机功率[4]。

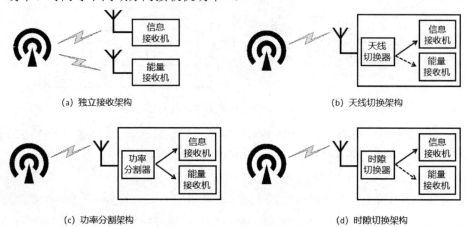

图 9-3   基于 SWIPT 的接收机架构示意图

在图 9-3 中，独立接收架构中的信息接收装置（信息接收机）和能量收集装置（能量接收机）由两个带独立天线接收机分别接收射频信号。这种架构允许接收端并发和独立地执行信息解码和功率转化。天线切换架构利用天线切换器控制天线与信息接收装置、能量收集装置之间的连接。进一步地，通过控制天线与接收机之间的连接，使得一部分天线用于信息解码，而另一部分天线用于能量收集。与其他方案相比，天线切换架构相对容易实现，但仅适用于接收端配置多天线的场景。功率分割架构在接收端配置功率分割器将天线接收的射频信号按照一定的比例分割成两个功率流，其中一个用于信息解码，另一个用于能量收集。时隙切换架构的接收端不仅包含信息接收机和能量接收机，而且还包含一个时隙切换器。时隙切换器根据预设的时间序列，切换天线与信息接收装置、能量收集装置之间的连接。下面以功率分割架构为例，详细介绍基于功率分割的 SWIPT 接收机工作原理。

基于功率分割的 SWIPT 接收机工作原理如图 9-4 所示，$P_r = P_t|h|^2$ 表示用户的接收功率，P_t 是发送端的发射功率，h 是无线信号传输链路的信道参数，α 表示功率分割系数。

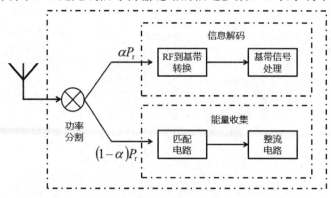

图 9-4   基于功率分割的 SWIPT 接收机工作原理

当天线捕获发送端的发射能量后，功率分割器对接收功率 P_r 进行分割，其中 αP_r 部分流入信息接收机，经过射频（RF）到基带的转化、基带信号处理（如解码）等处理后提取信息，$(1-\alpha)P_r$ 部分流入能量接收机，经过匹配电路和整流电路后转化成直流电流，存储于设备的电池中，直接用于负载驱动。具体地讲，接收端的数据传输速率可以表示为：

$$R = W\log\left(1+\frac{\alpha P_r}{\sigma^2}\right) \tag{9-3}$$

式中，W 和 σ^2 分别表示传输信道的带宽和噪声功率。以线性模型为例，接收端收集到的能量可以表示为：

$$P = (1-\alpha)P_r \tag{9-4}$$

9.3 无人机 WPT 网络优化

当物联网节点密集分布在地理位置复杂的区域，尤其是灾区和偏远山区时，很难给物联网节点提供能量供应[4]。另外，不同于以有限充电方式获取能量，物联网节点通常采用容量有限的电池供电，从而极大地限制网络性能。由于无人机的自主性、灵活性和机动性，它可以快速部署在地理位置复杂地区的上空，提供可靠和高效的无线连接[5]。因此，配置天线阵列的无人机可以作为能量发射器（Energy Transmitter，ET），同时给多个物联网节点充电。

9.3.1　无人机 WPT 网络模型

本节介绍无人机 WPT 网络模型[6]，如图 9-5 所示，其中无人机作为 ET 飞向 Γ 个服务区域，产生多个波束同时为 K 个物联网节点提供能量。无人机配置 $M \times N$ 天线阵列，而每个物联网节点配置单天线。$M \times N$ 天线阵列分成多个子阵列，而每个子阵列的相位由相移器控制，从而产生独立的波束并指向具体的物联网节点。在这种情况下，本节忽略子阵列间的互耦，但考虑每个子阵列内相邻天线单元间的耦合。

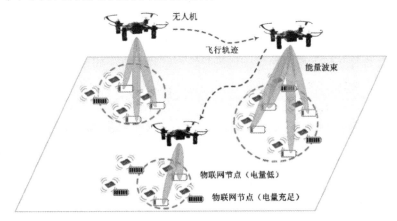

图 9-5　无人机 WPT 网络模型

定义无人机的二维位置为 $z_u(x_u, y_u)$，而其飞行高度为 h_u。第 k（$k \in \{1, 2, \cdots, K\}$）个物联网节点的位置为 $z_k(x_k, y_k)$。无人机的覆盖范围为 $h_u \tan\Theta$，其中 2Θ 表示有效的辐射角度。

因此，天线阵列可以产生多波束，并在无人机的覆盖范围内服务物联网节点。$E(\theta,\varphi)$ 表示方向角为 (θ,φ) 的波束方向图。第 γ（$\gamma \in \{1,2,\cdots,\Gamma\}$）个服务区域的充电时间为 τ_γ，而 $\sum\limits_{\gamma=1}^{\Gamma}\tau_\gamma$ 不能大于 T。

为了延长物联网节点的寿命，本节在无人机飞行高度 h_u、充电时间 τ_γ 和无人机覆盖半径约束下，通过依次优化无人机的三维位置、波束方向图 $E(\theta,\varphi)$ 和充电时间 τ_γ，以最大化能量收集。该优化问题可以表示为：

$$\max_{z_u,h_u,\tau_{k,\gamma},E(\theta,\phi)} \sum_{k=1}^{K} \frac{\xi_k\beta_0 P_0 \left|E(\theta,\phi)\right|^2}{\left[\left\|z_k-z_u\right\|^2+h_u^2\right]^{\alpha/2}}$$

$$\text{s.t.} \quad \left\|z_k-z_u\right\|^2 \leqslant h_u^2\tan^2\Theta \tag{9-5}$$

$$\sum_{\gamma=1}^{\Gamma}\tau_{k,\gamma}=T$$

$$h_{\min}<h_u<h_{\max}$$

9.3.2　飞行轨迹和波束方向图优化算法设计

为了求解式（9-5）描述的优化问题，本节提出了基于无人机 WPT 网络的联合飞行轨迹和波束方向图优化算法。式（9-5）描述的优化问题的目标函数仍然是非凸的，因此本节采用一种基于序列无约束凸极小化算法[7]来求解最优值。首先固定无人机的高度 h_u、波束方向图 $E(\theta,\varphi)$ 和充电时间 $\tau_{k,\gamma}$。然后利用单调优化理论，在固定波束方向图 $E(\theta,\varphi)$ 和充电时间 $\tau_{k,\gamma}$ 的情况下，得出最优的无人机飞行高度。接着在固定充电时间 $\tau_{k,\gamma}$ 的情况下，将优化问题转化为关于波束方向图 $E(\theta,\varphi)$ 的函数。为了产生所需形状的波束方向图，控制天线阵列的相位 β 来调整天线增益、副瓣电平和波束宽度，这样可以构造一个关于变量 β 的多目标优化问题。为了解决这个多目标优化问题，本节采用基于分解的多目标优化算法。该算法采用切比雪夫方法[8]将多目标优化问题分解为若干个子问题，通过迭代方式优化所有子问题，以逼近帕累托最优解。最后，在基于已求解的变量下，优化问题变成关于充电时间 $\tau_{k,\gamma}$ 的函数，可用凸优化工具求解。式（9-5）描述的优化问题的求解将导致公平性问题，即所有用户接收的总功率增加将导致无人机充电时间的增加。为了解决这个问题，将原始的优化问题将转化为一个极小极大优化问题，采用凸优化工具求解。此外，为了缩短无人机的飞行距离，本节采用分支定界法设计无人机的三维飞行轨迹。利用联合无人机飞行轨迹和波束方向图优化方案，物联网节点的总接收功率可以实现最大化。此外，该联合优化方案通过综合考虑波束扫描角度和无人机的飞行高度来优化无人机的覆盖半径，这会进一步影响物联网节点收集能量的性能。

9.3.3　性能仿真验证

基于无人机 WPT 网络的联合飞行轨迹和波束方向图优化方案的性能如图 9-6 所示。在本节仿真实验中，设置无人机最小飞行高度 $h_{\min}$=21 m、最大飞行高度 $h_{\max}$=120 m，充电时

间 $T=20\text{ s}$ ，载波频率为 25 GHz。无人机的三维飞行轨迹如图 9-6（a）所示，无人机的四个悬停位置分别位于同一服务区域所有用户的中心，以最大化物联网节点的总接收功率。本节研究基于分解的多目标优化问题中的多波束性能增益。本节将 8×8 天线阵列分成 4 个子阵列，而每一个子阵列的尺寸为 4×4。天线阵列的振幅为 1 A、间距为 5.5 mm，将最大有效辐射角度 2Θ 设置为 80°。天线阵列的 3D 场强方向图如图 9-6（b）所示，4 个波束的方向分别为（−10°,0°）、（30°,0°）、（30°,270°）和（20°,90°），而主波束的增益远大于初始副瓣。基于分解的多目标进化算法，通过 300 次迭代获得的解集达到了帕累托最优前沿，如图 9-6（c）所示。这是因为下一次迭代的解比上一次迭代的解更接近帕累托最优解，从而可以通过无限次迭代获得帕累托最优解集。图 9-6 中，f_1 为副瓣电平（单位为伏特），f_2 为阵列强度的导数，f_3 为波束宽度的导数。

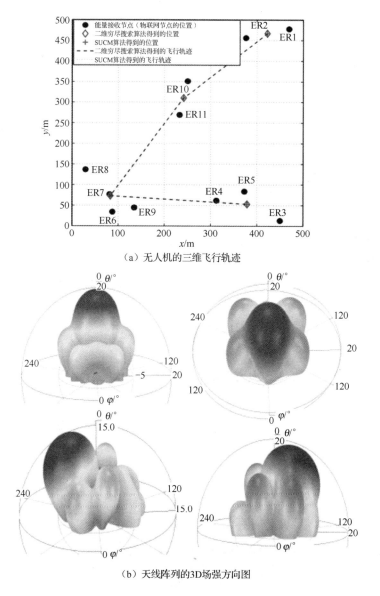

（a）无人机的三维飞行轨迹

（b）天线阵列的3D场强方向图

图 9-6　基于无人机 WPT 网络的联合飞行轨迹和波束方向图优化方案的性能

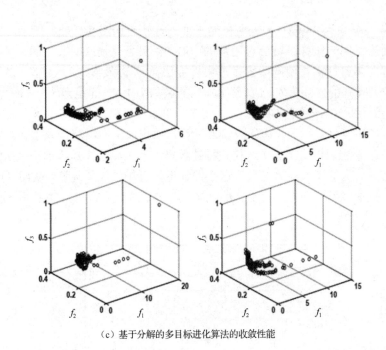

（c）基于分解的多目标进化算法的收敛性能

图 9-6　基于无人机 WPT 网络的联合飞行轨迹和波束方向图优化方案的性能（续）

9.4 无人机辅助 SWIPT 网络优化

在无人机通信技术与 SWIPT 技术相结合的物联网应用场景中，无人机充当移动数据收集器和能量发射器，为物联网节点提供数据收集和能量传输服务。由于物联网节点上传数据的需求是动态更新的，因此无人机需要根据物联网节点的需求实时规划飞机轨迹规，以满足系统的整体服务质量要求。

9.4.1　无人机辅助 SWIPT 网络模型

无人机辅助 SWIPT 网络模型[9]如图 9-7 所示，该网络中包含一架配备双天线的多旋翼无人机和 $J(J>0)$ 个单天线的物联网节点。

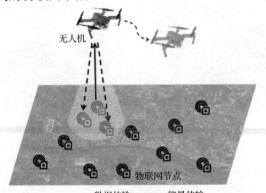

图 9-7　无人机辅助 SWIPT 网络模型

无人机在固定的任务周期 $T(T>0)$ 内采用"飞-悬停-通信"协议为物联网节点提供数据收集和能量传输服务。假设物联网节点 $\mathcal{J}=\{1,2,\cdots,J\}$ 在指定区域内随机分布，(x_j,y_j) 表示第 j 个物联网节点的水平位置，$t(0 \leqslant t \leqslant T)$ 时刻第 j 个物联网节点的数据缓存队列长度为 l_j，$l_j(t) \in [0,l_{\max}]$，其中 $l_j(t)$ 可根据物联网节点的数据收集情况实时更新。$q_j^u(t)=\lambda_j(t)\dfrac{l_j(t)}{l_{\max}}$ 表示设备数据上传优先级，$\lambda_j(t)$ 为数据生成速率。假设无人机在一个高度固定为 H 的水平面上飞行，t 时刻的水平位置为 $[x_u(t),y_u(t)]$。本节使用飞行速度 $v(t) \in [0,v_{\max}]$ 和偏航角 $\theta(t) \in [-\pi,\pi]$ 来描述无人机在 t 时刻的飞行动作决策。根据多旋翼无人机的飞行能耗模型，当无人机以速度 $v(t)$ 飞行时，其推进功率为：

$$P[v(t)]=P_0\left(1+\frac{3v(t)^2}{U_{\text{tip}}^2}\right)+P_i\left(\sqrt{1+\frac{v(t)^4}{4v_0^4}-\frac{v(t)^2}{2v_0^2}}\right)+\frac{1}{2}d_0\rho sAv(t)^3 \tag{9-6}$$

令 $d_j(t)$ 表示无人机 t 时刻与第 j 个物联网节点的距离，D_{dc}、D_{eh} 表示无人机数据采集和能量传递的覆盖半径。在任意时刻 t，无人机将数据传输给优先级最高的物联网节点 $\hat{J}$，$\hat{J}=\arg\max\limits_{j}q_j^u(t)$ 作为目标节点。无人机根据目标节点选择合适的悬停位置，通过上行链路接收数据，同时为其能量传输范围内的其他物联网节点充电，直到完成数据传输为止。$g_j(t)$ 和 $h_j(t)$ 分别表示无人机与第 j 个物联网节点的上/下行信道增益，p_d 表示无人机下行发射功率。假设 t 时刻为目标节点 $\hat{J}$ 的上传数据所采取的悬停是第 k 次悬停，对应物联网节点记为 j^k。在一个任务周期内中，无人机辅助 SWIPT 网络的总速率、总的收集能量以及维持飞行和悬停的总能耗分别为：

$$R_{\text{sum}}=\sum_{k=0}^{K}w\left(1+\frac{P_u\left|g_jk(t)\right|^2}{\sigma_n^2}\right)$$

$$E_{\text{total}}^h=\sum_{k=0}^{K}\sum_{j,\forall d_j(t)\leqslant D_{eh},j\neq j^k}p_h^{\text{non-linear}}\left[p_j^r(t)\right]t^k \tag{9-7}$$

$$E_{\text{total}}^c=\int_0^T P[v(t)]\mathrm{d}t$$

本节在任务周期内进行无人机辅助 SWIPT 网络所能获得的总速率、总的收集能量以及无人机飞行和悬停的总能耗的联合优化，提出了多目标优化（Multi-Objective Optimization，MOO）问题，即：

$$\max_{v(t),\theta(t)}(R_{\text{sum}},E_{\text{total}}^h,-E_{\text{total}}^c)$$
$$\text{s.t.}\quad v(t)\in[0,v_{\max}] \tag{9-8}$$
$$\theta(t)\in[-\pi,\pi]$$

不难看出，以上三个子优化目标在一定程度上是相互冲突的。此外，考虑到物联网节点分布的随机性、用户需求的动态变化，在环境信息局部观测的情况下，实现无人机实时的飞行决策具有相当大的复杂度和计算成本。因此，本节面向用户的动态需求，针对多目标优化，基于深度确定性策略梯度（Deep Deterministic Policy Gradient，DDPG）提出了一种无人机实时路径规划算法[9]。

9.4.2 基于用户动态需求的实时路径规划算法设计

本节基于 DDPG 算法，针对无人机辅助 SWIPT 网络模型和优化问题设计环境模型。状态空间可表示为：

$$s \triangleq \{s_t\} = \left\{ \left[d_j^x(t), d_j^y(t), x_{\mathrm{u}}(t), y_{\mathrm{u}}(t), N_f(t), N_d(t) \right] \right\} \tag{9-9}$$

式中，$N_f(t)$ 表示截至 t 时刻，无人机在飞行过程中连续超出限制区域的次数；$N_d(t)$ 为 t 时刻物联网节点缓存区数据溢出的设备总数。

动作空间可表示为：

$$A \triangleq \{a_t\} = \left\{ \frac{v(t)\cos[\theta(t)]}{v_{\max}}, \frac{v(t)\sin[\theta(t)]}{v_{\max}} \right\} \tag{9-10}$$

式中，$\{\cos[\theta(t)], \sin[\theta(t)]\}$ 代替 $\theta(t)$，表示偏航方向。

根据所提的 MOO 问题，本节将奖励函数设计为：

$$R \triangleq \{r_t\} = \{r_{\mathrm{dc}}(t), r_{\mathrm{eh}}(t), r_{\mathrm{ec}}(t), r_{\mathrm{aux}}(t)\} \tag{9-11}$$

$$r_{\mathrm{dc}}(t) = \begin{cases} 100R^k, & \text{第 } k \text{ 次悬停} \\ 0, & \text{其他} \end{cases} \tag{9-12}$$

$$r_{\mathrm{eh}}(t) = \begin{cases} 100\left(E^k + \sum_0^J \prod d_j(t) \leqslant D_{\mathrm{eh}} \right), & \text{第 } k \text{ 次悬停} \\ 0, & \text{其他} \end{cases} \tag{9-13}$$

$$r_{\mathrm{ec}}(t) = \begin{cases} -P_{\mathrm{hov}}, & \text{当无人机悬停时} \\ -P[v(t)], & \text{其他} \end{cases} \tag{9-14}$$

$$r_{\mathrm{aux}}(t) = -d_j^x(t) - d_j^y(t) - N_f(t) - N_d(t) \tag{9-15}$$

式中，$r_{\mathrm{dc}}(t)$、$r_{\mathrm{eh}}(t)$ 和 $r_{\mathrm{ec}}(t)$ 分别对应三个子优化目标；$r_{\mathrm{aux}}(t)$ 为辅助奖励。为了控制多个子目标在无人机辅助 SWIPT 网络优化过程中的平衡，本节引入权重系数 w_{dc}、w_{eh} 和 w_{ec}，分别表示三个优化目标的优先级，w_{aux} 为固定值 1。

9.4.3 性能仿真验证

9.4.2 节面向用户的动态需求，针对多目标优化，基于深度确定性策略梯度提出了一种无人机实时飞行轨迹规划（MODDPG）算法。本节对该算法进行验证，给出了不同飞行轨迹随 D_{dc} 变化的趋势，如图 9-8 所示。

在本节的仿真实验中，物联网节点共 100 个，无人机的任务周期为 10 min、飞行高度为 H=10 m、最大飞行速度 $v_{\max}$=20 m/s，数据收集和能量传输有效距离 D_{dc}=10 m m，D_{eh}=30 m。为了验证 MODDPG 算法的优越性，本节对通过该算法获得的无人机实时飞行轨迹策略 P_{MODDPG} 与通过规则的控制方案获得的飞行轨迹策略 $P_{v_{\max}}$ 和 $P_{v_{\mathrm{ME}}}$ 进行了比较，其中 $P_{v_{\max}}$ 和 $P_{v_{\mathrm{ME}}}$ 规定无人机始终以最大速度 $v_{\max}$=20 m/s 或最大续航速度 v_{ME}=10.2 m/s 飞行。无人机在为物联网节点提供数据收集服务时，悬停在目标节点的正上方。对比不同策略下系统在能量收集方面的性能，在不同的 D_{dc} 条件下，策略 P_{MODDPG} 的总的收集能量均高于策略 $P_{v_{max}}$ 和 $P_{v_{ME}}$，且改进幅度随 D_{dc} 的增大显著增加。在 MODDPG 算法中，无人机通过与物联网环境的交互来感知物联网节点的位置分布情况，在此基础上灵活选择悬停位置。在平均飞行能耗方面，基于策略 P_{MODDPG} 的平均飞行能耗介于策略 $P_{v_{max}}$ 和 $P_{v_{ME}}$ 之间，在任务周期内的平均飞行能耗远小于策略 $P_{v_{max}}$。根据上述仿真结果可知，MODDPG 算法通过与物联网环境交互获得的策略 P_{MODDPG} 可以根据系统条件进行灵活的调整，在总速率、总的收集能量和平均飞行能耗上实现更好的综合性能。

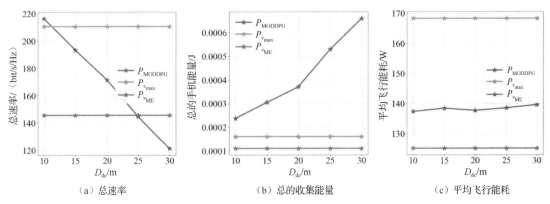

（a）总速率　　　　　　　　　（b）总的收集能量　　　　　　　　（c）平均飞行能耗

图 9-8　不同飞行轨迹随随 D_{dc} 变化的趋势

9.5 多无人机辅助 SWIPT 网络优化

WPT 技术能够为能量受限的物联网节点提供可靠的能量来源，但物联网节点往往也有通信的需求，如将采集到的信息上传到云端。在多无人机辅助 SWIPT 网络中，物联网节点能够在下行链路中收集能量，在上行链路上传信息，从而使网络具有较高的稳定性。此外，灵活地调整无人机的飞行高度能够进一步提高网络的覆盖范围和通信性能，因此将无人机看成移动基站为物联网节点提供 SWIPT 服务，能够在保证地面设备能量供应的同时提供可靠的通信服务。

9.5.1　多无人机辅助 SWIPT 网络模型

本节考虑多无人机辅助 SWIPT 网络[10]，其中多架无人机充当空中基站为地面的物联网节点提供 SWIPT 服务，如图 9-9 所示。

该图 9-9 所示的网络场景中，有 L 架无人机，用 $\mathcal{L} = \{1, 2, \cdots, L\}$ 表示；地面有 K 个物联网节点，均匀地分布在 $n \times n$ 的区域内，并通过 K-means 算法将 K 个物联网节点划分为 L 个簇，每个簇由一架无人机负责。具体来说，用 $\mathcal{K} = \{K_1, \cdots, K_L\}$ 表示物联网节点，其中 K_l 表示第 l 个簇中物联网节点，$l \in \mathcal{L} = \{1, 2, \cdots, L\}$；L 个簇之间互不重叠，即 $K_l \bigcap K_{l'} = \varnothing$，$l \neq l'$，$l$、$l' \in \mathcal{L}$；无人机和地面的物联网节点均为单天线设备，无人机 $l \in \mathcal{L}$ 和地面接入设备 $k_l \in \mathcal{K} = \{K_1, \cdots, K_L\}$ 的三维位置分别记为 (x_l, y_l, h_l) 和 $(x_{k_l}, y_{k_l}, 0)$。

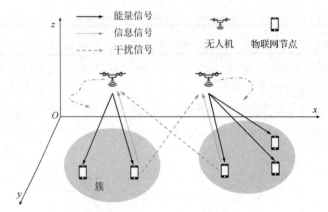

图 9-9　多无人机辅助 SWIPT 网络

对于每簇的无人机和物联网节点，本节采用时分多址接入方式（Time-Division Multiple Access，TDMA），以及先收集能量再发送信息的通信模式，即地面的物联网节点在下行链路中收集能量，利用收集到的能量在上行链路中向无人机发送信息。具体来说，对于任意一个簇 $l \in \mathcal{L}$，将一个飞行周期 T 划分为 $N+1$ 个时隙，其中第 0 个时隙分配给下行链路，用于收集能量；第 $n \in \mathcal{N} = \{1, 2, \cdots, N\}$ 个时隙分配给上行链路，用于上传信息。在第 n 个时隙中，无人机 l 的三维位置记为 $q_l[n] = (x_l[n], y_l[n], h_l[n])$，因此无人机在两个时隙内的位置应当满足：

$$\| q_l[n] - q_l[n-1] \| \leqslant v_{\max} \cdot \delta_N$$

式中，$\delta_N = \dfrac{(1-\tau)T}{N}$，表示上行链路的时隙长度；$\tau$ 表示下行链路在周期中所占的比例。

用二进制变量 $a_{l,k_l}[n]$ 表示上行信息传输模式，$a_{l,k_l}[n]=1$ 表示物联网节点 k_l 在第 n 个时隙与无人机 l 通过上行链路通信；$a_{l,k_l}[n]=0$ 表示在第 n 个时隙内，物联网节点 k_l 与无人机 l 没有建立通信连接。由于采取的是 TDMA 方式，变量 $a_{l,k_l}[n]$ 应满足：

$$\sum_{k_l \in \mathcal{K}} a_{l,k_l}[n] = 1, \qquad \forall k_l \in \mathcal{K}, l \in \mathcal{L}, n \in \mathcal{N}$$

即在任一时隙 $n \in \mathcal{N} = \{1, 2, \cdots, N\}$ 内，最多只能有一个物联网节点与无人机 l 建立上行链路。为了保证通信的可靠性，地面的物联网节点在上行链路发送信息的总能耗不大于在下行链路收集的能量。

从用户的公平性出发，考虑到最大飞行速度、通信时隙分配以及能量限制等约束条件，多无人机辅助 SWIPT 网络的吞吐量最大化问题可以表示：

$$\max_{R_{\mathrm{th}}, A, Q} R_{\mathrm{th}}$$

$$\begin{aligned}
\text{s.t.} \quad & R_{k_l} \geqslant R_{\mathrm{th}}, \qquad \forall k_l, \forall l, \\
& K_l \bigcap K_{l'} = \varnothing, \qquad \forall l \in \mathcal{L} \\
& a_{l,k_l}[n] \in \{0,1\}, \qquad \forall k_l, \forall l, n \in \mathcal{N} \\
& \sum_{k_l \in \mathcal{K}} a_{l,k_l}[n] = 1, \qquad \forall l \in \mathcal{L}, \forall n \in \mathcal{N} \\
& \sum_{j=1}^{N} a_{l,k_l}[j] \delta_N P_{k_l}^{\mathrm{U}} \leqslant E_{k_l}, \qquad \forall l \\
& h_{\min} \leqslant h_l[n] \leqslant h_{\max}, \qquad \forall l
\end{aligned}$$

$(9\text{-}15)$

在上述的最大化问题中，由于无人机的时隙资源分配变量 $A = \left\{ a_{l,k_l}\left[n \right], \forall k_l, \forall l, n \right\}$ 是 0-1 整数变量，而无人机的飞行轨迹优化 Q 以及时隙资源分配 A 之间存在高度的耦合，因此上述问题是一个混合整数的非凸优化问题[11]，难以直接求解。

9.5.2　无人机飞行轨迹和资源分配优化算法

9.5.1 节介绍的 SWIPT 场景中存在多架无人机同时为地面物联网节点提供服务，本节基于分布式深度强化学习模型[13]为多无人机辅助 SWIPT 网络的吞吐量最大化问题设计优化算法。强化学习是一种利用智能体与环境的不断交互进行探索和学习的算法。基于马尔可夫决策过程的理论基础，强化学习具有高效的学习能力和对未知场景的预见能力，近年来在无人机控制和通信资源优化等领域得到了广泛的应用[12]。深度强化学习（Deep Reinforcement Learning, DRL）将强化学习和深度学习理论相结合，使其同时具备强大的决策能力和出色的感知能力，在解决实际场景的复杂问题过程中表现出了强大的优势。

具体而言，本节首先通过 K-means 算法将均匀分布在地面的物联网节点划分为 L 个簇，然后将每架无人机都看成一个智能体，分别训练深度 Q 网络（Deep Q-Network, DQN）并选择和执行动作。在分布式深度强化学习模型中，各个无人机之间共享状态，并且环境信息完全可观测。在一个时间步以及飞行周期后，无人机根据环境信息得到奖励或惩罚。DQN 包含状态空间、动作空间和收益方程三个基本组成元素，其具体定义如下[14]：

状态空间包括三个部分，即无人机在当前时间步的位置、簇内每个物联网节点与无人机的通信次数，以及物联网节点的平均速率。

动作空间由 (x, y, z) 决定，$(x, y, z) \in \{-1, 0, 1\}$。具体来说，$x = -1$ 表示无人机向左飞，$x = 1$ 表示无人机向右飞；$y = -1$ 表示无人机向后飞，$y = 1$ 表明无人机向前飞；$z = -1$ 表示无人机向下飞，$z = 1$ 表示无人机向上飞；$(x, y, z) = (0, 0, 0)$ 表示无人机悬停不动。

收益方程则根据当前时隙结束后以及飞行周期结束后的系统吞吐量和无人机状态决定。

基于上述的定义，在基于分布式深度强化学习模型的多无人机辅助 SWIPT 网络吞吐量最大化优化算法中，无人机通过与环境的不断交互来进行飞行轨迹规划和时隙资源分配。在每次迭代中，首先，无人机根据当前状态基于 ε-greedy 策略选择动作并执行。然后根据当前时隙选择广播下行能量信号，或者选择簇内拥有最好信道状态的物联网节点上传信息，在下行链路中的收集能量完成后，根据已收集的能量和平均通信时隙来计算物联网节点的上行发射功率。接着无人机根据收益方程和环境状态获得奖励或惩罚。最后将训练样本 (s, a, r, s') 存储到缓存区并将被随机抽取以更新神经网络的权重参数。

9.5.3　性能仿真验证

本节对基于分布式深度强化学习模型的多无人机辅助 SWIPT 网络吞吐量最大化优化算法进行仿真。假设仿真环境中有 25 个物联网节点，这些节点均匀地分布在 $50 \text{ m} \times 50 \text{ m}$ 的区域内，无人机的上/下行链路时隙 $\delta_N = 1 \text{ s}$，无人机的下行发射功率 $P^D = 40 \text{ dBm}$，地面物联网节点的最大上行发射功率 $P_{\max}^U = -20 \text{ dBm}$，噪声信号功率 $\sigma^2 = -110 \text{ dBm}$，物联网节点的上行发射功率可以通过可用能量以及平均可分配时隙来得到。

基于深度强化学习的无人机飞行轨迹和资源分配的优化性能如图 9-10 所示。无人机的飞行高度范围为$[10\ \mathrm{m}, 20\ \mathrm{m}]$，随着迭代次数的增加，最小吞吐量开始逐步增加并在 400 次迭代后区域稳定，如图 9-10（a）所示。图 9-8（b）给出了无人机数量为 3 时的飞行轨迹，从图中可以看出，无人机围绕所负责的簇的质心飞行，以便覆盖簇内所有的物联网节点。此外，无人机的悬停位置应当与簇内的物联网节点足够近，以便提供可靠的能量和信息传输；同时又应当与其他无人机尽可能保持一定的距离，以减小干扰，优化后的飞行轨迹能够有效提高系统性能。

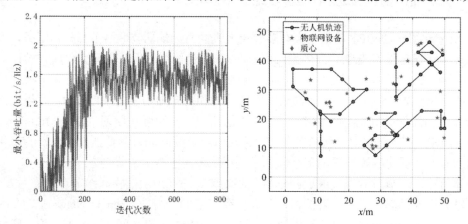

图 9-10   基于深度强化学习的无人机飞行轨迹和资源分配的优化性能

9.6 本章小结

构建可持续的物联网框架可实现物与物、人与物之间信息交互与处理的自动化，然而传感器作为物联网的核心面临着应用环境复杂、能量受限等挑战。由 WIT 技术与 WPT 技术相结合而产生的 SWIPT 技术，具有稳定性高、移动性强及覆盖性广等优势。本章从基于 WPT 的无人机飞行轨迹与波束方向图协同优化、无人机 SWIPT 网络中基于用户动态需求的无人机飞行轨迹优化、基于深度强化学习的多无人机 SWIPT 网络性能优化三个方面介绍无人机 SWIPT 网络的关键技术。相关的仿真实验结果表明，本章提出的算法能够有效地提升系统的性能。尽管本章的研究对构建可持续的物联网框架具有重要的理论意义，但仍然存在以下的问题有待解决：

（1）安全传输：由于无线传输媒介的开放性，安全通信是无人机通信网络面临的一个重要挑战。此外，无人机的发射功率和信道状态信息也会影响通信安全。因此，未来可以进一步研究基于无人机无线安全通信网络的联合飞行轨迹规划和功率分配策略。

（2）移动边缘计算[15]（Mobile Edge Computing，MEC）：物联网可以支持联网设备实现智能应用，如自动导航、人脸识别、无人驾驶等。但物联网节点的计算能力差，导致难以执行这些任务，这一挑战可以通过 MEC 技术解决。因此，进一步设计无人机辅助 MEC 网络可以为物联网节点提供智能计算服务。

（3）支持缓存的无人机系统：地面的基站可能无法满足边缘物联网设备的内容缓存要求，无人机可以作为空中基站先缓存内容，再分享给地面用户。因此，进一步研究基于缓存的无人机通信网络可以为物联网设备提供更好的无线通信服务。

（4）联合资源分配：本章研究物联网设备的服务需求预测和无人机路径规划，当无人机更新其位置后，应根据不同的信道条件研究无线资源分配策略，以进一步提升系统的性能。

本章参考文献

[1] Xiao L, Ping W, Niyato D, et al. Wireless charging technologies: fundamentals, standards, and network applications[J]. IEEE Communications Surveys & Tutorials, 2017, 18(2): 1413-1452.

[2] Krikidis I, Timotheou S, Nikolaou S, et al. Simultaneous wireless information and power transfer in modern communication systems[J]. IEEE Communications Magazine, 2014, 52(11): 104-110.

[3] Varshney L R. Transporting information and energy simultaneously[C]. IEEE. International Symposium on Information Theory, 2008.

[4] Feng W, Tang J, Yu Y, et al. UAV-enabled SWIPT in IoT networks for emergency communications[J]. IEEE Wireless Communications, 2020, 27(5): 140-147.

[5] Mozaffari M, Saad W, Bennis M, et al. A tutorial on UAVs for wireless networks: applications, challenges, and open problems[J]. IEEE Communications Surveys & Tutorials, 2019, 21(3): 2334-2360.

[6] Feng W, Zhao N, Ao S, et al. Joint 3D trajectory design and time allocation for UAV-enabled wireless power transfer networks[J]. IEEE Transactions on Vehicular Technology, 2020, 69(9): 9265-9278.

[7] Tuy H, Al-Khayyal F A. Global optimization of a nonconvex single facility location problem by sequential unconstrained convex minimization[J]. Journal of Global Optimization, 1992, 2(1): 61-71.

[8] Zhang Q, Hui L. MOEA/D: a multiobjective evolutionary algorithm based on decomposition[J]. IEEE Transactions on Evolutionary Computation, 2008, 11(6): 712-731.

[9] Yu Y, Tang J, Huang J, et al. Multi-objective optimization for UAV-assisted wireless powered IoT networks based on extended DDPG algorithm[J]. IEEE Transactions on Communications, 69(9): 6361-6374.

[10] Tang J, Song J, Ou J, et al. Minimum throughput maximization for multi-UAV enabled WPCN: a deep reinforcement learning method[J]. IEEE Access, 2020, 8: 9124-9132.

[11] Boyd S, Vandenberghe L. Convex optimization[M]. Cambridge: Cambridge University Press, 2004.

[12] Zeng Y, Xu J, Zhang R. Energy minimization for wireless communication with rotary-wing UAV[J]. IEEE Transactions on Wireless Communications, 2019, 18(4): 2329-2345.

[13] Sutton R S, Barto A G. Reinforcement learning: an introduction[M]. Cambridge, MA: MIT Press, 2018.

[14] Lauer M, Riedmiller M. An algorithm for distributed reinforcement learning in cooperative multi-agent systems[C]. the Seventeenth International Conference on Machine Learning, 2000.

[15] Mao Y, You C, Zhang J, et al. A survey on mobile edge computing: the communication perspective[J]. IEEE Communications Surveys & Tutorials, 2017, 19(4): 2322-2358.

第 3 篇

无人机空中通信网络篇

第 10 章
无人机通信网络的组网技术

10.1 引言

　　前面章节介绍的是单无人机通信的基础特征，本章和第 11 章主要介绍多无人机形成的空中自组织网以及超多无人机组成的蜂群网络（无人机集群）。无人机之间通过信息交互，可以发挥群体优势，相互协作，实现更多的功能。本章介绍的飞行自组织网（Flying Ad-Hoc Network，FANET）也称为无人机自组织网，是移动自组织网（Mobile Ad-Hoc Network，MANET）的一种特殊情况。在飞行自组织网中，由于无人机具有高移动性、拓扑快速动态变化、不同服务质量对通信的要求不同等因素，因此飞行自组织网技术是一个极具挑战性的问题。

　　移动自组织网是由一组带有无线收发装置的可移动节点组成的临时性多跳自治系统，如图 10-1 所示。移动自组织网不依赖于预设的基础设施，具有可临时组网、可快速展开、无控制中心、抗毁性强、通信距离远、传输带宽有限等特点。

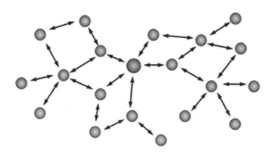

图 10-1　移动自组织网

　　随着无人机技术的快速发展，无人机的规格逐渐变小，多个小型无人机可组织一个飞行自组织网，如图 10-2 所示。由于无人机具有快速、灵活的特点，可以更加出色地完成复杂的任务，而在完成任务的过程中，无人机之间的连通对无人机之间的合作与协作是至关重要的，因此出现了飞行自组织网的概念。飞行自组织网在军事和民事领域都具有广阔的应用前景，已受到世界各国的高度关注。

　　在军事领域，由于飞行自组织网在移动中可以进行通信，并且可以快速地展开与组网，能够满足在战术移动环境下作战部队对战术通信网络快速架设的要求，因此各国军队在分层网络中广泛应用自组织网技术进行组网。例如，美、日、英、意等国对无线传感器形成移动自组织网进行了大量研究工作，设想用飞行器将大量微型传感器节点散布在战场，利用节点自组织形成网络，对战场信息进行收集、传输、融合，为参战部门提供所需的情报服务，以实现有效的战场态势感知，在多种场合满足军事信息获取的实时性、准确性、全面性等需求。

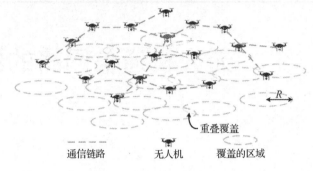

图 10-2　飞行自组织网

在民事领域，飞行自组织网主要应用于现有网络基础设施支持的环境中，在现有网络不能满足移动性、机动性等要求的场景下得到了广泛的应用。例如，当发生热带风暴、地震、水灾等自然灾害时，蜂窝网络、微波接力站以及卫星通信等固定通信网络设备都会有不同程度的损毁，甚至无法使用，此时必须运用无须借助各种固定网络设备而且能够迅速配置的自组织网技术来执行救灾任务，保证人民群众生命和国家财产安全。IEEE 802.15 定义了个人域网络，其仅包括与个人密切联系的设备，无法进行广域网连接，而在一些环境中又需要进行广域网连接。与传统的、通过蓝牙来完成的短距离通信相比，建立飞行自组织网可支持在更远距离及更大范围实现个人域网络多跳互联的通信技术。

飞行自组织网作为移动自组织网的一种特殊形式，除了具有上述临时组网、快速展开、无控制中心、抗毁性强等特点，还具有以下特点：节点在三维空间中移动，使得复杂性增加；节点速度更快，使得拓扑更加易变；节点间距离更大，使得时延更高、链路质量更差；网络异构程度变大。这些特点都对高性能的组网策略提出了更大的挑战，因此本章主要从无人机频谱管理、多路访问控制（Multiple Access Control，MAC）协议、拓扑及功率控制、路由协议等方面，对无人机组网的关键技术进行探讨。

10.2　无人机频谱管理

10.2.1　无人机频谱的挑战

由于近些年无人机在不同场景下的使用频率得到了大幅提升，经常会出现由频谱管理而产生的问题。目前，无人机通信网络应用遇到了挑战，主要包括频谱资源紧缺、传输数据带宽不足等。无人机对频谱的需求量大，而静态频谱管理系统的灵活性差，频谱并未被充分利用，利用率低，这些都对无人机的频谱使用提出了挑战，具体如下：

（1）频谱保障能力不足。单架大型侦察无人机仅通信系统传输一路图像，至少需要 6 MHz 的频谱带宽。美军在海湾战争中仅"全球鹰"无人机消耗的频谱带宽就是美军其他用频装备的 5 倍[1]。随着各行业对无人机需求的增加，采用卫星通信和超短波等通信方式的无人机系统所需的带宽也在不断增加，由于无线电频谱资源有限导致了严重的频谱资源短缺问题。

（2）电磁环境复杂。大量用频设备的电磁信号在空间域、时间域和频率域上连续交错、密集重叠、功率分布参差不齐，构成了复杂的电磁环境。无人机在这样复杂的电磁环境中完成任务面临着众多挑战。例如，在体系作战的战场上，不但要应对民用电磁设备和敌方干扰的影响，还要防止己方和友方用频设备之间的干扰。

（3）认知无线电技术受限。认知无线电技术的出现，使人们可以对频谱资源进行二次利用，实现频谱共享，有效提高频谱利用率，在一定程度上缓解了无线通信系统中频谱资源紧缺的问题。因此认知无线电技术受到了广泛重视，但待解决的重要问题是如何实现认知无线电系统对已授权频谱资源的有效利用。

10.2.2　动态频谱管理系统

1. 基本思想

基于不同区域、不同时间和不同频谱需求来动态地分配频谱，通过频谱需求与使用的最优动态搭配，不仅可实现频谱资源的高效利用，还具有较强的实时性和灵活性。只有通过动态频谱管理和动态频谱使用两个方面的配合，才能够真正实现频谱的高效利用。为推动上述目标的实现，需要对动态频谱接入技术、频谱管理框架、系统架构以及标准等方面进行研究和探索。

2. 主要原理

动态频谱管理[2-4]的主要原理是利用频谱感知、频谱分配、频谱接入等关键技术，通过"频谱空穴"（见图 10-3）实现频谱资源的共享，增加系统的吞吐量，降低电子干扰，增加无人机电子装备的通信渠道。动态频谱管理是实现频谱高效利用、减少资源浪费的有效方法之一。

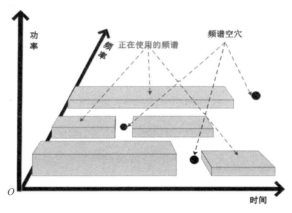

图 10-3　频谱空穴[5]

10.2.3　与频谱相关的关键技术

1. 频谱感知技术

频谱感知（检测）技术是动态频谱管理的前提，需要具有尽可能大范围的频率感知能力和融合分析能力，向频谱分配系统提供支持。频谱感知技术要求检测空闲频谱信息（如信道数量、频谱位置、使用时间等），对数据融合进行分析，监测其他用户的接入与干扰。目前的频谱感知技术主要包括单节点感知技术和多节点合作感知技术。

2．频谱分配技术

频谱分配技术是指将空闲信道分配给用户，该技术是频谱接入的前提。频谱分配技术采用的方法主要包括：

（1）部分可观察马尔可夫决策过程法[6]：基于部分可观测马尔可夫模型预测下一时隙信道占用情况，根据用户收益选择最优策略。该方法的优点是只需要部分信道信息，对于单用户而言仅需要联合物理层检测和 MAC 层分配即可进行独立决策，通信开销小；其缺点是仅从单用户的角度研究频谱分配，未考虑多用户竞争的情况，需要已知或学习信道状态转移概率。

（2）图论法[7,8]（冲突图、图着色或双向匹配图）：主要用于认知网络中的干扰问题，需事先知道网络的拓扑结构，不适合干扰以外的其他参数。

（3）博弈法[9]：将用户之间的相互作用视为博弈过程，以博弈理论建模并寻找纳什平衡点，不同的效用函数采用合作或非合作的博弈方法来解决，可满足频谱分配的特性。但纳什平衡点的性能难以达到最优，且纳什平衡点很难建立。

（4）启发式方法（遗传算法、模拟退火、混沌量子克隆等）：通过迭代寻找最好的本地信道，不依赖于特定的系统模型，对具体问题特征不敏感，易于实现；但缺乏分析收敛性的理论依据且易陷入局部最优。

3．频谱接入技术

针对频谱分配而言，当频谱接入的用户数量过多或受敌方干扰时，需要切换频段。通过子带编码技术可将频带划分为若干个子频带，利用空闲子频带重建通信链路以恢复通信[10]。频谱接入技术可减少对其他用户对通信的影响，同时最大化频谱利用率，保证用户之间的公平性。

4．功率控制技术

当频谱接入的用户过多时，由于频谱的总功率增加，会对用户造成干扰，因此要严格控制发射功率，使该频谱的总功率不得超过干扰门限。各个用户需要改变自身的发射功率等参数，以适应环境且满足自身的传输要求。控制发射功率还可以降低系统由于长时间在高功率工作而导致性能受损的可能性。功率控制技术可分成两大类：（1）适用于集中式网络的功率控制技术，该技术利用控制站来集中处理信息，但计算量过大；（2）适用于分布式网络的基于非合作博弈的功率控制技术和并行分布式联合策略[11]。

5．联合策略

为更好地提高频谱利用率，保证非授权用户与授权用户的频谱共享，常使用多技术联合策略来解决频谱分配问题。注水法功率控制就是将功率控制与频谱分配结合的联合策略，先将信道划分若干个独立的子信道，再通过奇异值分解确定各子信道的增益，发送端在增益较大的子信道上分配较多功率，在增益较小的子信道上分配较少功率，从而使传输容量最大化。文献［12］研究了基于隐马尔可夫模型的分布式主动频谱切换算法，将信道状态加入用户的状态，有效解决了非授权用户之间信息不能共享时的冲突问题，并利用虚警、漏检、错检概率对感知信息的不准确性进行了修正，提高了预测信道状态概率的准确性，减少了用户之间产生冲突的次数。文献［13］先采用基于频谱预测的信道剩余空闲时间估计与传输所需时长的对比方法对切换时间进行预判，然后基于蚁群分工算法选择目标频谱；此外，该文献还考虑了影响频谱分配的其他因素。

10.3 多路访问控制协议

10.3.1　多路访问控制协议概述

多路访问控制协议用于控制无线信道上各个分组的发送和接收，不仅会影响着网络的吞吐量和时延，还会影响无线信道的利用率和上层协议的性能。多路访问控制协议是自组织网协议体系结构中的重要组成部分，主要用于协调节点访问共享信道。多路访问控制协议能否高效地利用有限的无线资源，对飞行自组织网的性能起决定性作用。

多路访问控制协议主要负责节点的接入方式以及媒介访问控制方式。节点的接入方式直接影响着飞行自组织网的组网速度，多路访问控制协议主要解决在使用共用信道而产生竞争时信道使用权的分配问题。飞行自组织网对多路访问控制协议的要求是高效、公平、服务质量（Quality of Service，QoS）保障和节能。

当前，飞行自组织网的多路访问控制协议的设计难点主要包含以下几个方面[14]：

（1）飞行自组织网采用分布式控制的接入机制，它本身不依赖于基础设施，由于没有固定的中央控制设备，所以无法集中对信道进行分配，只能采用分布式控制的接入机制来完成信道资源的分配和管理。

（2）飞行自组织网的节点会频繁地加入或离开网络，网络拓扑会频繁发生变化，这将改变节点使用共享信道时的冲突概率，同时网络的业务量也在不断变化中，因此飞行自组织网的多路访问控制协议需要适应这种变化，从而提高网络性能。

（3）传统的 ALOHA 和载波监听多路访问（Carrier Sense Multiple Access，CSMA）等协议采用的是基于共享广播信道的接入技术，这些协议是面向全连通网络设计的。飞行自组织网是一个多跳网络，多跳的特性给网络带来隐藏终端和暴露终端、资源的空间复用等问题。

（4）飞行自组织网面临的由飞行器速度带来的通信链路频繁失效，也会给多路访问控制协议的设计带来困难。

影响飞行自组织网多路访问控制协议性能的关键技术包括：

（1）隐藏终端和暴露终端问题。隐藏终端问题会增加共享信道的冲突概率，暴露终端问题会影响信息的发送，导致共享信道资源的浪费。目前，解决隐藏终端和暴露终端问题方法主要有两种：方法一是利用握手机制，通信双方利用控制信息进行握手，从而实现数据的无冲突发送；方法二是采用功率控制和有向天线来减少隐藏终端和暴露终端问题的影响。

（2）信道的公平接入。飞行自组织网的组网灵活，生存时间较短，因此需要考虑短期的公平性问题。目前关于公平性的讨论是从两方面进行的：一方面是业务流角度，保证业务流之间占用的信道资源相等；另一方面是节点角度，保证节点之间的占用的信道资源相等。

（3）多路访问控制协议中的 QoS 保障。随着飞行自组织网应用领域的扩展，该网络可支持的业务越来越多样化，QoS 的保障问题亟待解决。在多路访问控制协议中，QoS 保障主要是指保障对实时性要求很高的业务能快速地接入信道，并保障时延抖动也比较小。由于飞行自组织网的接入不仅取决于节点本身，还取决于网络中其他节点，这使得多路访问控制协议中的 QoS 保障变得更加困难。

（4）多路访问控制协议中的功率控制。功率控制主要包括两方面：一方面是如何控制节点的发射功率来改变网络的连通性；另一方面是如何节省节点的能量，使节点获得较长的生存时间。

10.3.2　多路访问控制协议分类与研究现状

在自组织网中，根据节点接入信道方式的不同，自组织网的多路访问控制协议可分为固定接入协议、随机接入协议和预约接入协议。固定接入的代表性协议有频分多址（Frequency Division Multiple Access，FDMA）、时分多址（Time Division Multiple Access，TDMA）、码分多址（Code Division Multiple Access，CDMA）和空分多址（Space Division Multiple Access，SDMA）。随机接入的代表性协议有 ALOHA 协议、CSMA 协议和带有冲突避免的载波侦听多路访问（Carrier Sense Multiple Access with Collision Avoid，CSMA/CA）协议。预约接入的代表性协议是统一时隙分配协议（Unifying Slot Assignment Protocol，USAP）。

文献［15］研究了固定接入中的调度机制，针对多包接收场景下的动态组网，利用数学手段对邻居节点之间的冲突进行分析，从而确定冲突最少的时隙分配方式，实现了吞吐量的提升。近年来，针对能耗控制和业务负载等不同的需求，以及现有协议的缺陷，相关学者陆续提出了各种新型接入协议。文献［16］将网络编码技术和协同机制相结合应用到多路访问控制协议中，提出了一种基于网络编码的协同多路访问控制协议，利用网络编码技术解决了协同传输的中继效率低的问题，提高了网络的吞吐量。文献［17］对现有协议的时隙竞争阶段进行改进，采用静态分配和动态分配相结合的方式，在固定分配的基础上，对不共享信道的节点时隙进行动态分配，提高了系统的分组投递率和接入效率。文献［18］针对航空 Ad Hoc 网络多路访问控制协议出现的信道资源分配不公平的现象，提出了优先级权重速率算法，在多路访问控制协议中采用加权队列模型，在保证高优先级业务服务质量的同时提高了信道资源利用的公平性。文献［19］针对抗毁性这一指标，提出了一种基于全网时隙改变的时隙分配协议，通过研究全网时帧改变的收敛时间来设计帧结构，采用先集中分配再补充分配的方式来控制时隙，使得全网时帧结构能够随着接入节点数目的变化而变化，不仅提高了抗毁性能，而且在端到端时延、吞吐量方面均优于现有的 USAP。现有的基于统计优先级的多址接入（Statistical Priority Multiple Access，SPMA）协议中的阈值设置会造成负载控制失效，从而导致统计出的负载不具有参考价值。文献［20］针对该问题提出了一种多优先级单阈值接入控制协议，利用单阈值信道接入和信道负载统计时间校正机制，使信道承受能力与实际信道负载得到了最大程度的匹配，从而提高了信道利用率。

对于接入控制协议，文献［21］根据 IEEE 802.11 协议的节能机制（Power Saving Mechanism，PSM）提出了增强型多信道多路访问控制协议。在增强型多信道多路访问控制协议中，节点在默认信道上交换控制信息，在通知传输指示消息（Announcement Traffic Indication Message，ATIM）窗口期协商数据信道。该协议的改进之处是可以根据网络流量负载在信道上传输数据包，从而更加有效地利用信道资源。为了解决在终端数目增加时 TDMA 会出现严重的网络冲突，导致网络性能大大下降的问题，文献［22］设计了一种使用多重网络服务的多无线信道多路访问控制调度协议，将无线信道资源合理地分配给各个移动终端，从而减少网络冲突，保障网络性能，提高无线信道的利用率。针对 IEEE 802.11 协议的分布式协同功能（Distributed Coordination Function，DCF）和 TDMA 的不足，文献［23］提出了基于多信道负载感知的无人机多路访问控制协议，加入了多优先级排队调度机制和基于多通道负载的退避机制，能够根据实时的信道状态来区分不同优先级的服务，为各种信息提供有效的服务质量保证，有效利用带宽。文献［24］提出了一种全连接移动自组织网的自适应媒介访问控制方案，该方案基于对当前网络负载状况的检测，在网络流量负载达到阈值时，节点可以在 DCF 和动态 TDMA 之间做出切换决策，通过适应不断变化的网络流量负载来获得一致的高网络性能。

按照网络是同步网络还是异步网络，自组织网多路访问控制协议可以分为以下几类：

（1）同步多路访问控制协议。同步多路访问控制协议适用于同步网络，同步网络是指网络中的所有节点遵守同一个时隙划分的标准，时隙的长度和起点相同。同步多路访问控制协议按照时隙划分无线信道资源，将不同的时隙分配给网络中的不同用户。同步多路访问控制协议能够支持资源预留并节省功率，网络性能比较好，但在某些场合下，网络中节点的同步比较困难。

（2）异步多路访问控制协议。异步多路访问控制协议适用于异步网络，异步网络是指网络中的每个节点都有自己的时间标准，一般来说不划分为时隙，即使划分时隙且时隙等长，时隙的起点也不一定相同。异步多路访问控制协议可以灵活地根据数据分组的大小为节点申请信道资源，不受时隙大小的约束。这种方式能够为突发数据业务提供较好的支持，但难以支持实时业务。

除此之外，许多学者都针对特定的飞行自组织网设计了多种多样的多路访问控制协议。例如，美国 TTNT 项目使用的 SPMA 协议和其他绝大部分项目采用的基于 TDMA 改进的多路访问控制协议[25]。文献［26］将新型的无线调制技术 LoRa 与基于竞争方式的多路访问控制协议相结合，提出了 LoRa-MAC 协议和自适应速率算法，并针对信道冲突和数据碰撞问题对退避算法进行了改进，对时延、丢包率等性能进行了优化。

10.4 拓扑及功率管理

飞行自组织网中的每个节点都具有移动性，且飞行节点通常是高速移动的，所以有可能随时进入或离开与其他节点的通信范围。另外，各飞行节点可以随时关闭无线接收和发射功能，当受到功率变化、噪声干扰、天气影响、意外事故等影响时，飞行自组织网的拓扑结构会随时发生变化。本节将介绍常用的几种拓扑结构、功率控制算法，以及针对飞行自组织网的拓扑控制技术。

10.4.1　拓扑结构

拓扑结构是指用传输媒介把计算机等各种设备互相连接起来的物理布局，是指互连过程中构成的几何形状，它可以表示网络服务器、工作站的网络配置和互相之间的连接。拓扑结构可按形状分类，常见的有星状、总线状、环状、树状、网状状等拓扑结构，如 10-4 所示。

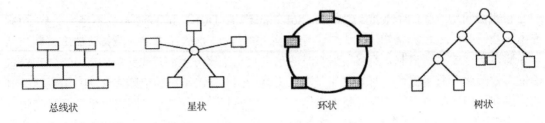

图 10-4　拓扑控制

（1）星状结构。星状结构是以一个节点为中心的拓扑结构，各种类型的入网设备均与该中心节点通过物理链路直接相连。星状结构的优点是结构简单、建网容易、控制相对简单；其缺点是采用集中控制的方式，中心节点的负载过重、可靠性低、通信链路的利用率低。

（2）总线状结构。总线状结构是一种使用比较普遍的拓扑结构，它将所有的入网设备均接入一条总线上，为了防止信号反射，一般在总线两端连接终结器来匹配总线的阻抗。总线状结构的优点是信道利用率较高、结构简单、价格相对便宜；其缺点是同一时刻只允许两个节点相互通信，网络延伸距离有限，网络可容纳节点数有限。在总线上只要有一个点出现连接问题，就会影响整个网络的正常运行。目前在局域网中多采用总线状结构。

（3）环状结构。环状结构是指将各台设备通过通信链路连接成一个闭合的环。环状拓扑是一个点到点的环状结构，每台设备都直接连接到环上，或通过一个接口和分支电缆连接到环上。在初始安装时，环状拓扑比较简单；随着设备的增加，重新配置网络的难度也会增加，对环的最大长度和环上设备的数量有限制。环状结构上的故障设备很容易查找，故障设备的影响范围比较大，在单环网络上，出现的任何错误都会影响网络上的所有设备。

（4）树状结构。树状结构是指分级的集中控制式结构，与星状结构相比，它的通信链路长度比较短、成本较低、节点易于扩充、寻找路径比较方便，但除了叶节点及其相连的线路，其他节点或与其相连的线路故障都会影响整个网络。

（5）网状结构。网状结构分为全连接网状结构和不完全连接网状结构。在全连接网状结构中，每个节点都和其他节点相连接；在不完全连接网状结构中，两个节点之间不一定有直接相连的链路，它们之间的通信往往需要通过其他节点的转接。网状结构的优点是节点间的路径多，碰撞和阻塞的概率可大大减少，局部的故障不会影响整个网络的正常工作，可靠性高；网络扩充和设备入网比较灵活、简单。网状结构的缺点是网络关系复杂，不易组网，网络控制机制比较复杂。

（6）混合型拓扑。混合型拓扑是指同时使用两种或两种以上的拓扑结构，其优点是可以对基本拓扑结构取长补短，缺点是网络配置难度大。

针对无线自组织网，其动态拓扑结构有四种基本形式[27]——中心式结构、完全分布式结构、分层中心式结构和分层分布式结构。飞行节点构成的拓扑结构也可分为如下几种形式：

（1）中心式结构。在中心式结构中，各节点有主从之分，主节点拥有较强的信息处理能力，占用较大的网络信息流量，负责从节点间的信息转发和流量控制。在军事应用中，由于主节点功能过强，所以中心式结构具有抗摧毁能力差的致命缺点。

（2）完全分布式结构。在完全分布式结构中，各节点的地位是平等的，均可以同时具有主节点和路由的功能，各节点间占用同样的网络带宽。但完全分布式结构中的各节点都需维护到达其他节点的路由信息，而路由信息是动态变化的，因此维护这些动态变化的路由信息需要大量的控制信息，网络开销会大大增加，这是该结构最大的缺点。

（3）分层中心式结构与分层分布式结构。在大中型飞行自组织网中，通常采用分层式的网络结构，即分簇管理。飞行自组织网被分为多个簇，每个簇包含一个簇头和多个簇成员。簇头负责簇内通信和簇间通信，能耗比较大；簇内的网关节点充当中继节点，实现簇间消息的转发；簇内的非网关节点仅负责自身与簇头的通信，不承担消息转发的任务，能耗比较小。

相比于平面结构，分层结构具有路由开销小、吞吐量大、网络易扩充等优点，可以保证编队网络的可扩展性；但由于簇头负责的任务多、能耗大，因此需要合理的簇头选举和簇维护机制，以此保证网络分层管理的负载均衡，延长网络的生存周期。

10.4.2　功率控制技术

功率控制是指动态地调整节点的发射功率。通过调整节点的发射功率，可以补偿无线信道衰落，保证接收到的信号功率和信噪比达到接收解调的门限，能够一定程度上保证通信的服务质量，并对其他工作节点的干扰较小。

在多节点的飞行自组织网中，子网内各节点之间的距离并不相同，如 10-5 所示，节点 1 与节点 2 之间的距离明显小于节点 1 与节点 3 之间的距离，因此要使节点 1 与节点 3 建立通信，就需要更大的发射功率。这与移动通信中的远近效应相似，将会导致节点 2 的接收信号过强。这时就需要通过功率控制技术来克服远近效应带来的问题。

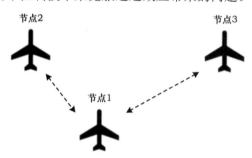

图 10-5　节点间远近示意图

功率控制准则是调节发射功率的依据。功率控制准则大致可以分为：功率平衡准则、信噪比平衡准则、混合平衡准则和误码率平衡准则[9]。

🡆 功率平衡准则：使各节点的信号到达接收端后的功率相等。
🡆 信噪比平衡准则：使各节点的信号到达接收端后的信噪比相等。
🡆 混合平衡准则：将功率平衡准则与信噪比平衡准则结合在一起的混合准则。
🡆 误码率平衡准则：计算一段时间内的平均误码率，并作为功率控制准则。

功率控制准则的特点如表 10-1 所示。

表 10-1　功率控制准则的特点

功率控制准则	特　　点
功率平衡准则	实现简单、性能较差
信噪比平衡准则	性能较好，容易产生正反馈，导致系统不稳定
混合平衡准则	性能好，解决了正反馈的问题
误码率平衡准则	实现困难、时延大

对于存在中心节点的通信系统，功率控制既可以分为正向功率控制和反向功率控制，又可以根据功率控制的方法分为开环功率控制和闭环功率控制[28]。

（1）正向功率控制。正向功率控制的目的是控制主节点向从节点的发射功率，主节点可以根据其与从节点的距离来控制发射功率，对距离较近的从节点配置较小的发射功率，对距离较远的从节点配置较大的发射功率，从而使得各从节点接收到的信噪比刚好达到所要求的门限值。

（2）反向功率控制。反向功率控制的目的是控制从节点向主节点的发射功率，使得主节点接收到的各从节点信号的功率是相同的，且满足主节点的信噪比门限要求。

（3）开环功率控制。各节点根据接收到的信号功率大小或者信噪比，以及节点之间的距离来对信道衰落进行实时估计，并调整各节点的发射功率。

（4）闭环功率控制。闭环功率控制以开环功率控制为基础，对功率控制结果进行校正。例如，当两个节点进行通信时，节点 1 首先根据接收到的信号进行开环功率控制，节点 2 根据接收到的节点 1 信号的功率来生成对节点 1 功率进行控制的指令，并通过无线链路发送到节点 1，节点 1 根据接收到的功率控制指令来校正自身的发射功率，以实现更精确的功率控制。

开环功率控制实现起来比较简单、响应速度快、系统开销小；由于闭环功率控制存在功率控制指令的开销，控制逻辑比较复杂，因此存在系统开销大、时延长等问题，但具有控制精度高的优点。

10.4.3　拓扑控制技术

在飞行自组织网中，如果不对网络节点进行任何约束，那么大量的数据转发极易造成局部网络的拥塞，导致网络瘫痪，因此网络的拓扑管理是至关重要的。拓扑控制对飞行自组织网的性能有着很强的影响，密集的网络拓扑会导致网络内数据包频繁发生冲突，网络吞吐量下降，能耗严重；稀疏的网络拓扑会导致无人机节点之间的链路经常断开，造成网络割裂，使通信性能大幅下降。

自组织网中的拓扑管理主要是由分簇算法来实现的，通过分簇算法可以使网络更具可伸缩性，减少开销并最大限度地提高吞吐量。在典型的分簇方案中，移动自组织网将移动节点划分为不同的虚拟组，并根据一些规则将这些节点分配到地理位置上相邻的同一个簇中，这些规则对簇中包含的节点和排除在簇外的节点具有不同的行为。分簇作为一种有效的拓扑控制手段，有多种优势：首先，分簇有助于资源的空间复用，以增加系统容量；其次，虽然簇头和簇内的网关节点不能很好地形成簇间路由的虚拟主干，但路由信息的生成和传播可以使簇内节点得到很好的控制；最后，在动态组网中当移动节点改变其连接的簇时，只有驻留在簇内的移动节点才需要更新信息。

分簇算法既可以分为簇头聚类算法和非簇头聚类算法，也可以分为单跳分簇算法和多跳分簇算法；既有基于人工智能技术的聚类算法，如基于蚁群优化的聚类算法和基于灰狼优化的聚类算法[29]，也有最大化最小分簇个数的启发式算法[30]。典型的拓扑控制算法按照管理方式可以分为节点功率退避算法和层次型拓扑控制算法。

（1）节点功率退避算法。一方面要避免隐藏终端和暴露终端问题，另一方面要通过动态调整节点的发射功率，使得网络满足必要的连通性。典型的节点功率退避算法有通用功率级（Common Power Level，COMPOW）算法[31]、局部平均算法（Local Mean Algorithm，LMA）[32]、局部最小生成树（Local Minimum Spanning Tree，LMST）算法[33]、锥拓扑控制（Cone-Based Topology Control，CBTC）算法[34]等。

（2）层次型拓扑控制算法。该类算法在本质上是通过分簇对网络进行划分的，挑选部分节点担任簇头，并组成处理和转发数据的骨干网络，承担网络通信的主要工作；非骨干网节点仅负责与簇头的通信，空闲时可以暂时关闭通信模块用来节省能量。Baker 和 Ephremides 等人首次提出了分簇理论，指出可以将动态的网络划分为逻辑上相互连接的簇群[35]。文献［36］提出的低功耗自适应集簇分层型（Low Energy Adaptive Clustering Hierarchy，LEACH）算法是最早提出来的经典分簇算法，该算法考虑了节点担任簇头的次数，担任簇头次数少的节点拥有更大的概率担任簇头。LEACH 算法能够确保每个节点等概率地担任簇头，实现了负载均衡，延了网络的生命周期[37]。最小 ID（Lowest ID Cluster，LIC）算法[38]、移动度量（Mobility Based Metric for Clustering，MOBIC）算法[39]、最大节点度（Highest Connectivity Clustering，HCC）[40]算法分别从节点的 ID 号、节点的移动速度、节点的节点度与理想节点度差的绝对值对网络进行分簇，实现了层次化拓扑控制。文献［41］提出了一种适用于飞行自组织网的按需加权分簇算法（Weighted Clustering Algorithm，WCA），综合了上述分簇算法的优点，分别考虑理想的节点度、传输功率、节点的移动性和节点的剩余能量，从而在最大程度上实现飞行自组织网的拓扑稳定性，同时减少了控制开销，降低了通信成本。表 10-2 主要从理论依据、是否周期执行等方面对不同的拓扑控制算法进行了对比分析。

表 10-2　不同拓扑控制算法的对比分析[42]

算法名称	COMPOW	LMA	LMST	LEACH	LIC	MOBIC	WCA
理论依据	统一功率分配	节点度区间约束	邻近图	随机确定簇头	节点 ID	节点移动性	节点度、传输功率、移动性、剩余能量
是否周期执行	否	是	是	是	是	是	是
是否基于全局信息	是	否	否	否	否	否	否
分类	功率控制	功率控制	功率控制	层次型	层次型	层次型	层次型

10.5 路由协议

作为一种特殊的自组织网，飞行自组织网的一个主要研究问题是路由功能的实现。飞行自组织网中的传输路径大多是多跳的，节点通常会频繁地入网和退网，因此设计一个高效的路由协议对于飞行自组织网是十分重要的。由于飞行自组织网与传统的自组织网有很多的共同点，所以现有的路由协议大多是在传统自组织网的路由协议的基础上，针对飞行自组织网的特点而改进的。路由协议可以分为主动协议、被动协议和混合协议。

10.5.1　主动协议

主动协议通过在无人机之间定期交互信息来主动更新路由信息，可以直接按照路由表进行数据转发，从而实现路由功能。由于主动协议需要定期交互信息，带来了巨大的开销，所以在实际中较少应用。主动协议的代表是最优链路状态路由（Optimized Link State Routing，OLSR）协议[43]。

OLSR 协议基于传统的泛洪协议修改而来。链路状态表示任意节点都知道网络中其他节点的信息，而不是只知道部分节点的信息。OLSR 协议的优点体现在三个方面：一是通过多点中继（Multi-Point Relay，MPR）机制（见图 10-6）减少了泛洪的开销，实现了优化，只有 MPR 节点会转发信息；二是通过序列号机制减少了重复信息在网络中的泛洪，减少了开销；三是 OLSR 不同于传统的泛洪协议，节点只将自己与 MPR 节点的拓扑广播到网络中。无人机将自身信息放入 HELLO 消息中进行定期的广播，因此无人机可以获得两跳内的拓扑信息，并且将获得的拓扑信息定期通过 MPR 机制发送到整个网络中，基于此无人机可以获得整个网络的拓扑信息，建立路由表，实现路由功能。

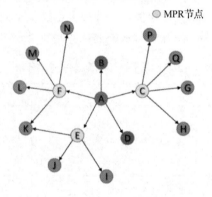

图 10-6　MPR 机制

由于飞行自组织网的应用场景比较复杂，各场景下的通信需求各不相同，因此 OLSR 协议出现了诸多的改进版本，这些改进版本的思路主要是改进 MPR 机制。例如，文献 [44] 为了降低飞行自组织网中的通信时延，提出了定向优化链路状态路由协议，该协议结合物理层和 MAC 层的信息实现了理由；文献 [45] 在 MPR 节点的选择过程中考虑了链路的质量，提出了链路定义的 OLSR，降低了链路故障的频率，提高了服务质量；文献 [46] 考虑到无人机的能量问题，为了提高飞行自组织网的寿命，基于剩余能量来选择 MPR 节点，提出了基于能效的 OLSR 协议。

10.5.2　被动协议

被动协议又称为按需协议。与主动协议不同，被动协议不会通过周期性的信息交互来更新路由表，该协议只有在数据传输且不存在可用路由时，才会发起路由发现过程来生成路由。被动协议一般均包含路由发现、路由应答和路由维护三个过程。由于被动协议的按需特性，使其减少了数据开销，同时也能适应拓扑的动态变化，所以应用较为广泛。被动协议的代表是无线自组织网按需平面距离向量路由（Ad-Hoc On-Demand Distance Vector Routing，AODV）协议[47]。按需表示 AODV 协议是被动协议，距离向量是指节点利用距离信息来确定路由。如果节点存在数据传输需求但不存在可用路由，则广播路由请求消息来执行路由发现过程。接收到路由请求的节点会建立反向路由，同时查询是否存在到目标节点的路由，若存在则进行路由回应，若不存在则进行转发，直到目标节点接收到路由请求为止。目标节点会进行路由回应，路由回应过程通过前面建立的反向路由将路由应答数据包发送给源节点。路由发现过程如图 10-7 所示。

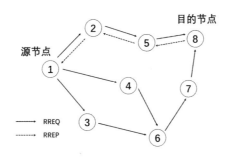

图 10-7　路由发现过程

　　AODV 协议通过第一个接收到的数据包来建立路由，使用距离向量来进行路由选择。文献［48］对 AODV 协议进行了改进，改进点是路由的衡量指标，通过加入能量、安全等不同的指标来改进协议的性能，在 AODV 协议的路由建立过程中考虑了基于路由发现期间的能耗的度量，提出了能量 AODV，延长了网络寿命、增加了总的数据传输速率、降低了控制分组的负载。为了提升 AODV 的安全性能，文献［49］在路由请求和路由回应的数据包中使用哈希链进行加密，成功避免了伪造类的攻击，提高了网络的安全性能。文献［50］也对AODV 协议进行了改进，改进点是大量数据包的转发，即对转发机制进行改进来减少开销，该文献对转发机制进行了总结，将其分为简单泛洪、基于概率的转发、基于地域的转发、基于邻居知识的转发。文献［51］提出了一种基于邻居知识的转发方法，通过未覆盖邻居和本地密度来决定是否转发路由请求数据包，对 AODV 协议进行改进，降低了开销，延长了网络寿命。

10.5.3　混合协议

　　主动协议和被动协议的主要区别在于路由信息的更新和建立是周期性的还是由数据传输驱动的。主动协议的主要开销是周期性的路由信息更新，优势是数据包可以立即发送，无须等待；被动协议的主要开销是路由发现和路由应答过程，优势是不用周期性地发送消息，相对于主动协议而言其开销较小，但路由发现过程会增加数据传输时延。混合协议结合了主动协议和被动协议的优势，典型代表是域路由协议（Zone Routing Protocol，ZRP）[52]。

　　域路由协议中的域是由一个节点在指定跳数内可以到达的节点组成的。域内的节点采用主动协议维护路由信息，域外的节点则采用被动协议来建立路由。主动协议和被动协议并不限制于某一种具体的协议，ZRP 是一种混合协议框架，可以使用各种协议的组合。ZRP 将域内使用的主动协议称为域内路由，将域外使用的被动协议称为域外路由。域的示意图如图 10-8 所示。

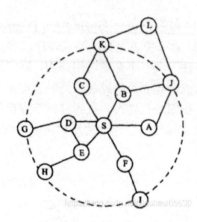

图 10-8　域的示意图

　　ZRP 的性能主要取决于域范围的选择机制，文献［53］使用一种通用的数据流量概率模型进行了仿真，发现最优的域半径位于一个点，在该点上，ZRP 的主动协议和无功协议的开销大致相等。ZRP 可能的改进方向是最优域半径的确定方法，使之能够实时适应网络状态的变化。

　　上述的协议都是自组织网的经典协议，将这些协议应用于飞行自组织网可能不能契合飞行自组织网快速变化的特性。对于上述协议的改进方法，本节给出了经典协议的改进思路。除此之外，业界还提出了结合位置信息和人工智能技术的多径路由发现技术等不同的改进算法。

10.6 本章小结

　　飞行自组织网可以在没有其他预置网络设施的情况下，快速自动组网，执行相关任务，各无人机之间可实现信息共享等，具有抗毁性强、智能决策等优点。飞行自组织网以其特有的优势，被广泛研究，军事和民事领域都对飞行自组织网寄予了很高的期待。由于飞行自组织网的快速动态拓扑、传输带宽有限等难点，其并未被大范围投入应用。本章针对飞行自组织网的特点，从无人机频谱管理、多路访问控制协议、拓扑及功率管理、路由协议等方面，介绍了飞行自组织网的关键技术。

本章参考文献

　　[1] 姜水桥. 无人机通信系统频谱规划问题研究[J]. 科技视界，2014(36): 107-108.

　　[2] Akyildiz I F, Lee W Y, Vuran M C, et al. A survey on spectrum management in cognitive radio networks[J]. IEEE Communications magazine, 2008, 46(4): 40-48.

　　[3] Akyildiz I F , Lo B F , Balakrishnan R . Cooperative spectrum sensing in cognitive radio networks: a survey[J]. Physical Communication, 2011, 4(1): 40-62.

[4] Liang Q , Han S , Yang F , et al. A distributed-centralized scheme for short- and long-term spectrum sharing with a random leader in cognitive radio networks[J]. IEEE Journal on Selected Areas in Communications, 2012, 30(11): 2274-2284.

[5] 杨晨，张少卿. 无人机编队动态频谱管理综述[J]. 微波学报，2018, 34(S2): 477-482.

[6] Maliah S, Shani G. Using POMDPs for learning cost sensitive decision trees[J]. Artificial Intelligence, 2021, 292: 103400.

[7] 贾杰，王闯，张朝阳，等. 认知无线电网络中基于图着色的动态频谱分配[J]. 东北大学学报（自然科学版），2012, 33(03): 336-339.

[8] 余翔，郭垸汝，马广浩. 基于图论模型的改进型频谱分配算法[J]. 广东通信技术，2014, 34(03): 33-37.

[9] 程宇，胡诗. 基于动态价格调整的博弈论频谱分配算法[J]. 舰船电子工程，2019, 39(12): 71-76.

[10] Perich F, Morgan E, Ritterbush O, et al. Efficient dynamic spectrum access implementation[C]. 2010 Military Communications Conference, San Jose, 2010.

[11] 赵军辉，杨涛，贡毅，等. 基于非合作博弈论的认知无线电功率控制算法（英文）[J]. 中国通信，2013, 10(11): 143-154.

[12] 乔晓瑜，谈振辉，徐少毅，等. 分布式认知无线电网络中的频谱切换方法：CN101860937A[P]. 2010-10-13.

[13] 裴庆祺，潘楠，李男，等. 一种分布式认知无线网络中主动频谱切换的方法：CN103281734A [P]. 2013-09-04.

[14] 钱胜笑. 空中高速自组织网络 MAC 协议[D]. 西安：西安电子科技大学，2012.

[15] Liu Y, Li V O K, Leung K C, et al. Topology-transparent scheduling in mobile ad hoc networks with multiple packet reception capability[J]. IEEE Transactions on Wireless Communications, 2014, 13(11): 5940-5953.

[16] 李楠，戚进勇，蔡跃明，等. 无线 Ad Hoc 网络中一种基于网络编码的协同 MAC 协议[J]. 电子与信息学报，2011, 33(12): 2971-2977.

[17] 赵龙，叶宁，唐剑,等.Ad Hoc 网络动态时隙分配的混合 MAC 协议研究与仿真[J].重庆邮电大学学报：自然科学版，2016, 28(4): 456-461.

[18] 高晓琳，晏坚，陆建华. 一种航空 Ad Hoc 网络优先级权重速率控制算法[J]. 清华大学学报（自然科学版），2017, 57(3): 293-298.

[19] 金瑞，刘作学，王俊达. 基于全网时帧改变的 TDMA Ad Hoc 时隙分配协议[J]. 计算机应用，2018, 38(S1): 124-130.

[20] 任智，杨迪，胡春，等. 一种高信道利用率的无人机自组网单阈值接入协议[J]. 计算机工程，2021, 47(02): 206-211.

[21] Dang D N M, Quang N T, Hong C S, et al. An enhanced multi-channel MAC protocol for wireless ad hoc networks[C]. 14th Asia-Pacific Network Operations and Management Symposium (APNOMS), Seoul, 2012.

[22] Yan S. A TDMA MAC scheduling protocol algorithm for wireless mobile ad hoc network and its performance analyses[C]. 5th International Conference on Computer Science and Network Technology (ICCSNT), Changchun, 2016.

[23] Zheng B, Li Y, Cheng W, et al. A multi-channel load awareness-based MAC protocol for flying ad hoc networks[J]. EURASIP Journal on Wireless Communications and Networking, 2020(1): 1-18.

[24] Ye Q, Zhuang W, Li L, et al. Traffic-load-adaptive medium access control for fully connected mobile ad hoc networks[J]. IEEE Transactions on Vehicular Technology, 2016, 65(11): 9358-9371.

[25] Zheng B, Zhang H, Huang G, et al. Status and development of aeronautical ad hoc networks[J]. Telecommunications Science, 2011, 27(5): 38.

[26] 柳永波. 基于 LoRa 的无线自组网 MAC 协议研究[D]. 西安：电子科技大学，2017.

[27] 纪双星，钱水春. 无线自组织网络[J]. 军事通信技术，2003, 024(003): 37-41.

[28] 王华奎. 移动通信原理与技术[M]. 北京：清华大学出版社，2009.

[29] Fahad M, Aadil F, Khan S, et al. Grey wolf optimization based clustering algorithm for vehicular ad-hoc networks[J]. Computers & Electrical Engineering, 2018, 70: 853-870

[30] Amis A D, Prakash R, Vuong T H P, et al. Max-min d-cluster formation in wireless ad hoc networks[C]. Nineteenth Annual Joint Conference of the IEEE Computer and Communications Societies (Cat. No. 00CH37064), 2000.

[31] Narayanaswamy S, Kawadia V, Sreenivas R S, et al. Power control in ad-hoc networks: theory, architecture, algorithm and implementation of the COMPOW protocol[C]. European Wireless Conference, 2002.

[32] Kim S, Eom D S. Distributed transmission power control for network programming in wireless sensor networks[J]. Wireless Personal Communications, 2013, 72(2): 1533-1548.

[33] Li N , Hou J C , Sha L . Design and analysis of an MST-based topology control algorithm[J]. IEEE Transactions on Wireless Communications, 2005, 4(3): 1195-1206.

[34] Liu P, Tao Z, Lin Z, et al. Cooperative wireless communications: a cross-layer approach[J]. IEEE Wireless communications, 2006, 13(4): 84-92.

[35] Baker D . The Architectural organization of a mobile radio network via a distributed algorithm[J]. IEEE Transactions on Communications, 2003, 29(11): 1694-1701.

[36] Handy M J, Haase M, Timmermann D. Low energy adaptive clustering hierarchy with deterministic cluster-head selection[C]. 4th International Workshop on Mobile and Wireless Communications Network, Stockholm, 2002.

[37] 苏金树，郭文忠，余朝龙，等. 负载均衡感知的无线传感器网络容错分簇算法[J]. 计算机学报，2014, 37(2): 445-456.

[38] Lin C R , Gerla M . Adaptive clustering for mobile wireless networks[J]. IEEE Journal on Selected Areas in Communications, 1997, 15(7):1265-1275.

[39] Basu P, Khan N, Little T D C. A mobility based metric for clustering in mobile ad hoc networks[C]. Proceedings 21st International Conference on Distributed Computing Systems Workshops, Mesa, 2001.

[40] Gerla M , Tsai T C . Multicluster, mobile, multimedia radio network[J]. Wireless Networks, 1995, 1(3):255-265.

[41] Chatterjee M, Das S K, Turgut D. An on-demand weighted clustering algorithm (WCA) for ad hoc networks[C]. Global Telecommunications Conference. Conference Record (Cat. No. 00CH37137) [C], San Francisco, 2000.

[42] 严磊. 无人机自组织网络动态分簇与机会路由研究[D]. 南京：南京航空航天大学，2018.

[43] Clausen T, Jacquet P, Adjih C, et al. Optimized link state routing protocol (OLSR):RFC 3623[S/OL]. [2022-12-11]. https://www.rfc-editor.org/rfc/rfc3626.

[44] Alshbatat A I, Dong L. Cross layer design for mobile ad-hoc unmanned aerial vehicle communication networks[C]. International Conference on Networking, Sensing and Control (ICNSC), Chicago, 2010.

[45] Jain R, Kashyap I. An QoS aware link defined OLSR (LD-OLSR) routing protocol for MANETs[J]. Wireless Personal Communications, 2019, 108(3): 1745-1758.

[46] Mahfoudh S, Minet P. An energy efficient routing based on OLSR in wireless ad hoc and sensor networks[C]. 22nd International Conference on Advanced Information Networking and Applications-Workshops (AINA Workshops 2008), Ginoan, 2008.

[47] Perkins C E, Royer E M. Ad-hoc on-demand distance vector routing[C]. Proceedings WMCSA'99. Second IEEE Workshop on Mobile Computing Systems and Applications, New Orleans, 1999.

[48] Faouzi H, Er-rouidi M, Moudni H, et al. Improving network lifetime of Ad Hoc network using energy Aodv (E-AODV) routing protocol in real radio environments[C]. International Conference on Networked Systems, Cham, 2017.

[49] Zapata M G, Asokan N. Securing ad hoc routing protocols[C]. Proceedings of the 1st ACM Workshop on Wireless Security, New York, 2002.

[50] Williams B, Camp T. Comparison of broadcasting techniques for mobile ad hoc networks[C]. Proceedings of the 3rd ACM International Symposium on Mobile Ad Hoc Networking & Computing, New York, 2002.

[51] Zhang X M, Wang E B, Xia J J, et al. A neighbor coverage-based probabilistic rebroadcast for reducing routing overhead in mobile ad hoc networks[J]. IEEE Transactions on Mobile Computing, 2012, 12(3): 424-433.

[52] Beijar N. Zone routing protocol (ZRP)[J/OL]. [2022-12-24]. https://citeseerx.ist.psu.edu/viewdoc/download;jsessionid=15B7860F4A7E68511AEC6DBF2A040CF7?doi=10.1.1.19.5568&rep=rep1&type=pdf.

[53] Patel B, Srivastava S. Performance analysis of zone routing protocols in mobile ad hoc networks[C]. 2010 National Conference on Communications, Chennai, 2010.

第 11 章
无人机集群

11.1 引言

随着科学技术的发展，无人机越来越小型化、智能化。由于具有价格低廉、灵活可控、易于隐蔽等特点，无人机备受各行各业的青睐。然而，在复杂多变的环境中，单无人机无法完成特定的任务，需要无人机集群来协同完成。无人机集群是由数十架、甚至数百架微小型无人机组成的群体。无人机集群是受自然界中动物集群（如蜂群、狼群等）行为的启发而构建的，因其数量众多、功能强大、体积较小、灵活多变等特点，无人机集群被广泛应用于军事和民事领域。

在军事领域中，无人机集群在渗透侦察、诱骗干扰、察打一体、协同作战、集群攻击等方面有着得天独厚的优势。无人机集群利用数量优势，采用大密度、连续攻击的方式，可在短时间内从不同方向、不同层次向同一个目标发动攻击，使目标在短时间内处于无法应付的饱和状态，从而达到摧毁敌人目的的。在民事领域，无人机被广泛应用于农业、工业、服务业等各领域，如农药喷洒、地震救援、地质勘探、环境监测、物流运输等[1]。

与单无人机相比，无人机集群具有高效、高质量、高鲁棒性等优点。在进行信息采集时，无人机集群可以在尽可能短的时间内采集更多的信息，确保高效、高质量地完成任务。在执行任务的过程中，当某一架或者某几架无人机出现故障时，其他无人机可以迅速组成一个新的集群继续完成任务。

当前，无人机集群已经成为无人机领域的一个重要发展方向，世界各国均致力于无人机集群的研究。美国国防部高级研究计划局（Defense Advanced Research Projects Agency，DARPA）和海军研究实验室（United States Naval Research Laborator，NRL）等机构正在全力将无人机集群技术应用于军事领域，以保证美国在全球的军事技术领先地位。目前典型的无人机集群技术有"小精灵"（Gremlins）项目、拒止环境协同作战项目（CODE）、"山鹑"（Perdix）微型无人机项目、低成本无人机集群技术项目（LOCUST）等[2-3]。我国无人机技术的起步较晚，但发展迅速，以智能无人机集群技术尤为突出。中国电子科技集团有限公司分别于 2016 年和 2017 年完成了 67 架和 119 架固定翼无人机集群的飞行试验，刷新了无人机集群飞行数量的纪录，这两次试验成功地演示了编队起飞、自主集群飞行、分布式广域监视、感知与避障等智能无人机集群技术。

虽然无人机集群技术已经取得了一些成果，但要想达到成熟应用还有很长的一段路要走，需要克服很多技术挑战，才能让无人机集群技术真正渗透到我们生活的方方面面。本章主要介绍无人机集群的相关内容，首先介绍无人机集群的路径规划，然后介绍无人机集群的抗干扰技术，接着研究无人机集群的路由及拓扑管理，最后介绍无人机集群控制和无人机集群智能。

11.2 无人机集群的路径规划

如何对无人机集群的飞行轨迹（路径）进行合理的规划是无人机集群协同完成任务的首要问题，本节主要介绍几种常用的无人机集群路径规划算法。

影响无人机集群路径规划的主要因素可大致分为三类：自身因素、环境因素和协同因素。自身因素主要包括无人机的转弯角、速度、高度、爬升角和俯冲角；环境因素主要包括飞行边界和周围障碍物；协同因素主要指与无人机集群中其他无人机之间的距离约束[4]。

目前，常用的路径规划算法主要有三类：精确算法、启发式算法和智能优化算法。相比智能优化算法而言，通常将精确算法和启发式算法统称为传统算法，如混合整数线性规划法、穷举法、动态规划、Voronoi 图法、A*算法和人工势场法等。智能优化算法主要包括人工蜂群算法、蚁群算法、粒子群算法、遗传算法，以及基于神经网络和强化学习的优化方法，其中，蚁群算法、粒子群算法和遗传算法是应用最为广泛的三类方法[4]。

11.2.1　A*算法

A*算法是一种经典的启发式搜索算法，其基本思想是通过比较所有节点的代价值并选择代价值最小的节点作为扩展节点进行扩展，直到目标节点被选为扩展节点为止，由此产生的从起点（初始节点）到目标节点的路径称为代价值最小路径。A*算法的代价函数可表示为[5-6]：

$$f(n) = g(n) + h(n) \tag{11-1}$$

式中，n 是待扩展节点；$g(n)$ 是从初始节点到当前节点 n 的实际代价；$h(n)$ 是从节点 n 到目标节点的估计代价；$f(n)$ 是从初始节点经由节点 n 到目标节点的代价函数。

在 A*算法在运算过程中，每次从备选节点中选取 $f(n)$ 最小的节点作为下一个待遍历的节点。A*算法在执行搜索时通常使用 open_set 表示待遍历的节点，使用 close_set 表示已经遍历过的节点。下面通过一个具体示例来帮助读者更好地理解 A*算法的执行流程，如图 11-1 所示。假设待求解路径的初始节点为 S，目标节点为 T，圆括号内的数字表示节点的代价值，A*算法的具体搜索过程如下[7]：

（1）初始状态：

```
open_set=[S(5)];
close_set=[];
```

扩展节点为 S(5)的子节点，将它们全部放入 open_set 中：

```
open_set=[A(2)，B(3)，C(4)];
close_set=[S(5)];
```

（2）扩展节点为 A(2)的子节点，将它们全部放入 open_set 中：

```
open_set=[D(2)，E(2)，B(3)，C(4)];
```

close_set=[A(2)，S(5)];

（3）扩展节点 D(2)的子节点，将它们全部放入 open_set 中：

open_set=[E(2)，J(3)，B(3)，K(4)，C(4)];
close_set=[D(2)，　A(2)，S(5)];

（4）扩展节点为 E(2)的子节点，将它们全部放入 open_set 中：

open_set=[L(2)，J(3)，B(3)，K(4)，C(4)，M(6)];
close_set=[E(2)，D(2)，A(2)，S(5)];

（5）扩展节点为 L(2)的子节点，将它们全部放入 open_set 中：

open_set=[T(3)，J(3)，B(3)，P(4)，K(4)，C(4)，M(6)];
close_set=[L(2)，E(2)，D(2)，A(2)，S(5)];

（6）扩展节点为 T(3)的子节点，发现 T(3)为目标节点则直接将其放入 close_set，算法结束后再从目标节点开始依次沿着每一个节点的父节点移动到初始节点，目标节点所经由的路径就是所求的路径。

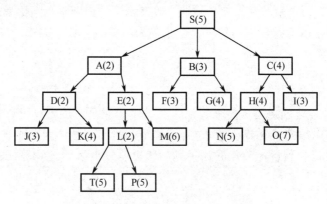

图 11-1　A*算法的执行流程

A*算法具有结构简单、易于工程实现等优点，但当集群中个体的数量较大时，算法的计算量较大。

11.2.2　人工势场法

人工势场法是由 Khatib 于 1988 年提出的，它的基本思想是将无人机集群运行环境假想成势场，目标节点产生引力场吸引无人机向着它所在的位置移动，周围环境中的障碍物以及无人机集群中其他无人机产生斥力场，排斥无人机靠近它们，引力场和斥力场的合力场驱使着无人机的运动[8-9]。

假设无人机集群包含 N 架无人机，则第 $i(i=1,2,\cdots,N)$ 架无人机的人工势场可表示为：

$$U\left(X_i\right)=U_{\text{att}}\left(X_i\right)+\sum_{j=1}^{M}U_{\text{rep}}\left(X_i\right)+\sum_{k=1}^{N-1}U_{\text{obs}}\left(X_i\right) \tag{11-2}$$

$$U_{\text{att}}\left(X_i\right)=\frac{1}{2}k_{\text{att}}\left(X_i-X_{\text{targ}}\right)^2 \tag{11-3}$$

$$U_{\text{rep}}\left(X_i\right)=\begin{cases}\dfrac{1}{2}k_{\text{rep}}\left[\dfrac{1}{\rho\left(X_i,X_j\right)}-\dfrac{1}{\rho_0}\right], & \rho\left(X_i,X_j\right)\leqslant\rho_0\\[3mm] 0, & \rho\left(X_i,X_j\right)>\rho_0\end{cases}\tag{11-4}$$

$$U_{\text{obs}}\left(X_i\right)=\begin{cases}\dfrac{1}{2}k_{\text{rep}}\left[\dfrac{1}{\rho\left(X_i,X_k\right)}-\dfrac{1}{\rho_0}\right], & \rho\left(X_i,X_k\right)\leqslant\rho_0\\[3mm] 0, & \rho\left(X_i,X_k\right)>\rho_0\end{cases}\tag{11-5}$$

式中，$U_{\text{att}}\left(X_i\right)$ 表示目标节点产生引力场；M 是障碍物的个数；$U_{\text{rep}}\left(X_i\right)$ 和 $U_{\text{obs}}\left(X_i\right)$ 分别表示障碍物和无人机集群中其他无人机产生的斥力场；k_{att} 和 k_{rep} 分别是引力系数和斥力系数；X_i、X_j 和 X_{targ} 分别为第 i 架无人机、第 j 架无人机和目标节点的位置；$\rho(X_i,X_j)$ 是第 i 架无人机和第 j 架无人机之间的最小距离；ρ_0 是障碍物的最大影响距离，只有当无人机与障碍物的距离小于 ρ_0，障碍物才会对其产生影响。

定义引力和斥力分别为引力场和斥力场的负梯度，可推导出第 i 架无人机所受到的引力和斥力分别为：

$$F_{\text{att}}\left(X_i\right)=-\text{grad}\left[U_{\text{att}}\left(X_i\right)\right]=-k_{\text{att}}\left(X_i-X_{\text{targ}}\right)=k_{\text{att}}\left(X_{\text{targ}}-X_i\right)\tag{11-6}$$

$$F_{\text{rep}}\left(X_i\right)=-\text{grad}\left[U_{\text{rep}}\left(X_i\right)\right]=\begin{cases}k_{\text{rep}}\left[\dfrac{1}{\rho\left(X_i,X_j\right)}-\dfrac{1}{\rho_0}\right]\cdot\dfrac{1}{\rho^2\left(X_i,X_j\right)}\cdot\dfrac{\partial\rho\left(X_i,X_j\right)}{\partial\left(X_i\right)}, & \rho\left(X_i,X_j\right)\leqslant\rho_0\\[3mm] 0, & \rho\left(X_i,X_j\right)>\rho_0\end{cases}\tag{11-7}$$

$$F_{\text{obs}}\left(X_i\right)=-\text{grad}\left[U_{\text{obs}}\left(X_i\right)\right]=\begin{cases}k_{\text{rep}}\left[\dfrac{1}{\rho\left(X_i,X_k\right)}-\dfrac{1}{\rho_0}\right]\cdot\dfrac{1}{\rho^2\left(X_i,X_k\right)}\cdot\dfrac{\partial\rho\left(X_i,X_k\right)}{\partial\left(X_i\right)}, & \rho\left(X_i,X_k\right)\leqslant\rho_0\\[3mm] 0, & \rho\left(X_i,X_k\right)>\rho_0\end{cases}\tag{11-8}$$

因此，第 i 架无人机受到的合力为：

$$F\left(X_i\right)=F_{\text{att}}\left(X_i\right)+\sum_{j=1}^{M}F_{\text{rep}}\left(X_i\right)+\sum_{k=1}^{N-1}F_{\text{obs}}\left(X_i\right)\tag{11-9}$$

人工势场法具有计算简单、实时性好、动态适应性强等优点，广泛应用于动态路径规划问题。然而，传统的人工势场法会经常遇到以下三种奇异情况：

（1）当障碍物距离目标节点很近时，如果障碍物对无人机产生的斥力大于目标节点对无人机产生的引力，则无人机将很难到达目标节点。

（2）当无人机、障碍物、目标节点三者共线且无人机位于障碍物和目标之间时，如果无人机在某一点受到的合力为零，则无人机将陷入局部最小点，无法到达目标节点。

（3）当无人机在飞行过程中经过狭窄通道或者距离障碍物很近时，由于合力的方向在连续的几个时刻将发生很大的变化，此时无人机将会产生抖动，造成路径不平滑。

为了克服以上三种奇异情况，本节设计了基于改进人工势场法的无人机集群位置调控方法。当障碍物距离目标节点很近时，通过在斥力场中引入无人机和目标节点之间的距离使得无人机顺利到达目标节点，此时的斥力场为：

$$U_{rep}(X_i) = \begin{cases} \dfrac{1}{2}k_{rep}\left[\dfrac{1}{\rho(X_i,X_j)} - \dfrac{1}{\rho_0}\right]^2 (X_i - X_{targ})^n, & \rho(X_i,X_j) \leqslant \rho_0 \\ 0, & \rho(X_i,X_j) > \rho_0 \end{cases} \quad (11\text{-}10)$$

$$U_{obs}(X_i) = \begin{cases} \dfrac{1}{2}k_{rep}\left[\dfrac{1}{\rho(X_i,X_k)} - \dfrac{1}{\rho_0}\right]^2 (X_i - X_{targ})^n, & \rho(X_i,X_k) \leqslant \rho_0 \\ 0, & \rho(X_i,X_k) > \rho_0 \end{cases} \quad (11\text{-}11)$$

相应的斥力为：

$$F_{rep}(X_i) = -\text{grad}\left[U_{rep}(X_i)\right] = \begin{cases} F_{rep1}(X_i) - F_{rep2}(X_i), & \rho(X_i,X_j) \leqslant \rho_0 \\ 0, & \rho(X_i,X_j) > \rho_0 \end{cases} \quad (11\text{-}12)$$

$$F_{rep1}(X_i) = k_{rep}\left[\dfrac{1}{\rho(X_i,X_j)} - \dfrac{1}{\rho_0}\right] \cdot \dfrac{1}{\rho^2(X_i,X_j)}(X_i - X_{targ})^n \dfrac{\partial \rho(X_i,X_j)}{\partial(X_i)} \quad (11\text{-}13)$$

$$F_{rep2}(X_i) = -\dfrac{n}{2}k_{rep}\left[\dfrac{1}{\rho(X_i,X_j)} - \dfrac{1}{\rho_0}\right]^2 (X_i - X_{targ})^{n-1} \dfrac{\partial \rho(X_i,X_{targ})}{\partial(X_i)} \quad (11\text{-}14)$$

这里只给出了 $F_{rep}(X_i)$ 的表达式，$F_{obs}(X_i)$ 的表达式可以用相同的方法得到。

当无人机受到的合力将为零时，通过引入外力的方式可以使无人机受到的合力不为零，从而使无人机顺利到达目标节点。外力的表达式为：

$$F_{ext}(X_i) = k_{ext}\sum_{j=1}^{M}\left[\dfrac{1}{\rho(X_i,X_j)} - \dfrac{1}{\rho_0}\right]^2 \sum_{k=1}^{N-1}\left[\dfrac{1}{\rho(X_i,X_k)} - \dfrac{1}{\rho_0}\right]^2 (X_i - X_{targ}) \quad (11\text{-}15)$$

这里定义当无人机的转弯角为 90°～180° 时，无人机将产生抖动，此时将转弯角减小为原来的二分之一即可有效消除抖动。

应用改进人工势场法求解无人机集群路径的主要步骤如下：

（1）初始化初始节点、目标节点及其他参数。

（2）计算第 i 架无人机受到的引力和斥力，并计算出合力和相邻两步的转弯角。

（3）若合力为零，则按照式（11-15）引入外力，无人机在外力下飞行。

（4）若转弯角为 90°～180°，则将转弯角减小为原来的二分之一。

（5）若合力不为零且转弯角小于 90°，则无人机按照步骤（2）中的合力飞行。

（6）重复步骤（2）到步骤（5），直到第 i 架无人机到达目标节点为止。

（7）重复步骤（2）到步骤（6），直到所有的无人机都到达目标节点为止。

本节设计的方法能够有效克服传统人工势场法的缺陷，使无人机顺利到达目标节点。

前面详细介绍了两类传统的路径规划算法，当无人机集群中无人机的数量较为庞大时，这两类算法的计算复杂度较大、效率较低。鉴于此，越来越多的学者利用智能优化算法来进行无人机集群的路径规划，接下来将介绍蚁群算法、粒子群算法、遗传算法三类使用最为广泛的智能优化方法。

11.2.3　蚁群算法

蚁群算法（Ant Colony Optimization，ACO）是由 Dorigo M 和 Blum C 基于蚁群觅食行为而提出的一种智能搜索优化算法。在无人机集群的路径规划中，每架无人机可以看成蚁群算法中的蚂蚁，蚂蚁在觅食过程中从一个点转移到另一个点的概率与信息素的浓度和能见度（启发信息）相关。在 t 时刻，第 k 只蚂蚁从轨迹点 i 转移到轨迹点 j 的转移概率可表示为[10]：

$$p_{ij}^{k} = \begin{cases} \dfrac{\tau_{ij}^{\alpha}\eta_{ij}^{\beta}}{\sum\limits_{j\in N_i^k} N_i^k \tau_{ij}^{\alpha}\eta_{ij}^{\beta}}, & j\in N_i^k \\ 0, & j\notin N_i^k \end{cases} \tag{11-16}$$

式中，τ_{ij} 是信息素，表示蚂蚁在访问轨迹点 i 后直接访问轨迹点 j 的期望度；η_{ij} 是启发信息，表示蚂蚁随机选择轨迹点 j 的概率，$\eta_{ij}=1/d_{ij}$；α 和 β 分别为信息素的重要程度因子和启发信息的重要程度因子；N_j^k 代表了蚂蚁可以从轨迹点 i 直接到达的相邻轨迹点的集合。

为了避免残留信息素过多造成启发信息被淹没，在每只蚂蚁完成一次路径规划迭代后都会对其信息素进行一次更新，可根据式（11-17）到式（11-19）调整信息素。

$$\tau_{ij}(t+1) = (1-\rho)\tau_{ij}(t) + \Delta\tau_{ij} \tag{11-17}$$

$$\Delta\tau_{ij} = \sum_{k=1}^{m}\Delta\tau_{ij}^{k}(t) \tag{11-18}$$

$$\Delta\tau_{ij}^{k} = \begin{cases} \dfrac{Q}{L_k}, & \text{第} k \text{只蚂蚁经过} i、j \\ 0, & \text{第} k \text{只蚂蚁不经过} i、j \end{cases} \tag{11-19}$$

式中，ρ 为信息素的挥发系数；$\Delta\tau_{ij}$ 表示第 k 只蚂蚁在轨迹点 i 和轨迹点 j 上释放信息素之和；$\Delta\tau_{ij}^{k}$ 表示轨迹点 i 和轨迹点 j 上信息素的增量；Q 为信息素的增加强度，通常为常数；L_k 表示第 k 只蚂蚁经过的路径长度[11-12]。

应用蚁群算法进行无人机集群路径规划的主要步骤如下[13]：

（1）采用栅格法建模，构建如图 11-2 所示的栅格地图，输入由 0 和 1 组成的矩阵，表示无人机需要寻找最优路径的地图，0 表示此处可以通行，1 表示此处为障碍物。

图 11-1　栅格地图

相应的信息素矩阵为：

$$
\begin{bmatrix}
0 & 0 & 0 & 0 & 0 & 0 & 0 & 0 & 0 & 0 \\
0 & 1 & 1 & 0 & 0 & 0 & 0 & 0 & 1 & 1 \\
0 & 1 & 1 & 0 & 0 & 0 & 0 & 0 & 1 & 1 \\
0 & 0 & 0 & 0 & 0 & 0 & 0 & 0 & 0 & 0 \\
0 & 0 & 0 & 0 & 1 & 0 & 0 & 0 & 0 & 0 \\
0 & 0 & 0 & 0 & 0 & 0 & 0 & 0 & 0 & 0 \\
0 & 1 & 1 & 0 & 1 & 0 & 0 & 0 & 0 & 0 \\
0 & 1 & 1 & 0 & 0 & 0 & 1 & 1 & 1 & 0 \\
0 & 0 & 0 & 0 & 0 & 0 & 1 & 1 & 1 & 0 \\
0 & 0 & 0 & 0 & 0 & 0 & 0 & 0 & 0 & 0
\end{bmatrix}
$$

（2）初始化信息素矩阵及其他参数，选择初始节点和目标节点。蚁群算法中的参数较多，应在开始路径规划前设置各种参数。

（3）将所有的无人机置于初始节点，根据式（11-16）访问所有的节点；

（4）更新每架无人机飞行的路径和长度。

（5）重复步骤（3）和步骤（4），直到无人机到达目标节点为止。

（6）根据式（11-17）更新信息素矩阵。

（7）重复步骤（3）到步骤（6），直到所有的无人机都到达目标节点为止。

蚁群算法具有良好的鲁棒性、通用性和并行性，但其性能受信息素矩阵更新模型的影响。如果缺乏有效的更新模型，则易使无人机集群丧失多样性而陷入局部最优。

11.2.4　粒子群算法

粒子群算法（Particle Swarm Optimization，PSO）也称为粒子群优化算法，是由 Eberhart 和 Kennedy 根据鸟群觅食活动于 1995 年提出的一种启发式算法，其基本思想是通过群体中个体的合作机制来迭代寻找鸟群移动过程中的最优路径[14]。粒子群中的每一个粒子都代表问题的一个可能解，通过群体内粒子个体的信息交互可以实现问题求解的智能性。

在路径规划中，我们将每一个粒子都看成一条路径。假设存在一个粒子种群，包含 N 个粒子，即有 N 条路径；每个粒子又有 M 条染色体，即中间过渡点有 M 个；每个点（染色体）又有 D 个维度，则第 $i(i=\{1,2,\cdots,N\})$ 个粒子在第 t 次迭代时的位置 $\boldsymbol{x}_i^t=[x_{i1}^t,x_{i2}^t,\cdots,x_{id}^t,\cdots,x_{iD}^t]$，其速度 $\boldsymbol{v}_i^t=[v_{i1}^t,v_{i2}^t,\cdots,v_{id}^t,\cdots,v_{iD}^t]$ 是粒子在每次迭代中移动的距离。第 i 个粒子当前经过的适应度最优的位置 $\boldsymbol{p}_i^t=[p_{i1}^t,p_{i2}^t,\cdots,p_{id}^t,\cdots,p_{iD}^t]$ 是第 i 个粒子在 D 维的个体位置最优解，用 $\boldsymbol{p}_g^t=[p_{g1}^t,p_{g2}^t,\cdots,p_{gd}^t,\cdots,p_{gD}^t]$ 表示整个种群搜索到的适应度最优的位置，即全局极值。路径规划优化问题的可行解就是优化粒子的位置[15]。在迭代过程中，第 i 个粒子按式（11-20）更新粒子速度，按式（11-21）更新粒子位置[16,17]：

$$v_{id}^{t+1}=\omega v_{id}^t+c_1r_1\left(p_{id}^t-x_{id}^t\right)+c_2r_2\left(p_{gd}^t-x_{id}^t\right) \tag{11-20}$$

$$x_{id}^{t+1}=x_{id}^t+v_{id}^{t+1} \tag{11-21}$$

式中，ω 为惯性权重系数；c_1 和 c_2 是学习因子，c_1 用于调节粒子趋向其自身个体极值，c_2 用于调节粒子趋向全局极值；r_1 和 r_2 是 0 到 1 之间的随机数。

下面我们将详细介绍上文中提到过的适应度函数。适应度函数是粒子群算法中的一个很重要的因素，决定了粒子群算法能否收敛[18]。文献［19］详细介绍了适应度函数的构造过程，以路径长度和安全度为基础，通过对所有的参数进行加权平均来构造适应度函数，可以满足复杂环境下无人机集群路径规划的要求。

（1）规划的路径尽可能短。路径的长度可表示为：

$$f_1 = \sum_{j=1}^{M-1} \sqrt{\left(x_{j+1}-x_j\right)^2 + \left(y_{j+1}-y_j\right)^2 + \left(z_{j+1}-z_j\right)^2} \tag{11-22}$$

式中，f_1表示粒子当前位置与所有相邻位置之间的直线距离和；(x_j,y_j,z_j)表示粒子当前的坐标；$(x_{j+1},y_{j+1},z_{j+1})$表示粒子下一位置的坐标。

（2）引入惩罚函数，提高路径的安全度。当无人机与障碍物相撞时，在无人机的路径长度上引入一个惩罚函数，碰撞的障碍物越多，施加的惩罚就越大，此路径生成的概率就越小。惩罚函数可表示为：

$$f_2 = \sum_{k=1}^{K} W \tag{11-23}$$

式中，K表示粒子从初始节点到目标点的路径上的障碍物个数之和；W是一个给定的较大常数项。

通过对f_1和f_2进行加权，得到的适应度函数为：

$$f = w_1 f_1 + w_2 f_2 \tag{11-24}$$

式中，w_1和w_2为各自函数的加权因子，取值为大于或等于 0 的任意实数。通过调整w_1和w_2可以调节f_1和f_2在适应度函数中所占的比重。

粒子群算法的流程图如图 11-3 所示。

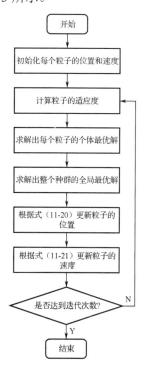

图 11-3　粒子群算法的流程图

　　将粒子群算法应用于无人机路径规划时，具有易于实现且收敛速度快的优点，但在进行路径规划这类高维度复杂问题的优化时极易出现早熟现象。

11.2.5　遗传算法

　　遗传算法（Genetic Algorithm，GA）源于达尔文的进化论，是通过模仿自然界物种遗传交叉变异的进化现象而提出的一类智能优化算法[4]。遗传算法是一种随机优化算法，但它并不是简单地进行随机比较搜索，而是通过对染色体的评价和对染色体中基因的作用，有效地利用已有的信息来指导搜索的，因此可以改善优化质量[20]。遗传算法的求解步骤包括[21]：

　　（1）构建栅格地图。

　　（2）初始化种群。

　　（3）计算个体的适应度。

　　（4）选择适应度合适的个体进入下一代。

　　（5）交叉。

　　（6）变异。

　　（7）更新种群，若出现最优路径或达到迭代次数，则转至步骤（8），否则转至步骤（3）。

　　（8）输出最优的个体作为最优解。

　　利用遗传算法进行无人机集群路径规划时，一般用一个染色体代表一条路径，染色体中的每一个基因都代表一个规划点。遗传算法先通过适应度函数（代价函数）选择较好的路径，再通过交叉、变异等操作使染色体不断进化，最终得到最优路径。下面通过一个具体的例子来帮助读者更好地理解遗传算法的执行过程[22]。

　　（1）构建栅格地图。构建如 11-4 所示的栅格地图，该地图中共有 36 个栅格，每个栅格表示一段路径，其中黑色方块表示的是障碍物，不能通行；白色方块表示的是自由栅格，可以通行。

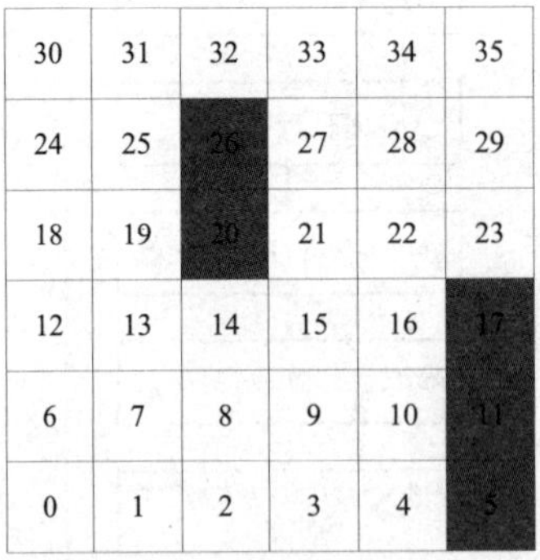

图 11-2　栅格地图

　　以栅格地图左下角第一个栅格为坐标原点建立直角坐标系，因此每一个栅格都可以用 (x, y) 的坐标形式来表示，如左下角第一个栅格可以表示为 $(1,1)$，则坐标和栅格编号之间可以用式（11-25）来表示：

$$\begin{cases} x = (N\%\text{num}) + 1 \\ y = \lfloor N / \text{num} \rfloor + 1 \end{cases} \tag{11-25}$$

式中，N 为栅格编号，$N = 0,1,\cdots,35$；num 为栅格地图的列数。

（2）初始化种群。步骤如下：

① 找到一条间断的路径，即从栅格图的每一行中随机取出一个自由栅格。例如，在图 11-4 中取（0，6，13，21，28，35），将路径的第一个栅格和最后一个栅格设置为无人机的初始位置与目标节点.

② 将间断的路径连续化，从路径的第一个栅格开始判断相邻的两个栅格是否为连续栅格，判断公式为：

$$D = \max\left\{|x_{i+1} - x_i|, |y_{i+1} - y_i|\right\} = \begin{cases} 1, & \text{连续} \\ \text{非1}, & \text{不连续} \end{cases} \tag{11-26}$$

对于两个不连续的栅格，采用中点法计算两个栅格的中点栅格，公式如下：

$$\begin{cases} x_{\text{new}} = \text{int}\left[\dfrac{x_i + x_{i+1}}{2}\right] \\ y_{\text{new}} = \text{int}\left[\dfrac{y_i + y_{i+1}}{2}\right] \end{cases} \tag{11-27}$$

式中，$(x_{\text{new}}, y_{\text{new}})$ 是新插入中点栅格的坐标。

③ 若新栅格为障碍物栅格，则按照上、下、左、右（这个顺序可以是任意的）的顺序选择新栅格的邻居栅格，并判断所选的邻居栅格是否已经在路径中。若所选的邻居栅格是无障碍栅格且不在路径中，则将其插入路径中；若遍历上、下、左、右四个邻居栅格后仍然没有满足条件的邻居栅格，则删除这条路径。

④ 若新栅格为无障碍物栅格，则将其插入两个不连续的栅格中间。

⑤ 继续按照步骤②判断新插入的栅格和前一个栅格是不是连续的，若不连续则循环以上步骤，直到两个栅格成为连续栅格为止。当两个栅格成为连续栅格后选取下一个栅格，循环以上步骤，直到整条路径是连续的为止。

（3）计算个体的适应度。适应度函数用来衡量一个问题的解是否达到了最优，本节介绍的无人机集群路径规划问题主要考虑路径长度，除了路径长度这一指标，还有路径平滑度、无人机能耗等指标。路径长度的计算公式为：

$$d_{\text{sum}} = \sum_{i=1}^{n-1} \sqrt{(x_{i+1} - x_i)^2 + (y_{i+1} - y_i)^2} \tag{11-28}$$

由于在进行路径规划时要满足路径最短的要求，所以采用的是轮盘赌[23]的方式，因此适应度函数为：

$$F = \frac{1}{d_{\text{sum}}} \tag{11-29}$$

（4）选择适应度合适的个体进入下一代。采用轮盘赌的方式进行选择，其中个体被选中的概率与其对应的适应度成正相关，这种方式可以大概率地将适应度大的个体选为父代个体，用以产生新的个体，同时保留了部分非最优的个体，防止算法陷入局部最优。

（5）交叉。首先确定交叉概率 p_c 的值，然后在 0～1 之间产生一个随机数，将该随机数与交叉概率 p_c 进行比较。若产生的随机数小于 p_c，则进行交叉操作，反之则不进行交叉操作。本节采用的是单点交叉[24]方式，即在两条路径中找出所有相同的点，再随机选择其中一个点，对之后的路径进行交叉操作。如果交叉概率 p_c 小于随机小数，此时不进行交叉操作，直接把原来的路径信息赋给下一代，以此保证交叉操作不会减小种群规模。

（6）变异。首先确定一个变异概率 p_m，然后在 0~1 之间产生一个随机数，将该随机数与变异概率 p_m 进行比较。若产生的随机数小于 p_m，则进行变异操作，反之则不进行变异操作。变异方法是随机选取路径中初始节点和目标节点以外的两个栅格，去除这两个栅格之间的路径，然后以这两个栅格作为邻居栅格，使用初始化路径对这两个栅格进行操作使这两个栅格成为连续栅格。此时有可能无法产生连续的路径，则需要重新选择两个栅格执行以上操作，直到完成变异操作为止。这种重新生成的连续路径就是变异之后的连续路径。

至此，选择、交叉、变异就全部完成了，种群也更新完毕了。若没有出现最优路径或者超出迭代次数，则继续进行之前的操作。若出现最优路径或达到迭代次数则从种群中找到适应度最小的个体。

遗传算法具有灵活性好、鲁棒性强和不易陷入局部最优等优点，但存在收敛速度慢、规划路径不够平滑、代价高等问题。

11.3 无人机集群的抗干扰技术

无人机具有低成本、易操控、小体积等优点，被广泛应用于军事侦察、环境监测、商业表演等场景。由于无人机通信使用的是非授权频谱和 LoS 链路，且其活动范围广，通常远离地面控制站，极易受到干扰攻击[25]。近年来，无人机事故层出不穷，小到无人机表演事故，大到无人机被其他国家劫持击落，造成了极大的安全隐患和财产损失。为解决上述问题，需要结合无人机集群的特点，制定强有力的抗干扰技术，以保障无人机集群通信质量，降低安全隐患，减小财产损失。

现有的抗干扰技术主要包括频域抗干扰技术和功率域抗干扰技术，结合无人机集群具有协作互补的优势和抗干扰技术，可以有效提高无人机集群的鲁棒性，从而保障无人机集群的通信安全。

11.3.1 频域抗干扰技术

频域抗干扰主要采取躲避干扰的方式，通过跳频或信道选择远离被干扰的频率或信道，并根据通信需求重新选择合适的频率/信道，从而保障通信质量。

在制定接入策略时，部分方案借助马尔可夫模型和 Q 学习，利用当前状态信息和状态转移矩阵，以最优化指定收益为目标，选择下一步行动，并据此制定接入策略。由于在复杂环境中，无人机集群的状态多样性远高于单无人机，因此马尔可夫模型难以直接描述动态的无人机集群。文献［26］采用多臂赌博机框架对无人机集群的动态抗干扰问题进行建模，借助估计得到的先验信息，提出了基于 UCB（Upper Confidence Bound）算法的防冲突信道选择策略，该策略在躲避干扰的同时，可以避免无人机集群的接入冲突。针对时延敏感系统，文献［27］考虑了多信道、多跳无人机集群，提出了基于局部应变的自适应跳频算法。该算法将无人机集群内的节点分为四类，即正常节点、内部节点、边缘节点和连接节点，节点通过与周围的单跳节点进行信息交换来确定自身的类型和可替换频率集。被干扰节点根据节点类型和可替换频率集，切换到高收益的频率，此时被干扰的节点可以正常进行数据传输，从而在躲避干扰的同时，降低了数据的重传时延。与跳频的思想相类似，文献［28］针对无人机集群灵活多变的特点，综合考虑频率、天线和运动状态的可调整性，提出了基于无监督学习的频率-运动-天线联合优化算法，该算法利用无人机中继将基站发射的信号转发到无人机集群，无人机中继根据监测到的干扰机状态，调整频率、波束指向和飞行位置，力求在满足能量约束的条件下，最大化保证接收信号的质量。

11.3.2　功率域抗干扰技术

与跳频等频域躲避式抗干扰技术不同，功率域抗干扰技术主要通过功率对抗的方式保障无人机集群的安全通信。

一方面，通过调整功率分配方案，可以提高接收端的信噪比，使得信息接收不受干扰的影响，从而达到抗干扰的目的。具体而言，利用博弈论对抗干扰问题进行数学建模，并通过求解博弈均衡获得最优功率调整方案。在单无人机场景中，一般采用斯坦博格博弈、随机博弈等进行数学建模，然而在无人机集群中，由于集群内部的无人机会相互影响，上述博弈模型并不能很好地描述无人机集群的抗干扰问题，此时可采用平均场博弈研究无人机集群的功率域抗干扰问题。在平均场博弈中，单个玩家的行为取决于其他玩家的集体平均行为，因此很适合用于研究无人机集群行为。文献［29］根据无人机的位置、轨迹和能耗限制，通过平均场博弈均衡可以获取功率分配方案，达到了最小化系统内部干扰或最大化接收端信噪比的目的。

另一方面，通过发射人工干扰信号不仅可以对抗恶意干扰机或窃听节点，也可以保护合法的数据传输[21,30,32]。此外，联合功率调整和人工噪声，可以为无人机集群内的无人机分配不同的任务，一部分无人机负责信息传输，另一部分无人机负责发射人工噪声，从而保证无人机集群的安全通信[33]；或者设计多功能无人机，每架无人机都可以作为通信无人机或干扰机，通信无人机负责信息传输；干扰机负责发射人工噪声，与恶意干扰者、窃听节点等进行对抗，具体任务需求视环境而定。无人机集群之间的互相协作，可以在提高无人机集群安全性的同时，降低抗干扰成本[34]。

11.4 无人机集群的路由及拓扑管理

11.4.1　分簇结构

随着无人机数量的增多，形成了大规模、高密度的无人机集群。如果不对集群内的节点进行任何约束，直接使用飞行自组织网的路由协议会导致大量、频繁的数据交互，使通信质量下降，更有可能导致网络的拥塞甚至瘫痪。因此，无人机集群必须使用拓扑管理技术来实现路由，即分簇结构。在分簇结构中，通过分簇算法可以将无人机集群中的无人机划分为不同的虚拟组，并根据一些规则将它们分配到地理位置相邻的同一个簇中，这些规则对簇内节点和排除在簇外的节点具有不同的行为。

分簇结构作为一种有效的拓扑控制手段[35]，应用在无人机集群中有以下优点：

（1）由分簇结构中的部分节点来组成网络的骨干网，这样可以使拓扑结构更加简单，能够有效减少网络中的开销，并降低无人机的碰撞概率。

（2）无人机集群的拓扑变化频繁，分簇结构可以使拓扑变化的影响缩减到一个簇内，使得网络结构更加稳定。

（3）在分簇结构中，对节点进行功能划分，只有部分节点需要维护全网络的信息，而其他节点只需要维护部分路由信息，可以进一步降低网络开销。

把网络分成相互连接的子结构的过程称为分簇。子结构称为簇，每个簇都有一个特定的节点，根据特定的度量或度量的组合（如身份、程度、移动性、权重、密度等）被选为簇头。在一个簇内，除簇头外的节点都是成员节点和网关节点。网关节点同时属于多个簇，用于实现簇间的连接。除簇头和网关节点外的节点均为成员节点。

11.4.2　分簇算法

分簇结构的关键是如何对网络节点进行划分，划分的算法称为分簇算法。在自组织网中，分簇算法包括文献［36］提出的最小 ID 算法、文献［37］提出的最高度算法、文献［38］提出的分布式分簇算法和分布式移动性自适应分簇算法、文献［39］提出的加权分簇算法（Weighted Clustering Algorithm，WCA），以及文献［40］提出的分布式加权分簇算法（Distributed Weighted Clustering Algorithm，DWCA）。在上述分簇算法的基础上，相关学者提出了诸多的分簇算法。

1. 基于标识号的分簇算法

在基于标识号的分簇算法中，每架无人机（节点）都会被分配一个唯一的标识号（ID）。节点会广播自身已知的 ID 信息，从而使每个节点都能得到其邻居节点的 ID 信息，并根据 ID 信息来选择簇头。文献［41］提出了链接分簇算法（Link Clustering Algorithm，LCA），在该算法中，节点周期性地广播自己的 ID 和邻居节点的 ID，并选择 ID 最小的节点作为簇头，该过程重复进行，直到每个节点都至少属于一个簇为止。根据 LCA 中可能出现的重新分簇，文献［42］在 LCA 中加入了维护步骤，提出了最小簇变化算法（Minimum Cluster Change Algorithm，LCC），并给出了两种分簇重构的情况，即两个簇的簇头成为邻居或非簇头移动到了簇外。文献［43］提出了自适应聚类算法（Adaptive Clustering Algorithm，ACC），该算法虽然使用最小 ID 机制进行分簇，但在形成簇之后，可以取消簇头的概念，簇内所有节点的地位都是相同的，该算法可以防止簇头消耗过多的资源，从而成为网络瓶颈。文献［44］继续沿用 ID 来选择簇头，但将分簇过程分成了两步，第一步通过将节点 ID 广播给若干跳内的邻居节点，每个节点保存最高的 ID；第二步广播第一步中保存的 ID，将 ID 最小的节点作为簇头。

基于标识号的分簇算法完全是依赖标识号的大小来选择簇头，从而形成分簇的，并没有考虑网络拓扑信息和节点资源等信息，所以并不是很适用于无人机集群。该算法先周期性地广播 ID 信息，再根据 ID 信息来选择簇头，这也是绝大多数分簇算法的基本思想。大多数的分簇算法以该算法为基础进行了改进，改进的思路有两种：一是对指标进行修改，可以提高不同的性能；二是对分簇维护的机制进行改进，可以减少分簇的开销。

2. 基于拓扑的分簇算法

在基于拓扑的分簇算法中，簇头的选择是基于节点连通性等网络拓扑指标进行的。在文献［43］提出的基于连通度的高连通性分簇协议（High Connectivity Clustering Protocol，HCC）中，选择邻居节点最多的节点作为簇头，若多个节点具有相同的连通度，则选择 ID 最小的节点作为簇头。文献［46］引入了一种新的节点状态——分簇来宾，具有最高连通度的节点作为簇头，簇头一跳内的所有邻居节点加入该分簇，不能直接加入任何分簇的节点是分簇来宾。文献［47］在分簇过程中加入了一种新的度量指标，通过度量指标状态尚未确定的邻居节点数量来确定簇头，使得使相邻的簇头彼此远离，降低了分簇维护的开销。

基于拓扑的分簇算法将节点的连通度作为簇头选择的标准，使形成的分簇能够尽可能地包含更多的节点，减少了分簇的数量，可以有效降低分簇维护的开销。

3．基于移动性的分簇算法

在基于移动性的分簇算法中，簇头的选择是基于节点的速度等移动性指标进行的。文献［48］提出的最低相对移动性聚类算法采用了 LCA 的思想，但将簇头的选择标准修改为节点的相对移动性，从而将移动性最低的节点选为簇头，提高了分簇的稳定性；同时在分簇维护中加入了争用间隔机制，只有在一定时间之后才会重启维护程序，从而降低了不必要的维护操作。文献［49］在最高度分簇算法中加入一种移动性预测方案，能够估计节点的未来移动性，从而选择移动性最低的节点作为簇头，保证了分簇结构的稳定性；同时修改了分簇维护机制，在节点更改分簇或状态时不重新分簇。文献［50］提出了一种基于速度的分簇方法，所有的节点都周期性地广播 Hello 包，节点基于 Hello 包交换其相对于邻居节点的平均估计相对速度，选择相对速度最小的节点作为簇头，同时在分簇维护的过程中加入了一种基于预测的方法。文献［51］提出了一种基于移动自组织网的分簇算法，该算法通过仿生鸟群行为来形成和维持移动自组织网中的分簇，基于区域的移动性来提高整个网络的可扩展性和稳定性；同时提出了一种动态的分簇大小管理机制和一种处理孤立节点的算法。

基于移动性的分簇算法大多采用速度或相对速度作为簇头的选择标准，使簇头与簇内成员的位置变换减慢，从而保证分簇结构能够维持尽可能长的时间，减少了分簇维护的频率和开销。

4．基于能量的分簇算法

文献［52］提出的多播能量贪婪聚类（Multicast Energy Greedy Clustering，MPGC）算法是一种基于能量的分簇算法。MPGC 算法中的节点周期性地广播 Hello 包，Hello 包中包含了节点的剩余能量，在其所有邻居节点中具有最高剩余能量的节点将成为簇头。文献［53］提出的基于电量的加权分簇（Flexible Weighted Clustering Algorithm based on Battery Power，FWCABP）算法综合了节点的连通度、节点与其相邻节点的距离之和、节点的移动性和剩余电量等指标，并根据这些指标来选择簇头，可以防止低能量的节点成为簇头，保证了分簇的稳定。文献［54］提出的增强拓扑控制协议（Enhance Topology Control Protocol，ECEC）选择能量估计值最高的节点作为簇头，能同时识别冗余节点并关闭节点的无线电来保证节点之间的连通性并节约能量。文献［55］提出了一种高效的簇头选择方案，该簇头选择方案考虑了初始能量、剩余能量和簇头数量等指标，给出了最优的簇头选择，能够在提高网络吞吐量的同时大幅延长网络寿命。

基于能量的分簇算法大多采用节点剩余能量作为簇头选择的标准，簇头的通信频率高、能耗大，使簇头能量尽可能充足，可以延长簇头的生存时间，减少分簇维护的频率，保证分簇的稳定性，同时还可以保证网络中节点数量的稳定性，延长网络寿命。

5．基于权值的分簇算法

基于权值的分簇算法使用权值对指标（如传输功率、节点度、距离差、移动节点的移动性和电量等）进行组合，每个指标的加权因子可以针对不同的场景进行调整。文献［56］针对移动自组网考虑了基于加权的节点度和带宽需求两个重要因素，以最小化簇头变化，减小集群形成开销，为目标进行分簇与簇头选择。文献［57］通过剩余电量、成员数和节点稳定性等指标给出了一种加权的分簇算法，通过综合几个指标的计算得分，选择得分最高的节点作为簇头，该分簇方法降低了无人机集群的节点数量并提高了网络寿命。文献［58］以邻居节点数量、剩余能量、稳定性，以及节点与所有邻居节点的距离方差来作为指标，计算每个节点的组合权重并将组合权重广播给邻居节点，选择组合权重最高的节点作为簇头。

基于权值的分簇算法通过考虑多种指标，能够一次实现多种性能的提升，其主要问题在于指标的选取和权值的制定。

6．基于人工智能的分簇算法

无人机集群的分簇问题作为大规模优化问题，利用人工智能具有一定的优势，因此近年来很多学者都提出了基于人工智能的分簇算法。文献［59］提出了一种基于灰狼优化的分簇算法，该分簇算法采用了灰狼的社会行为和搜索机制，从而产生高效的聚类效果；通过灰狼优化中的线性递减因子，可以使该算法得到强制提前收敛，从而提供了最优的聚类数目。文献［60］提出了一种基于萤火虫群优化和磷虾群混合机制的仿生分簇算法，采用能量感知的簇形成和簇头选择机制，可以提高簇的生存期并降低能耗。文献［61］提出了一种基于模糊聚类和粒子群算法的聚类方法，综合考虑了地理位置等参数和分簇属性，能有效地降低能耗，提高吞吐量。

分簇算法是由最初的基于标识号的分簇算法发展而来的，基本沿用了先周期性地广播交换信息，再根据信息来选择簇头的思路。基于标识号的分簇算法通常会组合拓扑、移动性、剩余能量等信息，并以此实现了不同分簇算法，能够满足不同场景的需求。人工智能技术为分簇技术提供了一种新思路，基于人工智能的分簇算法在一定程度上能够实现比传统分簇算法更优的性能。

11.4.3　分簇路由

在无人机集群形成分簇结构后，需要考虑如何基于分簇结构实现高效的路由。基于分簇的路由大多利用传统自组织网中的混合协议，同时使用主动协议和按需路由（被动协议）。在大多数的分簇路由中，由于单独一个簇内的节点数目通常比较少，因此可以采用主动协议来维护簇内路由，通过较小的开销实现路由信息的实时更新。对于簇间的路由，通常采用被动协议。但在实践中，有的分簇路由采用了相反的方式，例如文献［62］在簇内采用被动协议维护路由，按需发送路由请求包进行路由发现；而在簇间采用主动协议来实时更新路由信息，在进行分簇路由时，节点直接向分簇发送请求即可获得目标节点所在簇的网关节点。

11.5 无人机集群控制

无人机集群兼具机械化、信息化和智能化的特点，有望在未来军民领域发挥重大作用。从控制方式来看，无人机集群控制主要可分为集中式控制与分布式控制两种类型；从控制的关键技术来看，可以分为任务动态分配、功率控制、态势感知、网络拓扑动态、链路间干扰、路径规划等。本节首先介绍无人机集群的性能优势和集群控制的复杂性，然后介绍集中式控制与分布式控制在无人机集群中的优缺点。

无人机集群的优势主要体现在信息融合和资源互补两个方面。在多无人机并行执行任务的过程中，每架无人机收集到的信息都是该无人机各自位置上的局部信息，无人机集群的所有无人机的信息可组合成一个信息模型，供决策系统在进行无人机集群的任务分工和调度时使用，以提高任务的执行效率。当无人机集群中的某架无人机失效时，无人机集群能及时更新系统信息，动态调整无人机之间的执行效果，从而提高集群的可靠性和容错性；受单无人机能力和任务要求的限制，需要多架无人机共同完成某项任务或者多无人机相互配合，以满足任务在时间、空间与指标优化等方面的要求，达到资源和功能互补的效果，例如，在依次执行确认、攻击和毁伤评估等任务时，无人机集群可以多角度地跟踪任务[62]。

无人机集群控制在带来性能增益的同时，也使整个集群的复杂性随着无人机数量的增多成指数增长，其技术难点不容小觑[63]。无人机集群控制在本质上可以看成寻找整个集群的最优控制策略，其复杂性主要体现在以下六个方面[64]：

（1）数量多：通常需要考虑几十架、上百架，甚至成千上万架无人机，协同控制的难度随着数量增加而急剧增加。

（2）异构性：无人机集群中的成员通常具有相同基础平台，但配置的传感器、侦察/武器载荷可能不同，导致完成特定任务的能力有所不同。在任务执行的过程中，需要对无人机集群的成员按照不同的能力进行合理的分配。

（3）任务多：无人机集群通常需要同步并行完成不同的任务，不同类型的任务具有不同的要求，而且任务之间可能存在约束关系。

（4）约束多：除了无人机的性能约束，无人机集群还包括战术要求约束、战场环境约束、通信约束、平台空间约束、时间约束、任务耦合约束、路径防撞约束等，以及不同约束之间的大量错综复杂的耦合交联关系。

（5）动态变化：无人机集群在执行任务时面对的态势通常是动态变化的，并且目标、威胁、任务以及无人机本身的状态均处于不断变化中。特别是在对抗环境中，决策和行动可能会受到敌方决策和行动的影响。

（6）不确定性：由于传感器信息和通信信息的不确定性，无人机对当前态势的感知也是不确定的。

以上各个方面的因素交织在一起，形成了建模复杂性、组合多样性、信息不确定性、计算复杂性和时间紧迫性，以及无人机集群成本受限、动力学复杂、机载资源有限等特点，使得无人机集群控制问题极具挑战。大规模小型无人机集群控制面临的挑战如图 11-5 所示。

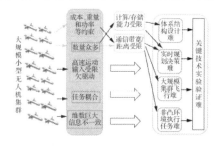

图 11-3　大规模小型无人机集群控制面临的挑战

无人机集群控制的性能优势和技术难度是并存的，集中式控制和分布式控制的难点又存在差异，下面介绍集中式控制和分布式控制在无人机集群中的优缺点。

11.5.1　集中式控制

集中式控制是指控制系统中存在一个中心控制节点，由这个中心控制节点完成整个系统的资源分配、任务指派、调度、协调等工作。集中式无人机集群控制系统是以地面控制站为中心构建的，无人机仅充当任务执行者的角色，地面控制站能接收所有无人机的状态信息并向它们发送控制指令。

目前业界已经提出了多种集中式任务规划建模方法，包括多旅行商问题（Multiple Travelling Salesman Problem，MTSP）模型、车辆路由问题（Vehicle Routing Problem，VRP）模型、网络流优化（Network Flow Optimization，NFO）模型、混合整数线性规划（Mixed-Integer Linear Programming，MILP）模型等。前两种模型一般用于处理单一任务的多无人机协同，如协同搜索任务等，在建模过程中需要考虑问题的时间相关约束，如时间窗约束等；在执行多任务时，如确认、攻击、毁伤评估等一体化任务，只对目标位置访问一次的 MTSP 和 VRP 模型则变得不太好用，此时 NFO 和 MILP 模型相对更适用。

集中式控制系统经过多年的发展已经较为成熟，其全局特性较好，在处理强复杂耦合问题时，可以统观全局，获得较好的可行解，具有较大的优势。但系统极其脆弱，中心控制节点一旦出现问题，就会使整个系统崩溃，其实时性、鲁棒性和容错性等方面的不足导致了它在对动态、不确定性和实时性要求较高的应用中效果不佳，因此需要寻求别的控制方法。

11.5.2　分布式控制

分布式控制是指控制系统中不存在中心控制节点，每个节点都可以与其邻居节点进行交互，获取系统的状态信息。在分布式无人机集群控制系统中，无人机集群将通信任务分布到了各架无人机，实现了分布式通信，即使某架无人机失联了也不会影响整个集群的通信。分布式控制弱化了中心控制节点的功能，整个系统不再存在核心，提高了系统的鲁棒性和抗干扰性。

分布式控制降低了系统对中心控制节点的依赖，信息交互量小，计算时间也短，但结构和组织变得更加复杂，因此分布式控制存在以下几个难点：

（1）多无人机系统的异构性。

（2）无人机机载资源的有限性。

（3）多任务间的时序优先级约束，如在对地面目标的确认、攻击、毁伤评估等一体化任务中，必须对目标确认之后才能发起攻击，而毁伤评估必须在攻击完成之后才能进行，这类时序约束带来的问题，如死锁问题，将会严重影响无人机集群控制。

（4）无人机集群内部成员间的工作负荷强度的相对均衡化。

11.6 无人机集群智能

随着任务目标的逐渐复杂和环境的愈发多变，单无人机已经难以完成监测、通信、救援等任务，自主化、智能化、集群化将是无人机发展的必然趋势。前面几节介绍了无人机集群的路径规划、抗干扰、路由及拓扑管理、控制等技术，本节将简要介绍无人机集群智能，以及无人机集群智能在任务规划、信息交互等方面的应用和技术发展，供读者学习参考。

11.6.1　无人机集群智能简介

集群智能起源于自然界。1959 年法国生物学家 PierrePaul Grasse 发现，生物种群之间通过相互交流合作，形成了高度结构化的组织。该组织表现出大规模集群的智能行为，可以完成远超个体能力的复杂任务，如鸟类的迁徙、蜜蜂的聚集、蚁群的协作等[65-67]，这也是集群智能的起源。无人机集群智能是指基于生物种群的行为，通过低成本的无人机间的感知交互、信息传输、协同工作，无人机集群可以在恶劣环境中完成多样性的复杂任务。通过进一步探索生物的种群行为，并结合数学建模，研究者们总结出了蚁群算法和粒子群算法（Particle等经典的集群智能算法，并结合无人机的实际应用场景发展出了新的集群智能算法，如狼群算法[68]、萤火虫算法[69]等。

11.6.2　无人机集群智能在任务规划中的应用和技术发展

高效合理的任务规划是无人机集群的核心，是保障无人机集群能够在复杂环境中完成监测、侦察、多目标攻击等任务的前提。目前，关于任务规划的研究主要包括复杂任务调度管理，以及智能决策博弈等。

1. 复杂任务调度管理

复杂任务调度管理要求在指定时间内，根据任务目标快速制定有针对性的任务分配和资源调度方案，以最大化生存率、覆盖率、任务完成度等指标。由于优化问题通常是 NP 的，因此通常利用遗传算法、蚁群算法、模拟退火算法等来获取最优解。针对动态环境中的实时任务规划问题，为尽快获取最优解，文献［70］使用了一种改进的多目标遗传算法来处理任务规划问题，极大地减少了收敛时间，提高了复杂任务的分配效率。文献［71］基于组合优化模式，结合方向图和元启发式优化算法，提出了改进的二阶狼群搜索（Two-Part Wolf Pack Search，TWPS）算法，该算法极大地缩短了大量无人机完成任务的时间。此外，将蚁群算法与智能自组织算法、人工势场等结合起来，可解决动态环境中的移动目标搜索问题，最大化监视范围和攻击收益[72-73]。考虑到无人机集群执行多任务的场景，为了合理利用有限的资源，提高集群的生存能力并高效完成任务，文献［74］将多任务分配问题建模为基于模拟退火算法和禁忌搜索算法的两级任务规划模型，并结合马尔可夫链判断无人机集群的生存概率，以确定最优任务规划方案。

2. 智能决策博弈

智能决策博弈多出现在战场等对抗环境中，此时的信息不完整性、不确定性且可变性极强，如何基于不确定的信息做出合适的策略调整是智能决策博弈要解决的主要问题。文献［75］利用态势矩阵模拟了战争信息的不确定性，并建立了基于信息不确定性的多无人机对抗模型。文献［76］以对抗模型为基础，将全局优化问题分解为多个局部优化问题，并借助无人机的信息交换实现了最优决策。战场环境瞬息万变，为保证生存，无人机临场偏离指定飞行轨迹或进入拒绝通信区域的情况时有发生。为解决这些问题，研究者们提出了基于模糊推理和博弈论的智能模型，推导无人机的决策逻辑，指定多种策略以方便采取下一步措施，以应对"意外"情况[75-77]。

11.6.3　无人机集群智能在信息交互中的应用和技术发展

信息的获取和传输是获得对抗主动权的前提，也是无人机集群能否实现预定战斗力的关键。目前，关于无人机集群信息交互的研究主要包括通信架构的设计和通信技术的选择。

1．通信架构的设计

通信架构是无人机通信网络设计的核心之一，合理的网络结构可以提高各层级的协作效率，以及整体网络的可靠性和高效性。通过协作通信和中继技术，无人机集群可以通过设置多个中继节点来扩展有效覆盖范围。例如，针对森林火灾监测场景，文献［78］设计了三层分级监测网络，热感知、红外线感知和光感知分级协作，每一层分级中，感知类型相同的无人机互为中继，最终将感知到的数据上传到最上层的无人机，实现了少数无人机监测大面积森林的目标。考虑到在未来的应用中，即使身处统一的通信网络，每架无人机的任务和通信需求也不尽相同，文献［79］关注了个体需求的差异性，从博弈论的角度出发，将多无人机通信网络中的联合信道时隙选择问题建模为加权干扰缓解博弈，利用分布式对数线性算法来求解优化问题，克服了无人机个体动态通信要求的约束。

2．通信技术的选择

在资源受限的场景中，保障无人机链路的稳定性是无人机集群得以生存的前提。为减少无人机的能耗并降低移动设备的传输功率，文献［80］提出了一种基于改进 Louvain 算法的模块化动态聚类算法，该算法利用无人机来辅助蜂窝网络。文献［81］提出了一种无人机数据收集的新框架，该框架可最大限度地减少无人机的飞行距离与时间，提高了无人机的数据收集效率。此外，大规模无人机集群的部署将引发频谱资源过度拥塞、集群内部相互干扰等问题，为此，文献［82］研究了不同网络拓扑结构下的集群干扰感知和信道接入问题，提出了基于最优响应的在线分布式算法，该算法降低了无人机集群的干扰，以及信道切换的成本。

11.7 本章小结

本章从无人机集群的路径规划、无人机集群的抗干扰技术、无人机集群的路由及拓扑管理、无人机集群控制和无人机集群智能几个方面对无人机集群进行了研究，介绍了一些常用的路径规划算法、干扰对抗技术、分簇算法、控制方法、任务决策等，为更好地将无人机集群应用到实际中提供了理论依据。

本章参考文献

[1] 李晗,苏京昭,闫咏,等. 智能无人机集群技术概述[J]. 科技视界,2017, 26(212): 10-12.

[2] 申超,武坤琳,宋怡然. 无人机蜂群作战发展重点动态[J]. 飞行导弹,2016(11): 28-33.

[3] 陶于金,李沛峰. 无人机系统发展与关键技术综述[J]. 航空制造技术,2014, 464(20): 34-39.

[4] 杨旭,王锐,张涛. 面向无人机集群路径规划的智能优化算法综述[J]. 控制理论与应用,2020,37(11): 22-33.

[5] 马云红,张恒,齐乐融,等. 基于改进 A*算法的三维无人机路径规划[J]. 电光与控制,2019,26(10): 22-25.

[6] 谭雁英,李洋,周军,等. 复杂环境下基于 A*算法的无人机路径再规划[J]. 系统工程与电子技术,2017,39(453): 86-91.

[7] 唐晓东. 基于 A*算法的无人机航迹规划技术的研究与应用[D]. 成都:西南科技大学,2015: 14-17.

[8] 梁献霞,刘朝英,宋雪玲,等. 改进人工势场法的移动机器人路径规划研究[J]. 计算机仿真,2018,35(4): 291-294.

[9] 罗乾又,张华,王姮,等. 改进人工势场法在机器人路径规划中的应用[J]. 计算机工程与设计,2011,32(4): 1411-1418.

[10] 桑和成,宋栓军,唐铭伟,等. 基于改进蚁群算法的机器人路径规划研究[J]. 机械与电子,2021,39(2): 17-22.

[11] 贝前程,裴云成,刘海英,等. 基于改进经典蚁群算法的机器人路径规划[J]. 山东电力技术,2020,47(11): 27-30.

[12] 倪云山. 蚁群算法在路径规划策略中的应用[EB/OL]. [2019-03-09]. https://wenku. baidu.com/view/1467647e58cfa1c7aa00b52acfc789eb172d9e7b.html?_wkts_=1693836224779&b dQuery=%E5%80%AA%E4%BA%91%E5%B1%B1%2C%E8%9A%81%E7%BE%A4%E7%AE %97%E6%B3%95%E5%9C%A8%E8%B7%AF%E5%BE%84%E8%A7%84%E5%88%92%E7 %AD%96%E7%95%A5%E4%B8%AD%E7%9A%84%E5%BA%94%E7%94%A8.

[13] 徐显. 基于蚁群算法的路径规划问题研究[D]. 南京:东南大学,2018.

[14] 魏勇,赵开新,王东署,等. 改进粒子群算法在移动机器人路径规划中的应用[J]. 火力与指挥控制,2018,2(275): 43-45.

[15] 王翼虎,王思明. 基于改进粒子群算法的无人机路径规划[J]. 计算机工程与科学,2020,42(9): 173-179.

[16] 蔡琪,单冬红. 改进粒子群算法的云计算环境资源优化调度[J]. 辽宁工程技术大学学报,2016,35(1): 93- 96.

[17] 赵志刚,林玉娇. 基于自适应惯性权重的均值粒子群优化算法[J]. 计算工程与科学,2016,38(2): 501- 505.

[18] 张巧荣,李淑红. 基于改进粒子群算法的机器人路径规划方法[J]. 计算机工程与设计,2008,29(11): 2908-2911.

[19] 张万绪,张向兰,李莹. 基于改进粒子群算法的智能机器人路径规划[J]. 计算机应用,2014,34(2): 510-513.

[20] 李少远，王景成. 智能控制[M]. 北京：机械工业出版社，2005.

[21] 汤云峰，赵静，谢非，等. 基于改进遗传算法的机器人路径规划方法[J]. 南京师范大学学报：工程技术版，2021, 21(03): 49-55.

[22] 杨嘉，刘虎，杨新坤，等. 基于遗传算法的移动机器人路径规划[J]. 机电工程技术，2020, 49(12): 97-99.

[23] 张小兵. 基于遗传算法的移动机器人路径规划[D]. 西安：西安建筑科技大学，2014.

[24] 朱珂昕，孙海洋，陈珍. 基于遗传算法的机器人路径规划[J]. 电子世界，2017(7): 13-14.

[25] Sun X, Ng D, Ding Z, et al. Physical layer security in UAV systems: challenges and opportunities[J]. IEEE Wireless Communications, 2019, 26(5): 40-47.

[26] Qiu Q, Li H, Zhang H, et al. Bandit based dynamic spectrum anti-jamming strategy in software defined UAV swarm network[C]. 11th International Conference on Software Engineering and Service Science (ICSESS), 2020.

[27] Li K, Wang C, Lei M, et al. A local reaction anti-jamming scheme for UAV swarms[C]. 92nd Vehicular Technology Conference (VTC2020-Fall), 2020.

[28] Peng J, Zhang Z, Wu Q, et al. Anti-jamming communications in UAV swarms: a reinforcement learning approach[J]. IEEE Access, 2019, 7: 180532-180543.

[29] Xu W, Xiang L, Zhang T, et al. Cooperative control of physical collision and transmission power for UAV swarm: a dual-fields enabled approach[J]. IEEE Internet of Things Journal, 2022, 9(3): 2390-2403.

[30] Li A, Wu Q, Zhang R. UAV-enabled cooperative jamming for improving secrecy of ground wiretap channel[J]. IEEE Wireless Communications Letters, 2019, 8(1): 181-184.

[31] Zhong C, Yao J, Xu J. Secure UAV communication with cooperative jamming and trajectory control[J]. IEEE Communications Letters, 2019, 23(2):286-289.

[32] Lee H, Eom S, Park J, et al. UAV-aided secure communications with cooperative jamming[J]. IEEE Transactions on Vehicular Technology, 2018, 67(10): 9385-9392.

[33] Li Y, Zhang R, Zhang J, et al. Cooperative jamming for secure UAV communications with partial eavesdropper information[J]. IEEE Access, 2019, 7: 94593–94603.

[34] Li R, Wei Z, Yang L, et al. Resource allocation for secure multi-UAV communication systems with multi-eavesdropper[J]. IEEE Transactions on Communications, 2020, 68(7):4490-4506.

[35] Motyckova L C, Navarra A, Johansson T, et al. Topology control and routing in ad hoc networks[M]// Arie Koster, Xavier Muñoz. Graphs and algorithms in communication networks. Berlin, Heidelberg: Springer, 2009: 401-418. .

[36] Ephremides A, Wieselthier J E, Baker D J. A design concept for reliable mobile radio networks with frequency hopping signaling[J]. Proceedings of IEEE, 1987, 75(1):56-73.

[37] Gerla M, Tsai T C. Multicluster, mobile, multimedia radio network[J]. Wireless Networks, 1995, 1(3):255-265.

[38] Lin C R, Gerla M. Distributed clustering for ad hoc networks[J]. IEEE Journal on Selected Areas in Communications, 1997, 15(7):1265-1275.

[39] Chatterjee M, Das S K, Turgut D. WCA: a weighted clustering algorithm for mobile ad hoc networks[J]. Cluster Computing, 2002, 5(2):193-204.

[40] Choi W, Woo M. A distributed weighted clustering algorithm for mobile ad hoc networks[C]. Advanced International Conference on Telecommunications and International Conference on Internet and Web Applications and Services (AICT-ICIW'06), 2006.

[41] Ephremides A, Wieselthier J E, Baker D J. A design concept for reliable mobile radio networks with frequency hopping signaling[J]. Proceedings of the IEEE, 1987, 75(1): 56-73.

[42] Chiang C C, Wu H K, Liu W, et al. Routing in clustered multihop, mobile wireless networks with fading channel[J]. proceedings of IEEE SICON. 1997, 97(1997): 197-211.

[43] Nocetti F G, Gonzalez J S, Stojmenovic I. Connectivity based k-hop clustering in wireless networks[J]. Telecommunication Systems, 2003, 22(1-4): 205-220.

[44] Amis A D, Prakash R, Vuong T, et al. Max-min d-cluster formation in wireless ad hoc networks[C]. Infocom Nineteenth Joint Conference of the IEEE Computer & Communications Societies IEEE, 2000.

[45] Gerla M, Tsai T C. Multicluster, mobile, multimedia radio network[J]. Wireless Networks, 1995, 1(3): 255-265.

[46] Yu J Y, Chong P H J. 3HBAC (3-hop between adjacent clusterheads): a novel non-overlapping clustering algorithm for mobile ad hoc networks[C]. IEEE Pacific Rim Conference on Communications Computers and Signal Processing (PACRIM 2003)(Cat. No. 03CH37490), 2003.

[47] Guizani B, Ayeb B, Koukam A. Impact of stability in cluster based link state routing protocol for self-organizing networks[C]// 7th ICWMC, 2011.

[48] Basu P, Khan N, Little T D C. A mobility based metric for clustering in mobile ad hoc networks[C]. Proceedings 21st International Conference on Distributed Computing Systems Workshops, 2001.

[49] Konstantopoulos C, Gavalas D, Pantziou G. Clustering in mobile ad hoc networks through neighborhood stability-based mobility prediction[J]. Computer Networks, 2008, 52(9): 1797-1824.

[50] Ni M, Zhong Z, Zhao D. MPBC: a mobility prediction-based clustering scheme for ad hoc networks[J]. IEEE Transactions on Vehicular Technology, 2011, 60(9): 4549-4559.

[51] Aftab F, Zhang Z, Ahmad A. Self-organization based clustering in MANETs using zone based group mobility[J]. IEEE Access, 2017, 5: 27464-27476.

[52] Leu J J Y, Tsai M H, Chiang T C, et al. Adaptive power-aware clustering and multicasting protocol for mobile ad hoc networks[C]. International Conference on Ubiquitous Intelligence and Computing, Berlin, Heidelberg, 2006.

[53] Hussein A R H, Abu Salem A O, Yousef S. A flexible weighted clustering algorithm based on battery power for mobile ad hoc networks[C]. IEEE International Symposium on Industrial Electronics, 2008.

[54] Fathi A, Taheri H. Enhance topology control protocol (ECEC) to conserve energy based clustering in wireless ad hoc networks[C]. 3rd International Conference on Computer Science and Information Technology, 2010.

[55] Behera T M, Mohapatra S K, Samal U C, et al. Residual energy-based cluster-head selection in WSNs for IoT application[J]. IEEE Internet of Things Journal, 2019, 6(3): 5132-5139.

[56] Pathak S, Jain S. A novel weight based clustering algorithm for routing in MANET[J]. Wireless Networks, 2016, 22: 2695-2704.

[57] Yang W. Weight-based clustering algorithm for mobile ad hoc network[C]. Proceedings of Cross Strait Quad-Regional Radio Science and Wireless Technology Conference, 2011.

[58] Selvam I, Palanisamy V. Stable and flexible weight based clustering algorithm in mobile ad hoc networks[J]. Computer Sciences & Convergence Information Technology, 2011(2): 1509-1513.

[59] Fahad M, Aadil F, Khan S, et al. Grey wolf optimization based clustering algorithm for vehicular ad-hoc networks[J]. Computers & Electrical Engineering, 2018, 70: 853-870.

[60] Khan A, Aftab F, Zhang Z. BICSF: bio-inspired clustering scheme for FANETs[J]. IEEE Access, 2019, 7: 31446-31456.

[61] Krishnaswamy V, Manvi S S. Fuzzy and PSO based clustering scheme in underwater acoustic sensor networks using energy and distance parameters[J]. Wireless Personal Communications, 2019, 108(3): 1529-1546.

[62] Niu X, Tao Z, Wu G, et al. Hybrid cluster routing: an efficient routing protocol for mobile ad hoc networks[C]. IEEE International Conference on Communications, 2006.

[63] 王祥科, 刘志宏, 丛一睿, 等. 小型固定翼无人机集群综述和未来发展[J]. 航空学报, 2020, 41(4): 023732.

[64] 谷旭平, 唐大全, 唐管政. 无人机集群关键技术研究综述[J]. 自动化与仪器仪表, 2021, 4: 21-30.

[65] 沈林成, 牛铁峰, 朱华勇. 多无人机自主协同控制理论与方法[M]. 北京: 国防工业主板社, 2013.

[66] Duan H, Zhang X. Phase transition of vortexlike self-propelled particles induced by a hostile particle[J]. Physical Review E, 2015, 92(1): 012701.

[67] Theraulaz G, Bonabeau E. A brief history of stigmergy[J]. Artificial Life, 1999, 5(2):97-116.

[68] Wu H S, Zhang F, Wu L. New swarm intelligence algorithm-wolf pack algorithm[J]. Systems Engineering and Electronics, 2013, 35(11): 2430-2438.

[69] Łukasik S, Żak S. Firefly algorithm for continuous constrained optimization tasks[C]. International Conference on Computational Collective Intelligence., Berlin, Heidelberg, 2009.

[70] Ramirez-Atencia C , R-Moreno M D , Camacho D. Handling swarm of UAVs based on evolutionary multi-objective optimization[J]. Progress in Artificial Intelligence, 2017, 6(3): 263–274.

[71] Chen Y, Yang D, Yu J. Multi-UAV task assignment with parameter and time-sensitive uncertainties using modified two-part wolf pack search algorithm[J]. IEEE Transactions on Aerospace and Electronic Systems, 2018, 54(6): 2853-2872.

[72] Zhen Z, Xing D, Gao C. Cooperative search-attack mission planning for multi-UAV based on intelligent self-organized algorithm[J]. Aerospace Science & Technology, 2018, 76: 402-411.

[73] Zhen Z, Chen Y, Wen L, et al. An intelligent cooperative mission planning scheme of UAV swarm in uncertain dynamic environment[J]. Aerospace Science and Technology, 2020, 100: 105826.1-105826.16.

[74] Alotaibi E T, Alqefari S S, Koubaa A. LSAR: multi-UAV collaboration for search and rescue missions[J]. IEEE Access, 2019, 7:55817-55832.

[75] Xu J, Deng Z, Song Q, et al. Multi-UAV counter-game model based on uncertain information[J]. Applied Mathematics and Computation, 2020, 366:124684.

[76] Keneni B M, Kaur D, Bataineh A A, et al. Evolving rule-based explainable artificial intelligence for unmanned aerial vehicles[J]. IEEE Access, 2019, 7: 17001-17016.

[77] Thakoor O, Garg J, Nagi R. Multiagent UAV routing: a game theory analysis with tight price of anarchy bounds[J]. IEEE Transactions on Automation Science and Engineering, 2020, 17(1): 100-116.

[78] Zhang Q, Jiang M, Feng Z, et al. IoT enabled UAV: network architecture and routing algorithm[J]. IEEE Internet of Things Journal, 2019, 6(2): 3727-3742.

[79] Chen J, Wu Q, Xu Y, et al. Distributed demandaware channel-slot selection for multi-UAV networks: a game-theoretic learning approach[J]. IEEE Access, 2018, 6: 14799-14811.

[80] Yu J, Zhang R, Gao Y, et al. Modularity-based dynamic clustering for energy efficient UAVs-aided communications[J]. IEEE Wireless Communications Letters, 2018, 7(5): 728-731.

[81] Heejung B. A method of indirect configuration propagation with estimation of system state in networked multi-agent dynamic systems[J]. IEEE Communications Letters, 2018, 22(9): 1766-1769.

[82] Chen J, Xu Y, Wu Q, et al. Interferenceaware online distributed channel selection for multicluster FANET: a potential game approach[J]. IEEE Transactions on Vehicular Technology, 2019, 68(4): 3792-3804.

第 12 章
空-X 一体化网络

12.1 引言

  网络是由需求驱动产生的，目前使用的网络种类繁多，均源于对用户特定功能需求的响应。从硬件形态及所处环境的角度分类，网络可以分为由地面基站、移动终端作为节点参与组网的地基网络，以各类航天器与卫星星座为核心节点构建的天基网络，将舰船、浮标、海洋传感器等作为组网节点的海基网络。这三类网络也是现有网络中较为成熟的几种形态。

  20 世纪以来，通信领域得到了长足的发展，先进的、系统化的通信理念层出不穷，通信技术与软/硬件水平的提升衍生出一系列多样化的网络应用。通信领域的进步极大地拓宽了人们的视野，同时也反过来促使人们对网络应用提出了更高层次的需求。移动通信网络从20 世纪 80 年代发展至今已经迭代了五代，作为前沿通信技术的应用主体与广大通信需求的主要承载，移动通信网络的重要性有目共睹。在第五代移动通信网络中，伴随着车联网、远程手术等应用的逐步实现，移动通信技术将踏上新的台阶，更加深入地参与到人们生活的方方面面。

  对于以低轨卫星、地球同步卫星等作为组网节点的天基网络而言，1962 年 7 月由美国电话电报公司（AT&T）发射的"电星 1 号"低轨道通信卫星是商用卫星的最初雏形，仅能实现横跨大西洋的电话、电视、传真以及数据传输等基础的固定卫星业务；1976 年投入商用的"海事卫星 1 号"首次实现了移动舰船之间的通信，标志着移动卫星业务的诞生；在之后的数十年中，广播卫星、导航卫星、地球探测卫星、气象卫星，以及报时、射电天文、宇宙开发卫星等陆续出现，意味着天基网络在全球化的通信系统中扮演着更加重要的角色[1]。

  对于海基网络而言，诞生于 20 世纪 90 年代的自动识别系统作为第一代海事数字化通信系统，曾短暂地满足了舰船间与日俱增的通信需求，标志着海洋通信从传统方式向现代数字化通信方式的转变。自动识别系统的主要功能是船-船通信，舰船通过向周围广播自身位置、航向和速度信息，实现了对其他舰船的识别与碰撞规避。自动识别系统对于低速数据传输业务也具备一定的承载能力，能够实现舰船间乃至船岸间的简单数字通信。在 2012 年世界无线电大会中提出的甚高频数据交换系作为自动识别系统的后继，在前者的基础上，增加了特殊应用报文和宽带甚高频数据交换功能，旨在更好地满足海基网络的需求，继续推动海基网络的发展。舰船的大型化、高速化演变，以及水域交通密度的增长，是海基网络节点最直观的发展趋势，这些节点之间的通信需求在经济、军事等方面的重要性同样有目共睹。

  日新月异的通信应用需求是网络发展的动力，通信技术与组网软/硬件水平的提升是支撑网络发展的基础。随着智能互联时代的到来，下一代网络应用在网络时延、吞吐量、接入密度等基础指标维度上提出了跨越量级的高要求，通信技术与软/硬件的"线性"发展趋势使得网络对于需求的承载更加吃力。车联网作为典型的下一代通信应用，兼具超低时延、高密度连接、高可靠性要求等特征，仅通过地面基站实现的网络构筑方式存在巨大的优化空间。覆盖天基网络受制于通信距离、环境等物理因素，通信时延是 5G 移动通信网络的几十倍，传输速率也低于 5G 移动通信网络；较大的传输链路损耗和终端传输能耗，以及无法与地面终端直接通信等缺点同样难以避免。种种因素均使得天基网络难以作为未来多样化通信应用的理想承载网络。海基网络受限于组网节点的硬件水平与相对严苛的物理环境，无法具备与移动通信网络相当的性能，难以满足舰船间与日俱增的通信需求。面对未来实时、泛在、高效、灵活、协作的通信与网络管理需求，传统的空、天、地、海异构网络的割裂式发展建设模式已难以为继。在日益增长的需求导向下，网络所覆盖的疆域不断扩展，所承载的功能逐渐趋同。统筹协同多个异构网络，实现广域信息获取、决策、联动的全方位、一体化网络部署与实施，已成为信息领域的重要发展趋势。

将异构网络互联构成一体化网络，充分发挥各类组网节点的物理性能，实现功能上的扬长避短，"另辟蹊径"的发展思路有望为未来网络的发展瓶颈带来转机。得益于无人机所具有的低成本、高移动性等特点，以无人机组网为代表的空基网络，在提供灵活、经济、快速的网络覆盖等方面，具有天基网络、地基网络等无可比拟的显著优势。将无人机集群作为节点，并合理引入到天基、地基、海基网络中进行辅助组网，将空基网络与卫星通信系统、车联网、深海远洋网络有机融合在一起，构成空–X 一体化网络，将极大地提升传统网络的性能，具有良好的发展前景与应用价值。

本章将对空–X 一体化网络的多种实施情况进行探讨，从一体化网络的组网的角度进一步发掘无人机通信网络所蕴含的应用价值与潜力。

12.2 空地一体化网络

本书前文已经介绍了空地一体化网络中的无人机辅助蜂窝网络，本章将围绕无人机通信网络与车联网的结合讨论无人机-车联网一体化网络的基本架构与部署挑战。

12.2.1 空地一体化网络的现状

随着 5G 移动通信网络的部署完成，物联网（Internet of Things，IoT）相关产业的落地也纷纷提上日程。其中，车联网作为物联网在交通领域的典型应用，因其在智慧城市、智能交通等领域的重大发展前景，其网络建设与部署受到了各界的密切关注。

在车联网中，车辆利用传感技术对自身状态及周围环境进行信息采集，并利用 V2V（Vehicle-to-Vehicle）、V2I（Vehicle-to-Infrastructure）等车载通信技术进行车辆与车辆、车辆与云平台等的实时信息交互，实现信息的全局共享与智能决策控制，从而提高驾驶安全性，并且还可以提供车载娱乐等服务，打造全新的驾驶体验。

目前，各界均已展开针对无人机-车联网一体化网络的设计与部署工作。在学术界，早期的研究工作主要是将无人机用于车流量监控。随着无人机相关技术与产业的日益发展，在当前的研究工作中，无人机在空地一体化网络中的作用主要包括：作为中继节点，服务 V2V

通信；作为空中基础设施，服务 V2I 通信；作为储存-携带-转发（Store-Carry-Forward，SCF）节点，实现远距离转发。具体的研究问题包括无人机-车联网一体化网络架构、一体化网络协议、中继路由算法、无人机部署策略等。在工业界，各企业也纷纷推出无人机-车联网一体化网络的产品与解决方案。三菱电机推出了一款名为 e-Evolution 概念车，可发射无人机进行道路侦察或停车位查找。福特为旗下自动驾驶车辆安装了无人机，从而在车辆感应器故障时提供辅助。保时捷也推出了配备无人机的概念车 Mission E Cross Turismo。华为 X Labs 针对联网无人机、云化 VP/AR、无线机器人和车联网四大联合研究课题展开了研究。大疆创新（DJI）与世界领先的消防车和消防设备制造商卢森宝亚（Rosenbauer）达成战略合作，结合无人机与消防系统，为全球消防部门及工厂、机场等场所提供了一体化智能消防解决方案[2]。顺丰也在无人机-车联网一体化网络方面进行布局，旨在实现自动化物流战略，提高服务质量和效率。

虽然学术界和工业界已经针对车联网应用中的各方面问题展开了长足的研究，但仍存在如下挑战：

（1）通信链路质量难以保障。在车联网中，某些高精度应用（如 3D 导航）对通信链路可靠性与质量的要求较高，但通信链路可能被建筑物、落石等物体阻断，甚至复杂地形、障碍物、极端天气等因素也会降低通信链路质量；此外，车辆的高移动性也会对通信链路质量造成影响。

（2）基础设施覆盖范围有限且僵化。首先，由于地理、经济因素的限制，基础设施的部署范围无法涵盖所有的区域[3]，因此覆盖漏洞及未覆盖区域中的车辆通信难以得到保障。其次，已有的基础设施部署往往很难移动或变更，难以适应动态需求及突发性需求，如交通事故导致交通拥堵路段的通信需求的爆发性增长，若大量部署基础设施，将带来高额的运营成本[4]，也并非经济之举。此外，自然灾害或意外事故，如地震、火灾等，可能会造成基础设施的损坏，从而对该区域的地面通信造成严重影响。

（3）频谱资源稀缺。频谱资源稀缺也为车联网的建设带来不小的挑战，有研究工作提出可以利用认知无线电技术或空白电视信号频段（TV White Space，TVWS），但如何为车联网提供额外的频谱资源仍有待进一步研究。

无人机作为物联网的重要组成部分，已在民事、军事领域取得重要的一席之地，被广泛应用于抢险救灾、农业灌溉、军事活动等，也被看成解决车联网部署挑战的主要方案之一，主要是因为无人机具备以下优势：

（1）视距链路。相比于地面通信设备的二维活动范围，无人机能够在三维空间自由移动，因而能够灵活地调整位置与速度，实现与地面节点的视距通信。

（2）动态部署能力强。传统基础设施往往固定部署在特定区域，而无人机的灵活机动性使其可实时响应用户需求，并根据需求在时间、空间上进行动态部署，具备经济且高效的优势。

（3）蜂群网络。无人机集群因其高动态性以及可以快速投入使用的特性，能够迅速建立一个可扩展的蜂群网络，为地面节点提供接入服务，因而可作为某些特定场景下除基础设施外的接入网络备选方案之一，尤其是在通信资源紧缺或基础设施不可用的场景，如灾后的通信恢复等。

将无人机与车辆网相结合、构建空地一体化网络，一方面可借助无人机实现数据的视距通信，有效提高通信链路的可靠性和质量；另一方面，处于连接覆盖范围之外的车辆可借助无人机完成与基础设施的中继通信，从而提高基础设施的灵活性。此外，利用无人机辅助蜂群网络，还可针对临时、突发的资源短缺场景快速、高效地提供连接。

12.2.2 空地一体化网络的架构

无人机-车联网一体化网络主要由三个基本元素组成：

（1）车辆。车辆中配备了车载单元（On Board Unit，OBU），OBU 提供了车辆间以及车辆与其他网络的通信接口，支持的通信技术标准包括专用短距离通信（Dedicated Short Range Communication，DSRC）及基于蜂窝网络的车联网通信 C-V2X。此外，车辆还配备数据处理模块。

（2）基础设施。基础设施包括路边单元（Road Side Unit，RSU）及蜂窝网络基站（Base Station，BS），负责数据的融合与处理、车辆及无人机的调度等。RSU 既可用于 DSRC 技术，也是 C-V2X 标准的组成部分，主要负责数据的收发、道路状态的感知等。在 C-V2X 中，Uu 接口（User Equipment）可用于车辆与基站间的通信，实现移动通信网络的接入；Pc5 接口可用于车辆间、车辆与 RSU 间的直连通信。

（3）无人机。无人机配备了图像传感器、位置传感器、数据处理模块和通信模块[5]，既可作为中继节点及接入节点，也可通过无人机集群（蜂群）充当接入平台。

基于现有的研究，根据无人机在无人机-车联网一体化网络中所扮演的角色，无人机-车联网一体化网络的组网模式主要可分为三类[6]：

（1）无人机辅助 V2V 组网。在车联网中，因障碍物遮挡或距离过远导致的非视距链路通常会对通信性能产生较大的影响，利用无人机在三维空间的灵活部署特性，可有效弥补车辆网的不足。相比于地面节点受限于地形及道路规划等因素，无人机在三维空间中拥有更强的灵活性，通过实时感知地面车流的拓扑变化，无人机可动态调整自身位置，同时建立并保持与多个地面车辆间的视距通信。当地面通信受阻时，车辆可将数据发送至无人机，由无人机通过视距链路将数据转发给附近的目标车辆；若目标车辆距离较远，则无法直接建立视距链路，无人机也可通过 SCF 方式，飞行至目标车辆附近再转发数据。

（2）无人机辅助 V2I 组网。由于传统基础设施的部署范围有限，因而对于处于覆盖范围边缘或覆盖漏洞中的车辆，其对外通信难以得到保障。另外，基础设施的部署数量与位置通常相对固定，难以面对车流变化及突发性车流高峰进行动态调整，从而造成网络服务质量的下降。无人机具备低成本、高动态的特性，因而可作为基础设施的空中延伸。一方面，可为覆盖范围边缘及覆盖漏洞中的车辆提供与地面基础设施间的视距链路或中继链路，从而扩大基础设施的覆盖范围；另一方面，针对车流量的常规波动，可提前在高需求时段和区域部署无人机或无人机集群并作为中继节点为车辆提供接入服务，针对突发性车流增长，也可利用无人机的机动特性实现快速部署，缓解地面通信的压力。

（3）无人机集群组网。无人机集群具备高动态性及可扩展性，因此可作为临时的空中基础设施，为资源紧缺或基础设施不可用的区域提供接入服务，实现与地面蜂窝网络或卫星网络等其他网络之间的通信。无人机集群的典型应用包括车辆密集路段的通信增强、受灾地区的应急通信重建等。除了地面车辆的数据传输，无人机集群还需要承担无人机集群控制信息的内部交互，实现无人机集群的队形控制及路径规划。无人机集群可基于 IEEE 802.11p 协议及蜂窝网络的频段进行组网。

空地一体化网络的组网架构示意图如图 12-1 所示。

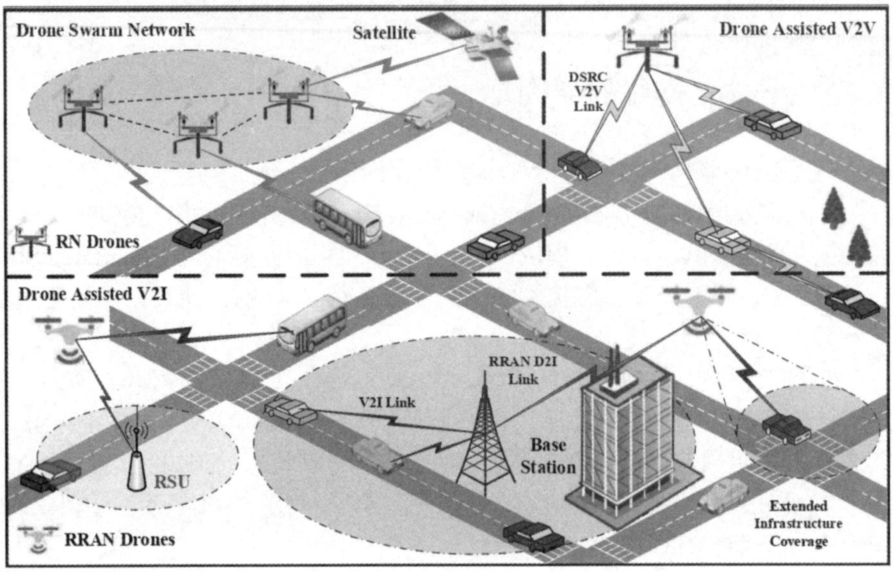

图 12-1　空地一体化网络的组网架构示意图

12.2.3　空地一体化网络的典型应用

1. 智能交通系统

智能交通系统（Intelligent Traffic System，ITS）是智慧城市的主要建设内容之一[7]。将信息技术、传感器技术、自动控制技术、人工智能技术综合运用于交通运输，服务于控制和车辆制造，可以构建一个智能、高效、综合的交通运输管理系统，从而提高交通安全、缓解交通阻塞、降低能耗、减少环境污染。为了实现智能交通系统的自动化运行，空地一体化网络的构建是重要手段之一。除了可以提升通信性能，空地一体化网络还可用于交通监管、路况监测、事故汇报等。在日常交通管理中，无人机或无人机通信网络可作为地面监控网络的补充与延伸，利用无人机的灵活机动性，对地面交通进行巡逻，并与固定摄像头、监控车辆等协同构建监管网络；同时，还可向地面车辆广播安全信息，从而保障交通安全。在发生交通事故时，救援队伍可能会由于交通阻塞或距离过远等因素而无法快速前往事故地点，严重影响事故救援效率，而部署于城市各角落的无人机均可作为"先遣队伍"，迅速赶往事故地点，获取事故信息与伤员情况，为后续救援队伍与资源配备提供重要参考。此外，针对地面基础设施被损毁的情形，无人机还可作为通信快速恢复的手段，有效提高救援效率。

空地一体化网络赋能智能交通系统示意图如图 12-2 所示。

2. 灾害救援

空地一体化网络在灾害救援领域同样可以发挥重要的作用。在自然灾害（如地震、泥石流等）发生后，受灾地区及其周边地区的道路设施可能被阻塞或破坏而处于瘫痪状态，救援人员及车辆难以迅速进入受灾地区。同时，灾区内部的通信基础设施也可能被损毁，卫星等信息获取手段也可能受天气等因素影响，使得外界无法及时与受灾地区的人员通信，无法获取具体的受灾情况，这进一步加剧了救援的难度，通信基础设施的缺失也会对后续抢险救灾工作的展开造成极大影响。空地一体化网络通过结合地面车辆的强负载、长续航与无人机的灵活机动特性，能够快速在受灾地区构建一个可扩展的信息网络，提供应急通信及险情勘探等服务，使得救援工作得以快速开展与稳步推进。一方面，由于道路阻塞，车辆无法深入受灾地区，因此可将车辆部署于受灾地区边缘等尽可能深入的位置，并配备通信基础设施与电力设备，作为无人机的数据转发与控制节点、补充能量中心。另一方面，无人机的灵活机动特性使其可不受灾情影响，可以从空域快速进入受灾地区，并以无人机集群的形式充当地面用户的临时接入平台，将数据转发至邻近的车载基础设施，或通过 SCF 方式将信息带出，构建受灾地区与外界的信息交互桥梁。无人机还可用于险情勘探，通过机载摄像头获取灾情的第一手资料，为救援工作的开展提供重要参考。

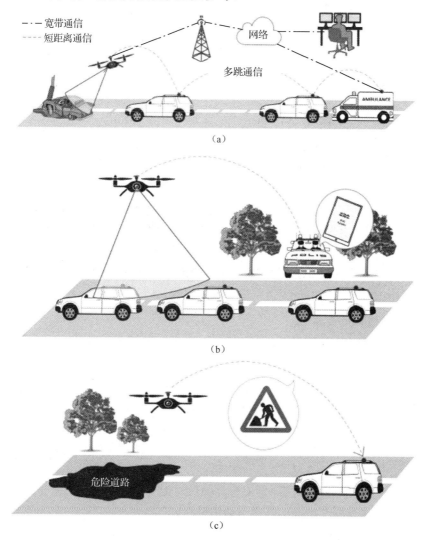

图 12-2　空地一体化网络赋能智能交通系统示意图

空地一体化网络赋能灾害救援示意图如图 12-3 所示。

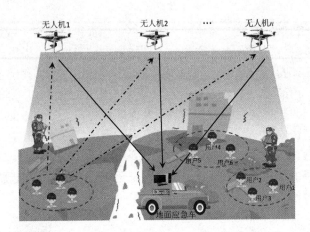

图 12-3　空地一体化网络赋能灾害救援示意图

12.2.4　空地一体化网络的部署挑战

空地一体化网络的部署仍存在若干挑战，亟待各界共同解决。这些挑战主要体现在以下几个方面。

1．空地一体化网络架构

无人机-车联网一体化网络将由多种异构网络组成，包括 DSRC 网络、蜂窝网络以及无人机通信网络，其中的无人机通信网络需要通过 DSRC 网络或蜂窝网络接入地基网络，同时也需根据实际的应用需求作为地面车辆接入其他异构网络（如天基网络）的网关。因此，如何解决异构网络间的组网问题是空地一体化网络部署需要解决的主要挑战之一。空地一体化网络的架构设计也是亟待解决的问题，如何保障空地一体化网络的高速率、低时延数据传输，如动态协作、路由选择等，也是应当重点考虑的问题。

2．无人机部署调度策略

为满足空地一体化网络的组网需求，无人机的部署调度策略是关键挑战之一。无人机的部署调度策略是指为满足一体化网络的组网需求，在某一区域的无人机部署策略及需求或网络拓扑变化时的调度策略。以无人机辅助 V2I 组网为例，地面基础设施可同时被多架无人机服务，也可共享同一架无人机，因此需要综合考虑地面基础设施的部署、无人机能耗及通信范围等因素，设计全局最优的无人机部署调度策略，包括数量、布局等。另外，由于车辆的移动性，地面接入需求也具有动态变化的特性，因此无人机部署调度策略也需要根据任务需求进行调整。在某些特殊的情况下，无人机可能发生位置偏移或脱离网络，如以 SCF 方式转发数据或因能量问题返回充电等，此时也需要针对无人机通信网络的拓扑变化进行合理的无人机部署调度，以保障空地间的高质量通信链路。

3．无人机移动控制方法

无人机集群的飞行轨迹、队形等也会影响空地一体化网络的性能。例如，无人机集群的队形可对信息交互的效率及通信链路的稳定性产生影响，通过合理的队形设计，可有效提高协作效率、降低能耗[8]。因此无人机集群控制方法同样是需要解决的挑战之一，具体可包括防碰撞、路径规划、队形设计等。

4．能耗的高效利用方法

无人机的能耗问题一直是无人机设计与应用的重点。受限于电池容量，无人机无法长时间飞行或悬停，因而需在通信与飞行控制之间寻求一个平衡点。无人机能耗受到多种因素的影响，如姿态、风向、重量、高度等。在不同的姿态下，无人机的能耗是不同的。基于四旋翼无人机的实际测量显示，在三种飞行姿态——悬停、移动、盘旋中，悬停能耗是最低的[5]。同时，无人机的应用也会对能耗产生影响。例如，在无人机车流高峰期服务于地面车辆的接入与数据转发时，其中的通信模块将消耗更多的能量；在通信需求低峰期，通信模块将进入节能模式。因此，在设计空地一体化网络的组网架构、无人机集群控制方法、路由协议时，无人机的能耗应当是需要重点考量的因素。

5．安全与隐私

作为地基网络的空中辅助与延伸，无人机将承担大量的数据携带、传输工作，其中不乏用户的敏感信息，如车辆位置与行驶轨迹、交通指挥中心下发的控制指令等。若无人机遭到非法入侵甚至恶意操控，用户信息将被泄露，控制指令可能被篡改，不仅会危及地面通信网络的安全，还会对公共安全构成威胁，给空地一体化网络的隐私与安全带来了较大挑战。另外，某些决策型应用对通信时延的要求较高，为保证数据安全，一定的数据处理时间是不可避免的，如何灵活地满足安全需求也同样需要受到重视。

6．法规

目前，多数国家或地区仍对无人机的使用有着严格的管控，这在一定程度上限制了空地一体化网络的发展速度。针对无人机"黑飞""扰航"事件的频发，我国已加快、加强无人机行业标准和管控体系的建设，规范无人机产业的健康发展。

12.3 空天一体化网络

12.3.1 空天一体化网络的现状

空天一体化网络随着航空航天技术和通信技术的发展而出现，已成为新一代通信网络的主要发展趋势之一。2019 年发布的全球首份 6G 白皮书——《6G 无线智能无处不在的关键驱动与研究挑战》提出，6G 将会突破地基网络限制，实现地面、卫星和航空通信网络的无缝覆盖，即空天一体化网络。现如今，部分行业对通信的全域覆盖、高效可靠提出了更高的要求，因此地基网络急需借助以卫星和无人机为代表的空天一体化网络，进一步拓展通信服务的深度和广度。空天一体化的基本内涵包括两个方面，即技术一体化和管理一体化。技术一体化是指在控制、材料和信息传输等方面发展空天融合技术；而管理一体化则是指解决天基和空基信息管理及应用模块的分割状况，实现综合一体化管理。目前，空天一体化网络已在军事、应急通信、远海远洋通信、空天信息系统等多个领域得到了广泛的应用。未来的空天一体化网络关注的是网络的密切融合，主要由两个部分组成：包括由各类轨道卫星构成的天基网络和由各类无人机、航空飞行器构成的空基网络。

多个应用场景对空天一体化网络有多样化的服务需求。空/天基协同探测与识别是实现远海远洋目标持续精细化监测的重要技术手段，其中高动态平台间的宽带数据传输和探测通信融合快速组网是提升空/天基协同探测与识别效能的必要技术前提。然而，海洋环境下高动态平台间通信与组网性能受到了海洋环境复杂多变、平台高动态运动、信号级超高速率传输、任务驱动快速组网等多重挑战。另外，在地面通信设施损毁严重时，应急通信系统需要高覆盖率的空基网络为地面提供持续、灵活、全方位的通信服务。

对于天基网络，主要考虑卫星通信系统，根据轨道高度和位置的不同，可将卫星通信系统分为高轨道同步卫星通信系统、中轨道卫星通信系统和低轨道卫星通信系统三种。与 5G 移动通信网络相比，卫星通信系统具有在大范围内进行广播的能力，可以在保持低带宽和终端之间低广播时延差的条件下向大量的地面终端或航空终端广播数据，即具有覆盖范围广、不受地形限制、覆盖成本低等显著优点，非常适用于应急通信。然而，卫星通信系统的时延是 5G 移动通信网络的几十倍，传输速率也低于 5G 移动通信网络，无法适应海洋环境对速率传输的要求，且受限于距离和传输环境等因素，卫星通信系统的传输链路损耗和终端传输能耗较大，无法在灾害等复杂多变的环境下持续变化，具有很大的局限性。

对于空基网络，通信载体在空间进行的信息传输时，可分为高空的通信平台和基站、航空飞机和低空无人机等。与卫星通信系统类似，空基网络的覆盖也不受地形限制，覆盖范围大、成本低，且空基网络的传输链路距离相比卫星通信系统大大缩短，传输链路损耗小，可以与地基网络、海基网络直接通信。但目前空基网络的通信载荷容量受限，供电困难，难以提供大规模的持久性通信服务，这将会导致其在与地基网络、海基网络进行应急通信时出现通信中断、路由效率低等问题。

根据上述分析可知，作为非地基网络，天基网络和空基网络具有较低的覆盖成本，且不受地形限制。虽然空基网络的载荷容量受限，但中/低轨道卫星通信系统依托数量众多的卫星具有较大的容量。卫星通信系统在大范围内的时延同步性好，然而终端复杂度高、能耗大、灵活性差，但空基网络的通信损耗小，可与地基网络、海基网络快速灵活地进行通信。

综上所述，空基网络可作为地基网络、海基网络的有效功能延伸，以及地基网络、海基网络面向卫星的汇聚节点，只有和天基网络一体化发展，才能充分利用空天资源，在全球一体化通信发展的今天掌握主动权，为国家发展、公众生活和行业建设提供高速、灵活、可靠的信息服务。

目前，随着航空航天技术的快速发展，空天一体信息交换与传输技术，以及综合网络建设也取得了空前的成功。以卫星和无人机为代表的空天一体化网络为地基网络提供了持续连接、广泛覆盖的能力，天基网络和空基网络实现了优势互补、天然融合，现阶的段发展状况如下。

对于天基网络，虽然高/中轨道卫星通信系统已经发展成熟，但低轨道卫星通信系统仍是国内外航天领域的研究重点。制约低轨道卫星通信系统发展的关键性因素涉及卫星星座设计、频率资源协调、与高轨道卫星通信系统的干扰协调等方面。对于低轨道卫星通信系统的标准，目前国内外较为成熟的是 DVB/DVB-2 标准，这一标准主要适用于传统卫星通信系统中的广播业务、多播业务、数据分配/中继，及较低速 Internet 接入等交互式业务。在采用 DVB/DVB-2 标准时，卫星通信系统的用户需要专用的手持式终端或固定式终端接入卫星通信系统，且无法和地面移动通信网络交互[9]。

对于空基网络，主要研究高空通信平台和高空基站。国外对高空通信平台研究起步较早，美国、日本、韩国、德国、法国、英国、以色列等国家在 2000 年前后均已启动国家级的预研计划，以 Google、Meta 为代表的科技公司也启动了高空通信平台的研发工作，有力推动了该技术的研究与实现。在国内，一些企业、高校及研究院所也对高空通信平台开展了研究，并取得了一定突破。总而言之，目前的临近空间（Near Space）高空通信平台技术并不成熟，仅有 Google 的热气球曾在平流层停留 223 天，我国的彩虹无人机滞空时间却较短[9]。

在空天信息技术融合发展的过程中，微小卫星技术与无人机技术实现了信息的高度融合，增强了网络的信息感知能力和传输能力[10]。标准化组织 3GPP 在 Rel 14～16 中对空天一体化网络开启了立项研究，对空天一体化网络的信道建模、典型场景、网络管理和应用案例，以及对 3GPP 技术的影响与候选方案等方面进行研究。2019 年 12 月，3GPP 通过了一个 SI 和 WI 立项，对卫星与 IoT 的适配、移动性管理、QoS 管理等方面进行了深入研究。特别是在军事领域，新概念武器将会出现在空天战场，传统空军将向空天力量一体化的空军转变，争夺制空天权的斗争将变得异常激烈，构筑防空、防天与反导三位一体的战略性空天一体化防御体系将成为今后发展的重要趋势。

12.3.2 空天一体化网络的架构

空天一体化网络主要包括由低轨道地球-中轨道地球（LEO-MEO）卫星星座和星际链路组成的卫星子网，以及由无人机组成的若干个空中子网两部分。其中，卫星子网根据高度可以分成低轨卫星子网、中轨卫星子网和静止轨道卫星子网，不同的卫星子网有不同的特点。在卫星通信系统早期，应用较多的是静止轨道地球（GEO）卫星，其覆盖面积十分广阔，仅需要 3 颗卫星就可覆盖全球表面。但由于 GEO 卫星的飞行高度过高，导致传输时延较大，从而限制了其应用范围。如今，中轨道地球（MEO）卫星和低轨道地球（LEO）卫星的应用较为广泛，MEO 卫星的代表性系统是 ICO 系统，LEO 卫星的代表性系统是全球星系统、Iridium 系统、Teledesic 系统。LEO 卫星的飞行高度较低，因此接入的时延较小，但有限的覆盖面积使其不得不增加卫星的数量，从而增加了星地链路的传输开销[11]。由于单个卫星子网在性能上的局限性，因此空天一体化网络中采用 LEO-MEO 卫星星座的联合网络架构，两者相互补充，可达到性能的多方位平衡。

空中子网按照是否有中心控制节点，可分为集中式空中子网和分布式空中子网。集中式空中子网采用中心节点主控模式，具有易于管理和信道利用率高等优点；分布式空中子网的所有节点都参与网络的管理，与集中式空中子网相比，其可扩展性更强，也更安全[11]。空中子网可以根据不同的场景和任务需求，采用不同的部署策略，例如可以将两个空中子网结合起来，拓展为星状空中子网或多个异构网络。

空天一体化网络的架构如图 12-4 所示。

无人机在空天一体化网络中起着承上启下的作用，既可以作为通信终端又可以作为空中基站，无人机通信充分利用了三维传播空间，具有极强的视距传播特点，对进行精准定位的意义重大。相对于卫星定位，无人机定位的成本更低、灵活性更高、传输时延更小，因此空天一体化网络通常利用无人机的优点，将无人机与当前的卫星通信系统连接起来，为卫星定位提供补充信息，形成空天一体化定位网络，以实现更灵活、更准确的定位。为了提高无人机在特定区域的定位精度，应对无人机进行规划部署。

为了确定无人机的最优部署策略，需要综合考虑无人机之间的距离、无人机通信目标和无人机部署的限制区域等因素。具体来说，首先需要分析新的无人机添加到网络时的定位精度变化；在分析的基础上，然后使用迭代策略来添加无人机；最后在每次迭代的过程中，在无人机的部署区域受限的情况下基于优化模型来最大限度地减少定位误差[12]。

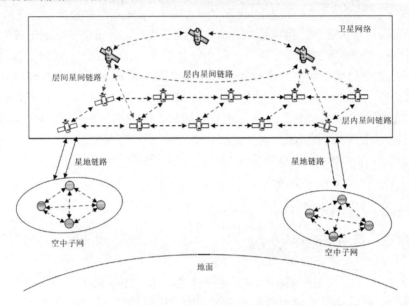

图 12-4　空天一体化网络的架构

　　在空天一体化网络的应用过程中，以 LEO 卫星为代表的天基网络和以无人机为代表的空基网络具有多样化的移动特性，这将使空天一体化网络的管理变得十分复杂。在空天一体化网络中，设备和应用的高移动性带来的快速时变特性会增加信道估计的难度，导致估计结果的不稳定、不准确；同时，频繁移动还会带来同类网段内水平越区的频繁切换，以及异构网段间垂直越区的频繁切换，导致路由优化效率的降低[13]。为了提高服务连接的稳定性和路由更新的效率，急需提出创新的移动性管理方案。

12.3.3　空天一体化网络的典型应用

1．军事作战系统

　　历史经验表明，任何一次技术的革新，都将被首先用于军事领域。随着现代航空航天技术的飞速发展，军事作战的范围也由空中领域逐步向太空领域拓展，空中战场也逐步发展为空天战场，空天一体化作战是世界空军力量发展的大趋势。因此，谁掌握了空天一体化作战的主动权，谁就控制了未来战争的主动权。

　　在空天一体化作战体系中，航天力量为飞行器提供强大的信息支援，以无人侦察机为代表的航天力量凭借先进的航天技术、外层空间特殊有利的作战环境以及广泛的情报收集范围，对实时参与作战的飞行器起到了强大的信息支援作用。一个典型的空天一体化作战应用是空天飞机。空天飞机是一种结合了航天飞机和普通无人机特点的飞行器，它能够以普通飞机的方式起飞，也能在大气层中以极超音速飞行，还能够直接加速进入低层轨道，完成航空航天任务后再返回大气层，并能水平着陆。空天飞机将是 21 世纪世界各国争夺制空权和制天权的关键武器之一，在军事作战中具有极高的价值。

2．应急救灾通信系统

应急救灾是空天一体化网络应用的最为普遍的场景之一。近年来，随着无人机通信网络和卫星通信系统的发展，由 LEO 卫星、高空通信平台和低空无人机组成的空天一体化网络有望成为实时在线、不受地面灾害阻碍的主要应急通信手段。

应急通信系统主要由地面部分、空中部分和卫星部分组成。地面部分主要是 D2D（Device to Device）通信，可不经过基站中继直接通信；空中部分主要由无人机携带通信载荷、大范围覆盖受灾区域，并与卫星进行通信；卫星部分由卫星对受灾区域进行信息采集，提供全覆盖的稳定无误的通信服务，并与作为中继节点的无人机进行通信，避免了无人机与灾区地面基站之间的中继，使应急通信系统更加稳定高效。

3．空天一体化信息系统

空天一体化信息系统是以各类卫星、临近空间飞艇、亚轨道飞行器、高空飞机，以及航空领域的预警机、无人机和侦察机等为平台，利用网络技术把平台上的侦察监视、导弹预警、通信中继、导航定位和气象观测等载荷设备有机地连接在一起，相互配合和协调而组成的信息系统。其主要功能是为陆、海、空、天各个空间维度提供情报、信息和通信保障服务，同时具备对敌方空天信息系统进行电子干扰的功能。

临近空间飞行器成为空天一体化信息系统研究的一个热点，临近空间飞行器的作业范围一般为距离地面 20～100 km 的空间，处于现有无人机的最高飞行高度和 LEO 卫星的高度之间。相比于无人机，临近空间飞行器可在现有无人机最高飞行高度的上空长时间飞行，具有更强的可靠性和安全性，并且高速飞行的临近空间飞行器能实现快速响应、全球快速到达与精确打击。相比于卫星，临近空间飞行器能够为特定地区提供更高分辨率与更高敏感度的侦察信息，实现即时快速的信息传输，且使用成本更低，可以对目标区域实施定点长时间、不间断的侦察与监视，没有使用时间上的限制。

12.3.4　空天一体化网络的部署挑战

现如今，空天一体化网络的发展仍存在诸多挑战，主要表现在以下几个方面。

（1）卫星和无人机的能效问题。卫星和无人机并无稳定电源供电，主要能量来源是电池或太阳能，这就限制了空天一体化网络的服务持续时间，并进一步影响了服务功能，包括传感、传输和信息处理。当卫星和无人机的能量耗尽时，空天一体化网络可能会遭受间歇性的连接和服务中断，因此提高能效、延长空天一体化网络的服务时间是至关重要的。

（2）在某些特定场景，如应急通信中，在无人机之间、无人机与其他现存通信设备之间存在着较大的干扰问题。

（3）对由异构无人机集群（即执行任务的无人机集群是由不同类型的无人机构成的）与卫星通信系统构成的空天一体化网络的研究尚不充分，其中涉及的路由协议、异构组网等许多关键技术，将成为未来的研究方向。

12.4 空海一体化网络

12.4.1 空海一体化网络的现状

我国拥有约 300 万平方千米的管辖海域，海洋蕴藏着丰富的生物、矿产、化学、空间资源和能源，越来越多的人投身海洋渔业、运输业及勘探开发等海上生产活动。近年来，海洋的可持续发展面临着资源过度开采、环境污染恶化、作业船只监管混乱等突出问题。海洋一直是移动通信网络的盲区，短波通信仍然是海洋近距离通信的重要手段，但短波通信在海洋上靠电离层反射传播，受天气和气候的影响较重，传输稳定性差、容量小、频率拥挤、噪声大、易被干扰且不适合长距离通信。各级渔业行政部门、企业及社会化服务单位在全国沿海不断投资兴建短波岸站、高频电话台，升级改造近海安全救助通信网岸站，同时在作业船只上安装配备各种通信导航设备，主要有无线电台、甚高频无线电话、船用雷达、GPS 全球卫星定位导航仪、彩色鱼控仪等一大批先进仪器，为海洋渔业生产搭建了一个规模宏大的渔业通信平台。虽然渔业通信平台建设初具规模、成效显著，但近几年远洋作业的业务发展较为快速，传统的通信手段无法满足日益发展的海洋渔业生产要求。

随着国家"一带一路"倡议的开展，海上军事经济活动也越来越频繁，对信息保障提出了越来越高的要求。近年来，我国海洋监测技术的研究与应用已取得了巨大的进步，逐步建立了由海洋监测台站、浮标、调查船、卫星遥感及航空遥感等组成的海洋环境立体监测网络。美国海军在其舰船上部署一种基于 4G LTE 的无线广域网，在美国海军的试验过程中遇到的最大的问题是系统内部和系统外部的干扰。全球海洋监测计划是由美国海洋科学家倡导发起的用于对全球海洋监测的大型网络，其主要目的通过收集全球范围内的海水温度、盐度和海流等信息，有效对各种自然灾害，如飓风、洪涝灾害等。

空海一体化网络是实施联合作战和各种军事行动战斗力的关键要素，为夺取战争的信息优势提供了基础平台，通过信息技术把各军兵种的作战平台、武器系统、情报侦察系统、指挥控制系统、后勤保障系统融合在一起，形成一体化作战体系，让信息化战争不是各个作战单元之间的独立对抗，而是各军兵种力量可依托的空海一体化网络的信息系统，在空间多维战场实施体系与体系间的综合对抗。

在空海一体化网络的组网技术相关的研究中，美军一直处于世界的前列，其中以美国国防部的新一代军事卫星通信系统和美国海军的海军全球综合通信系统最为典型。新一代军事卫星通信系统集成了美军的新一代宽带卫星通信系统、窄带卫星通信系统、安全卫星通信系统，确保美军未来的空间优势，目前并已取得多项重要研究成果。海军全球综合通信系统则集成了联合战术无线电通信系统、数据链系统、LTE 技术等，并将卫星通信系统融合在一起，让美国海军的信息化处于世界的前列。从国外关于空海一体化网络的组网技术演进来看，空海一体化网络的组网技术具有重要的战略发展空间，对网络架构以及关键技术进行深入的研究，对空海一体化网络的军事应用具有重要的意义。

在空海一体化网络中，飞行自组织网是执行无人机集群任务的技术，如 DARPA 小精灵项目、美军 LOCUST 项目、山鹑（Perdix）项目等。得益于逐渐增长的商用市场和政用市场，无人机的市场规模在"十三五"期间达到了千亿美元。目前，大多数已制定的无人机管理法规都要求无人机装配卫星导航与通信控制设备，这使无人机成为天地一体化网络工程建设的一环，可以与天基物联网（IoT）应用服务紧密结合起来。采用基于无人机采集数据或中继节点的通信技术近年来研究呈现热门趋势。

当前，对远海远洋监视的手段主要依赖于天基网络，尚无法满足精细化实时探测与识别任务的要求。天基网络的主要局限包括：对目标区域访问的时间间隔过大；对海上中小型、集群等目标的识别概率低、描述不精细；受限于轨道运行和工作机制，天基网络间不具备有效协同的能力。因此需要引入空基网络，实现"天基网络广域粗分辨"与"空基网络局域细分辨"的功能互补，特别是利用以无人机为代表的空海一体化网络所具有的实时可控、机动灵活、监测精细等特性，形成了天基网络广域低分辨率监测、空基网络局域高分辨率监测、天空远近结合的空海一体化目标协同探测与识别体系。

12.4.2　空海一体化网络的架构

目前，我国对海洋目标的监测采取天基网络和地基网络的组合方式，通过卫星通信系统和短波通信系统来传输海洋数据。由于地基网络的探测方式以及部署的局限性，地基网络仅能执行近海目标的监测任务。作为远海远洋环境下的重要通信手段，卫星通信系统具有可靠性高、覆盖范围广等特点。已有研究工作提出了面向海洋数据传输的天基网络体系结构、卫星星座设计以及系统验证设计等。由于天基网络中卫星资源稀缺、因距离限制导致传输速率较低、因卫星运行轨迹限制导致海洋目标区域的访问时间间隔过长、因载荷能力限制导致卫星探测能力有限等因素，由传统的天基网络和地基网络组成的海洋探测方式无法对远海远洋移动性目标进行持续、精细化的监测，也无法及时汇聚海洋探测信息。

为了对海洋移动性目标进行持续、精细化的监测，并满足信号级宽带数据传输以及探测数据的及时汇聚等需求，空海一体化网络在具备超高速率、超低时延的数据传输能力的同时，还能够以探测与识别任务为驱动进行自适应的快速组网。

伴随着自组织网的迅速发展，很多研究者提出在海上移动节点之间通过无线 Mesh 组网的方式构建海上移动自组织网，移动终端可访问邻近移动自组织网的节点，并通过网关接入卫星通信系统，实现数据的传输。这种海洋环境下的移动自组织网和卫星通信系统的混合网络具有全球覆盖和灵活性高的优势，是目前海洋通信的主要方式。已有的工作研究了基于网络时空图的卫星通信系统与舰载站混合组网优化方式，以及相应的广播路由和传输调度算法，分析了网络中的节点间的覆盖半径以及端到端通信跳数的分布情况，并提出了性能优化方法以适应网络的动态拓扑变化，从而降低了网络能耗和端到端传输时延。

无人机集群不仅可以临时快速部署，还具有组网灵活性高和抗摧毁能力强的特点，适合在复杂环境中提供可靠通信。与现有的利用海上二维平面低速移动节点进行组网的方式不同，空基网络具有应对突发任务的灵活组网潜力。但由于空基网络中飞行节点的高度差异而呈现出了明显的三维属性，节点的强移动性导致了拓扑多变，因此对组网的快速性和灵活性提出了更高的要求。瑞士洛桑联邦理工学院的 AVIGLE 项目在没有蜂窝网络或基础设施等可用的区域部署了由小型无人机快速构建的临时通信网络，该项目利用通信硬件和磁罗盘代替GPS 来辅助飞行自组织网，展示了空基自组织网技术的有效性和适应能力。已有的工作研究了空基自组织网技术，如采用混合全向和定向传输方式、结合位置和轨迹信息的空基路由方案、高动态覆盖广阔地形的多任务场景下分簇构建机制、多任务场景下飞行自组织网、面向任务执行效率提升的无人机任务分配方案，以及海洋航空环境下的移动自组织网等。

12.4.3　空海一体化网络的部署挑战

目前，空海一体化网络面临着众多技术挑战。由于空基组网方式对远海远洋区域探测覆盖的实时性及范围有限，结合天基网络进行天基和空基协同组网是实现对海洋广域持续精细化监测的有效方式，但目前对空海一体化网络的组网研究较少。

面向海洋目标探测与识别任务的组网需求具有特殊性，传统的探测、通信网络、融合等技术侧重于物理层的信号复用，在网络层缺少融合设计，探测与通信网络之间交互需要完成多次高动态监测平台间的握手过程，现有探测和通信网络机制的简单组合无法满足分钟级的协同探测任务需求。在具有大范围、高动态性、拓扑结构分层多变的海洋高动态平台下，对海洋目标进行探测与识别的探测通信融合组网技术仍处于研究空白的状态。

随着未来 6G 技术的不断发展，融合 6G 关键技术的空海一体化网络将借助非地基网络实现全球覆盖、持续保障，达到低时延、高速率的效果，为海上舰船和人员提供可靠稳定的宽带通信网络接入。作为未来自组织网的发展方向，飞行自组织网与无线传感器网络的协同组网具有广阔的研究和应用前景，如何进一步提高网络性能，为空海一体化网络提供有力的技术保障，推进未来军事网络的智能化、泛在化、融合化发展，面临着巨大的挑战。

12.5 空天地海一体化网络

12.5.1　空天地海一体化网络的现状

空天地海一体化网络是指将传统的地面蜂窝网络与卫星通信系统、海基网络（海事通信系统）、无人机通信网络有机融合在一起，形成的全新网络体系。空天地海一体化网络将颠覆性地重塑网络架构与组网形态，具有全域覆盖、随遇接入、按需服务、安全可信等优势。空天地海一体化网络如图 12-5 所示。

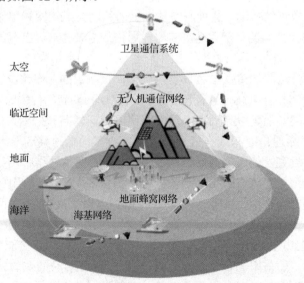

图 12-5　空天地海一体化网络

现阶段，空基、天基、地基、海基网络之间呈现出了多网交叉融合到四位一体融合的发展趋势。日益多样化的业务需求使得相对割裂的传统网络结构逐渐显现出了覆盖范围小、兼容性差、扩展性差等弊端，由于天基、空基、海基与地基网络之间能够提供覆盖范围等方面的充分弥补，克服传统网络结构的弊端，空天地海一体化网络成为了众多研究机构的重要研究对象。近年来，已有众多研究机构与大型互联网公司启动了空天地海一体化网络的相关项目，空天地海一体化网络具备广阔的发展前景。

天基、空基、地基网络的快速一体化融合，实现了全球陆地的立体纵深覆盖和服务。卫星导航系统与卫星通信系统是天基、空基网络的两个主要部分。典型的卫星导航系统包括我国的北斗卫星导航系统、俄罗斯 GLONASS 系统和美国的 GPS。其中，北斗卫星导航系统始建于 1994 年，根据业务需求的转变不断更新，已迭代到第三阶段。目前，北斗一号系统采用有源定位机制，仅在国内提供定位、授时、广域差分和短报文通信服务；北斗二号系统在兼容北斗一号系统的基础上，增加了无源定位机制，并将业务范围扩大到了亚太地区；于2020 年完成的北斗三号系统不仅将业务范围扩大到了全球，还增加了包含国际搜救、精密单点定位等在内的众多业务。GLONASS 系统早期主要在军事领域提供精度较低的二维定位，现阶段的 GLONASS 系统在海洋测绘、地质勘探、地面交通管理等民事领域有着越来越广的业务范围。以美国铱星系统为代表的卫星通信系统也呈现了业务驱动的发展趋势，第一代铱星系统主要为地面用户提供语音传输服务，第二代铱星系统增加了采用 IP 技术分组交换的数据传输业务，并在未来逐渐支持传感、观测、气象监测等业务，呈现出了由单一功能向多功能转变的趋势。可以预见，天基网络与空基网络的功能在未来将会不断拓展，天基网络和空基网络系统的容量也将和快速发展的地面通信网络（地基网络）相匹配，一体化的网络架构是网络发展演化中不可或缺的组成部分。

目前，我国科技部等部门已组织专家开展了多个与空天地海一体化网络相关的研究项目。2016 年我国启动了"天地一体化信息网络"重大专项，该专项是面向国家战略需求的、首批启动的国家"科技创新 2030 重大项目"之一。该专项目前已经完成第一阶段成果——地面信息港的原型建设，能够实现地表状况提取、大气监测等功能。科技部于 2016 年启动的"网络空间安全重点专项"的首批 8 个项目之一——天地一体化网络信息安全保障技术，其研究范围涵盖空天地海一体化网络的接入控制技术、安全互联技术、协议配置、网络认证方案、网络动态重构技术等多个方面，旨在保障网络切换、传输等方面的安全。2020 年的"宽带通信和新兴网络"重点专项也将天地一体化网络的组网技术纳入考虑范围。在国际方面，Google 曾推出"热气球网络计划"，计划将热气球作为网络接入节点，利用空基网络为偏远地区提供高性价比的互联网覆盖。该计划于 2013 年通过实地测试，目前已在非洲等的部分地区得到了商用。Meta（原 Facebook）也曾于 2015 年启动"Aquila"无人机互联网项目，对空地网络融合进行了尝试。太空互联网公司 SpaceX 于 2015 年宣布了"星链"计划，计划采用 12000 多颗低轨道地球卫星来实现空间互联网的基础设施，利用天基网络为全球提供低成本互联网覆盖。互联网公司 OneWeb 同样启动了低轨道地球卫星的大范围部署计划，该计划将完成整个北极圈的互联网覆盖。

海基、地基、天基网络的快速一体化融合，实现了全球海洋的立体纵深覆盖和服务。自动识别系统（Automatic Identification System，AIS）作为第一代海事数字化通信系统，广泛应用于海事通信中，其主要功能为船-船通信，船只通过向周围广播自身位置、航向和速度等信息，实现了对其他船只的识别与碰撞规避。当前，船只大型化、航行高速化、数量密集化的发展趋势对性能有限的 AIS 提出了严峻的挑战，AIS 缺乏有效的岸-船通信手段。在传统做法中，岸站主要通过硬件为船只提供信息，无法保证信息更新的时效性。由于 AIS 的船-船通信手段有限，使船只之间无法有效沟通航行意图，导致船只在避碰中出现误判。为了应对 AIS 的多种缺陷，有效实现岸-船通信的地基网络、海基网络的融合，国际海事组织（IMO）、国际电信联盟（ITU）等机构正在致力于构建一体化的海基网络。其中，甚高频数据交换系统（VDES）于 2013 年提出，并在 WRC15、WRC19 等多个会议上得到了重点推进，发展前景良好。VDES 的架构分为五部分，包括船站设备、信息服务中心、岸站设备、VDE 卫星地面段以及空间段，VDES 期望在未来成为国际空天地海一体化网络中的海基网络的重要组成部分。

对我国而言，空天地海一体化网络在经济、社会、产业、国防等方面具有重要意义，空天地海一体化网络具有研发基础好、国际竞争力强、专利受国外竞争对手制约小等研发优势，有望在未来快速发展，形成自主知识产权，发展前景乐观。空天地海一体化网络兼具重要性、先导性、通用性，以及竞争优势四个方面关键特征，是我国重点关注的关键技术之一。

12.5.2　空天地海一体化网络的关键技术

空天地海一体化网络的整体技术可分为组网架构、网络协议、网络路由、网络安全控制等部分。

1．组网架构

组网架构是指对空天地海一体化网络的物理结构。由于空天地海一体化网络是由卫星通信系统、地面蜂窝网络、海基网络和无人机通信网络等多个异构网络融合而成的，网络结构复杂且多变。以卫星通信系统为代表的天基网络的动态性强、对时延的容忍度低，而以地面蜂窝网络为主的地基网络具有更加庞大且复杂的拓扑结构。如何设计组网架构，实现跨域高效互联互通，是实现空天地海一体化网络的重要基础。

2．网络协议

网络协议的作用是为空天地海一体化网络提供一套通用的互联互通协议体系。由于存在专用网络设备与高度特化的通信应用需求，天基网络、空基网络和海基网络具有与地基网络不同的协议结构，但整体均以 TCP/IP 协议体系作为基础。天基网络的特征是高传播时延与不稳定的链路连接，天基网络协议体系在信息备份存储与链路连接保障方面有所侧重；空基网络面临的主要挑战是信道容量受限与链路连接不稳定；海基网络的协议体系需要有针对性地解决在船-岸通信中可能存在的非视距链路传输导致的高时延，以及复杂多变海洋气候对于通信可靠性造成的挑战。在现有的空天地海一体化网络中，不同的网络采用不同的通信协议，需要研究以海基网络和空基网络的基本协议为支撑、以 TCP/IP 协议体系为基础的新型的空天地海一体化网络协议，实现不同异构网络的快速接入、信息高效传输。

3．网络路由

网络路由是空天地海一体化网络中的关键技术。一方面，由于天基网络和空基网络中的高拓扑动态性与链路连接的间断性，空天地海一体化网络的路由协议需要具备能够预测网络节点运动轨迹的能力，实现对于全局网络和局部网络拓扑结构的实时、精确表征；另一方面，由于空天地海一体化网络在军事领域的重要意义，网络节点可能分布在深空、远洋和战场环境，面临的组网环境、电磁环境、地理环境极其复杂，因此空天地海一体化网络的路由在环境智能感知、路径快速适变方面受到了严峻的挑战。

4．网络安全控制

网络安全控制对于空天地海一体化网络的正常运行至关重要。一方面，由于空天地海一体化网络的节点分布在深空、远洋等恶劣环境，网络节点与链路可能受到宇宙射线、海洋活动等自然因素影响。恶劣的环境使得网络维护与更新成本非常高，导致空天地海一体化网络在物理层面受到自然界及人为物理破坏等安全威胁。另一方面，空天地海一体化网络的大区域覆盖给信息窃听、伪装接入等人为恶意攻击提供了"土壤"，空天地海一体化网络在运行层面存在巨大的安全隐患。同时，由于空天地海一体化网络对军用、民用需求的承载，容易使其成为安全攻击的对象，一旦遭受攻击将会带来极大的损失。因此需要根据空天地海一体化网络的特点，研究多层级、多手段的综合网络安全控制体系。

12.5.3　空天地海一体化网络的典型应用

本节以解决"三农"问题、加强国防建设和加强生态文明建设三个典型应用场景为例，介绍空天地海一体化网络在其中起到的关键性推动作用。

1．解决"三农"问题

空天地海一体化网络将加速农村现代化进程，促进农业信息化发展，帮助农民致富。首先，得益于天基网络和空基网络覆盖范围的优势，空天地海一体化网络有望改善农村的通信网络条件，从而解决由于农村信息闭塞导致的农产品结构与市场需求不吻合、农产品供需双方沟通不畅等根本问题，解决农产品产销问题，促进农业发展；其次，互联网覆盖有助于推动地区产业升级、促进社会化分工，有利于政策的高效传达和落实，从而解决农村经济基础薄弱、沟通渠道受限的问题，加速农村现代化建设；最后，网络的覆盖有助于农民高效获取知识、提出诉求，从而提升农民的素质，拓宽农民的思维，帮助农民致富，从根本上解决农民问题。

2．加强国防建设

现代战争是信息量与速率的战争，近年来的数场局部战争都是上述理论的有力佐证。空天地海一体化网络能够将我国的深空、低空、海洋、陆地军事力量联合起来，通过强有力的信息保障实现军事力量一体化。空天地海一体化网络是作战效能的倍增器，对于我国的国防建设具有重要的战略意义。

3．加强生态文明建设

空天地海一体化网络在节约资源能源、保护生态环境、建设生态文明方面同样起到重要的推动作用，在带动其他技术领域发展方面也有很强的驱动力。

12.5.4　空天地海一体化网络的部署挑战

空天地海一体化网络发展面临资源受限、环境恶劣等方面的问题与挑战。

1．天基网络轨道资源的国际竞争激烈

现阶段，我国、美国、俄罗斯、欧盟等国家或地区正在积极开展天基网络的研发项目，激烈的竞争使得有限的轨道资源越发所剩无几。在地球静止轨道（Geostationary Orbit）上部署的同步卫星是大多数通信、广播、气象探测业务的最优承载选择，具有很高的战略价值。由于过近的距离会严重干扰卫星天线的收发功能，宇宙环境能够容纳的同步卫星不超过 120 颗，远不能满足世界各国的需求，天基网络轨道资源的国际竞争非常激烈。

2．复杂水文环境导致海基网络部署受阻

不同于美国、挪威等海洋通信强国，我国的水文环境复杂，近来还存在南海等争端问题，复杂的水文环境和海洋权益博弈使得海洋通信节点部署难度增大，海洋通信、探测网络面临严重的干扰问题与安全问题。我国的海洋通信建设起步较晚，需要加大研发投入，向世界一流行列靠拢。

空天地海一体化网络作为一项体量庞大的技术，涉及的技术领域复杂，在实现规模化应用之前需要巨大的技术研发、基础设施建设等成本投入。同时，网络的重要性有目共睹，技术的发展还需要应对严峻的国际竞争形势。

12.6 本章小结

本章探讨了空-X 一体化网络的多种预期实施情况，从地基、天基、海基异构网络发展面临的瓶颈入手，抛砖引玉地从一体化网络的组网角度对无人机通信网络所蕴含的价值与潜力进行了审视。空天地海一体化网络将会颠覆性地重塑现有的网络架构与组网形态，在未来通信系统中扮演重要角色。无人机通信网络作为空天地海一体化网络的关键组成部分，与其相关的研究具有独到的意义。

本章参考文献

[1] 中国科学院科普云平台. 卫星之史[EB/OL]. [2022-12-21]. http://www.kepu.net.cn/gb/technology/telecom/satellite/stl104.html.

[2] 无人机配消防车，大疆与全球出口量最大的消防车制造商达成战略合作[N/OL]. [2022-12-23]. https://www.dji.com/cn/newsroom/news/dji_with_rosenbauer.

[3] Chen S, Hu J, Shi Y, et al. LTE-v: a TD-LTE-based V2X solution for future vehicular networks[J]. IEEE Internet of Things Journal, 2016, 3(6): 997-1005.

[4] Khabbaz M, Assi C, Sharafeddine S. Multi-hop V2U path availability analysis in UAV-assisted vehicular networks[J]. IEEE Internet of Things Journal, 2021, 8(13): 10745-10754.

[5] Asadpour M, van den Bergh B, Giustiniano D, et al. Micro aerial vehicle networks: an experimental analysis of challenges and opportunities[J]. IEEE Communication Magzine, 2014, 52(7): 141-149.

[6] Shi W S, Zhou H B, Li J L, et al. Drone assisted vehicular networks architecture, challenges and opportunities[J]. IEEE Network, 2018, 32(3): 130-137.

[7] Xiong Z, Sheng H, Rong W G, et al. Intelligent transportation systems for smart cities: a progress review[J]. Science China.Information Sciences, 2012, 55(12):2908-2914.

[8] Zhou Y, Cheng N, Lu N, et al. Multi-UAV-aided networks aerial-ground cooperative vehicular networking architecture[J]. IEEE Vehicular Technology Magzine, 2015, 10(4): 36-44.

[9] 裴郁杉，苗守野，张忠皓，等. 空天地一体化通信网络中地面运营商的挑战与机遇[J]. 移动通信，2020，44(09):7-13.

[10] 耿艳栋，肖建军. 关于空天一体化的初步研究[J]. 装备指挥技术学院学报，2004, 15(6):49-52.

[11] 张子安. 空天一体化网络关键技术及仿真平台的设计与实现[D]. 成都：电子科技大学，2014.

[12] Zhao Y, Li Z , Cheng N, et al. UAV deployment strategy for range-based space-air integrated localization networks[C]. IEEE Global Communications Conference, Waikoloa, 2019.

[13] Wu H, Chen J, Zhou C, et al. Resource management in space-air-ground integrated vehicular networks: SDN control and AI algorithm design[J]. IEEE Wireless Communications, 2020, 27(6):52-60.